U0683609

电机拖动基础与仿真应用

主　编　魏立明
副主编　魏大慧　齐海英　贾友波　贾　雪
　　　　于秋红　孟凡姿　程凤琴　冷　壮

北京理工大学出版社
BEIJING INSTITUTE OF TECHNOLOGY PRESS

内 容 提 要

全书主要分为三部分，电机与拖动的基本理论、电机与拖动实验以及电机与拖动的MATLAB仿真。全书共13章，内容主要包括磁路、变压器、直流电机、异步电机的基本理论、同步电机的基本理论、控制电机、三相异步电动机的电力拖动、直流电动机的电力拖动、电力拖动系统电动机的选择、电机与拖动教学参考实验、MATLAB概要、变压器的MATLAB仿真、异步电动机的MATLAB仿真。为了适应高等院校教学需要，每章最后都有本章小结、思考题与练习题，同时本书附有相应的思考题与练习题解答。

本书可以作为各高等院校应用型本科电气工程及其自动化专业、建筑电气与智能化专业的教材，也可作为电气信息类其他专业相关课程基础教材，同时也可作为广大工程技术人员参考用书。

版权专有　侵权必究

图书在版编目（CIP）数据

电机拖动基础与仿真应用 / 魏立明主编 . —北京：北京理工大学出版社，2017.5（2022.8重印）

ISBN 978 - 7 - 5682 - 4043 - 7

Ⅰ. ①电… Ⅱ. ①魏… Ⅲ. ①电机－电力传动－高等学校－教材②电力传动－机械系统－系统仿真－高等学校－教材　Ⅳ. ①TM921

中国版本图书馆 CIP 数据核字（2017）第 107505 号

出版发行 / 北京理工大学出版社有限责任公司	
社　　址 / 北京市海淀区中关村南大街 5 号	
邮　　编 / 100081	
电　　话 / (010)68914775(总编室)	
(010)82562903(教材售后服务热线)	
(010)68944723(其他图书服务热线)	
网　　址 / http://www.bitpress.com.cn	
经　　销 / 全国各地新华书店	
印　　刷 / 三河市天利华印刷装订有限公司	
开　　本 / 787 毫米×1092 毫米　1/16	
印　　张 / 18.25	责任编辑 / 封　雪
字　　数 / 436 千字	文案编辑 / 张鑫星
版　　次 / 2017 年 5 月第 1 版　2022 年 8 月第 4 次印刷	责任校对 / 周瑞红
定　　价 / 45.00 元	责任印制 / 李志强

图书出现印装质量问题，请拨打售后服务热线，本社负责调换

前　言

　　本书根据教育部教学指导委员会拟定的电工、电子技术系列课程教学基本要求，针对目前应用型高校电机与拖动课程现状并且结合编者多年教学和实践经验以及教学改革成果编写而成，本书是普通高等教育"十三五"规划教材。

　　随着高等教育改革的深入，尤其是应用型人才培养的总体要求，使得各高等院校均对原有课程的教学内容和学时进行了缩减。本书全面分析了当前教学现状，以保证基础知识、降低理论深度、加强工程应用、更新内容体系作为本书编写的基本依据和主要特点。本书适用于应用型工科院校电气工程及其自动化、建筑电气与智能化等相关专业。

　　本书分为电机与拖动的基本理论、电机与拖动实验以及电机与拖动的 MATLAB 仿真三部分，教学参考学时为 48～64 学时，其中实验参考学时为 8～12 学时。由于各学科专业的要求不同，各个学校可根据具体的授课学时和专业要求对教材的内容做适当的调整和选择。为了充分利用多媒体教学手段，提高教学的现代化水平，编者编制了与本书配套的多媒体课件，以增加课堂的信息量，培养学生的自学能力。

　　本书由吉林建筑大学魏立明教授主编，负责全书的组织统稿和定稿，并编写绪论、第 1 章、第 12 章和第 13 章。参加本书编写的还有吉林建筑大学魏大慧（第 2 章和第 3 章）、长春建筑学院齐海英（第 4 章和第 5 章）、长春建筑学院贾友波（第 6 章和第 7 章）、吉林建筑大学贾雪（第 8 章）、吉林建筑工程学院城建学院于秋红（第 9 章）、吉林建筑工程学院城建学院孟凡姿（第 10 章）、吉林建筑工程学院城建学院程凤琴（第 11 章）。书中所有图片由冷壮编辑。

　　本书在编写过程中参阅或引用了部分参考资料，在此对这些作者表示衷心的感谢。限于编者水平，加之编写时间仓促，其中疏漏和不妥之处在所难免，敬请使用本书的师生及其他读者给予批评指正。

编　者

目　　录

绪论 ··· 1

第 1 章　磁路 ·· 2

　§1.1　磁场的基本物理量 ··· 2

　§1.2　物质磁性能 ·· 3

　§1.3　磁路的基本定律 ··· 7

　§1.4　铁芯线圈电路 ·· 9

　本章小结 ··· 12

　思考题与练习题 ·· 12

第 2 章　变压器 ·· 14

　§2.1　变压器的工作原理 ··· 14

　§2.2　变压器的基本结构 ··· 17

　§2.3　变压器的负载运行分析 ·· 20

　§2.4　变压器的参数测定 ··· 24

　§2.5　变压器的运行特性 ··· 27

　§2.6　三相变压器 ·· 29

　§2.7　三相变压器的稳态运行 ·· 35

　§2.8　自耦变压器和三绕组变压器 ·· 38

　§2.9　互感器 ··· 42

　本章小结 ··· 43

　思考题与练习题 ·· 43

第 3 章　直流电机 ·· 46

　§3.1　直流电机的工作原理与额定值 ·· 46

　§3.2　直流电机的基本结构和励磁方式 ··· 49

　§3.3　直流电机负载时的磁场与电枢反应 ·· 53

　§3.4　电磁转矩和感应电动势的计算 ·· 54

　§3.5　直流电动机的运行分析 ·· 56

§3.6 直流发电机的运行分析 …………………………………………………… 60
§3.7 直流电动机的功率和转矩方程 ………………………………………… 65
§3.8 直流发电机的功率和转矩方程式 ……………………………………… 67
本章小结 …………………………………………………………………………… 68
思考题与练习题 …………………………………………………………………… 68

第4章　异步电机的基本理论 ………………………………………………… 71
§4.1 三相异步电动机的工作原理 …………………………………………… 71
§4.2 三相异步电动机的结构 ………………………………………………… 77
§4.3 三相异步电动机的电动势 ……………………………………………… 84
§4.4 三相异步电动机的磁通势方程式 ……………………………………… 87
§4.5 三相异步电动机的运行分析 …………………………………………… 90
§4.6 三相异步电动机的功率和转矩计算 …………………………………… 95
§4.7 单相异步电动机 ………………………………………………………… 98
本章小结 …………………………………………………………………………… 100
思考题与练习题 …………………………………………………………………… 101

第5章　同步电机的基本理论 ………………………………………………… 103
§5.1 三相同步电机的工作原理 ……………………………………………… 103
§5.2 三相同步电机的基本结构 ……………………………………………… 105
§5.3 三相同步电动机的运行分析 …………………………………………… 107
§5.4 三相同步电动机的功率和转矩计算 …………………………………… 113
本章小结 …………………………………………………………………………… 115
思考题与练习题 …………………………………………………………………… 115

第6章　控制电机 ……………………………………………………………… 117
§6.1 伺服电动机 ……………………………………………………………… 117
§6.2 步进电机 ………………………………………………………………… 122
§6.3 测速发电机 ……………………………………………………………… 124
§6.4 旋转变压器 ……………………………………………………………… 127
本章小结 …………………………………………………………………………… 132
思考题与练习题 …………………………………………………………………… 133

第7章　三相异步电动机的电力拖动 ………………………………………… 134
§7.1 三相异步电动机的机械特性 …………………………………………… 134
§7.2 三相异步电动机的固有机械特性与人为机械特性 …………………… 137
§7.3 电力拖动系统的稳定运行 ……………………………………………… 142

§7.4　三相异步电动机的启动 ··· 144

§7.5　三相异步电动机的调速 ··· 153

§7.6　三相异步电动机的制动 ··· 159

本章小结 ·· 162

思考题与练习题 ··· 163

第 8 章　直流电动机的电力拖动 ··· 166

§8.1　他励直流电动机的机械特性 ······································· 166

§8.2　他励直流电动机的启动 ··· 168

§8.3　他励直流电动机的调速 ··· 171

§8.4　他励直流电动机的制动 ··· 174

本章小结 ·· 181

思考题与练习题 ··· 182

第 9 章　电力拖动系统电动机的选择 ···································· 184

§9.1　电动机的发热和冷却 ·· 184

§9.2　电动机工作制的分类 ·· 185

§9.3　电动机选择的基本内容 ··· 187

§9.4　电动机的允许输出功率 ··· 189

本章小结 ·· 190

思考题与练习题 ··· 191

第 10 章　电机与拖动教学参考实验 ····································· 192

§10.1　单相变压器实验 ··· 192

§10.2　三相变压器实验 ··· 194

§10.3　笼型三相异步电动机实验 ··· 196

§10.4　绕线型三相异步电动机实验 ······································ 199

§10.5　三相同步电动机实验 ··· 200

§10.6　直流发电机实验 ··· 202

§10.7　直流电动机实验 ··· 204

第 11 章　MATLAB 概要 ·· 207

§11.1　MATLAB 简介 ··· 207

§11.2　MATLAB 工作环境 ··· 208

§11.3　MATLAB 语言要点 ··· 212

§11.4　命令文件（M 函数和 M 文件）简介 ·························· 213

§11.5　Simulink 动态系统仿真工具 ····································· 215

第 12 章 变压器的 MATLAB 仿真 ·················· 221

§12.1 磁路计算 ························· 221

§12.2 变压器仿真 ······················ 227

第 13 章 异步电动机的 MATLAB 仿真 ············ 237

§13.1 异步电动机人为机械特性仿真 ············ 237

§13.2 三相异步电动机启动和制动的仿真 ·········· 239

§13.3 异步电动机正反转和调速仿真 ············ 244

思考题与练习题解答 ·························· 248

参考文献 ······························ 283

绪　　论

电能的应用已遍及各行各业乃至人类的日常生活，电能的生产、变换、传输、分配、使用和控制等都必须利用电机作为能量转换或信号转换的机电装置。因此，电机是实现能量转换和信号转换的电磁机械装置。在电力工业中，发电机和变压器是发电厂和变电所中的主要设备；在工业中，大量使用电动机作为原动机去拖动各种生产机械，例如，在机械工业、冶金工业、化学工业中，机床、挖掘机、轧钢机、起重机、抽水机、鼓风机等设备都要用电动机来拖动；在自动控制技术中，各种控制电机被广泛作为检测、放大、执行和校正元件来使用。

电机的种类很多，总体上可分为两大类，一类是动力电机，另一类是控制电机。用作能量转换的电机称为动力电机，用作信号转换的电机称为控制电机。

动力电机中，将机械能转换成电能的称为发电机；将电能转换成机械能的称为电动机。按电流种类的不同，动力电机又分为交流电机和直流电机两类。交流电机按工作原理的不同又分为异步电机（感应电机）和同步电机两种，每一种又有单相和三相之分。直流电机按励磁方式的不同分为他励电机、并励电机、串励电机和复励电机四种。控制电机的种类也很多，其容量和体积一般都比较小。变压器是将某个电压的交流电能转换成同频率但不同电压的交流电能，是一种静止的电器，变压器的工作原理与分析方法同电机密切关联，所以也将其列入电机范畴，在本课程中进行讲解。拖动是指用电动机来拖动生产机械运动，以完成一定的生产任务。

电机与拖动课程是一门专业基础课，本课程的任务是使学生掌握直流电机、交流电机、控制电机和变压器的基本结构与工作原理以及电力拖动系统运行性能、分析计算、电机选择与实验方法，为学习后续专业课程奠定基础。本课程的主要内容和重点放在基本知识、基本理论和基本技能上。

第1章

磁　　路

电机（包括变压器和旋转电机）是一种机电能量转换或信号转换的电磁机械装置，电磁感应是电机工作原理的基础，因此要想了解电机的工作原理及性能，必须具备电和磁两个方面的基础理论知识。有关电路方面的知识，在电路原理课程中已经进行了详细的研究。本章针对磁路方面的知识进行必要的补充，因此，本章围绕磁路进行研究，首先介绍磁场的基本概念，其次介绍磁路的基本定律，最后讨论磁路的计算方法。

§1.1　磁场的基本物理量

磁场是实现能量转换、传递或储存的媒介，除某些容量很小的微型电机的磁场是由永久磁铁产生以外，在大多数情况下，磁场都是用电流来产生的，而且把磁场集中在一定范围之内形成磁路。如同将电流流过的路径称为电路，磁通所通过的路径称为磁路，不同的是磁通的路径可以是铁磁物质，也可以是非铁磁物质。磁场由电流产生，磁场的情况可形象地用磁感线来描述。例如，电流通过直导线时的磁场和电流通过线圈时的磁场，如图1-1所示。

磁感线是闭合的曲线，且与电流相交链，其方向与产生该磁场的电流方向符合右手螺旋定则。右手螺旋定则的用法是：在图1-1（a）中用右手大拇指表示电流的方向，其他四指的回转方向代表磁感线的方向；在图1-1（b）中用右手四个手指的回转方向代表电流的方向，大拇指表示线圈内部磁感线的方向。磁感线上每一点的切线方向与该点磁场的方向一致，而磁场的强弱则可用磁感线的疏密程度表示。若磁感线是一组间距相等的平行线，这种磁场称为均匀磁场，如图1-2所示。在对磁场进行分析和计算时，常用到下述物理量，下面就对这些物理量进行详细说明。

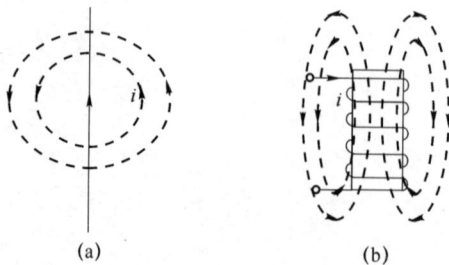

图1-1　电流磁场

（a）直导线电流的磁场；（b）线圈电流的磁场

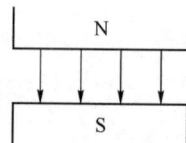

图1-2　均匀磁场

1. 磁通 Φ

磁场中穿过某一截面积 A 的总磁感线数称为通过该面积的磁通量，简称磁通，用 Φ 表示。国际单位制中，Φ 的单位为韦［伯］（Wb）。

2. 磁感应强度 B

磁感应强度是表征磁场强弱以及方向的物理量，它是一个矢量，用 B 表示，其数值表示磁场的强弱，其方向表示磁场的方向。在均匀磁场中，若通过与磁感线垂直的某面积 A 的磁通为 Φ，则

$$B = \frac{\Phi}{A} \tag{1-1}$$

即磁感应强度在数值上就是与磁场方向垂直的单位面积上通过的磁通，所以磁感应强度也称磁通密度。国际单位制中，B 的单位为特［斯拉］（T），$1\ T = 1\ Wb/m^2$。

3. 磁场强度 H

磁场强度是为了进行磁场计算所引进的一个辅助物理量。磁场强度是一个矢量，用 H 表示，其方向与 B 的方向相同，也为磁场力向。在数值上 H 和 B 不相等，H 和 B 的主要区别如下：H 代表电流本身产生的磁场强弱，反映了电流的励磁能力，其大小只与产生该磁场的电流的大小成正比，与介质的性质无关；B 代表电流产生的以及介质被磁化后所产生的总磁场的强弱，其大小不仅与电流大小有关，还与介质的性质有关。国际单位制中，H 的单位为安/米（A/m）。

4. 磁导率 μ

通电线圈所产生磁场的强弱与线圈中放入的介质有关，当线圈中放入某类介质时，磁场大为增强；而当放入另一类介质时，磁场可能略有削弱，表示物质这种磁性质的物理量称为磁导率，用 μ 表示。磁导率为感应强度 B 大小与磁场强度 H 大小之比，即

$$\mu = \frac{B}{H} \tag{1-2}$$

磁导率是衡量物质导磁能力的物理量，单位是亨利/米（H/m）。真空的磁导率为常数，用 μ_0 表示，其值为 $\mu_0 = 4\pi \times 10^{-7}\ H/m$。

§1.2 物质磁性能

物质按照磁导率的不同，大体上可分为两大类：非磁性物质和磁性物质。

一、非磁性物质

非磁性物质亦称为非铁磁物质，其磁导率 μ 近似等于真空磁导率 μ_0。非磁性物质又分为顺磁性物质和逆磁性物质两种。顺磁性物质的磁导率比真空的磁导率略大。例如，变压器油、空气等均为顺磁性物质；逆磁性物质的磁导率略小于真空的磁导率；氢、铜等均为逆磁性物质。工程上，将非磁性物质的磁导率均视为等于真空磁导率，因此，非磁性物质的 H 和 B 呈线性关系。

二、磁性物质

为了在一定的励磁作用下能够激励较强的磁场，以使电机和变压器等装置的尺寸缩小、重量减轻、性能改善，因此，必须增加磁路的磁导率。当线圈的匝数和励磁电流相同时，铁芯线圈激发的磁通量要比空心线圈大得多，所以电机和变压器的铁芯常采用磁导率较高的铁磁物质制成，下面对铁磁物质的特性做简要说明。

铁磁物质又称磁性物质，其磁性能主要具有以下三点。

1. 高导磁性

将铁磁物质放入磁场中，磁场会显著增强，这一现象称为铁磁物质的磁化。铁磁物质能够被磁化的原因主要是由于铁磁物质内部存在着很多很小的强烈地沿同一方向自发磁化了的区域，该区域称为"磁畴"。在没有外磁场作用时，其排列如图 1-3 所示，磁畴排列混乱，磁效应互相抵消，对外界不显示磁性。若将铁磁物质放入磁场中，则在外磁场作用下，磁畴就顺外磁场方向而转向，其轴线趋于一致，形成一个附加磁场，叠加在外磁场上，从而使合成磁场大为增强，铁磁物质被磁化，如图 1-4 所示。由磁畴所产生的附加磁场比非磁性物质在同一磁场强度下所激励的磁场强得多，所以铁磁物质的磁导率比非铁磁物质大得多。例如，铸钢的磁导率 μ 约为真空磁导率 μ_0 的 1 000 倍，硅钢片的磁导率 μ 为真空磁导率 μ_0 的 6 000～7 000 倍。

图 1-3 磁畴（磁化前）

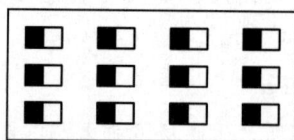

图 1-4 磁畴（磁化后）

磁性物质的这一性质被广泛应用于变压器和电机中，变压器和电机中的磁场大多是由通过线圈的电流来产生的，而这些线圈都是绕在磁性物质（称为铁芯）上的。采用铁芯后，在同样的电流下，铁芯中的磁感应强度 B 和磁通 Φ 将大大增加并且比铁芯外的磁感应强度 B 和磁通 Φ 大得多，这样，一方面可用较小的电流产生较强的磁场，另一方面可使绝大部分磁通集中在由磁性物质限定的空间内。

2. 磁饱和性

磁性物质的磁导率 μ 不仅远大于真空磁导率 μ_0，而且不是常数，即 H 和 B 不成正比。

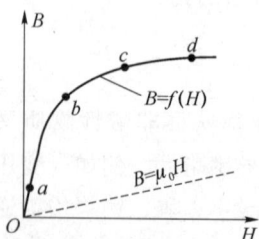

图 1-5 初始磁化曲线

二者的关系称为 $H-B$ 曲线或磁化曲线。将一块尚未磁化的铁磁物质进行磁化，当磁场强度 H 由零逐渐增加时，磁感应强度 B 也随着从零逐渐增加，这个过程如图 1-5 所示，上述曲线称为初始磁化曲线。在 H 比较小时，B 与 H 几乎成正比地增加，当 H 增加到一定值后，B 的增加缓慢下来，到后来随着 H 的继续增加，B 却增加得很少，这种现象称为磁饱和现象。

在图 1-5 所示曲线的 Oa 段，开始磁化时，外磁场 H 较弱，磁通密度增加得不快，因此 B 增加缓慢。在 ab 段，H 值增加时，B 值增加较快，这是因为随着 H 值的增加，有越来越多的磁畴趋向于外磁场方向，使磁场增强。在 bc 段，随着 H 值的继续增加，大部分磁畴已经趋向于外磁场的方向，能够沿外磁场方向转动的磁畴越来越少，故 B 的增加渐渐变慢，出现了磁饱和现象。在 cd 段，磁性材料内所有的磁畴都转到与外磁场一致的方向，B 和 H 的关系类似于真空中的情况。

3. 磁滞性

磁性物质都具有保留其磁性的倾向，B 的变化总是滞后于 H 的变化，这种现象称为磁滞现象。当线圈中通入正弦交流电流时（电流曲线为通过原点的正弦曲线），若开始时铁芯中的 B 随 H 从零沿初始磁化曲线增加，最后随着与电流成正比的 H 反复交变，B 将沿着图 1-6 所示的闭合曲线变化，比闭合曲线称为磁滞回线。

从图 1-6 中的曲线可以看出，当 H 降为零时，B 并不下降到零而是保持一定数值，这是由于外磁场消失了，但是磁畴还不能恢复原来的状态，还保留一定的磁性，它所保留的磁感应强度 B 称为剩磁强度，用 B_r 表示。永久磁铁的磁性就是由 B_r 所产生。当 H 反向增加到 $-H_c$ 时，铁芯中剩余的磁性才能完全消失。去掉剩磁所必须加的反方向磁势，称为矫顽磁力，用 H_c 表示。磁性物质的这一特点是由于磁畴在转向时会遇到摩擦力的阻碍作用而引起的。

对同一铁磁物质，选取不同的磁场强度 H_m 进行反复磁化，可以得到一系列大小不同的磁滞回线，如图 1-7 中的虚线所示，将这些磁滞回线的顶点连接起来所得到的一条曲线，称为基本磁化曲线。工程上采用的都是基本磁化曲线，它通常可表征物质的磁化特性，是分析计算磁路的依据。

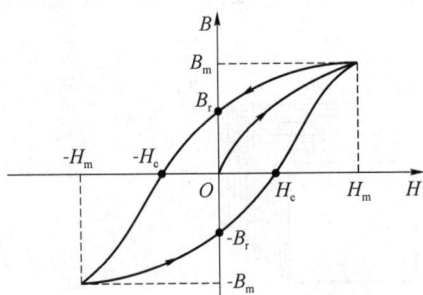

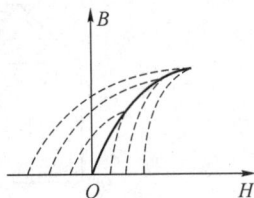

图 1-6　磁滞回线　　　　图 1-7　基本磁化曲线

按磁滞回线形状的不同，磁性物质又可分为硬磁物质和软磁物质两大类。磁滞回线很宽，剩磁强度 B_r 和矫顽磁力 H_c 都很大的物质称为硬磁物质，如钴钢、铝镍钴合金和铋铁硼合金等，由于硬磁物质的剩磁强度大，所以通常用来制造永久磁铁；磁滞回线很窄，剩磁强度 B_r 和矫顽磁力 H_c 都很小的物质称为软磁物质，如软铁、硅钢片、铸钢等，由于软磁物质的磁导率较高，所以通常用来制造变压器和电机的铁芯。

三、铁芯损耗

1. 磁滞损耗 P_h

铁磁材料置于交变磁场中，材料被反复交变磁化，磁畴之间互相摩擦而消耗能量，并以产生热量的形式表现出来，造成的功率损耗称为磁滞损耗。实验分析表明磁滞损耗正比于交流电的频率、铁芯的体积和磁滞回线的面积。实验证明，磁滞回线的面积与磁感应强度的最大值 B_m 以及材料的特性有关。由实验得出的计算磁滞损耗的经验公式为

$$P_h = K_h f B_m^\alpha V \tag{1-3}$$

式中，K_h 为磁滞损耗系数，其大小取决于材料性质；V 为铁芯的体积；α 与材料的性质有关，对一般的电工钢片，其值为 $1.6 \sim 2.3$。为了减小磁滞损耗，铁芯应选用软磁物质制成，如硅钢。因软磁物质的磁滞回线面积小，磁滞损耗小。

2. 涡流损耗 P_e

磁性物质既是导磁材料，又是导电材料。因为铁芯是导电的，当通过铁芯的磁通随时间变化时，由电磁感应定律可知，铁芯中将产生感应电动势，从而在垂直于磁通方向的铁芯平面内产生如图 1-8 所示的旋涡状的感应电流，称为涡流。涡流在铁芯中引起的功率损耗称为涡流损耗。实验分析表明，频率越高，磁通密度越大，感应电动势就越大，涡流损耗也越大。对于由硅钢片叠成的铁芯，经过推导可知，涡流损耗的公式为

$$P_e = K_e d^2 f^2 B_m^2 V \tag{1-4}$$

式中，K_e 为涡流损耗系数，其大小与材料的电阻率成反比；d 为钢片厚度；V 为铁芯的体积。为了减小涡流损耗，一方面可选用电阻率较大的硅钢等磁性材料；另一方面可把整块的硅钢改由如图 1-8 所示的顺着磁场方向彼此绝缘的硅钢片叠成，使涡流限制在较小的截面积内。例如变压器等交流电气设备的铁芯均用厚度为 $0.5\,mm$、$0.35\,mm$、$0.27\,mm$、$0.22\,mm$、$0.20\,mm$、$0.08\,mm$ 和 $0.05\,mm$ 的硅钢片叠成。近年来，一种磁导率大，铁损耗小，厚度更薄的非晶和微晶材料已在变压器中应用。

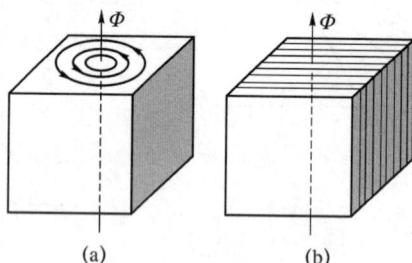

图 1-8 硅钢片中涡流损耗
（a）整块硅钢；（b）硅钢片叠成

3. 铁芯损耗

铁芯中的磁滞损耗和涡流损耗都将消耗有功功率，使铁芯发热。磁滞损耗与涡流损耗之和称为铁芯损耗，简称铁损耗，用 P_{Fe} 表示，即

$$P_{Fe} = P_h + P_e = (K_h f B_m^\alpha + K_e d^2 f^2 B_m^2) V \tag{1-5}$$

对于一般的电工钢片，由式（1-5）可得计算铁损耗的经验公式

$$P_{Fe} = K_{Fe} f^{\beta} B_m^2 m \qquad (1-6)$$

式中，K_{Fe} 为铁芯的损耗系数；β 为频率系数，为 1.2～1.6；m 为铁芯质量，由式（1-6）可看出，恒定磁通的磁路无铁损耗。尽管铁损耗可用类似上述公式计算，但其准确度不尽如人意，计算上也不方便，故工程上多用损耗曲线进行计算，如图 1-9 所示。此曲线将铁损耗表示为磁感应强度和频率的函数，而且是单位质量材料的铁损耗。

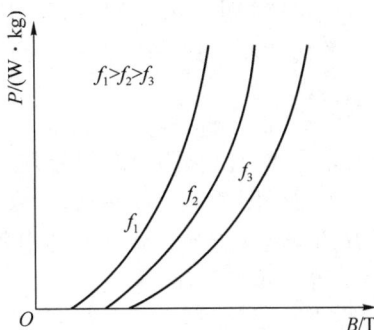

图 1-9　磁性材料的损耗曲线

§1.3　磁路的基本定律

如前所述，在利用磁场实现能量转换的装置中，常采用具有高导磁性的磁性物质做成铁芯，将线圈绕于其上通以电流产生磁场，如图 1-10 所示。电流通过线圈时所产生的磁通可

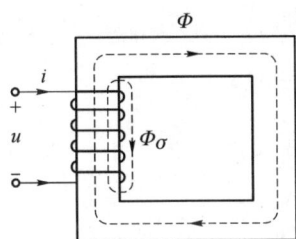

图 1-10　磁路

以分为以下两部分：大部分经铁芯而闭合的磁通 Φ 称为主磁通，小部分经空气等非磁性物质而闭合的磁通 Φ_{σ} 称为漏磁通，由于漏磁通较小，通常可以忽略不计。大量磁通集中通过的路径，即主磁通通过的路径称为磁路。从工程计算的角度来看，为了简单方便，将磁场的问题简化为磁路来处理，准确度已经足够了。磁路的分析和计算同电路的分析和计算一样，可以通过一些基本定律来进行。磁路的基本定律是由物理学中已学过的磁通连续性原理和全电流定律导出的。

一、磁路欧姆定律

1. 恒定磁通的磁路欧姆定律

磁路欧姆定律是分析磁路的基本定律，以图 1-11 所示磁路为例来介绍定律内容，该磁路由铁芯和空气隙两部分组成。设铁芯部分各处材料相同，截面积相等，用 A_c 表示，它的平均长度即中心线的长度为 l_c；空气隙部分的磁路截面积为 A_0，长度为 l_0。若线圈中通入直流电流，它在磁路中将产生不随时间变化的恒定磁通 Φ。由于磁感线是连续的，忽略漏磁通后，通过该磁路各截面积的磁通 Φ 相同，而且磁感线分布可认为是均匀的，故铁芯和空气隙两部分的磁感应强度和磁场强度的数值分别为 $B_c = \dfrac{\Phi}{A_c}$，$H_c = \dfrac{B_c}{\mu_c} = \dfrac{\Phi}{\mu_c A}$；

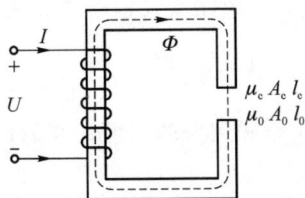

图 1-11　铁芯和空气隙组成的磁路

$B_0 = \dfrac{\Phi}{A_0}$，$H_0 = \dfrac{B_0}{\mu_0} = \dfrac{\Phi}{\mu_0 A_0}$。

全电流定律指出：在磁路中，沿任一闭合路径，磁场强度的线积分等于与该闭合路径交链的电流的代数和，其公式如下：

$$\oint H \mathrm{d}l = \sum I \tag{1-7}$$

当电流方向与闭合路径的积分方向符合右手螺旋定则时，电流前取正号，反之取负号。将此定律应用于图 1-11 所示磁路，取其中心线处的磁感线回路为积分回路。由于中心线上各点的 $\boldsymbol{H}$ 方向与 l 方向一致，铁芯中各点的 $\boldsymbol{H}_\mathrm{c}$ 是相同的，空气隙中各点的 $\boldsymbol{H}_0$ 也相同，故式（1-7）可表示如下：

$$\oint \boldsymbol{H} \mathrm{d}l = \boldsymbol{H}_\mathrm{c} l_\mathrm{c} + \boldsymbol{H}_0 l_0 = \left(\frac{l_\mathrm{c}}{\mu_\mathrm{c} A_\mathrm{c}} + \frac{l_0}{l_0 A_0} \right) \Phi$$

令

$$R_\mathrm{mc} = \frac{l_\mathrm{c}}{\mu_\mathrm{c} A_\mathrm{c}}$$

$$R_\mathrm{m0} = \frac{l_0}{\mu_0 A_0}$$

$$R_\mathrm{m} = R_\mathrm{mc} + R_\mathrm{m0} = \frac{l_\mathrm{c}}{\mu_\mathrm{c} A_\mathrm{c}} + \frac{l_0}{\mu_0 A_0} \tag{1-8}$$

式中，R_mc、R_m0、R_m 分别称为铁芯、空气隙和磁路的磁阻。

式（1-7）右边的 $\sum I$ 等于线路匝数 N 与电流 I 的乘积，即

$$\sum I = NI$$

NI 称为线圈的磁通势，用 F 表示，即

$$F = NI \tag{1-9}$$

因此

$$R_\mathrm{m} \Phi = F$$

或写成

$$\Phi = \frac{F}{R_\mathrm{m}} \tag{1-10}$$

式（1-10）称为磁路欧姆定律。它在形式上与直流电路的欧姆定律相似。磁路中的磁通 Φ、磁通势 F 和磁阻 R_m 分别与电路中的电流 I、电压 U 和电阻 R 相对应。

由于 $\mu_\mathrm{c} \geqslant \mu_0$，尽管 l_0 很小，R_m0 仍然比 R_mc 大得多。因此，当磁路中有空气隙存在时，磁路中的 R_m 将显著增加，若磁通势 F 一定，则磁路中的磁通 Φ 将减小。反之，若保持磁路中磁通一定，则磁通势就应增加。可见，磁路中应尽量减少不必要的空气隙。

2. 交变磁通的磁路欧姆定律

如果线圈中通入交流电流，它在磁通中产生的是随时间交变的磁通。这时的磁路欧姆定律在形式上与交流电路的欧姆定律相似。由于交变磁通的大小是用磁通的最大值表示的，所以交变磁通的磁路欧姆定律应写成

$$\dot{\Phi}_\mathrm{m} = \frac{\dot{F}_\mathrm{m}}{Z_\mathrm{m}} \tag{1-11}$$

式中，F_m 是磁通势的幅值，其数值为

$$F_\mathrm{m} = NI_\mathrm{m} = \sqrt{2} NI \tag{1-12}$$

Z_m 是磁路的阻抗，称为磁阻抗。

$$Z_\mathrm{m} = R_\mathrm{m} + \mathrm{j} X_\mathrm{m} \tag{1-13}$$

式中，R_m 是磁路的磁阻；X_m 是磁路的磁抗。

二、磁路基尔霍夫定律

现以恒定磁通磁路为例来介绍磁路基尔霍夫定律。

1. 磁路基尔霍夫第一定律

当铁芯为有分支磁路时，如图1-12所示，各部分的磁通分别为 Φ_1、Φ_2 和 Φ_3，方向如图1-12所示，取闭合面如图1-12中虚线所示，则根据磁通连续性原理，若假设穿出闭合面的磁通为正，反之为负。

$$\Phi_3 - \Phi_2 - \Phi_1 = 0$$

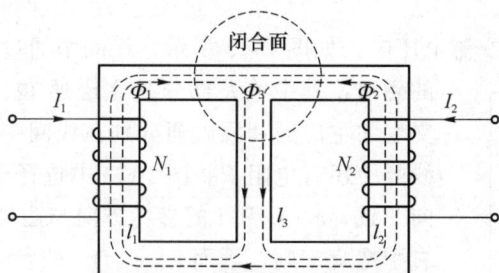

图 1-12 有分支磁路

即在磁路的任何一个闭合面上，磁通的代数和等于零，这一规律称为磁路基尔霍夫第一定律，用公式表示如下：

$$\sum \Phi = 0 \tag{1-14}$$

2. 磁路基尔霍夫第二定律

磁路中任一回路按磁导率、截面积以及磁通的不同可分成若干段。对图1-12中的最外边的闭合回路，若取回路的环行方向为顺时针方向，则根据全电流定律，当磁场方向与回路环形方向一致时，Hl 前取正号，反之取负号，电流方向与回路环形方向符合右手螺旋定则时，NI 前取正号，反之取负号，则有：

$$F_1 - F_2 = \oint \boldsymbol{H} \mathrm{d}l = \boldsymbol{H}_1 l_1 - \boldsymbol{H}_2 l_2$$

式中，Hl 称为磁位差，用 U_m 表示，即 $U_\mathrm{m} = Hl$。

由此可见，在磁路的任何一个闭合回路中，磁位差的代数和等于磁通势的代数和，这一规律称为磁路基尔霍夫第二定律，用公式表示如下：

$$\sum U_\mathrm{m} = \sum F \tag{1-15}$$

利用磁路基尔霍夫定律便可对磁路进行分析和计算。

§1.4 铁芯线圈电路

一、直流铁芯线圈电路

当铁芯线圈中通入恒定直流电流时，将产生不随时间变化的恒定磁场，不会在线圈中产生感应电动势，也就是说，在直流电路中，线圈的电感相当于短路，线圈的电流 I 只与线圈的电压 U 和电阻 R 有关，即

$$I = \frac{U}{R} \tag{1-16}$$

线圈消耗的功率也只有线圈电阻消耗的功率，即

$$P = UI = RI^2 \tag{1-17}$$

二、交流铁芯线圈电路

1. 电磁关系

当铁芯线圈两端加上交流电压时，如图 1-13 所示，线圈中通过交流电流 i，将产生交变的磁通，其中绝大部分是主磁通 Φ，很小部分是漏磁通 Φ_σ。交变的主磁通和漏磁通分别在线圈中产生感应电动势 e 和 e_σ，线圈中还有电阻 R。图 1-13 中选择电压 u 与电流 i 的参考方向一致，e、e_σ 和 i 的参考方向与磁感线的参考方向都应符合右手螺旋定则，因而 e、e_σ 与 i 的参考方向也应该一致。

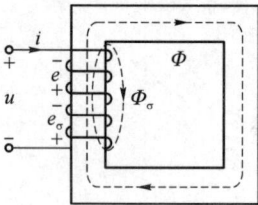

图 1-13　交流铁芯线圈电路

根据基尔霍夫电压定律

$$u = -e - e_\sigma + Ri$$

用相量表示，则可写成

$$\dot{U} = -\dot{E} - \dot{E}_\sigma + R\dot{I} \tag{1-18}$$

由于漏磁通所经过的路径主要是非磁性物质，其磁导率为一常数，因此 Φ_σ 与 i 成正比。因此，与漏磁通对应的线圈电感为一常数，即

$$L = \frac{\Phi_\sigma}{i} = \frac{N\Phi_\sigma}{i} \tag{1-19}$$

该线圈电感称为线圈漏电感，可用一个理想电感元件来代替它。它在交流电路中的电抗称为线圈的漏电抗，简称漏抗，即

$$X = \omega L_\sigma = 2\pi f L_\sigma \tag{1-20}$$

由于电感电压与电感电动势的相位是相反的，故

$$\dot{E}_\sigma = -jX\dot{I} \tag{1-21}$$

将式 (1-21) 代入式 (1-18) 中，可得到铁芯线圈电路中的电动势平衡方程式：

$$\dot{U} = -\dot{E} + (R + jX)\dot{I} = -\dot{E} + Z\dot{I} \tag{1-22}$$

式中

$$Z = R + jX \tag{1-23}$$

称为线圈的漏阻抗。

由于主磁通主要集中在铁芯中，铁芯的磁导率不是常数，Φ 与 i 之间不是线性关系，与主磁通对应的线圈的电感也不是常数。因此，主磁通所产生的感应电动势 e 不能用 e_σ 的方式来处理。可以直接用电磁感应定律分析。设主磁通为

$$\Phi = \Phi_m \sin \omega t$$

则

$$e = -N\frac{\mathrm{d}\Phi}{\mathrm{d}t} = -N\frac{\mathrm{d}}{\mathrm{d}t}(\Phi_{\mathrm{m}}\sin\omega t) = -\omega N\Phi_{\mathrm{m}}\cos\omega t$$

$$= 2\pi f N\Phi_{\mathrm{m}}\sin(\omega t - 90°) = E_{\mathrm{m}}(\omega t - 90°)$$

从上式可以看出，在相位上，e 滞后于 Φ 90°；在数值上，电动势的有效值为

$$E = \frac{E_{\mathrm{m}}}{\sqrt{2}} = \frac{2\pi f N\Phi_{\mathrm{m}}}{\sqrt{2}} = 4.44 N f \Phi_{\mathrm{m}} \tag{1-24}$$

用相量表示，即

$$\dot{E} = -\mathrm{j}4.44 N f \dot{\Phi}_{\mathrm{m}} \tag{1-25}$$

一般来说铁芯线圈中的 R 和 X 都很小，如果将 R 和 X 忽略不计，则在数值上

$$U = E = 4.44 N f \Phi_{\mathrm{m}} \tag{1-26}$$

从式（1-26）可以看出，当外加电压 U 和频率 f 不变时，主磁通的最大值 Φ_{m} 几乎是不变的。

2. 功率关系

交流铁芯线圈的有功功率为

$$P = UI\cos\varphi \tag{1-27}$$

它包括两部分，一部分为线圈电阻上的功率损耗，称为铜损耗，用 P_{Cu} 表示，其值如下：

$$P_{\mathrm{Cu}} = RI^2 \tag{1-28}$$

另一部分为交变的磁通在铁芯中产生的功率损耗，称为铁损耗，铁损耗的值已经在第一章的第二节中进行了详细阐述，这里就不再说明。

3. 等效电路

交流线圈电路既有电路问题，又与磁路有关，若能用一个等效电路来代替，便可将交流铁芯线圈电路的分析和计算简化成单纯电路问题，使分析和计算得以简化。

由式（1-22）可知，等效电路问题的关键是如何处理 $\dot{E}$ 的问题，将式（1-11）代入式（1-25），可得：

$$\dot{E} = -\mathrm{j}4.44 N f \dot{\Phi}_{\mathrm{m}} = -\mathrm{j}4.44 N f \frac{\dot{F}_{\mathrm{m}}}{Z_{\mathrm{m}}} = -\mathrm{j}4.44 N f \frac{\sqrt{2}N\dot{I}}{R_{\mathrm{m}}+\mathrm{j}X_{\mathrm{m}}}$$

$$= -4.44\sqrt{2}N^2 f\left(\frac{X_{\mathrm{m}}}{R_{\mathrm{m}}^2+X_{\mathrm{m}}^2} + \mathrm{j}\frac{R_{\mathrm{m}}}{R_{\mathrm{m}}^2+X_{\mathrm{m}}^2}\right)\dot{I}$$

令

$$R_0 = 4.44\sqrt{2}N^2 f \frac{X_{\mathrm{m}}}{R_{\mathrm{m}}^2+X_{\mathrm{m}}^2} \tag{1-29}$$

$$X_0 = 4.44\sqrt{2}N^2 f \frac{R_{\mathrm{m}}}{R_{\mathrm{m}}^2+X_{\mathrm{m}}^2} \tag{1-30}$$

$$Z_0 = R_0 + \mathrm{j}X_0 \tag{1-31}$$

式中，R_0、X_0 和 Z_0 分别称为励磁电阻、励磁电抗和励磁阻抗。则

$$\dot{E} = -(R_0 + \mathrm{j}X_0)\dot{I} = -Z_0\dot{I}$$

由于磁路的非线性，R_0、X_0 和 Z_0 都不是常数，但是由于当 U 和 f 不变时，由式（1-26）

可知 $\varPhi_m$ 基本不变，可以认为 R_0、X_0 和 Z_0 近似为一常数。因而式（1-22）可改写为

$$\dot{D} = (R_0 + jX_0)\dot{I} + (R + jX)\dot{I}$$
$$= (Z + Z_0)\dot{I}$$

由此得到交流铁芯线圈电路的等效电路如图 1-14 所示。

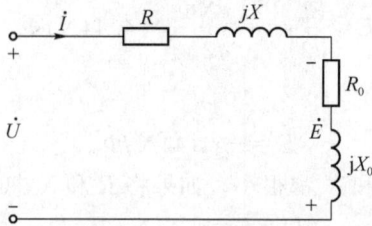

图 1-14　交流铁芯线圈电路的等效电路

电流 i 通过 R 和 R_0 所产生的功率即交流铁芯线圈电路消耗的有功功率，如前所述它包括铜损耗和铁损耗两部分，RI^2 是铜损耗 P_{Cu}，而 $R_0 I^2$ 应为铁损耗 P_{Fe}，即

$$\left.\begin{array}{l} P_{Cu} = RI^2 \\ P_{Fe} = R_0 I^2 \end{array}\right\} \tag{1-32}$$

也就是说 R_0 是代表铁损耗的等效电阻。图 1-14 中 X 是代表漏磁通电感所形成的电抗，则 X_0 代表主磁通电感所形成的电抗。产生主磁通的电流称为励磁电流，由于 $R \ll R_0$，$X \ll X_0$，所以可认为交流铁芯线圈电路中电流 i 基本上就是励磁电流。

本 章 小 结

本章首先学习了磁场的基本物理量，分析了物质的磁性能，然后阐述了铁磁物质的分类及其磁化特性、磁路中的欧姆定律、磁路基尔霍夫第一定律、磁路基尔霍夫第二定律，最后详细地介绍了铁芯线圈电路的基本原理和等效电路。通过磁路和电路的类比，建立起较清晰的磁路概念。

思考题与练习题

1. 比较直导线电流和线圈电流所产生的磁场的方向有何区别？

2. 磁铁内、外磁感线的方向是由 N 极到 S 极，还是由 S 极到 N 极？

3. 磁路的结构一定，磁路的磁阻是否一定，即磁路的磁阻是否是线性的？

4. 当磁路中有几个磁通势同时作用时，磁路计算能否采用叠加定理？

5. 图 1-13 所示交流铁芯线圈，漏阻抗可忽略不计，电压的有效值和频率不变，而将铁芯的平均长度增加一倍，试问铁芯中主磁通最大值 $\varPhi_m$ 的大小是否变化？

6. 两个匝数相同（$N_1 = N_2$）的铁芯线圈，分别接到电压值相等（$U_1 = U_2$），而频率不同（$f_1 > f_2$）的两个交流电源上时，试分析两个线圈中的主磁通的大小（可忽略线圈的漏阻抗）。

7. 直流电流通过电路时，会在电阻中产生功率损耗；恒定磁通通过磁路时，会不会产

生功率损耗？

8. 交流铁芯线圈的电压大小保持不变，而频率由 50 Hz 增加到 60 Hz，设 $\alpha=2.0$，试问该磁路中的铁损耗是增加了还是减小了？

9. 某铁芯的截面积 $A=10$ cm^2，当铁芯中的 $H=5$ A/cm 时，$\varPhi=0.001$ Wb，且可认为磁通在铁芯内是均匀分布的，求铁芯的磁感应强度 B 和磁导率 μ。

10. 在图 1-15 所示恒定磁通磁路中，铁芯的平均长度 $l=100$ cm，铁芯各处的截面积均为 $A=10$ cm^2，空气隙长度 $l_0=1$ cm。当磁路中的磁通为 0.001 2 Wb 时，铁芯中磁场强度为 6 A/cm。试求铁芯和空气隙部分的磁阻、磁位差和线圈的磁通势。

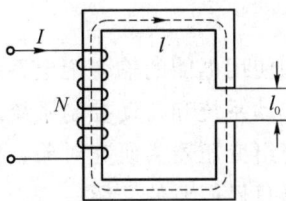

图 1-15 练习题 10 的磁路

11. 在一个铸钢制成的闭合铁芯上绕有一个匝数 $N=1\,000$ 匝的线圈，铁芯的截面积 $A=20$ cm^2，铁芯的平均长度 $l=50$ cm。若要在铁芯中产生 $\varPhi=0.002$ Wb 的磁通，试问线圈中应通入多大的直流电流？如果制作时不小心使铁芯中出现一长度 $l_0=0.2$ cm 的气隙，若要保持磁通不变，通入线圈的直流电流应增加多少？这时空气隙的磁阻为多少？

12. 在一铸钢制成的闭合磁路中，有一段 $l_0=1$ mm 的空气隙，铁芯截面积 $A=16$ cm^2，平均长度 $l=50$ cm，问磁通势 $NI=1\,116$ A 时，磁路中磁通为多少？

13. 交流铁芯线圈电路，线圈电压 $U=380$ V，电流 $I=1$ A，功率因数 $\lambda=\cos\varphi=0.6$，频率 $f=50$ Hz，匝数 $N=8\,650$ 匝，电阻 $R=0.4$ Ω，漏电抗 $X=0.6$ Ω。求线圈中的电动势和主磁通最大值。

14. 一铁芯线圈加上 12 V 直流电压时，电流为 1 A；加上 110 V 交流电压时，电流为 2 A，消耗的功率为 88 W，求后一种情况下线圈的铜损耗、铁损耗和功率因数。

15. 某一交流铁芯线圈电路中，其 $U=220$ V，$R=0.4$ Ω，$X=0.6$ Ω，$R_0=21.6$ Ω，$X_0=119.4$ Ω。求该电流交流铁芯线圈电路的电流 I、电动势 E、铜损耗 P_{Cu} 和铁损耗 P_{Fe}。

第 2 章

变　压　器

变压器在生产、输送、分配和使用电能的输变配电系统中是一个非常重要的装置。变压器是一种静止的电器，其在电力拖动系统和自动控制系统中，被广泛应用作为电能传递或作为信号传输。本章主要以普通双绕组变压器为研究对象，阐述变压器的工作原理、分析方法和运行性能等问题，对其他变压器只做简要的介绍。

§2.1　变压器的工作原理

变压器是利用电磁感应原理将某一电压的交流电变成频率相同的另一电压的交流电的能量变换装置。变压器的主要部件是一个铁芯和套在铁芯上的两个绕组，这两个绕组一般有不同的匝数，并且互相绝缘。

一、单相变压器的工作原理

图 2-1 所示为具有两个线圈的单相变压器的结构，为了简明起见，常把两个线圈画成分别套在铁芯的两边，实际上，为了加强两个绕组之间的磁耦合，变压器的两个线圈套在同一个铁芯柱上，以增大其耦合作用。变压器和电机中的线圈往往是由多个线圈元件串、并联组成的，通常称为绕组。工作时，与电源相连的绕组称为一次绕组（也称为原绕组或初级绕组），与负载相连的绕组称为二次绕组（也称为副绕组或次级绕组）。如果是传输信号的变压器，则相应称为输入绕组和输出绕组。现以单相双绕组变压器为例来说明变压器的工作原理，图 2-2 所示为用图形符号表示的变压器的电路图。

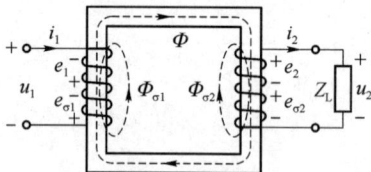

图 2-1　单相变压器的结构

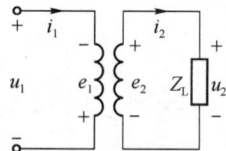

图 2-2　变压器的电路图

本书规定一次绕组、二次绕组的电磁量及其参数分别附有下标"1"或"2"。在变压器中，电压、电流、磁通和电动势的大小和方向都是随时间变化的，为了正确地表明它们之间的相位关系，必须先规定它们的参考方向。需要说明的是，参考方向并不是它们的实际方向，只是说明方向的相对关系。当一次绕组两端加上交流电压 u_1 时，绕组中通过交流电流 i_1，在铁芯中将产生既与一次绕组交链，又与二次绕组交链的主磁通 Φ，还会产生少量的仅与一次绕组交链的主要经空气等非磁性物质闭合的一次绕组漏磁通 $\Phi_{\sigma1}$，主磁通在一次绕组中产生感应电动势 e_1。u_1、i_1、e_1 等的参考方向的设定与交流铁芯线圈电路相同，即磁通量的正方向与电流正方向之间符合右手螺旋定则，由交变磁通量产生的感应电动势正方向与产生该磁通量的电流正方向一致，因此，它们的关系用相量表示应为

$$\dot{E}_1 = -j4.44 N_1 f \dot{\Phi}_{\mathrm{m}} \tag{2-1}$$

$$\dot{U}_1 = -\dot{E}_1 + (R_1 + jX_1)\dot{I}_1 = -\dot{E}_1 + Z_1\dot{I}_1 \tag{2-2}$$

式中，N_1 是一次绕组的匝数；R_1、X_1 和 Z_1 是一次绕组的电阻、漏电抗和漏阻抗。式（2-2）称为一次绕组的电动势（或电压）平衡方程式。

主磁通 Φ 除了在一次绕组中产生 e_1 外，还会在二次绕组中产生感应电动势 e_2，由于二次绕组回路是闭合的，从而在二次绕组中产生电流 i_2。在二次绕组的两端，即负载的两端产生电压 u_2。i_2 与 i_1 一起除产生主磁通外，还会产生仅与二次绕组交链的漏磁通 $\Phi_{\sigma2}$，e_2 的参考方向与 Φ 的参考方向符合右手螺旋定则，i_2 的参考方向与 e_2 的参考方向一致，$\Phi_{\sigma2}$ 的参考方向与 i_2 的参考方向符合右手螺旋定则，u_2 的参考方向与 i_2 的参考方向一致。因此，它们的关系用相量表示如下：

$$\dot{E}_2 = -j4.44 N_2 f \dot{\Phi}_{\mathrm{m}} \tag{2-3}$$

$$\dot{U}_2 = \dot{E}_2 - (R_2 + jX_2)\dot{I}_2 = \dot{E}_2 - Z_2\dot{I}_2 \tag{2-4}$$

$$\dot{U}_2 = Z_{\mathrm{L}}\dot{I}_2 \tag{2-5}$$

式中，N_2 为二次绕组匝数；R_2、X_2 和 Z_2 是二次绕组的电阻、漏电抗和漏阻抗；Z_{L} 是负载的阻抗。式（2-4）称为二次绕组的电动势（或电压）平衡方程式。

变压器一、二次绕组的电动势有效值之比称为变压器的电压比，用 k 表示，即

$$k = \frac{E_1}{E_2} = \frac{N_1}{N_2} \tag{2-6}$$

在式（2-2）和式（2-4）中，忽略 Z_1 和 Z_2 的情况下，一次绕组和二次绕组电压有效值之比等于一、二次绕组的电动势有效值之比，也等于一、二次绕组的匝数比，即

$$\frac{U_1}{U_2} = \frac{N_1}{N_2} \dot{=} k \tag{2-7}$$

可见，变压器具有电压变换的作用，尤其是在空载（二次绕组不接负载）运行时（$I_2=0$，$I_1=I_0$，此时 I_1 称为空载电流）I_1 很小，故 $U_1 \approx E_1$，$U_2 = E_2$。因而变压器在空载和接近空载时，即使不忽略 Z_1 和 Z_2，一、二次绕组电压有效值之比也近似与它们的匝数成正比。

变压器工作时，二次电流 I_2 的大小主要取决于负载阻抗模 $|Z_{\mathrm{L}}|$ 的大小，而一次电流 I_1 的大小则取决于 I_2 的大小。这是因为二次绕组向负载输出的功率只能是由一次绕组从电源获得，然后通过磁路中的主磁通传送到二次绕组，因此，I_2 变化时，I_1 也会发生相应的变化。同时空载时主磁通是由磁势 $\dot{F}_{0\mathrm{m}} = N_1\dot{I}_{0\mathrm{m}}$ 产生的；负载时主磁通由一次绕组的磁通势 $\dot{F}_{1\mathrm{m}} = N_1\dot{I}_{1\mathrm{m}}$ 和二次绕组的磁通势 $\dot{F}_{2\mathrm{m}} = N_2\dot{I}_{2\mathrm{m}}$ 共同作用产生的，由于 Z_1 很小，$U_1 \approx E_1$，由式（2-1）可知，在 U_1 不变的情况下，空载和负载时的主磁通 Φ_{m} 基本相同。根据磁路欧姆

定律，空载和负载时磁路中的磁通势应基本相等，即

$$\dot{F}_{1m} + \dot{F}_{2m} = \dot{F}_{0m} \tag{2-8}$$

或

$$N_1\dot{I}_1 + N_2\dot{I}_2 = N_1\dot{I}_0 \tag{2-9}$$

由于空载电流 I_0 比额定电流小得多，故在满载（电流等于额定电流）或接近满载时，I_0 可忽略不计，一、二次绕组电流的有效值之比近似与它们的匝数成反比，该比值称为电流比，即

$$\frac{I_1}{I_2} \approx \frac{N_2}{N_1} = \frac{1}{k} \tag{2-10}$$

从式（2-10）可看出，变压器具有电流变换的作用。

如果变压器二次绕组接有阻抗模 $|Z_L|$ 的负载时，如图 2-3（a）所示，若忽略 Z_1、Z_2 和 I_0，则

$$|Z_L| = \frac{U_2}{I_2} = \frac{U_1/k}{kI_1} = \frac{1}{k^2} \cdot \frac{U_1}{I_1}$$

U_1 与 I_1 之比相当于从变压器一次绕组看进去等效阻抗模 $|Z_e|$，如图 2-3（b）所示，故

$$|Z_e| = k^2 |Z_L| \tag{2-11}$$

从式（2-11）可以看出变压器还具有阻抗变换的作用，在电子技术中经常利用变压器的这一阻抗变换作用来实现"阻抗匹配"。

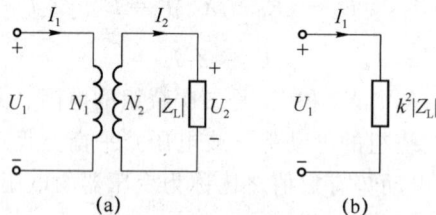

图 2-3　变压器的阻抗变换

(a) 等效前的电路；(b) 等效后的电路

【例 2-1】　已知在电子设计中，某半导体收音机的输出端需接一只电阻为 500 Ω 的扬声器（又称喇叭），而市场上供应的扬声器的电阻只有 5 Ω。求应采用电压比为多大的变压器能实现这一阻抗匹配。

解：将所采用变压器的一次绕组接至半导体收音机的输出端；二次绕组接扬声器，由式（2-11）求得该变压器的电压比应为

$$k = \sqrt{\frac{R_L}{R_e}} = \sqrt{\frac{500}{5}} = 10$$

二、变压器额定值

制造工厂在设计变压器时，根据所选用的导体截面、铁芯尺寸、绝缘材料以及冷却方式等条件，规定了变压器正常运行时的工作状态。例如它能流过多大电流以及能够承受多高的电压等。这些在正常运行时所能承担的电流和电压的数值称为额定值。每台变压器的额定值

都标注在变压器铭牌上，用来说明变压器的工作能力和工作条件。变压器工作时，若电压、电流、功率和频率都等于额定值，则称为额定状态。由于此时电流为额定值，故也就是满载状态。变压器的额定值主要有以下几个：

1. 额定电压

单相变压器的额定电压是指变压器在空载运行时一次、二次绕组电压的额定值，分别用 U_{1N} 和 U_{2N} 表示。三相变压器的额定电压是指变压器在空载运行时一次、二次绕组线电压的额定值。

2. 额定电流

单相变压器的额定电流是指变压器在满载运行时一次、二次绕组的电流值，分别用 I_{1N} 和 I_{2N} 表示。三相变压器的额定电流是指变压器在满载时一次、二次绕组线电流的额定值。额定电流是变压器正常工作时的允许电流，实际电流若超过额定电流，则这种状态称为过载，长期过载，变压器的温度会超过允许值。

3. 额定容量 S_N

一次侧或二次侧额定电流与额定电压的乘积，称为额定容量，用 S_N 表示，单位以 kV·A 表示。

对于单相变压器

$$S_N = U_{2N} I_{2N} = U_{1N} I_{1N}$$

对于三相变压器

$$S_N = \sqrt{3} U_{2N} I_{2N} = \sqrt{3} U_{1N} I_{1N}$$

4. 额定频率 f_N

我国以及大多数其他国家都规定额定频率为 50 Hz。

【例 2-2】　已知某三相变压器，YN，d 连接，其额定容量 $S_N = 500$ kV·A，其额定电压为 $U_{1N}/U_{2N} = 35/11$ kV，求该变压器一次、二次绕组的额定线电流和额定相电流。

解： 一次绕组的额定线电流

$$I_{1NL} = I_{1N} = \frac{S_N}{\sqrt{3} U_{2N}} = \frac{500 \times 10^3}{1.73 \times 35 \times 10^3} = 8.26 \text{ (A)}$$

一次绕组为星形连接，额定相电流与额定线电流相等，即

$$I_{1NP} = I_{1NL} = 8.26 \text{ A}$$

二次绕组的额定线电流

$$I_{2NL} = I_{2N} = \frac{S_N}{\sqrt{3} U_{2N}} = \frac{500 \times 10^3}{1.73 \times 11 \times 10^3} = 26.27 \text{ (A)}$$

二次绕组为三角形连接，额定相电流为

$$I_{2NP} = \frac{I_{2NL}}{\sqrt{3}} = \frac{26.27}{1.73} = 15.18 \text{ (A)}$$

§2.2　变压器的基本结构

从变压器的工作原理可以看出，一台变压器主要由铁芯、绕组、绝缘结构等部件组成，现分别介绍如下。

一、变压器结构简介

1. 铁芯

为了减少交变磁通在铁芯中引起的损耗，变压器的铁芯都是由彼此绝缘厚度为 $0.35 \sim$ $0.5\,mm$ 的硅钢片叠制而成，硅钢片的两面涂以绝缘漆，作为片间绝缘之用。其中套有绕组的部分称为铁芯柱，连接铁芯柱的部分称为铁轭，铁轭可以使铁芯柱之间的磁路闭合。为了减少磁路中不必要的气隙，变压器铁芯在叠装时，如图 2-4 所示，相邻两层硅钢片的接缝要相互错开。交流磁通在铁芯中引起涡流损耗和磁滞损耗，使铁芯发热。为了使铁芯的温度不致太高，在大容量变压器的铁芯中往往设置油道，而铁芯则浸在变压器油中，当油从油道中流过时，可将铁芯中的热量带走。

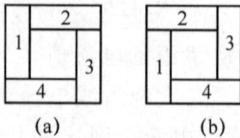

图 2-4　相邻两层硅钢片的叠装方式
(a) 奇数层；(b) 偶数层

2. 绕组

变压器的绕组用绝缘圆导线或扁导线绕成。实际变压器的高、低压绕组并非像图 2-1 所示那样分装在两个铁芯柱上，而是同心地套在同一铁芯柱上的。为绝缘方便，通常低压绕组紧靠着铁芯，高压绕组则套装在低压绕组的外面，两个绕组之间留有油道，一方面作为绕组间的绝缘间隙，另一方面使油从油道中流过冷却绕组。

3. 其他部件

除铁芯和绕组之外，因容量和冷却方式的不同，还需要增加一些其他部件，例如外壳、油箱、绝缘套管等。一、二次绕组套装在铁芯之后，铁芯与绕组合在一起被称为器身。器身放在油箱中，油箱中充以变压器油。充油的目的主要有两方面原因，一方面因为油的绝缘性能比空气好，可以提高绕组的绝缘强度；另一方面通过油受热后的对流作用，可以将绕组以及铁芯的热量带到油箱壁中，再由油箱壁散发到空气中。对变压器油的要求是介质强度和着火点要高，黏度要小，水分和杂质含量尽可能少。变压器油受热后要膨胀，因此油箱不能密封，以便油有膨胀的余地。但是，油箱如不密封，则油长时间同空气相接触会老化变质，而且吸收空气中的水分后也会降低绝缘强度，为了克服这个困难，采用了储油柜。在油箱和储油柜之间还装有气体继电器，当变压器发生故障时，油箱内部会产生气体，使气体继电器动作发出信号，让值班人员采取措施，如果发生严重故障，就直接使变压器自动脱离电源。为了增大散热效果，对于大型变压器还可以采用强迫冷却方法。在较大的变压器油箱盖上还装有安全气道，它是一个长的钢管，下面与油箱相通，上部出口处盖以玻璃。当发生严重故障时，变压器内部产生大量气体，压力迅速升高，可以冲破安全气道上的玻璃，喷出气体，消除压力，以免产生重大事故。

二、变压器主要种类

由于变压器的应用范围十分广泛，因此它的种类很多，容量小的只有几伏安，容量大的可以达到数十万千伏安；电压低的只有几伏，电压高的可以达到几十万伏。如果按照相数的不同来区分，变压器可分为单相变压器和三相变压器等。按照每相绕组数量的不同来区分，变压器可分为双绕组变压器、三绕组变压器、多绕组变压器和自耦变压器等。按照结构形式的不同，变压器可分为心式和壳式两种。心式变压器的特点是绕组包围着铁芯，如图 2-5 所示，此类变压器的用铁量较少，构造简单，绕组的安装和绝缘比较容易，多用于容量较大的变压器中。壳式变压器的特点是铁芯包围着绕组，如图 2-6 所示。此类变压器用铜量较少，多用于小容量变压器中。按照用途的不同，变压器可分为电力变压器、专用变压器、互感器等。电力变压器在电力系统中用来传送和分配电能，是所有变压器中用途最广、生产量最大的一种变压器。专用变压器主要指具有专门用途的变压器，例如电炉变压器、电焊变压器、整流变压器以及供医疗和无线电通信用的特殊变压器等。互感器用在仪表测量和控制线路中。按照冷却方式不同，变压器可分为干式变压器（空气自冷式）、油浸式变压器等。图 2-7 所示为一台常见的三相油浸式电力变压器，变压器的器身（铁芯和绕组）放置在充满变压器油的油箱中，变压器油是从石油中分馏出来的矿物油，起绝缘和散热作用。高压绕组有多个抽头，通过分解开关可改变与抽头的连接，从而改变高压绕组匝数。

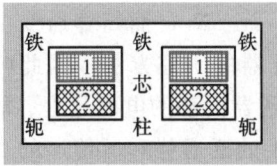

图 2-5　单相心式变压器示意图

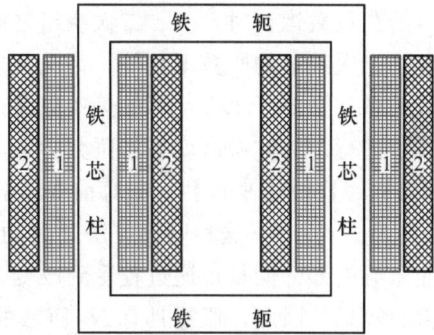

图 2-6　单相壳式变压器示意图

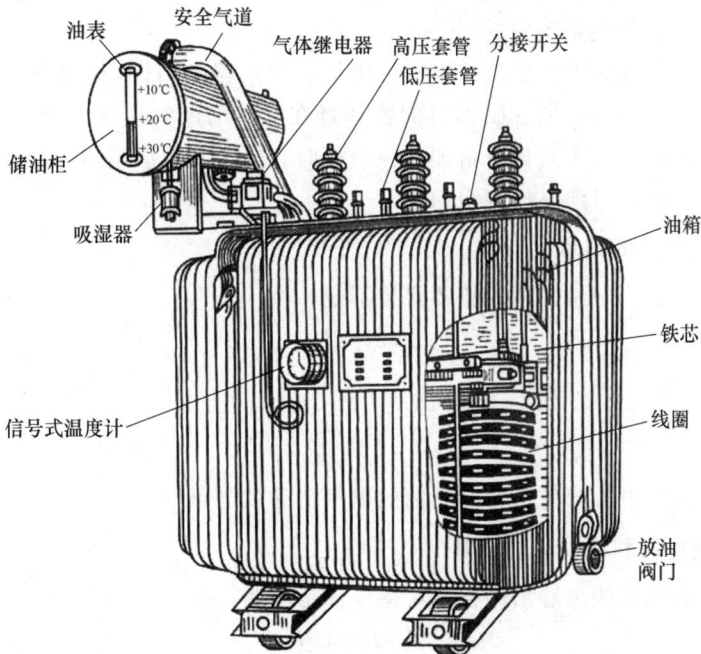

图 2-7　三相油浸式电力变压器

§2.3 变压器的负载运行分析

本章均以单相变压器作为分析对象，但分析方法和结果也适用于三相变压器中的任一相。在变压器运行分析中，等效电路、基本方程式和相量图是计算和分析的重要手段，下面对其逐一进行介绍。

一、带负载运行时的物理情况及其等效电路

变压器在空载运行时，$I_2 = 0$，$I_1 = I_0$，这时的一次绕组电路就是第 1 章讨论的交流铁芯线圈电路。因而变压器空载运行时的等效电路与交流铁芯线圈的等效电路相同，只需将电路图中的 $\dot{U}$ 改为 $\dot{U}_1$，$\dot{I}$ 改为 $\dot{I}_0$ 即可。

变压器在负载运行时，一、二次绕组之间主要靠主磁通联系，两者之间并无直接联系，同时一次、二次绕组的匝数不相等，甚至相差很大，所以希望用一个既能正确反映变压器内部的电磁关系，又便于工程计算的等效电路来代替实际的变压器，其办法就是采用二次绕组归算的方法进行。具体做法就是将匝数为 N_2 的实际二次绕组用一个和一次绕组具有相等匝数 N_1 的等效二次绕组来代替。归算前变压器的变压比是 $k = N_1/N_2$，而归算后变压器的变压比为 $k = N_1/N_1 = 1$。这种归算方法的目的是找到简化变压器的研究方法，因此归算前后不能使变压器内部的能量传递过程受到改变，在归算前后变压器内部的电磁过程、能量传递具有等值的效果。因此，假想具有 N_1 匝数的二次绕组所产生的磁通势和所传递的功率应和具有 N_2 匝数的真实二次绕组完全一样。这种方法称为二次绕组向一次绕组折算。由磁通势平衡方程式可知，二次绕组是通过磁通势 $\dot{F}_{2m}$ 来影响一次绕组的，只要在代替时保持磁通势和功率不变，这一代替就是等效的。

因匝数不同，归算后的二次绕组电流、电压、电动势和阻抗与归算前的二次绕组电流、电压、电动势和阻抗有所不同。归算后的物理量在归算前的物理量原有符号上加"′"来表示。归算值与实际值的关系具体分析如下：分析时，假设高压绕组为一次绕组，低压绕组为二次绕组，即将低压绕组向高压绕组归算。

1. 二次绕组电流的归算

由于归算前后二次绕组的磁通势要保持不变，故

$$N_1 I_2' = N_2 I_2$$

由此求得

$$I_2' = \frac{I_2}{k} \tag{2-12}$$

即二次绕组归算后的电流值等于其归算前的电流值除以电压比。

2. 二次绕组电压和电动势的归算

由于归算前后二次绕组输出的视在功率应保持不变，即

$$U_2' I_2' = U_2 I_2$$

故

$$U_2' = kU_2 \qquad (2-13)$$

由于归算后的二次绕组匝数与一次绕组匝数相同，故

$$E_2' = kE_2 \qquad (2-14)$$

可见，归算后二次绕组的电压和电动势等于归算前二次绕组的电压和电动势乘以电压比。

3. 二次绕组漏阻抗和负载阻抗归算

由于归算前后二次绕组本身消耗的有功功率和无功功率都要保持不变，即

$$R_2' I_2'^2 = R_2 I_2^2$$
$$X_2' I_2'^2 = X_2 I_2^2$$

故

$$R_2' = k^2 R_2 \qquad (2-15)$$

$$X_2' = k^2 X_2 \qquad (2-16)$$

因而

$$Z_2' = k^2 Z_2 \qquad (2-17)$$

同理

$$Z_L' = k^2 Z_2 \qquad (2-18)$$

可见，归算后二次绕组漏电抗和负载阻抗等于归算前二次绕组漏电抗和负载阻抗乘以电压比的平方。

如果把一次绕组的漏阻抗和归算后的二次绕组的漏阻抗提出来，剩下就只有它们的电动势了，如图 2-8 所示。由于 $\dot{E}_2' = \dot{E}_1'$，两者可以合并，而且用第 1 章所述 Z_0 上的电压来代替，最后便得到了如图 2-9 所示的等效电路，此电路为 T 形等效电路。

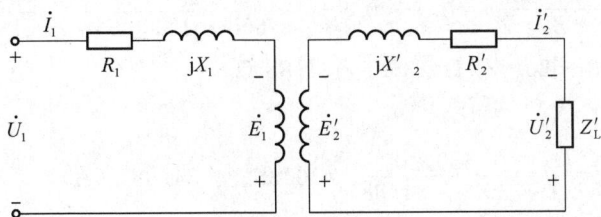

图 2-8 归算后的变压器等效电路

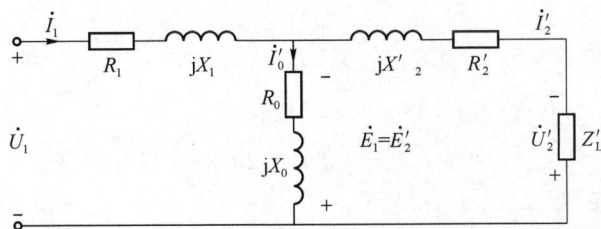

图 2-9 变压器 T 形等效电路

变压器在满载或接近满载运行时，I_0 可忽略不计，T 形等效电路可简化成如图 2-10 所示，称为变压器的简化等效电路。图 2-10 中

$$\left.\begin{array}{l} R_S = R_1 + R_2' \\ X_S = X_1 + X_2' \\ Z_S = Z_1 + Z_2' = R_S + jX_S \end{array}\right\} \tag{2-19}$$

分别称为短路电阻、短路电抗和短路阻抗。

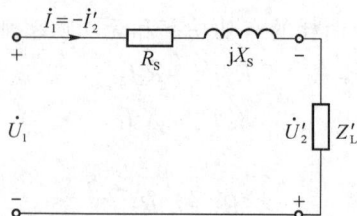

图 2-10　变压器简化等效电路

【例 2-3】　已知一台单相变压器，$U_{1N}/U_{2N} = 380/190$ V，$Z_1 = (0.4 + j0.8)$ Ω，$Z_2 = (0.15 + j0.3)$ Ω，$Z_0 = (600 + j1\ 200)$ Ω，$Z_L = (7.5 + j4.75)$ Ω。当一次绕组加上额定电压 380 V 时，分别用 T 形等效电路和简化等效电路求负载电流和电压的实际值。

解：(1) 用 T 形等效电路

$$k = \frac{U_{1N}}{U_{2N}} = \frac{380}{190} = 2$$

$$Z_2' = k^2 Z_2 = 2^2 \times (0.15 + j0.3) = (0.6 + j1.2)\ (\Omega)$$

$$Z_L' = k^2 Z_L = 2^2 \times (7.5 + j4.75) = (30 + j19)\ \Omega = 35.5 \angle 32.35°\ (\Omega)$$

电路总阻抗

$$Z = Z_1 + \frac{Z_0(Z_2' + Z_L')}{Z_0 + Z_2' + Z_L'} = 0.4 + j0.8 + \frac{(600 + j1\ 200) \times (0.6 + j1.2 + 30 + j19)}{600 + j1\ 200 + 0.6 + j1.2 + 30 + j19}$$

$$= (30.03 + j20.93)\ \Omega = 36.6 \angle 34.88°\ \Omega$$

由此求得

$$\dot{I}_1 = \frac{\dot{U}_1}{Z} = \frac{380 \angle 0°}{36.6 \angle 34.88°} = 10.38 \angle -34.88°\ (A)$$

$$\dot{E}_2' = \dot{E}_1 = Z_1 \dot{I}_1 - \dot{U}_1 = (0.4 + j0.8) \times 10.38 \angle -34.88° - 380$$

$$= 371.91 \angle 180.68°\ (V)$$

$$\dot{I}_2' = \frac{\dot{E}_2'}{Z_2' + Z_L'} = \frac{371.91 \angle 180.68°}{0.6 + j1.2 + 30 + j19}\ (A)$$

$$I_2 = k I_2' = 2 \times 10.14 = 20.28\ (A)$$

$$U_2 = |Z_L| I_2 = \sqrt{7.5^2 + 4.75^2} \times 20.28 = 180.04\ (V)$$

(2) 用化简等效电路

$$Z_S = Z_1 + Z_2' = 0.4 + j0.8 + 0.6 + j1.2 = (1.0 + j2.0)\ (\Omega)$$

$$\dot{I}_1 = -\dot{I}_2' = \frac{\dot{U}_1}{Z_S + Z_L'} = \frac{380 \angle 0°}{1.0 + j2 + 30 + j19} = 10.15 \angle 34.17°\ (A)$$

$$I_2 = k I_2' = 2 \times 10.15 = 20.3 \ (\text{A})$$

$$U_2 = |Z_L| I_2 = \sqrt{7.5^2 + 4.75^2} \times 20.3 = 180.22 \ (\text{V})$$

二、变压器的基本方程式

1. 归算前的基本方程式

根据前面的分析可知，归算前的变压器的基本方程式如下：

$$\left. \begin{aligned} \dot{U}_1 &= -\dot{E}_1 + Z_1 \dot{I}_1 \\ \dot{U}_2 &= \dot{E}_2 - Z_2 \dot{I}_2 \\ N_1 \dot{I}_1 + N_2 \dot{I}_2 &= N_1 \dot{I}_0 \\ \dot{E}_1 &= k \dot{E}_2 \\ \dot{E}_1 &= -Z_0 \dot{I}_0 \\ \dot{U}_2 &= Z_L \dot{I}_2 \end{aligned} \right\} \tag{2-20}$$

2. 归算后的基本方程式

将式（2-20）中的二次侧各物理量用归算后的值代入，可得到归算后的基本方程式如下：

$$\left. \begin{aligned} \dot{U}_1 &= -\dot{E}_1 + Z_1 \dot{I}_1 \\ \dot{U}_2' &= \dot{E}_2' - Z_2' \dot{I}_2' \\ \dot{I}_1 + \dot{I}_2' &= \dot{I}_0 \\ \dot{E}_1 &= \dot{E}_2' \\ \dot{E}_1 &= -Z_0 \dot{I}_0 \\ \dot{U}_2' &= Z_L' \dot{I}_2' \end{aligned} \right\} \tag{2-21}$$

三、相量图

根据图 2-9 所示的变压器 T 形等效电路，可以画出变压器相应的相量图。相量图不仅可以表明变压器中的电磁关系，而且可以比较直观地看出变压器中各电磁量的大小和相位关系。

图 2-11 给出了电感性、电阻性和电容性三种负载下变压器的相量图。相量图中二次绕组的物理量采用归算后的物理量。下面具体介绍相量图的画法，画相量图时，以归算后的负载端电压 $\dot{U}_2'$ 为参考相量，根据负载阻抗性质的不同，画出归算后的二次电流 $\dot{I}_2'$；$\dot{U}_2'$ 加上归算后的二次漏电阻压降 $R_2' \dot{I}_2'$ 和二次漏电抗压降 $jX_2' \dot{I}_2'$，可以得到归算后的二次电动势 $\dot{E}_2'$；因为 $\dot{E}_2' = \dot{E}_1$，可得到相量 $-\dot{E}_1$，由于 Z_0 是电感性的，且 X_0 远大于 R_0，所以由等效电路可知 $\dot{I}_0$ 滞后于 $-\dot{E}_1$ 一个比较大的角度。画出 $\dot{I}_0$ 和 $-\dot{I}_2'$，两者相量相加得到 $\dot{I}_1$，根据 $-\dot{E}_1$，加上

$R_1\dot{I}_1$ 和 $jX_1\dot{I}_1$，便得到了 $\dot{U}_1$。

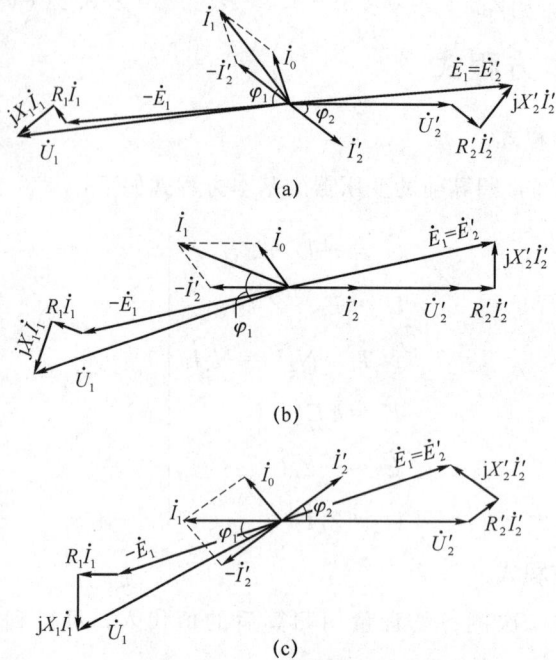

(a)

(b)

(c)

图 2-11　变压器的相量图

（a）电感性负载；（b）电阻性负载；（c）电容性负载

§2.4　变压器的参数测定

　　利用变压器等效电路进行变压器负载运行的计算，必须知道变压器的参数。下面介绍变压器的参数测定方法，这些参数可以通过空载试验和负载试验获取。

一、空载试验

　　空载试验又称开路试验，接线图如图 2-12 所示。试验在低压侧进行，即将低压绕组作为一次绕组，在一次绕组侧加上额定电压；二次绕组作为高压绕组，其输出端开路。通过空载试验，可以测定的数据有：一次绕组的电压 U_1，空载电流 I_0 和空载时损耗 P_0 以及二次绕组的电压 U_{20}。通过空载试验测定的数据可以求得变压器的变比、变压器的铁损耗以及变压器等效电路中的励磁阻抗。

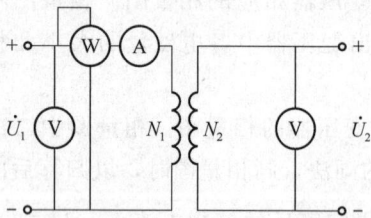

图 2-12　单相变压器空载试验接线图

　　空载试验测得的功率 P_0 包括两部分，即铁损耗和空载铜损耗。而空载运行时 $I_2 = 0$，空载运行时一次绕组的电流远远小于负载运行时一次绕组的电流，一次绕组的铜损耗很小，二次绕组没有铜损耗，所以空载时的铜损耗远小于正常运行的铜损耗。空载运行与正常运行时，一次绕组的电压和频率不变，都等于额定值，因而铁损耗也不变，且远大于空载铜损耗。空载铜损耗可以忽略，可以近似认为空载试验测得的功率 P_0 等于铁损耗 P_{Fe}。

由变压器 T 形等效电路可知，空载时，有

$$\frac{U_1}{I_0} = |Z_1 + Z_0|$$

由于变压器中的主磁通远大于它的漏磁通，空载试验时的铁损耗远大于空载试验时的铜损耗，即 $R \ll R_0$，$X_0 \gg X$，使得空载阻抗近似等于励磁阻抗，因此可求得

$$|Z_0| = \frac{U_1}{I_0} \tag{2-22}$$

根据式（1-31）和空载试验测得的功率 P_0 等于铁损耗 P_{Fe}，可以求得

$$R_0 = \frac{P_0}{I_0^2} \tag{2-23}$$

$$X_0 = \sqrt{|Z_0|^2 - R_0^2} \tag{2-24}$$

一般规定电压比等于高压绕组额定电压与低压绕组额定电压之比，因此

$$k = \frac{U_2}{U_1} \tag{2-25}$$

空载试验在变压器一次侧、二次侧都可以进行，通常为了安全起见，一般在低压侧进行。由于空载试验是在低压侧进行的，所求得的上述参数 $|Z_0|$、R_0 和 X_0 是低压侧的数值，如果该变压器实际工作时，高压绕组为一次绕组，分析时 $|Z_0|$、R_0 和 X_0 必须归算至高压侧，这时可将空载试验求得的上述参数乘以 k^2，即折算至高压侧的参数 $= k^2 \times$ 低压侧的参数。对于三相变压器，应用上述公式时，必须采用每相值，即一相的损耗以及相电压和相电流来进行计算。

二、负载试验

负载试验又称短路试验，其接线图如图 2-13 所示，试验在高压侧进行，即将高压绕组作为一次绕组，电压由零逐渐增加至电流等于额定电流为止，低压绕组作为二次绕组，输出端短路。负载试验测定的数据有一次绕组的电压 U_S、一次绕组电流 I_S 和功率 P_S。通过负载试验测定的数据，可求得铜损耗 P_{Cu}、短路阻抗 Z_S 和阻抗电压 U_S 等物理量。

负载试验所测得的功率 P_S 包括两部分，即因磁通交变而产生的铁损耗和短路电流在一次、二次绕组中产生的铜损耗。由于负载试验时二次侧短路，整个变压器等效电路的阻抗很小，为了避免一次和二次绕组

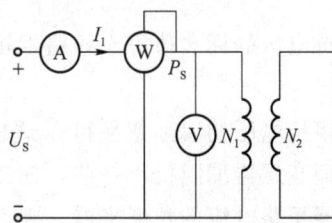

图 2-13 单相变压器负载试验接线图

因为电流过大而烧坏，在进行负载试验时，外施电压 U_S 必须很低，其值远小于额定电压，因而铁损耗远小于正常运行时的铁损耗。负载试验时其一次绕组的电流为额定电流，其铜损耗等于满载铜损耗，并且远大于此时的铁损耗，这时铁损耗可以忽略不计，因此负载试验时的损耗即为铜损耗，即 $P_{Cu} = P_S$。

短路时的电流为额定电流，可以利用变压器简化等效电路可知，在二次绕组短路情况

下，短路阻抗应有

$$|Z_s| = \frac{U_s}{I_s} \tag{2-26}$$

由简化等效电路求得，输出端短路时，铜损耗如下：

$$P_{Cu} = R_s I_s^2$$

而 $P_{Cu} = P_s$，故

$$R_s = \frac{P_s}{I_s^2} \tag{2-27}$$

$$X_s = \sqrt{|Z_s|^2 - R_s^2} \tag{2-28}$$

负载试验时，当绕组中的电流达到额定值时，额定电流通过短路阻抗时的电压称为阻抗电压。阻抗电压就是负载试验测得的一次绕组电压 U_s，阻抗电压是变压器一个很重要的参数，它标明在变压器的铭牌上。在铭牌上常用阻抗电压的标幺值来表示。标幺值用加 * 的符号来表示，其公式如下：

$$标幺值 = \frac{实际值}{基值} \tag{2-29}$$

基值一般取相应物理量的额定值，例如：

$$S_1^* = \frac{S_1}{S_N} \qquad\qquad S_2^* = \frac{S_2}{S_N}$$

$$U_1^* = \frac{U_1}{U_{1N}} \qquad\qquad U_2^* = \frac{U_2}{U_{2N}}$$

$$I_1^* = \frac{I_1}{I_{1N}} \qquad\qquad I_2^* = \frac{I_2}{I_{2N}}$$

$$|Z_1|^* = \frac{|Z_1|}{U_{1N}/I_{1N}} \qquad\qquad |Z_2|^* = \frac{|Z_2|}{U_{2N}/I_{2N}}$$

阻抗电压的标幺值推导如下：

$$U_s^* = \frac{U_s}{U_{1N}} = \frac{|Z_s| I_{1N}}{U_{1N}} = |Z_s|^*$$

即阻抗电压的标幺值等于短路阻抗模的标幺值，即

$$U_s^* = |Z_s|^* \tag{2-30}$$

阻抗电压的实际意义可以这样来理解：从运行性能考虑，要求变压器的阻抗电压小一些，即变压器漏阻抗小一些，使二次绕组端电压受负载变化而波动的影响小些；但是从限值变压器短路电流的角度来看，则希望阻抗电压大些，这样可以使变压器由于某种原因而引起短路时的过电流小一些，这就要求设计制造部门必须慎重考虑，兼顾两者的要求。

负载试验时绕组的温度与实际运行时的温度不一定相同，按照国家标准规定，要将绕组电阻换算成75 ℃时数值。设试验室的室温为 θ℃，换算公式如下
铜线绕组

$$R_{S75} = \frac{234.5+75}{234.5+\theta} R_{S\theta} \tag{2-31}$$

铝线绕组

$$R_{S75} = \frac{228+75}{228+\theta}R_{S\theta} \tag{2-32}$$

绕组电抗与温度无关，即

$$X_{S75} = X_{S\theta} \tag{2-33}$$

75 ℃时短路阻抗模

$$|Z_{S75}| = \sqrt{R_{S75}^2 + X_{S75}^2} \tag{2-34}$$

负载试验是在高压侧进行的，求得的 $|Z_S|$、R_S、X_S 是高压侧的数值。如果该变压器在实际工作时，低压绕组为一次绕组，分析时应将上面测得的 $|Z_S|$、R_S、X_S 折算至低压侧，即折算至低压侧的参数 $= \frac{1}{k^2} \times$ 折算至高压侧的参数。

三相变压器空载试验和短路试验的接线图如图 2-14 和图 2-15 所示，测得的电压为线电压，电流为线电流，功率为三相功率。在利用前述公式计算参数时，公式中的电压和电流应为相电压和相电流，功率应为每相功率。

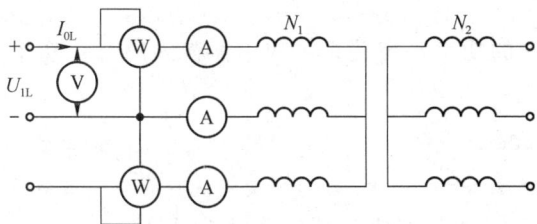

图 2-14　三相变压器空载试验接线图　　　图 2-15　三相变压器负载试验接线图

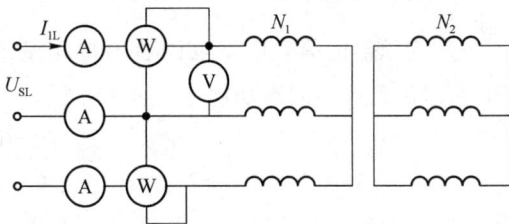

§2.5　变压器的运行特性

一、变压器的外特性和电压调整率

在保持一次电压 U_1 和负载功率因数 λ_2 不变的条件下，变压器二次电压 U_2 和电流 I_2 的关系 $U_2 = f(I_2)$ 称为变压器的外特性。从式（2-4）可以看出，负载变化引起 I_2 变化时，U_2 会随之发生变化。从变压器的相量图中可以看出，电感性和电阻性负载时的电压 U_2 小于空载电压 E_2，而在电容性负载情况下，负载电压 U_2 大于空载电压 E_2。因此，变压器在电感性、电阻性和电容性三种负载情况下的外特性如图 2-16 所示。

变压器二次侧电压 U_2 随二次侧电流 I_2 变化的程度可用电压调整率来表示。在一次电压为额定值，负载功率因数不变的情况下，变压器从空载到满载，二次侧电压变化的数值（$U_{2N} - U_2$）与空载电压（即额定电压）U_{2N} 比值的百分数，称为电压调整率，

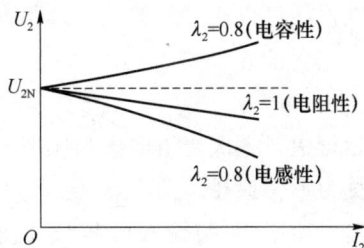

图 2-16　变压器的外特性

用 V_R 表示。电压调整率是标志变压器运行性能的主要指标之一，它反映了负载时的供电质量，即电压是否稳定。如果用公式表示，则为

$$V_R = \frac{U_{2N} - U_2}{U_{2N}} \times 100\% \tag{2-35}$$

如果折算至一次侧，则公式可改写成

$$V_R = \frac{U_{1N} - U_2'}{U_{1N}} \times 100\% \tag{2-36}$$

利用变压器简化等效电路还可以求得

$$V_R = (R_s \cos \varphi_2 + X_s \sin \varphi_2) \frac{I_{1N}}{U_{1N}} \times 100\% \tag{2-37}$$

计算时，要注意 φ_2 的正、负，负载为电感性时，取 $\varphi_2 > 0$；电阻性时，取 $\varphi_2 = 0$；电容性时，取 $\varphi_2 < 0$。常用的电力变压器在 $\lambda_2 = 0.8$（电感性）时，V_R 一般约为 5%。

二、变压器的损耗和效率

从变压器的等效电路可以看出单相变压器中的功率平衡关系。变压器输入的有功功率 P_1 和向负载输出的有功功率 P_2 分别为

$$P_1 = U_1 I_1 \cos \varphi_1 \tag{2-38}$$

$$P_2 = U_2 I_2 \cos \varphi_2 \tag{2-39}$$

输入功率与输出功率之差等于变压器的损耗，主要包括铜损耗和铁损耗，即

$$P_1 - P_2 = P_{Cu} + P_{Fe} \tag{2-40}$$

铜损耗主要包括一次绕组和二次绕组的铜损耗，其计算公式为

$$P_{Cu} = R_1 I_1^2 + R_2 I_2^2 \tag{2-41}$$

若用 T 形等效电路求铜损耗，则

$$P_{Cu} = R_1 I_1^2 + R_2' I_2'^2 \tag{2-42}$$

由于铜损耗与电流的平方成正比，随负载变化而变化，所以铜损耗又称为可变损耗。如果令 $\beta = \frac{I_1}{I_{1N}} = \frac{kI_1}{kI_{1N}} \approx \frac{I_2}{I_{2N}}$ 表示负载系数，则 $I_1 = \beta I_{1N}$，$I_2 = \beta I_{2N}$，将其代入式（2-41）中，则

$$P_{Cu} = \beta^2 I_{1N}^2 R_1 + \beta^2 I_{2N}^2 R_2 = \beta^2 P_S \tag{2-43}$$

式中，P_S 为一次绕组和二次绕组在额定电流时的铜损耗，可以通过负载试验求得。

铁损耗可以通过空载试验求得，即 $P_{Fe} = P_0$，铁损耗也可以通过等效电路求得，其公式如下：

$$P_{Fe} = R_0 I_0^2 \tag{2-44}$$

运行中，一次绕组电压和频率不变，铁损耗也就不变，不随负载的变化而变化，故铁损耗又称为不变损耗。

输出功率 P_2 与输入功率 P_1 比值的百分数称为变压器的效率，用 η 表示，即

$$\eta = \frac{P_2}{P_1} \times 100\% \tag{2-45}$$

若变压器的电压调整率 V_R 不大，可以忽略不计，则

$$U_2 = U_{2N}$$

$$P_2 = U_2 I_2 \cos \varphi_2 = U_{2N} \frac{I_2}{I_{2N}} I_{2N} \cos \varphi_2 = \beta S_N \cos \varphi_2 = \beta S_N \lambda_2$$

$$P_1 = P_2 + P_{Fe} + P_{Cu} = \beta S_N \lambda_2 + P_0 + \beta^2 P_S$$

由此得到效率的计算公式为

$$\eta = \frac{P_2}{P_1} = \frac{\beta S_N \lambda_2}{\beta S_N \lambda_2 + P_0 + \beta^2 P_S} \tag{2-46}$$

从式（2-46）可以看出，当功率因数不变时，变压器的效率将随负载而变化。在保持 U_1 和 λ_2 不变条件下，变压器效率 η 与 β 或 I_2 的关系 $\eta = f(I_2)$ 或 $\eta = f(\beta)$ 称为效率特性，如图 2-17 所示。

将式（2-46）对 β 求导数并令其为零，即令 $\frac{d\eta}{d\beta} = 0$，可以求得所产生最大效率 η_{max} 的条件是

$$P_0 = \beta^2 P_S \tag{2-47}$$

即

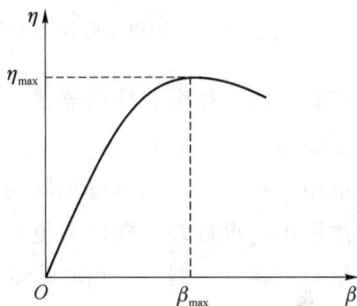

图 2-17　变压器的效率特性

$$P_{Fe} = P_{Cu} \tag{2-48}$$

从式（2-48）可见，不变损耗与可变损耗相等时，变压器的效率具有最大值。由式（2-46）可求得产生最大效率时的负载系数 β_{max} 为

$$\beta_{max} = \sqrt{\frac{P_0}{P_S}} \tag{2-49}$$

一般电力变压器最大效率时的负载系数 β_{max} 为 0.4～0.6。

变压器在规定的负载功率因数（一般取 $\lambda_2 = 0.8$ 电感性）下满载时的效率称为额定效率。它也是标志变压器运行性能的指标之一，一般电力变压器的额定效率为 95%～99%。在求三相变压器的效率时，式（2-45）和式（2-46）中的功率和损耗用三相总功率和总损耗代入，此时公式中的分子、分母都增加至 3 倍，公式仍然不变，因此式（2-45）和式（2-46）依然成立。

§2.6　三相变压器

一、三相变压器概述

三相电能的传输可以采用两种形式的变压器，一种是由三个独立单相变压器组成的变压器组，称为三相组式变压器（又称为三相变压器组）；另一种是铁芯为三相共有的变压器，称为三相心式变压器。三相组式变压器的结构如图 2-18 所示。三相心式变压器的结构如图 2-19 所示，绕有绕组的铁芯部分称为铁芯柱，它有三根铁芯柱，故又称三铁芯式三相变压器，每根铁芯柱上绕着属于同一相的高压绕组和低压绕组。

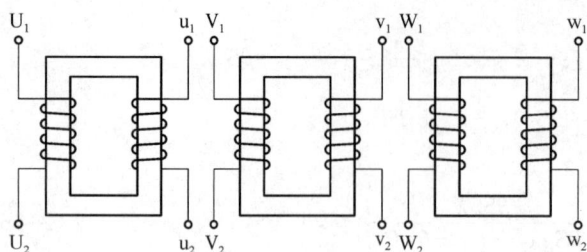

图 2-18 三相组式变压器的结构

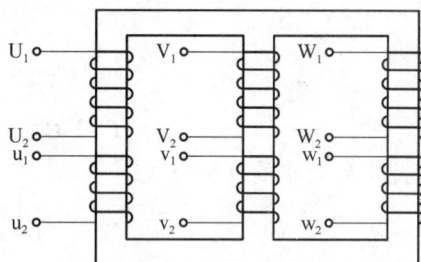

图 2-19 三相心式变压器的结构

工作时，将三相组式变压器或三相心式变压器的三个高压绕组 U_1U_2、V_1V_2、W_1W_2 和三个低压绕组 u_1u_2、v_1v_2、w_1w_2 分别按星形或三角形连接，然后将一次绕组接三相电源，二次绕组接三相负载。在容量相同的情况下，三相组式变压器虽然总体积和总重量较大，但每台的体积小、重量轻、搬运方便，而且运行时所需的储备容量小、比较安全可靠，通常用于大容量的三相变压器。三相心式变压器比三相组式变压器少了三根铁芯柱，总体积小、成本低、效率高，通常用于中小容量的三相变压器。

三相变压器的高、低压绕组既可以连接成星形，也可以连接成三角形。组合起来，便有多种连接方式。为了便于区别，国家标准规定，用大写的 Y、YN 和 D 分别表示高压绕组的无中性点引出星形连接、有中性点引出的星形连接和三角形连接；用小写字母 y、yn、d 分别表示低压绕组的无中性点引出星形连接、有中性点引出的星形连接和三角形连接。高、低压绕组的连接符号之间用逗号隔开。目前有 Y，yn、Y，d、Y，y 和 YN，y 连接，尤其前三种是应用最广泛的连接方式。

三相变压器每个绕组的电压和电流称为相电压和相电流，三相变压器从三相电源输入的电压和电流以及向三相负载输出的电压和电流称为线电压和线电流。分析三相变压器时，不仅要掌握相电压与相电流间的关系，而且要注意它们的线值与相值的关系以及三相功率的计算。三相变压器在向对称三相负载供电时，它的一次、二次绕组便是三相对称电路，各相的电压、电动势、电流大小相等，相位互差 120°，各相参数相等，对称三相变压器的研究和对称三相电路一样，仅需分析一相即可，即求出一相的电压、电流以后，就可以根据对称的关系直接得出其余两相的电压和电流，使三相问题简化成单相问题。

【例 2-4】 已知某三相变压器 Y，d 连接，向某对称三相负载供电，一次绕组的线电压 $U_{1L}=66\,kV$，线电流 $I_{1L}=15.76\,A$；二次绕组的线电压 $U_{2L}=10\,kV$，线电流 $I_{2L}=104\,A$，负载的功率因数 $\lambda_2=\cos\varphi_2=0.8$。求该变压器一、二次绕组的相电压和相电流以及变压器输出的视在功率、有功功率和无功功率。

解：（1）一次绕组的相电压和相电流。由于一次绕组为星形连接，故其相电压和相电流分别为

$$U_{1P}=\frac{U_{1L}}{\sqrt{3}}=\frac{66}{1.73}=38.15\,(kV)$$

$$I_{1P}=I_{2L}=15.76\,A$$

（2）二次绕组的相电压和相电流。由于二次绕组为三角形连接，故二次绕组的相电压和相电流分别为

$$U_{2P} = U_{2L} = 10 \text{ kV}$$

$$I_{2P} = \frac{I_{2L}}{\sqrt{3}} = \frac{104}{1.73} = 60.12 \text{ （A）}$$

（3）输出的视在功率、有功功率和无功功率。

$$S_2 = \sqrt{3} U_{2L} I_{2L} = 1.73 \times 10 \times 104 = 1\,799 \text{ （kV·A）}$$

$$P_2 = \sqrt{3} U_{2L} I_{2L} \cos \varphi_2 = 1.73 \times 10 \times 104 \times 0.8 = 1\,439 \text{ （kW）}$$

$$Q_2 = \sqrt{3} U_{2L} I_{2L} \sin \varphi_2 = 1.73 \times 10 \times 104 \times 0.6 = 1\,080 \text{ （kvar）}$$

或者

$$S_2 = 3 U_{2P} I_{2P} = 3 \times 10 \times 60.12 = 1\,804 \text{ （kV·A）}$$

$$P_2 = 3 U_{2P} I_{2P} \cos \varphi_2 = 3 \times 10 \times 60.12 \times 0.8 = 1\,443 \text{ （kW）}$$

$$Q_2 = 3 U_{2P} I_{2P} \sin \varphi_2 = 3 \times 10 \times 60.12 \times 0.6 = 1\,082 \text{ （kvar）}$$

二、三相变压器的连接组

连接组是用来说明变压器高、低压绕组的各种不同连接方式的，它由连接形式和连接组号两部分组成。三相变压器的连接形式有 Y，y、Y，d、D，y、D，d 等多种形式。三相变压器的连接组号有 0～11 十二个组号，通过高、低压绕组对应线电动势之间的相位差来反映连接组的不同，绕组的绕向和连接顺序等不同，它们的高、低压绕组之间线电动势的相位差便会不同。

上面阐述的 12 个连接组号是如何得来的呢？它是怎样反映高、低压绕组线电动势之间相位差的呢？下面就该问题进行详细阐述。为了说清楚此问题，还是要先从变压器相电动势之间相位关系进行分析。绕在同一铁芯柱上的两个绕组 $U_1 U_2$ 和 $u_1 u_2$ 有两种不同的绕法，如图 2-20 所示。图 2-20（a）中两个绕组绕向相同，图 2-20（b）中两个绕组绕向相反。设 U_1 与 u_1 是绕组的首端，U_2 与 u_2 是绕组的末端。主磁通变化时，在两绕组中分别产生感应电动势，选择电动势的参考方向是由绕组的末端指向首端。两个绕组绕向不同时，高、低压绕组中电动势的相位便会不同。

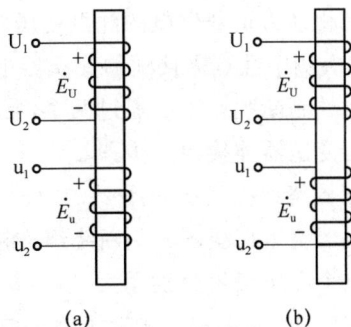

图 2-20　绕在同一铁芯柱上的两个绕组相电动势的相位关系

（a）绕向相同；（b）绕向相反

在图 2-20（a）中，两绕组绕向相同，电动势 $\dot{E}_U$ 和 $\dot{E}_u$ 的相位相同，两个首端 U_1 和 u_1 以及两个末端 U_2、u_2 都是同极性端。在图 2-20（b）中，两绕组绕向相反，电动势 $\dot{E}_U$ 和 $\dot{E}_u$ 相位相反，两个首端 U_1 和 u_1 以及两个末端 U_2、u_2 都是异极性端。可见，绕在同一铁芯柱上的两绕组中的电动势相位可以相同或相反。但是，三相变压器的高、低压绕组的线电动势却因连接方式的不同会出现不同的相位差。理论分析和实践证明，对于三相绕组，无论采用什么连接法，一次、二次绕组线电动势的相位差总是 30° 的整数倍。因此通常采用时钟表示法，即用钟面上 12 个数字来表示这种相位差。时钟表示法就是将高压绕组的线电动势（任取一个，例如 $\dot{E}_{UV}$）作为钟表的分针（长针）指向 12；低压绕组相对应的线电动势（例如 $\dot{E}_{uv}$）作为钟表的时针（短针），它所指示的钟点数即为变压器的连接组号。例如 Y，y1。连接方式为 Y，y，连接组号为 1，表示钟表指示在 1 点。再如 Y，d11，其连接方式为 Y，d，连接组号为 11，钟表指示在 11 点，即长针指在 12，短针指在 11，说明高压绕组的线电动势超前于低压绕组对应的线电动势 $11 \times 30° = 330°$。

国家标准规定以 Y，yn0、Y，d11、YN，d11、YN，y0、YN，y0 五种为标准连接组。高、低压绕组都为星形连接时，连接组号选 0。高压绕组为星形连接，低压绕组为三角形连接时，连接组号选 11。受铁芯磁路饱和的影响，当主磁通为正弦波时，励磁电流为非正弦波，不可避免地含有高次谐波分量。其中尤以三次谐波影响最大，而三次谐波在时间上是同相位的，星形连接如果没有中性线，则三次谐波电流无法通过，从而要影响主磁通的波形。若接成三角形，三次谐波电流就可以通过，不会对主磁通波形造成影响，因此在电力系统中，Y，y 和 Y，yn（空载时与 Y，y 情况相同）连接只适用于容量较小的三相心式变压器中。五种标准连接组的主要应用范围为：

（1）Y，yn0 主要应用于容量较小的配电变压器中，其二次侧有中性线引出构成三相四线制供电系统，既可用于照明负载，也可用于动力负载的供电。其高压侧额定电压一般不超过 35 kV，低压侧额定电压一般为 400 V（相电压为 230 V）；

（2）Y，d11 主要应用于容量较大的，二次额定电压超过 400 V 的线路中，高压侧额定电压一般不超过 35 kV，最大容量为 5 600 kV·A；

（3）YN，d11 主要应用于 110 kV 以上的高压输电线中，其高压侧可以通过中性点接地；

（4）Y，y0 主要应用于给三相动力负载供电的配电变压器中；

（5）YN，y0 主要应用于一次侧中性点需接地的变压器中。

如何进行三相变压器连接组的判断呢？下面通过两个例子来说明如何由绕组连接图判断它的连接组，并总结出判断三相变压器连接组的步骤。

【例 2-5】 已知某三相变压器绕组接线图如图 2-21（a）所示，试判断其连接组。

解：（1）首先观察三相变压器绕组接线图，判断绕组连接形式。

画在上面的是高压绕组，三个高压绕组分别用大写字母 U_1U_2、V_1V_2、W_1W_2 表示，其中 U_1、V_1、W_1 是首端，U_2、V_2、W_2 是末端；画在下面的是低压绕组，三个低压绕组分别用小写字母 u_1u_2、v_1v_2、w_1w_2 表示，其中 u_1、v_1、w_1 是首端，u_2、v_2、w_2 是末端。在绕组接线图中，三相绕组按相序从左向右依次排列。根据绕组接线图可以判断出该变压器的连接

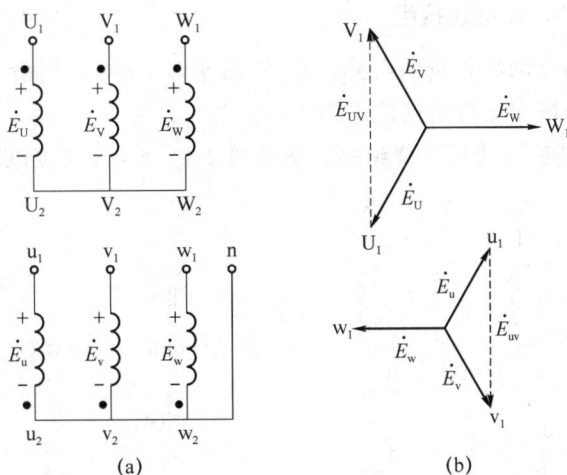

图 2-21　三相变压器绕组接线图和电动势相量图

(a) 绕组连线图；(b) 电动势相量图

形式为 Y，yn。

（2）在绕组接线图上标出高、低压绕组的相电动势和线电动势的参考方向。每个绕组中的电动势为相电动势，高压绕组中为 $\dot{E}_U$、$\dot{E}_V$、$\dot{E}_W$，低压绕组中为 $\dot{E}_u$、$\dot{E}_v$、$\dot{E}_w$，参考方向规定为由末端指向首端的方向，两首端之间的电动势为线电动势，例如高压绕组中的 $\dot{E}_{UV}$、$\dot{E}_{VW}$、$\dot{E}_{WU}$，低压绕组中的 $\dot{E}_{uv}$、$\dot{E}_{vw}$、$\dot{E}_{wu}$。为了图面的清晰和实际的需要可以只在高、低压绕组中各标出一个线电动势。

（3）画出高压绕组的电动势相量图。

可以先画其线电动势 $\dot{E}_{UV}$，再确定相电动势 $\dot{E}_U$、$\dot{E}_V$、$\dot{E}_W$。为了判断连接组号的方便，线电动势 $\dot{E}_{UV}$ 画在垂直向上位置，即指向钟表 12 的位置，并在相量上端（箭头端）标以 V_1，下端标以 U_1。然后画出相电动势 $\dot{E}_U$、$\dot{E}_V$、$\dot{E}_W$，三者大小相等，相位依次互差 $120°$。相电动势的画法与绕组的连接方式有关，绕组为星形连接时，相电动势应画成星形，如图 2-21（b）所示，其中 $\dot{E}_U$ 和 $\dot{E}_V$ 与 $\dot{E}_W$ 的夹角为 $30°$，$\dot{E}_W$ 则画在水平向右位置，顶端标以 W_1。由于相序为 $U-V-W$，故 U_1、V_1、W_1 在图中的顺序应为顺时针顺序。

（4）画出低压绕组的电动势相量图。

先画相电动势 $\dot{E}_u$、$\dot{E}_v$、$\dot{E}_w$，再确定线电动势 $\dot{E}_{uv}$。低压绕组的相电动势是根据它与高压绕组的相电动势间的相位关系画出来的。星形连接时，相电动势画成星形，u_1、v_1、w_1 的顺序应为顺时针顺序。在图 2-21（a）中，高、低压绕组的首端为异极性端，处于同一铁芯柱上的高、低压绕组的相电动势相位相反，即 $\dot{E}_u$ 与 $\dot{E}_U$，$\dot{E}_v$ 与 $\dot{E}_V$ 和 $\dot{E}_w$ 与 $\dot{E}_W$ 的相位都相反。分别画出与 $\dot{E}_U$、$\dot{E}_V$、$\dot{E}_W$ 反向平行的相量便得到了 $\dot{E}_u$、$\dot{E}_v$、$\dot{E}_w$，并在箭头端部标上字母 u_1、v_1 和 w_1。最后画出由 u_1 指向 v_1 的相量即为线电动势相量 $\dot{E}_{uv}$。

（5）判断连接组号，确定连接组。

由图 2-21（b）的电动势相量图可知，$\dot{E}_{uv}$ 滞后于 $\dot{E}_{UV}$ 180°，时针是指在钟表 6 的位置，因此连接组号为 6，即该变压器的连接组为 Y，yn6。

【例 2-6】 已知某三相变压器绕组接线图如图 2-22 所示，试判断其连接组。

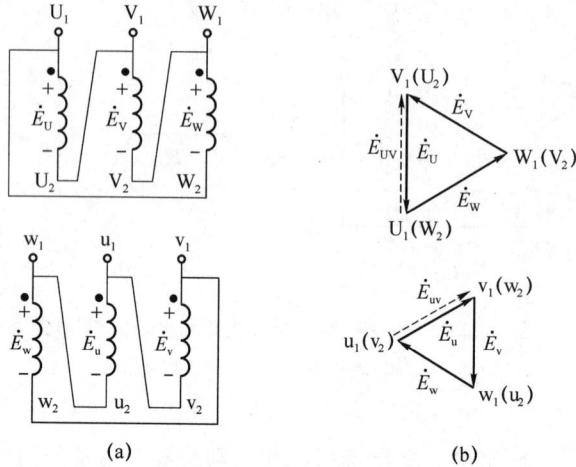

图 2-22　三相变压器绕组接线图和电动势相量图

(a) 绕组连接图；(b) 电动势相量图

解：（1）观察绕组接线图，判断连接形式。根据绕组接线图可以判断出图 2-22 所示变压器的连接形式为 D，d。

（2）在绕组接线图上标出高、低压绕组的相电动势和线电动势参考方向。相电动势的参考方向仍由绕组的末端指向首端，而线电动势只标出了高压绕组和低压绕组各一相，即 $\dot{E}_{UV}$ 和 $\dot{E}_{uv}$。

（3）画出高压绕组的电动势相量图。绕组为三角形连接时，相电动势应画成三角形，如图 2-22（b）所示，画图时可以以 $\dot{E}_{UV}$ 为垂直边画出一个等边三角形，由于 U_1、V_1、W_1 应为顺时针顺序，故 W_1 端应在 $\dot{E}_{UV}$ 的右边。然后确定三角形每条边所代表的相电动势。由于三角形连接有顺连和逆连之分，如果每相绕组的末端依次与后一相的首端相连，即 U_2 与 V_1、V_2 与 W_1、W_2 与 U_1 相连，这种连接顺序称为顺连，图 2-22（a）中的高压绕组就属于三角形顺连连接；如果每相绕组的末端依次与前一相的首端相连，即 U_2 与 W_1、W_2 与 V_1、V_2 与 U_1 相连，这种连接顺序称为逆连，图 2-22（a）中的低压绕组就属于三角形逆连连接。因此要根据连接方式的不同，判断出 U_1、V_1、W_1 与哪个末端相连。图 2-22（a）中高压绕组中，U_1 与 W_2、V_1 与 U_2、W_1 与 V_2 相连接，在图上 U_1、V_1、W_1 旁边加标 U_2、V_2、W_2，相电动势 $\dot{E}_U$ 应由 U_2 指向 U_1，$\dot{E}_V$ 应由 V_2 指向 V_1，$\dot{E}_W$ 应由 W_2 指向 W_1，由此可判断出高压绕组各相电动势相量位置和方向。

（4）画出低压绕组的电动势相量图。在图 2-22（a）中，高、低压绕组的首端为同极性端，但要注意低压绕组的 w、u、v 各相绕组是分别与高压绕组的 U、V、W 相绕组绕在同一铁芯柱上的。因此，$\dot{E}_w$ 与 $\dot{E}_U$，$\dot{E}_u$ 与 $\dot{E}_V$，$\dot{E}_v$ 与 $\dot{E}_W$ 的相位相同，分别画出与 $\dot{E}_U$、$\dot{E}_V$、$\dot{E}_W$ 同向平行的相量便得到了 $\dot{E}_w$、$\dot{E}_u$、$\dot{E}_v$。相量的箭头端为 w_1、u_1、v_1，另一端为 w_2、u_2、v_2。注意绕组的连接顺序，w_1 与 u_2，u_1 与 v_2，v_1 与 w_2 应为同一端，u_1、v_1、w_1 的顺序应为顺时针。同样，低压绕组为三角形连接时，相电动势也应画成三角形。最后画出由 u_1 指向 v_1 的相量即为低压绕组线电动势相量 $\dot{E}_{uv}$。

（5）判断连接组号，确定连接组。由 2-22（b）电动势相量图可知，$\dot{E}_{uv}$ 滞后于 $\dot{E}_{UV}$ 60°，时针是指在钟表 2 的位置，连接组号应为 2，该变压器的连接组为 D，d2。

根据上面两个例题可以得出，依据三相变压器绕组接线图，决定三相变压器连接组的步骤如下：

（1）首先观察三相变压器绕组接线图，判断绕组连接形式。

（2）在绕组接线图上标出高、低压绕组的相电动势和线电动势的参考方向，参考方向规定为由末端指向首端的方向。

（3）画出高压绕组的电动势相量图。可以先画其线电动势，再确定相电动势。为了判断连接组号的方便，线电动势通常画在垂直向上位置，即指向钟表 12 的位置，相电动势的画法与绕组的连接方式有关，绕组为星形连接时，相电动势应画成星形，绕组为三角形连接时，相电动势应画成三角形。

（4）画出低压绕组的电动势相量图。此时先画相电动势，再确定线电动势。低压绕组的相电动势是根据它与高压绕组的相电动势间的相位关系（也就是根据高低压绕组的同名端）确定出来的。

（5）根据高低压绕组电动势相量图，判断连接组号，确定连接组。

§2.7 三相变压器的稳态运行

变压器稳态运行的方式有两种，即一台变压器单独运行和多台变压器并联运行两种运行方式。本节仅探讨多台变压器并联运行时的运行特性。所谓变压器的并联运行，就是将变压器的一次绕组接到公共的电源上，二次绕组并联起来一起向外供电。变压器并联运行可以解决单台变压器供电不足的困难，提高供电的可靠性，减少储备容量，并且可以根据负载的大小来调整投入运行的变压器数量，提高运行效益。

一、理想并联运行

现以单相变压器为例来讨论变压器并联运行的理想状态，其结论也同样适用于三相变压器。电路如图 2-23 所示，变压器并联运行时，为了使各台变压器都能得到充分的利用，而且损耗最小，效率最高，并联运行以后希望达到下面一些理想情况：

（1）空载运行时，两台变压器二次侧的感应电动势应该具有相同的大小和相位，避免在两台变压器所构成的闭合回路中产生环流。图 2-23 所示为两台并联运行的变压器，即使在空载时，由于两个二次绕组自成回路，如果 $\dot{E}_1 \neq \dot{E}_2$，便会在变压器二次绕组内部产生电流，此电流称为环流。由于环流只在两个变压器所构成的闭合回路中流通，并不流到外面负载中

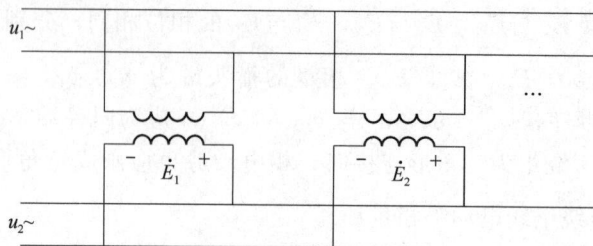

图 2-23 变压器的并联运行

去，因此增加了变压器的损耗，严重时甚至可能烧毁变压器。

（2）负载运行时，各台变压器分担的电流应该与它们的容量成正比，容量大的变压器承担的负载电流也大，容量小的变压器承担的负载电流也小，使各变压器都能同时达到满载，实现负载的合理分配。在变压器并联运行时，如果有一台变压器的电流已经达到满载，虽然其他变压器的负载电流还未达到额定值，但是整个并联组的负载电流也不允许继续增加，否则，这台已经达到满载的变压器将会过载。因此，只有各变压器都能同时达到满载的情况下，各变压器的容量才能得到充分的利用。

（3）各台变压器从同一相线上输出的电流相位相同，使得总电流等于各台变压器输出电流的算术和。当总负载电流一定时，只有在输出电流同相的情况下，各台变压器所承担的负载电流最小，因而铜损耗也最小。

二、理想并联运行的条件

要达到以上所描述的变压器并联运行的理想情况，就要满足下面一些条件：

（1）各台变压器的电压比相同。因为只有在变压比相等之后，一次侧并联到具有同一电压的电网，二次侧的电动势才能相等。

（2）各台变压器的连接组要相同。如果连接组不同，则 $\dot{E}_1$ 和 $\dot{E}_2$ 的相位不同，在三相变压器中线电动势相位也不同，至少差30°，会产生很大环流。因此，连接组必须相同。

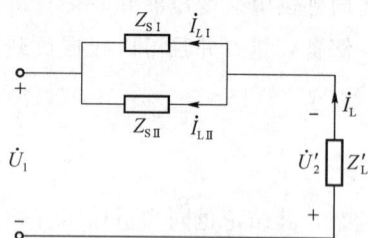

图 2-24 并联运行简化等效电路

（3）要保证各变压器所分担的负载电流正比于它们的容量，则各台变压器的短路阻抗标幺值要相等。短路阻抗标幺值相等指的是阻抗模的标幺值和阻抗角都要相等。这一条件关系到各台变压器的负载分配是否合理的问题，现以两台变压器并联运行为例来说明这个条件。画出并联运行时的简化等效电路如图 2-24 所示。

由图 2-24 可知：

$$Z_{SI}\dot{I}_{LI}=Z_{SII}\dot{I}_{LII}$$

$$\frac{\dot{I}_{LI}}{\dot{I}_{LII}}=\frac{Z_{SII}}{Z_{SI}}=\frac{|Z_{SII}|}{|Z_{SI}|}\angle(\varphi_{SII}-\varphi_{SI}) \tag{2-50}$$

从式（2-50）可以得到以下三点结论：

①各变压器承担的负载与它们的短路阻抗模成反比。

由于两台变压器的视在功率之比为

$$\frac{S_{\mathrm{I}}}{S_{\mathrm{II}}}=\frac{U_2' I_{\mathrm{LI}}}{U_2' I_{\mathrm{LII}}}=\frac{I_{\mathrm{LI}}}{I_{\mathrm{LII}}}=\frac{\left|Z_{\mathrm{SII}}\right|}{\left|Z_{\mathrm{SI}}\right|} \tag{2-51}$$

所以

$$S_{\mathrm{I}}:S_{\mathrm{II}}=I_{\mathrm{LI}}:I_{\mathrm{LII}}=\frac{1}{\left|Z_{\mathrm{SI}}\right|}:\frac{1}{\left|Z_{\mathrm{SII}}\right|} \tag{2-52}$$

由于变压器铭牌上给出的是阻抗电压的标幺值，将上述各量除以相应的额定值，并根据阻抗电压的标幺值等于短路阻抗模的标幺值这一结论，可得

$$S_{\mathrm{I}}^*:S_{\mathrm{II}}^*=I_{\mathrm{LI}}^*:I_{\mathrm{LII}}^*=\frac{1}{\left|Z_{\mathrm{SI}}\right|^*}:\frac{1}{\left|Z_{\mathrm{SII}}\right|^*}=\frac{1}{U_{\mathrm{SI}}^*}:\frac{1}{U_{\mathrm{SII}}^*} \tag{2-53}$$

因此，根据阻抗电压标幺值 U_{SI}^* 和 U_{SII}^*，便可以根据式（2-53）求出各台变压器所分担的负载（这里负载指视在功率或输出电流）。如果是三台变压器并联运行，则有

$$S_{\mathrm{I}}^*:S_{\mathrm{II}}^*:S_{\mathrm{III}}^*=I_{\mathrm{LI}}^*:I_{\mathrm{LII}}^*:I_{\mathrm{LIII}}^*=\frac{1}{\left|Z_{\mathrm{SI}}\right|^*}:\frac{1}{\left|Z_{\mathrm{SII}}\right|^*}:\frac{1}{\left|Z_{\mathrm{SIII}}\right|^*}=\frac{1}{U_{\mathrm{SI}}^*}:\frac{1}{U_{\mathrm{SII}}^*}:\frac{1}{U_{\mathrm{SIII}}^*} \tag{2-54}$$

②各变压器的短路阻抗模的标幺值相等，即各变压器的阻抗电压标幺值相等时，各变压器分担的负载与它们的容量成正比。

因为从式（2-54）可知，当 $\left|Z_{\mathrm{SI}}\right|^*=\left|Z_{\mathrm{SII}}\right|^*$，即 $U_{\mathrm{SI}}^*=U_{\mathrm{SII}}^*$ 时

$$S_{\mathrm{I}}^*:S_{\mathrm{II}}^*=I_{\mathrm{LI}}^*:I_{\mathrm{LII}}^*=1$$

即

$$\frac{S_{\mathrm{I}}}{S_{\mathrm{NI}}}:\frac{S_{\mathrm{II}}}{S_{\mathrm{NII}}}=\frac{I_{\mathrm{LI}}}{I_{\mathrm{NI}}}:\frac{I_{\mathrm{LII}}}{I_{\mathrm{NII}}}=1$$

因而

$$S_{\mathrm{I}}:S_{\mathrm{II}}=S_{\mathrm{NI}}:S_{\mathrm{NI}}$$

$$I_{\mathrm{LI}}:I_{\mathrm{LII}}=I_{\mathrm{NI}}:I_{\mathrm{NII}}$$

③各台变压器的短路阻抗角相等时，各台变压器电流的相位相同，总负载为各变压器承担的负载的算术和。

因为当 $\varphi_{\mathrm{I}}=\varphi_{\mathrm{II}}$ 时，由式（2-50）可知 $\dot{I}_{\mathrm{LI}}$ 与 $\dot{I}_{\mathrm{LII}}$ 相位相同，因此总负载电流和总视在功率分别为

$$I_{\mathrm{L}}=I_{\mathrm{LI}}+I_{\mathrm{LII}}$$

$$S=S_{\mathrm{I}}+S_{\mathrm{II}}$$

可见，在短路阻抗的标幺值相等，包括短路阻抗模的标幺值相等，阻抗角也相等的情况下，各变压器负载分配最理想。不过实际变压器的短路阻抗角相差 20°以下时，电流的相量和同电流代数和之间，相差很小，所以一般不考虑阻抗角的影响，认为二次侧电流是同相位的。短路阻抗模的标幺值相差太大的变压器不宜并联运行，一般相差不要大于其平均值的 10%。

【例 2-7】 已知两台电压比和连接组相同的变压器并联运行，它们的容量和阻抗电压标幺值分别为 $S_{\mathrm{NI}}=100\ \mathrm{kV \cdot A}$，$U_{\mathrm{SI}}^*=0.04$；$S_{\mathrm{NII}}=100\ \mathrm{kV \cdot A}$，$U_{\mathrm{SII}}^*=0.045$。求：（1）当

总负载为 $200\,kV\cdot A$ 时，两台变压器各自承担的负载是多少？（2）为了不使两台变压器过载，并联变压器组所能供给的最大负载是多少？

解：（1）两台变压器各自承担的负载

$$S_I^* : S_{II}^* = \frac{1}{U_{SI}^*} : \frac{1}{U_{SII}^*}$$

$$\frac{S_I}{100} : \frac{S_{II}}{100} = \frac{1}{0.04} : \frac{1}{0.045}$$

$$\frac{S_I}{S_{II}} = \frac{0.045}{0.04} = \frac{4.5}{4}$$

$$S_{II} = \frac{4}{4.5}S_I$$

$$S_I + S_{II} = S_L = 200\,kV\cdot A$$

$$S_I + \frac{4}{4.5}S_I = 200\,(kV\cdot A)$$

$$S_I = \frac{200}{1+\frac{4}{4.5}} = 106\,(kV\cdot A)$$

$$S_{II} = 200 - S_I = 200 - 106 = 94\,(kV\cdot A)$$

（2）变压器不过载时的最大负载。这里需要强调的是，对于求变压器不过载时的最大负载问题，由于阻抗电压最小的变压器先达到满载，因此应使阻抗电压最小的变压器达到其满载容量，然后根据各台变压器容量比之间的关系求出其余变压器的容量，最后将所求出各台变压器的容量相加得到不使任一变压器过载时的并联变压器组所能供给的最大负载。

本题中，由于 $S_I = 106\,kV\cdot A$，已过载，要不过载，只能使 $S_I = 100\,kV\cdot A$，因此

$$S_{II} = \frac{4}{4.5}S_I = \frac{4}{4.5}\times100 = 89\,(kV\cdot A)$$

$$S_L = S_I + S_{II} = 100 + 89 = 189\,(kV\cdot A)$$

§2.8 自耦变压器和三绕组变压器

前面以普通双绕组变压器为例，阐述了变压器的基本理论，尽管变压器种类繁多，规格都有不同，但是其基本理论都是相同的，不再一一做讨论。本节主要介绍较常用的自耦变压器和三绕组变压器的工作原理及其结构特点。

一、自耦变压器

普通双绕组变压器一次、二次绕组之间仅有磁的耦合，并没有电的联系。而自耦变压器只有一个绕组。这一个绕组可能是一次绕组，同时一次绕组的一部分兼作二次绕组用；也可能是二次绕组，同时它的一部分兼作一次绕组用，因此自耦变压器一次、二次绕组之间既有磁的耦合，又有电的联系。自耦变压器常被用于高、低电压比较接近的场合。在工厂和实验室里，其通常用作调压器和交流电动机的减压启动设备等。自耦变压器也有单相和三相之

分。本节以单相自耦变压器为例来分析其基本工作原理，所得结论对三相自耦变压器的每一相也是适用的。自耦变压器可以看成是普通双绕组变压器的一种特殊连接，如图 2-25 所示。把一台双绕组变压器的高压绕组和低压绕组串联起来，其中一个作串联绕组（仅作一次绕组或仅作二次绕组的部分称为串联绕组），另一个作公共绕组（其绕组既作一次绕组又作二次绕组的部分称为公共绕组）。如图 2-25 (a) 所示，将串联绕组加上公共绕组作为一次绕组，公共绕组兼作二次绕组，则为降压自耦变压器。如图 2-25 (b) 所示，将串联绕组加上公共绕组作为二次绕组，公共绕组兼作一次绕组，则为升压自耦变压器。

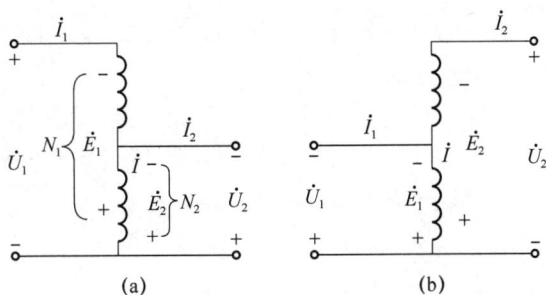

图 2-25 自耦合变压器

(a) 降压自耦变压器；(b) 升压自耦变压器

自耦变压器一、二次绕组的电动势平衡方程式与普通双绕组变压器相同，忽略漏阻抗，则电压比为

$$\frac{U_1}{U_2} = \frac{E_1}{E_2} = \frac{N_1}{N_2} = k \tag{2-55}$$

式中，N_1 和 N_2 是一、二次绕组的匝数。

自耦变压器的磁通势平衡方程式也与普通双绕组变压器相同，即

$$N_1 \dot{I}_1 + N_2 \dot{I}_2 = N_1 \dot{I}_0$$

在空载电流可以忽略的情况下

$$N_1 \dot{I}_1 + N_2 \dot{I}_2 = 0$$

则

$$\frac{I_1}{I_2} = \frac{N_2}{N_1} = \frac{1}{k} \tag{2-56}$$

公共绕组的电流

$$\dot{I} = \dot{I}_1 + \dot{I}_2 \tag{2-57}$$

由于忽略 $\dot{I}_0$ 后，$\dot{I}_1$ 与 $\dot{I}_2$ 相位相反，故在数值上

$$I = |I_1 - I_2| \tag{2-58}$$

在降压自耦变压器中，$I_1 < I_2$，在升压自耦变压器中，$I_1 > I_2$。

由于 I、I_1 以及 I_2 三个量都不相等，公共绕组和串联绕组可以用不同截面积的材料绕制，从而节省了材料。所以自耦变压器具有重量轻、价格低、效率高的优点。自耦变压器的容量与普通双绕组变压器相同，即

$$S_N = U_{2N}I_{2N} = U_{1N}I_{1N} \qquad (2\text{-}59)$$

自耦变压器的视在功率由两部分组成：一部分是经公共绕组通过电磁感应传递的容量，称为感应功率 S_i，另一部分是经串联绕组直接传导到负载的容量，称为传导功率 S_t。传导功率不需要增加绕组容量，也就是说，自耦变压器负载可以直接向电源吸取部分功率，这种情况是普通双绕组变压器所没有的，这是自耦变压器独有的特点。在 S_N 一定时，电压比 k 越接近于 1，I_1 越接近 I_2，I 越小、感应功率 S_i 越小，传导功率 S_t 所占比例就越大，经济效果越显著。

在降压变压器中

$$S_2 = U_2 I_2 = U_2(I + I_1) = U_2 I + U_2 I_1 = S_i + S_t$$
$$S_i = U_2 I, \quad S_t = U_2 I_1$$

在升压变压器中

$$S_1 = U_1 I_1 = U_1(I + I_2) = U_1 I + U_1 I_2 = S_i + S_t$$
$$S_i = U_1 I, \quad S_t = U_1 I_2$$

二、三绕组变压器

每相有三个绕组和三个电压等级的变压器称为三绕组变压器。这种变压器每相都有高压、中压和低压三个绕组，同心绕在同一个铁芯柱上，其绕组的排列方式如图 2-26 所示。

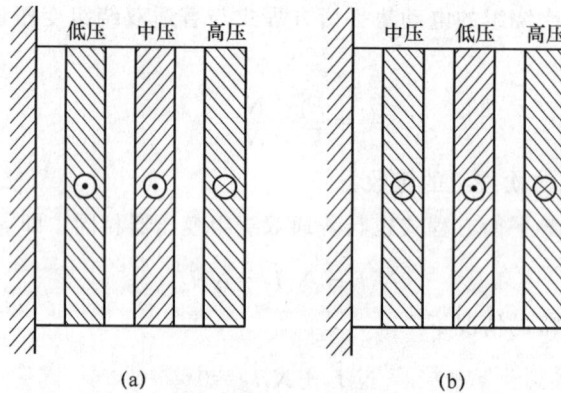

图 2-26 三绕组变压器绕组的两种排列方式
(a) 降压变压器 (b) 升压变压器

在电力系统中，三绕组变压器大多用于二次侧需要两种不同电压的电力系统，或者由两条不同电压等级的线路通过三绕组变压器共同供电。在工厂和民用设施中，还经常利用单相三绕组变压器提供两种不同等级的电压。图 2-27 所示为三绕组变压器，其一次绕组接电源，两个二次绕组向外提供两种不同的电压，现以此为例来说明它的工作原理。

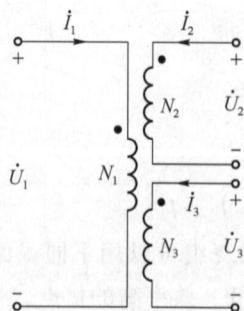

图 2-27 三绕组变压器示意图

空载时，三绕组变压器三个绕组的电压关系为

$$\left.\begin{array}{l} \dfrac{U_1}{U_2}=\dfrac{N_1}{N_2}=k_{12} \\[2mm] \dfrac{U_1}{U_3}=\dfrac{N_1}{N_3}=k_{13} \\[2mm] \dfrac{U_2}{U_3}=\dfrac{N_2}{N_3}=k_{23} \end{array}\right\} \tag{2-60}$$

负载时式（2-60）所表示的关系误差较大，因此用简化等效电路来分析。将两个二次绕组归算至一次侧，则

$$U_2'=k_{12}U_2$$
$$U_3'=k_{13}U_3$$
$$I_2'=\frac{1}{k_{12}}I_2$$
$$I_3'=\frac{1}{k_{13}}I_3$$

得到的简化等效电路如图 2-28 所示，图中 X_1、X_2' 和 X_3' 称为等效电抗。它们与普通双绕组变压器中的漏电抗有所不同，这是因为在三绕组变压器中存在两种漏磁通：

（1）自漏磁通。该磁通只与一个绕组交链，经空气而闭合的磁通；

（2）互漏磁通。该磁通只与两个绕组交链，经空气而闭合。

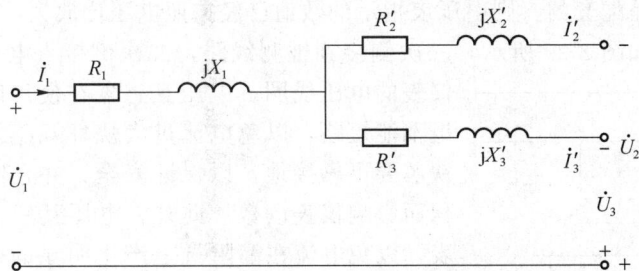

图 2-28　三绕组变压器的简化等效电路

双绕组变压器只有自漏磁通，没有互漏磁通，其漏电抗是与自漏磁通对应的。而三绕组变压器中的等效电抗是与自漏磁通和互漏磁通两种漏磁通对应的。有相互感应的两绕组之间等效电感与两绕组各自的自感 L_1、L_2 和互感 M 之间的关系如下：

$$L=L_1+L_2\pm 2M$$

因此，由于互漏磁通的影响，等效电感可能为正，也可能为负。由简化等效电路可求得负载运行时三绕组变压器的电压关系如下：

$$\dot{U}_1+\dot{U}_2'=Z_1\dot{I}_1-Z_2'\dot{I}_2'$$
$$\dot{U}_1+\dot{U}_3'=Z_1\dot{I}_1-Z_3'\dot{I}_3' \tag{2-61}$$

式中

$$Z_1=R_1+jX_1$$
$$Z_2'=R_2'+jX_2'$$
$$Z_3'=R_3'+jX_3'$$

三绕组变压器负载运行时的电流关系仍应满足磁通势平衡方程式

$$N_1\dot{I}_1 + N_2\dot{I}_2 + N_3\dot{I}_3 = N_1\dot{I}_0 \tag{2-62}$$

折算后，由三绕组变压器简化等效电路可得

$$\dot{I}_1 + \dot{I}'_2 + \dot{I}'_3 = 0 \tag{2-63}$$

每个绕组的额定电压与额定电流的乘积称为绕组容量。在双绕组变压器中，高、低压绕组的绕组容量相同，而且就是变压器的容量。在三绕组变压器中，三个绕组的绕组容量不一定相同，因而变压器容量只是三个绕组中容量最大那个绕组的绕组容量，工作时各个绕组的视在功率都不得超过各自的绕组容量。

§2.9 互 感 器

互感器是一种测量用的变压器，它又分为电压互感器和电流互感器两种。

一、电压互感器

测量高压线路的电压时，如果用电压表直接测量，不仅对工作人员很不安全，而且仪表的绝缘也需要大大加强，这样会给仪表制造带来困难，故需用一定电压比的电压互感器将高电压变换成低电压，然后在电压互感器二次侧连接电压表测量电压。电压表的读数是按照电压比放大的数值，很接近高电压的实际值，一般电压互感器的二次电压均为 100 V。如果电压表与电压互感器是配套的，则电压表指示的数值已经按照电压比放大，可以直接读取。电压互感器的接线图如图 2-29 所示，一次侧接到被测线路，二次侧接入电压表或者其他测量仪表的电压线圈。电压互感器在使用时要注意，二次绕组不能短路，以免电流过大烧坏互感器，二次绕组连同铁芯要可靠接地，以保证安全，并且防止因静电荷的累积而影响仪表读数。此外，电压互感器不宜接过多的仪表，以免电流在漏阻抗上产生明显的电压降，影响互感器测量的准确性。因为电压表和其他测量仪表的电压线圈阻抗很高，所以电压互感器在使用时，相当于一台二次侧处于空载状态的降压变压器。按照电压比误差的绝对值，电压互感器的精度分成 0.5、1.0 和 3.0 三级。

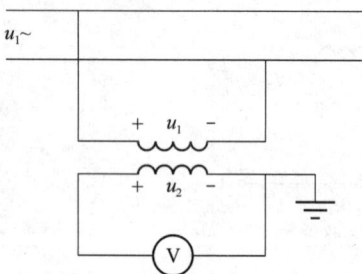

图 2-29 电压互感器的接线图

二、电流互感器

测量高压线路里的电流或测量大电流时，同测量高电压一样，也不宜将仪表直接接入电路，而是用一台有一定电压比的升压变压器，即电流互感器将高压线路隔开，或将大电流变小，再用电流表进行测量。和使用电压互感器一样，电流表读数按照额定变流比放大，得出被测电流的实际值，或者电流表指示数值就是电流的实际值。电流互感器一次额定电流的范围可为 5～25 000 A，二次侧电流均为 5 A 或 1 A。电流互感器的接线图如图 2-30 所示。

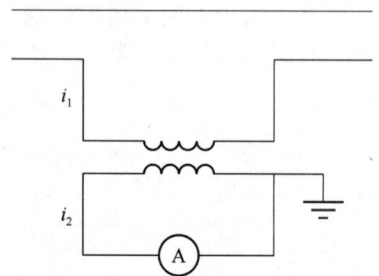

图 2-30 电流互感器的接线图

电流互感器在使用时要注意二次绕组不要开路，否则由于 $N_2I_2=0$，剩下的 N_1I_1 会使磁通 Φ_m 大大增加，有可能产生很大的电动势，损坏互感器的绝缘并危害工作人员的安全。为安全起见，尤其是在一次电压很高时，二次绕组一端连同铁芯要可靠接地。此外，电流互感器不宜接过多仪表，以免影响测量的准确性。电流互感器存在变流比和相位两种误差。这些误差也是由电流互感器本身的励磁电流和漏阻抗以及仪表的阻抗等一些因素引起的，也应从设计和材料两方面着眼去减小这些误差。按照额定变流比误差，电流互感器分成 0.2、0.5、1.0、3.0、10.0 五级。

本 章 小 结

本章以单相双绕组变压器为例介绍其工作原理、结构特点、运行分析、参数测定，在此基础上介绍了三相变压器、自耦变压器和互感器。变压器不同于电机，不能进行机电能量或信号的转换，只能进行能量或信号的传递，由于其工作原理也是建立在电磁感应和磁通势平衡这两个关系的基础上，所以将变压器归于电机范畴。由于变压器内部的磁通量所通过的磁路性质不同，所以将变压器内部的磁通量分成主磁通和漏磁通来处理，然后引入励磁阻抗和漏阻抗这些不同性质的参数去反映交变磁通对电路的影响。通过变压器的基本方程式、相量图和等效电路定性分析变压器运行情况。对于已制成的变压器的参数可以通过空载试验和负载试验来测定。

三相变压器在对称负载下运行时，它的每一相就相当于一个单相变压器，所以完全可用单相变压器的基本方程式、相量图和等效电路这些工具来讨论。在三相变压器连接组问题上要注意绕组连接、绕组绕向及端子标志与电压相位的关系。

自耦变压器的特点是一次、二次绕组之间不仅有磁的耦合，还有电的联系。自耦变压器有一系列的优点，例如用料省、损耗小、体积小、效率高等，但是由于一次、二次绕组之间有电的联系，故其内部绝缘和过电压保护都需要加强。电压互感器和电流互感器是一种测量用的变压器，其误差问题是一个主要问题，因此电压互感器和电流互感器是以误差来分等级的。需要注意的是，电压互感器在使用中不能短路，而电流互感器在使用中不能开路，并且二次绕组均要可靠接地。

思考题与练习题

1. 变压器能否用来变换直流电压？
2. 在求变压器的电压比时，为什么一般都用空载时高低绕组电压之比来计算？
3. 为什么变压器一、二次绕组电流与匝数成反比，只有在满载和接近满载时才成立？空载时为什么不成立？
4. 额定电压为 10 000/230 V 的变压器，是否可以将低压绕组接在 380 V 的交流电源上工作？
5. 变压器长期运行时，实际工作电流是否可以大于、等于或小于额定电流？
6. 变压器的额定功率为什么用视在功率而不用有功功率表示？
7. 为什么说变压器的一次侧电压 U_1 不变，则铁损耗不变？
8. 变压器在额定电压下进行空载试验和额定电流下进行负载试验时，电压加在高压侧

测得的 P_0 和 P_S 与电压加在低压侧测得的结果是否相同？

9. 电压调整率与哪些因素有关？是否会出现负值？

10. 连接组为 Y，d5 的三相变压器，其高压绕组线电动势与对应的低压绕组的线电动势的相位差是多少？

11. 两台变压器并联运行，它们的容量相同而阻抗电压标幺值不同，试问谁分担的负载多？

12. 两台变压器并联运行，阻抗电压标幺值相同而容量不同，试问谁分担的负载多？

13. 连接组分别为 Y，y4 和 D，d4 的两台变压器能否并联运行？

14. 某单相变压器，一次绕组加 10 000 V 的电压，空载时，二次电压为 230 V；满载时二次电流为 217 A。求这台变压器的电压比和满载时的一次电流。

15. 一单相变压器，一次绕组匝数 $N_1 = 783$ 匝，电阻 $R_1 = 0.6\ \Omega$，漏电抗 $X_1 = 2.45\ \Omega$；二次绕组匝数 $N_2 = 18$ 匝，电阻 $R_2 = 0.002\ 9\ \Omega$，漏电抗 $X_2 = 0.001\ 2\ \Omega$。设空载和负载时 Φ_m 不变，且 $\Phi_m = 0.057\ 5\ \Omega$，$U_1 = 10\ 000\ V$，$f = 50\ Hz$。空载时，$\dot{U}_1$ 超前于 $\dot{E}_1 180.01°$，负载阻抗 $Z_L = (0.05 - j0.016)\ \Omega$。求：（1）电动势 E_1 和 E_2；（2）空载电流 I_0；（3）负载电流 I_2 和 I_1。

16. 晶体管功率放大器电路输出端需接一个电阻 $R_L = 8\ \Omega$ 的扬声器。对扬声器而言，功率放大电路相当于一个交流电源，其电动势 $E_S = 8.5\ V$，内电阻 $R_S = 72\ \Omega$。现采用下述两种方法将扬声器接至功率放大电路输出端：（1）直接接入；（2）经电压比 $k = 3$ 的变压器接入。求这两种接法下功率放大电路的输出电流和输出功率。

17. $S_N = 75\ kV \cdot A$ 的三相变压器，以 400 V 的线电压供电给三相对称负载，设负载为星形连接，每相负载阻抗 $Z_L = (2 - j1.5)\ \Omega$。求此变压器能否负担该负载？

18. 某三相变压器 Y，yn 连接。$S_N = 63\ kV \cdot A$，$U_{1N}/U_{2N} = 6.3/0.4\ kV$，$R_1 = 6\ \Omega$，$X_1 = 8\ \Omega$，$R_2 = 0.024\ \Omega$，$X_2 = 0.04\ \Omega$，$R_0 = 1\ 500\ \Omega$，$X_0 = 6\ 000\ \Omega$，高压绕组作一次绕组，加上额定电压，低压绕组向一星形连接的对称三相负载供电，负载每相阻抗 $Z_L = (2.4 + j1.2)\ \Omega$。采用 T 形等效电路，求：（1）该变压器一、二次电流的实际值是多少？（2）分析该变压器是否过载。

19. 一单相变压器，$S_N = 50\ kV \cdot A$，$U_{1N}/U_{2N} = 10\ 000/230\ V$，$R_1 = 40\ \Omega$，$X_1 = 60\ \Omega$，$R_2 = 0.02\ \Omega$，$X_2 = 0.04\ \Omega$，$R_0 = 2\ 400\ \Omega$，$X_0 = 12\ 000\ \Omega$。当该变压器作降压变压器向外供电时，二次电压 $U_2 = 215\ V$，电流 $I_2 = 180\ A$，功率因数 $\lambda_2 = 0.8$（电感性）。采用变压器的基本方程式求该变压器的 I_0、I_1 和 U_1。

20. 根据图 2-31 所示三相变压器的接线图，画出电动势相量图并确定其连接组。

21. 画出连接组为 Y，y2 和 Y，d5 的绕组连接图。

22. 三台电压比、连接组和阻抗电压的标幺值都相等的变压器并联运行。它们的容量分别是 $S_{N1} = 100\ kV \cdot A$，$S_{N2} = 200\ kV \cdot A$，$S_{N3} = 400\ kV \cdot A$。求：（1）总负载为 560 kV·A 时，它们各自分担的负载为多少？（2）它们能承担的最大总负载为多少？

23. 三台电压比、连接组和容量都相同的变压器并联运行，它们的阻抗电压标幺值分别为 $U_{S1}^* = 4\%$、$U_{S2}^* = 4.5\%$、$U_{S3}^* = 6\%$。求：（1）当它们输出的总视在功率为 1 380 kV·A 时，它们各自分担的视在功率为多少？（2）当三台变压器的容量 $S_N = 630\ kV \cdot A$ 时，它们能输出的最大视在功率为多少？

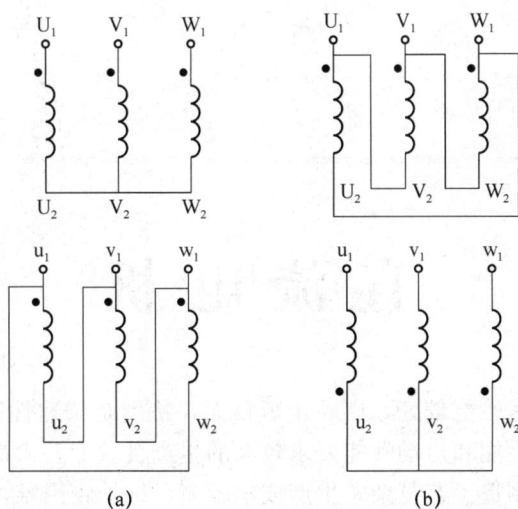

(a)　　　　　　　　(b)

图 2-31　绕组连接图

24. 某单位原用一台 Y，yn0，$S_N = 500$ kV·A，$U_{1N}/U_{2N} = 10/0.4$ kV，$U_S^* = 4.5\%$ 的变压器供电。由于用电量增加需从以下四台备用的变压器中选择一台与原变压器并联运行。这四台备用变压器的数据分别如下。

变压器 1：Y，yn6，500 kV·A，10/0.4 kV，$U_S^* = 4.5\%$。

变压器 2：Y，yn0，500 kV·A，6.3/0.4 kV，$U_S^* = 4.5\%$。

变压器 3：Y，yn0，200 kV·A，10/0.4 kV，$U_S^* = 4.5\%$。

变压器 4：Y，yn0，315 kV·A，10/0.4 kV，$U_S^* = 4\%$。

求：(1) 这四台变压器中可以选用的是哪几台？(2) 通过计算说明选用它们与原变压器并联运行时的最大供电量是多少？

25. 一单相自耦变压器，$S_N = 2$ kV·A，一次额定电压 $U_{1N} = 220$ V，二次电压可以调节，当二次电压调节到 $U_2 = 100$ V 时，输出电流 $I_2 = 10$ A。求这时串联绕组的电流 I_1，公共绕组的电流 I 以及输出视在功率、感应功率和传导功率。

26. 一台普通的双绕组变压器，$S_N = 3$ kV·A，$U_{1N}/U_{2N} = 230/115$ V，现将它改接成自耦变压器。求下述两种接法下的变压器容量以及满载运行时的感应功率和传导功率：(1) 接成 345/115 V 的降压自耦变压器；(2) 改接成 230/345 V 的升压自耦变压器。

27. 三绕组变压器，高压绕组容量 $S_{NH} = 100$ kV·A，中压绕组容量 $S_{NM} = 50$ kV·A，低压绕组容量 $S_{NL} = 100$ kV·A。现将高压绕组接电源，中压绕组和低压绕组接功率因数相同的电感性负载。试求在低压绕组视在功率分别为 80 kV·A、50 kV·A、20 kV·A 三种情况下，中压绕组允许输出的视在功率是多少？

28. 利用一台额定电压为 6 000/100 V 的电压互感器和一台额定电流为 100/5 A 的电流互感器测量某电路的电压和电流。测得电压互感器二次电压为 80 V，电流互感器二次电流为 4 A，求被测电路的电压和电流为多少？

第 3 章

直 流 电 机

由于直流电动机调速性能较好，启动转矩较大，特别是调速性能为交流电动机所不及，因此在对电动机的调速性能和启动性能要求较高的生产机械上，大都使用直流电动机进行拖动。但是直流电动机的制造工艺复杂，生产成本较高，维护较困难，可靠性较差。所以，在工业拖动系统中，直流电动机与交流电动机各有自己的适用范围。直流发电机与直流电动机一样有上述缺点，随着电力电子技术的发展，特别是在大功率电力电子器件问世以后，直流发电机也有被可控整流电源取代的趋势，但从供电的质量和可靠性来看，直流发电机仍具有一定的优势。因此在某些场合，例如化学工业中的电镀、电解等设备，直流电焊机和某些大型同步电动机的励磁电源以及某些移动运输机械，在缺少交流电源时，仍然使用直流发电机作为供电电源。

§3.1 直流电机的工作原理与额定值

一、直流电机的工作原理

1. 直流电动机的工作原理

图 3-1 所示为直流电动机的工作原理示意图，图中 N 和 S 是一对固定不动的磁极，用以产生所需要的磁场。除容量很小的电机是用永磁磁铁做成磁极外，容量较大一些的电机，磁场都是由直流励磁电流通过绕在磁极铁芯上的励磁绕组产生。为了清晰起见，图 3-1 中只画出了磁极的铁芯，没有画出励磁绕组。在 N 极和 S 极之间有一个可以绕轴旋转的绕组，直流电机的这一部分称为电枢。实际电机的电枢绕组嵌放在铁芯槽内，电枢绕组中的电流称为电枢电流，图 3-1 中只画出了代表电枢绕组的一个线圈，没有画出电枢铁芯。线圈两端分别与两个彼此绝缘而且与线圈同轴旋转的铜片连接，铜片上又各压着一个固定不动的电刷。

如果像图 3-1 所示那样将电枢绕组通过电刷接到直流电源上，绕组的转轴与机械负载相连，这时便有电流从电源的正极流出，经电刷 A 流入电枢绕组，然后经电刷 B 流回电源的负极。在图 3-1 (a) 所示位置时，线圈的 ab 边在 N 极下，cd 边在 S 极下，电枢绕组中的电流沿着 a—b—c—d 的方向流动。电枢电流与磁场相互作用产生电磁力 F，其方向可用左手定则来判断。这一对电磁力所形成的电磁转矩使电机沿逆时针方向旋转。

当电枢绕组的 ab 边转到了 S 极下，cd 边转到了 N 极下，如果线圈中电流的方向仍然不变，那么作用在这两个线圈边上的电磁力和电磁转矩的方向就会与原来的方向相反，电机便无法旋转，为此，必须改变电枢绕组中电流的方向。这一任务由连接在线圈两端的铜片和电刷来完成。从图 3-1（b）中可以看到，由于原来与电刷 A 接触的线圈 a 端的铜片现在已改成与电刷 B 接触，而原来与电刷 B 接触的线圈 d 端的铜片现在已改成与电刷 A 接触，因而电枢绕组中的电流变成沿 d−c−b−a 的方向流动。利用左手定则可以判断出：电磁力及电磁转矩的方向仍然使电动机逆时针旋转。

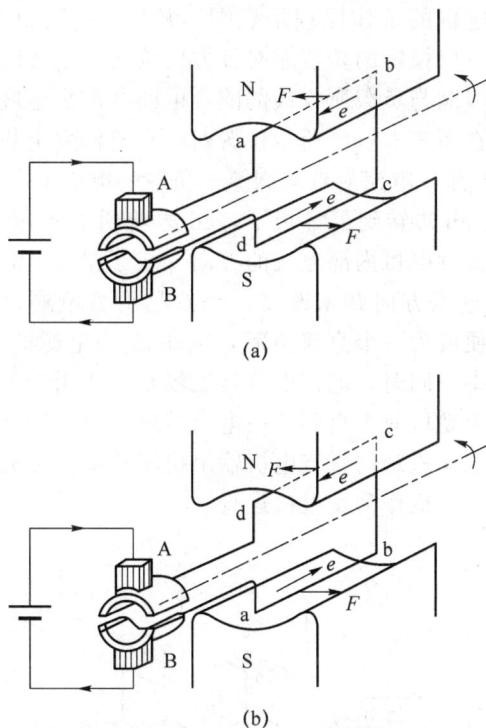

图 3-1　直流电动机的工作原理示意图
（a）ab 边在 N 极下时；（b）ab 边在 S 极下时

　　由此可见，在直流电动机中，为了产生方向始终如一的电磁转矩，外部电路中的直流电流必须改变成电机内部的交流电流，这一过程称为电流的换向。换向用的铜片称为换向片。互相绝缘的换向片组合的总体称为换向器。在电磁转矩的作用下，电机拖动生产机械沿着与电磁转矩相同的方向旋转时，电机向负载输出机械功率。与此同时，由于电枢绕组旋转，线圈 ab 和 cd 边切割磁感线产生了感应电动势，根据右手定则，其方向与电枢电流的方向相反，故称反电动势。电源只有克服这一反电动势才能向电机输出电流。因此，电机向机械负载输出机械功率的同时，电源却向电机输出电功率。可见，在这种情况下，电机起着将电能转换成机械能的作用，也就是说，电机是作为电动机来运行的。

　　从图 3-1 可以得出直流电机几个重要的结论：

　　（1）在直流电机中，所有转子导体串联起来组成一条闭合回路，由于 S 极下导体电动势方向与 N 极下导体电动势的方向相反，故闭合回路中的净电动势为零，在闭合回路中不会产生环流。

　　（2）虽然电刷所引出的电动势是直流，但是电机内部每一根导体的电动势仍然是交流的。因为任意一根导体在切割 N 极磁通时所产生的电动势方向与切割 S 极磁通所产生的电动势方向正好相反。但是对于电刷而言，电刷之间所串联的导体固定位于 N 极或者 S 极之下，由于在固定的磁极下，导体电动势方向是恒定的，所以电刷所引出的仍然是直流电动势。

（3）当电刷与位于几何中心线处的导体相接触时，产生的直流电动势最大。

2. 直流发电机的工作原理

图 3-2 所示为直流发电机的工作原理示意图。从图 3-2 可以看出，电刷接到电气负载上，电枢在原动机的拖动下以恒定的转速逆时针方向旋转，则线圈 ab 边和 cd 边切割磁力线产生的感应电动势便会在线圈与负载所构成的闭合电路中产生感应电流，感应电流的方向与感应电动势的方向相同。在图 3-2（a）所示位置时，在直流发电机内部，电流沿着 d—c—b—a 的方向流动，在电机外部，电流沿着电刷 A—负载—电刷 B 的方向流动。当电枢绕组转到图 3-2（b）所示位置时，ab 边转到了 S 极下，cd 边转到了 N 极下，线圈中感应电动势的方向发生了变化，使得直流发电机内部电流的方向变成了沿 a—b—c—d 方向流动。由于换向器的作用，电机外部的电流方向并未改变，仍然是沿着电刷 A—负载—电刷 B 的方向。在上述情况下，直流电机便成为一个直流电源，电刷 A 为电源的正极，电刷 B 为电源的负极。电机向负载输出电功率，同时，电枢电流与磁场相互作用产生的电磁力形成了与电枢旋转方向相反的电磁转矩，原动机只有克服这一电磁转矩才能带动电枢旋转。因此，电机在向负载输出电功率的同时，原动机却向直流电机输出机械功率。可见，电机起着将机械能转换成电能的作用，也就是说，电机作为发电机运行。

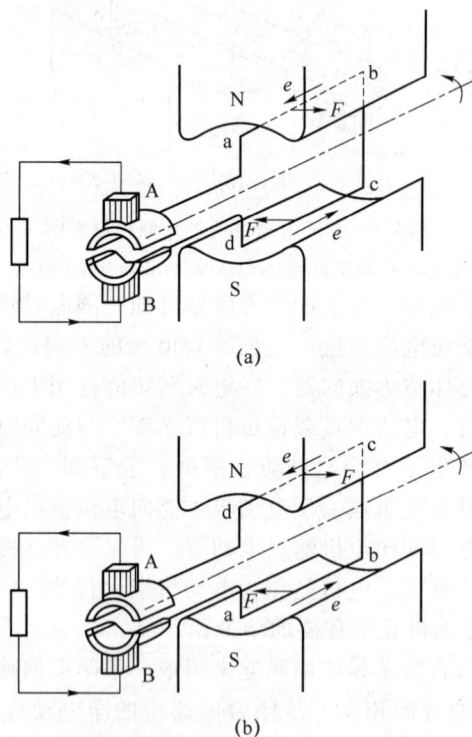

(a)

(b)

图 3-2　直流发电机的工作原理示意图

（a）ab 边在 N 极下时；（b）ab 边在 S 极下时

从上面的基本电磁情况来看，一台直流电机原则上既可以作为电动机运行，也可以作为发电机运行，只是约束的条件不同而已。在直流电机的两个电刷端上加上直流电压，将电能输入电枢，机械能从电机轴上输出拖动生产机械，将电能转换成机械能而成为电动机；如果用原动机拖动直流电机的电枢，而电刷不加直流电压，则电刷可以引出直流电动势作为直流电源输出电能，电机将机械能转换成电能而成为发电机。同一台电机既能作电动机又能作发电机运行的这种原理，在电机理论中称为可逆原理。

二、直流电机的额定值

1. 额定电压 U_N

在直流电动机中，U_N 是指输入电压的额定值。在直流发电机中，U_N 是指输出电压的额定值。若是他励电动机，额定电压分为额定电枢电压 U_{aN} 和额定励磁电压 U_{fN}。若是他励发电机，额定电压分为额定电枢电压 U_{aN} 和额定励磁电压 U_{fN}。

2. 额定电流 I_N

在直流电动机中，I_N 是指输入电流的额定值。在直流发电机中，I_N 是指输出电流的额定值。若是他励电动机，额定电流分为额定电枢电流 I_{aN} 和额定励磁电流 I_{fN}。若是他励发电机，额定电流分为额定电枢电流 I_{aN} 和额定励磁电流 I_{fN}。

3. 额定功率 P_N

在直流电动机中，P_N 是指输出的机械功率的额定值。它等于额定输出转矩 T_{2N} 与额定旋转角速度 Ω_N 的乘积，即

$$P_N = T_{2N}\Omega_N = \frac{2\pi}{60}T_{2N}n_N$$

在直流发电机中，P_N 是指输出的电功率的额定值，它等于额定电压 U_N 与额定电流 I_N 的乘积，即

$$P_N = U_N I_N$$

4. 额定转速 n_N

额定转速 n_N 是指电动机在额定状态下运行时的转子转速，单位以 r/min 来表示。

§3.2　直流电机的基本结构和励磁方式

直流电机的静止部分称为定子，其主要作用是产生磁场，由主磁极、换向极、机座、电刷装置和端盖等组成；转动部分就是转子，通常称为电枢，其作用是产生电磁转矩和感应电动势，由电枢铁芯和电枢绕组、换向器、转轴及风扇等组成。下面对各主要结构部件的基本结构及其作用做简要介绍。

一、直流电机的基本结构

1. 直流电机的静止部分

1）主磁极

主磁极就是 3.1 节中工作示意图中的 N 极和 S 极。它由励磁绕组和主磁极铁芯两部分

组成，如图 3-3 所示。主磁极铁芯通常用 $1\sim1.5\,mm$ 厚的钢板冲片叠压紧固而成。绕制好的励磁绕组套在铁芯外边，整个磁极用螺钉固定在机座上。各主磁极上的励磁绕组的连接必须能使其通过励磁电流时，相邻磁极的极性呈 N 极和 S 极交替地排列，为了使主磁通在气隙中分布得更合理一些，铁芯下部要比套绕组的部分宽，这样可使励磁绕组牢固地套在铁芯上。

2）换向极

换向磁极简称换向极。它是位于主磁极之间的比较小的磁极，如图 3-3 所示。它也是由铁芯和绕组两部分组成。铁芯一般用整块钢或钢板加工而成，而换向绕组与电枢绕组需进行串联。换向极的作用是用来改善换向。由图 3-1 或图 3-2 可以看出，当线圈转动到水平位置时，原来与电刷 A 接触的换向片要改为与电刷 B 接触，原来与电刷 B 接触的换向片要改为与电刷 A 接触，这时电流的变化会在电枢绕组中产生感应电动势，从而在电刷换向器之间产生火花，当火花超过一定程度时，会烧蚀换向器和电刷，使电机不能正常工作。装上换向极后，线圈转到水平位置时，正好切割换向极的磁通而产生附加电动势以抵消上述的换向电动势，使换向得到改善。由于换向极是位于主磁极之间的小磁极，不会影响直流电机的正常工作。

3）机座

机座通常由铸钢或厚钢板焊成，其外形如图 3-3 所示。它有两个用处，一个用处是用来固定主磁极、换向极和端盖；另一个用处是作为磁路的一部分。机座中有磁通经过的部分称为磁轭。

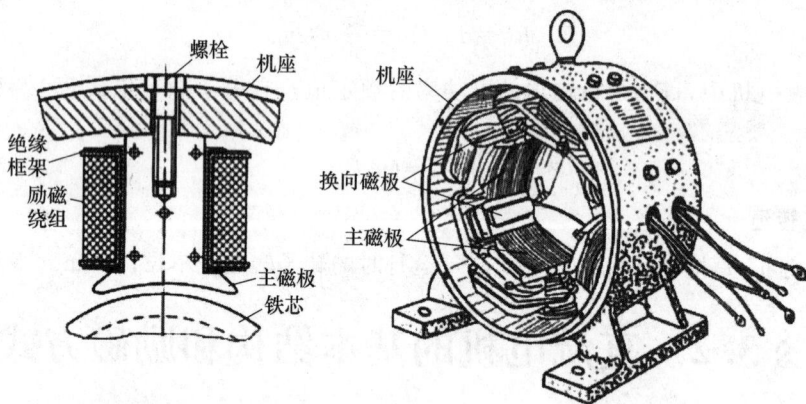

图 3-3 直流电机的静止部分结构示意图

4）电刷装置和端盖

电刷装置是把直流电压、直流电流引入或引出的装置。电刷装置由电刷、刷握、刷杆座和铜丝组成。电刷由石墨制成，放在刷握内，用弹簧压紧在换向器上。将刷握固定在刷杆上，刷杆装在刷架上，彼此之间须保持绝缘的状态。机座的两边各有一个端盖，端盖的中心处装有轴承，用来支撑转子的转轴，将电刷架固定在端盖上。

2. 直流电机的转动部分

直流电机的转子主体如图 3-4 所示，它包括以下几部分。

1）电枢铁芯

电枢铁芯如主要由硅钢片叠成，表面有许多均匀分布的槽。电枢铁芯主要有两个用处，一是作为主磁路的主要部分，二是嵌放电枢绕组。由于电枢铁芯和主磁场之间的相对运动将导致铁耗，因此为了减少铁耗，电枢铁芯通常由 0.5 mm 厚硅钢片的冲片叠压而成，并被固定在转子支架或转轴上。

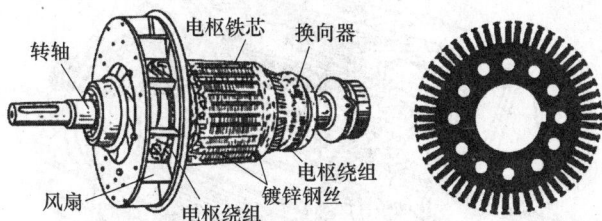

图 3-4　直流电机的转子主体

2）电枢绕组

电枢绕组由许多按一定规律连接的线圈组成，它是直流电机的主要电路部分，是通过电流和感应电动势以实现机电能量转换的关键部件。电枢绕组嵌放在电枢铁芯槽内，线圈的端部都接到换向片上。图 3-5（a）所示为线圈与换向片连接的示意图，图中只画了 8 个线圈，每相邻两线圈的端部都接到同一个换向片上，8 个线圈共需 8 个换向片，彼此绝缘的 8 个换向片组成一个换向器。当电枢转到图 3-5（a）所示位置时，从两个固定的电刷 A 和 B 看进去，构成了如图 3-5（b）所示的两条并联支路。一条支路由线圈 1、2、3、4 串联，另一条支路由线圈 5、6、7、8 串联。不管电枢转到哪个位置，虽然并联支路数不变，然而每条支路中串联的线圈号码却在变化。通过每个线圈的电流即每条支路中的电流用 i 表示，电枢绕组的电流即并联支路的总电流用 I_a 表示，导体的电动势用 e 表示，电枢绕组的电动势用 E 表示。

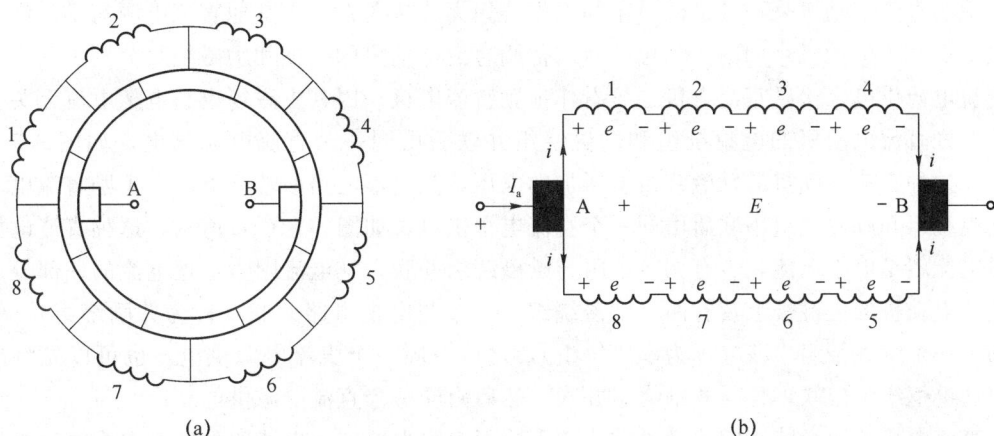

图 3-5　线圈与换向片连接示意图

（a）线圈与换向片的连接图；（b）电枢绕组电路图

3）换向器

换向器也是直流电机的重要部件。在直流电动机中，它的作用是将电刷上所通过的直流电流转换为绕组内的交变电流；在直流发电机中，它将绕组内的交变电动势转换为电刷端上的直流电动势。换向器由很多换向片组成，外表呈圆柱形，换向片之间用云母绝缘，电枢绕组的每一个线圈两端分别焊接在两个换向片上。图 3-6 所示为直流电机的结构。

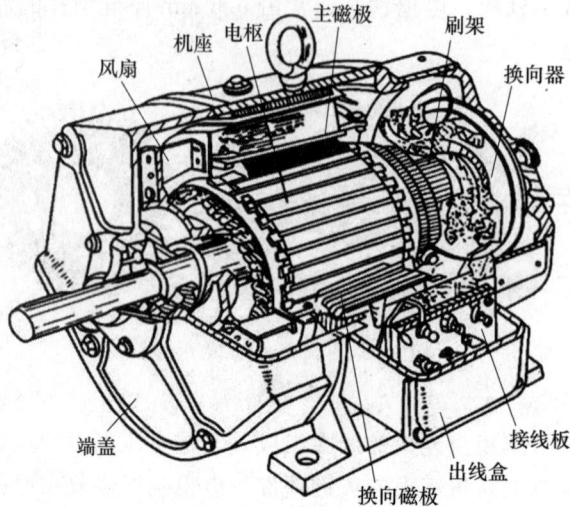

图 3-6　直流电机的结构

二、直流电机的励磁方式

在直流电机中，由磁极的励磁磁通势单独建立的磁场是电机的主磁场，也称为励磁磁场。励磁方式是指对励磁绕组如何供电、产生励磁磁通势而建立主磁场的问题。按励磁方式的不同，直流电机可分为他励、并励、串励和复励电机四种。图 3-7 所示直流电动机的这四种励磁方式的电路图，图中的圆圈代表电枢，线圈代表励磁绕组。

他励直流电动机是一种励磁绕组与电枢绕组无连接关系，由其他直流电源对励磁绕组单独供电的直流电动机。如图 3-7（a）所示他励直流电动机的电枢和励磁绕组分别由两个独立的直流电源供电。永磁直流电机也可看作他励直流电机，因其主磁场也与电枢电流无关。

并励直流电动机的电枢绕组和励磁绕组并联后由同一个直流电源供电，如图 3-7（b）所示，这种直流电动机的励磁绕组上所加的电压就是电枢电路两端的电压。串励直流电动机的电枢绕组和励磁绕组串联后由同一个直流电源供电，如图 3-7（c）所示，这种直流电机的励磁电流就是电枢电流，若有调节电阻与励磁绕组并联，其电流则为电枢电流的一部分。复励直流电动机的主磁极上装有两个励磁绕组，一个与电枢电路并联（称为并励绕组），然后再和另一个励磁绕组串联（称为串励绕组），之后由同一个直流电源供电。也可以先将串励绕组和电枢绕组串联，再与并励绕组并联，然后由同一个直流电源供电。

直流电机的运行特性随着励磁方式的不同而有很大差别，上述四种励磁方式电动机均可采用。直流发电机的主要励磁方式与直流电动机一样有他励式、并励式、串励式和复励式四种，如图 3-8 所示。他励发电机的励磁绕组由其他电源供电。并励发电机、串励发电机和复励发电机的励磁绕组都由发电机自己供电，故统称为自励发电机。

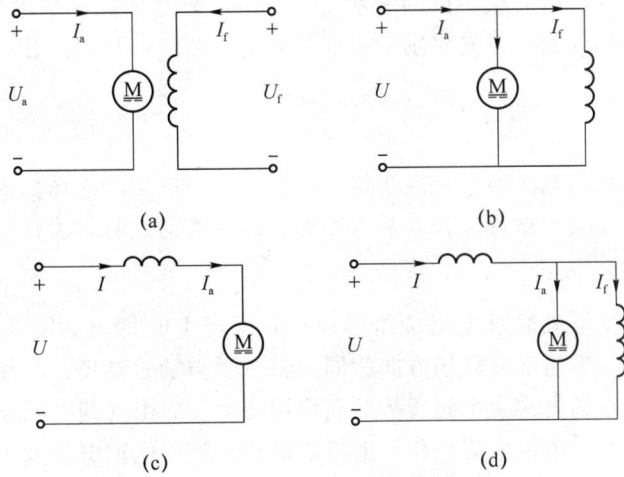

图 3-7　直流电动机按励磁方式的分类

（a）他励电动机；（b）并励电动机；（c）串励电动机；（d）复励电动机

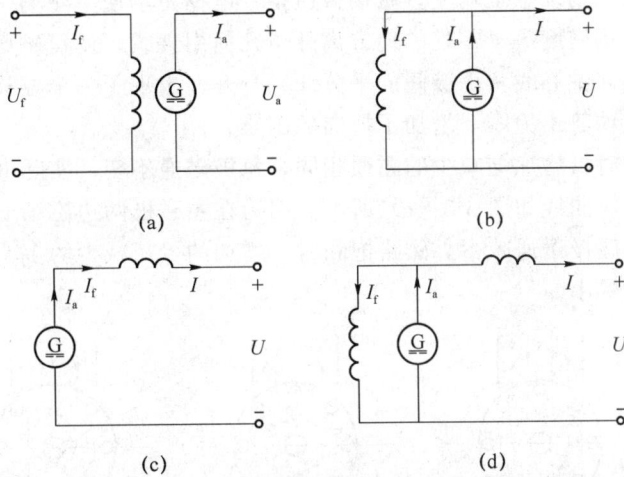

图 3-8　直流发电机按励磁方式的分类

（a）他励电动机；（b）并励电动机；（c）串励电动机；（d）复励电动机

§3.3　直流电机负载时的磁场与电枢反应

直流电机空载时，其气隙磁场仅由主磁极上的励磁磁通势所建立，当直流电机带上负载后电枢绕组内流过电流，在电机磁路中又形成一个磁通势，这个由电枢电流所建立的磁通势称为电枢磁通势。因此，负载时电机中的气隙磁场是由励磁磁通势和电枢磁通势共同建立的。由此可知，在直流电机中从空载到负载，其气隙磁场是变化的，这表明电枢磁通势对气隙磁场会产生影响。电枢磁通势对励磁磁通势所产生的气隙磁场的影响称为电枢反应。电枢反应与直流电机的运行特性关系很大，对直流电动机而言它影响电机的转速；对直流发电机来说将直接影响电机的端电压。另外，电枢反应对直流电机的换向也是不利的。同时，电枢磁通势的作用除产生电枢反应外，还与气隙磁场相互作用而产生电磁转矩。电机的感应电动势和电磁转矩都是实现机电能量转换的要素。电枢磁通势会如何影响电机中的气隙磁场呢？这就是下面所要讨论的问题。首先对励磁磁通势和电枢磁通势加以阐述，其次对电枢反应的影响加以讨论。

1. 励磁磁通势

励磁磁通势是由励磁电流通过励磁绕组形成的，它所产生的磁场如图 3-9（a）所示。在主磁极与转子之间的气隙中磁感应强度基本相等，离开极面之后，磁感应强度逐渐减少。

2. 电枢磁通势

电枢磁通势由电枢电流通过电枢绕组形成，它所产生的磁场如图 3-9（b）所示。以主磁极的中心线分界，一半与励磁磁场方向相同，另一半与励磁磁场方向相反。

电机工作时的总磁场由这两个磁通势共同作用产生，即由这两个磁通势的合成磁通势产生。电机的负载变化时，电枢电流变化，电枢磁通势也随着电枢电流发生变化使得合成磁通势也发生变化。合成磁通势所产生的磁场如图 3-9（c）所示。比较图 3-9（a）和图 3-9（c）可以看出电枢反应的影响如下：

（1）负载时气隙磁场发生了畸变，磁场被扭歪，电枢磁场使主磁场一半削弱，另一半加强，并使电枢表面磁场密度等于零处的地方离开了几何中性线，使得磁场的物理中心线（磁场的对称轴线）与几何中心线（磁极间的平分线）分开，出现了一个位移角，导致被电刷短路的换向线圈中的电动势不为零，增加了换向的困难。

（2）磁路不饱和时，增加与减少的磁通相同，每极磁通不变。实际电机中，磁路总是饱和的，负载时合成磁场曲线如图 3-9（c）所示。因为在主磁极两边磁场变化情况不同，一半磁极磁通增加，一半磁极磁通减少。磁路饱和时，增加的少，减少的多，每极磁通减少，电动势和电磁转矩随之减小。

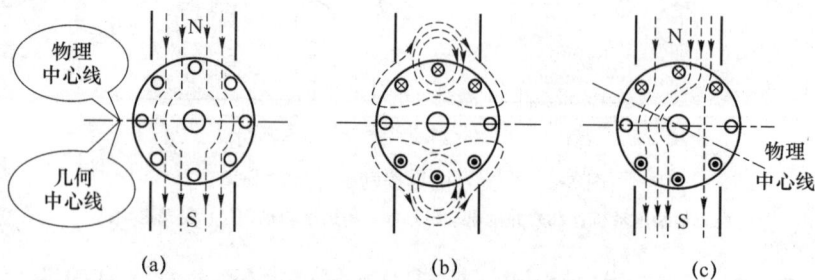

图 3-9 直流电机的电枢反应

(a) 励磁磁场（空载磁场）；(b) 电枢磁场；(c) 合成磁场（负载时的磁场）

总的来说，电枢反应的作用不但使电机内气隙磁场发生畸变，而且还会起去磁作用，对电机的运行也是有影响的。

§3.4 电磁转矩和感应电动势的计算

从 3.1 节的讨论中可知，直流电机无论是作电动机运行还是作发电机运行，电磁转矩和电动势都是两个非常重要的物理量。下面就对这两个问题进行详细的讨论。

一、电磁转矩的计算

在直流电机中，电磁转矩由电枢电流与磁场相互作用产生的电磁力形成。根据物理学中安培定律的电磁力公式，作用在电枢绕组每一根导体上的平均电磁力可以根据下式计算，电磁力方向按照左手定则确定。

$$F = \boldsymbol{B}li$$

式中，i 为流过每一根导体的电流；$\boldsymbol{B}$ 为每一个磁极下的平均磁感应强度，它等于每极磁通 $\varPhi$ 除以每极的面积 τl，即

$$\boldsymbol{B} = \frac{\varPhi}{\tau l}$$

式中，τ 是极距；l 是磁极的轴向长度，也就是圈边的有效长度。若电枢半径为 R，则每根导线上的电磁力所形成的电磁转矩为 FR。若电枢绕组的串联总匝数（即每条支路的总匝数）为 N，则总导体数应为 $2N \cdot 2a = 4aN$。由于电枢的周长为 $2\pi R = 2p\tau$，故 $R = \dfrac{p\tau}{\pi}$。由此求得直流电机的电磁转矩为

$$T = 4aNRF = 4aN \cdot \frac{p\tau}{\pi} \cdot \boldsymbol{B}li = 4aN \cdot \frac{p\tau}{\pi} \cdot \frac{p\tau}{\pi} \cdot li = 4aN \cdot \frac{p}{\pi} \cdot \varPhi i$$

由于电枢电流 $I_a = 2ai$，所以

$$T = \frac{2pN}{\pi} \varPhi I_a$$

令 $C_T = \dfrac{2pN}{\pi}$，C_T 是由电机结构决定的常数，称为转矩常数。由此可得到直流电机的电磁转矩公式为

$$T = C_T \varPhi I_a$$

式中，$\varPhi$ 的单位为韦伯（Wb）；I_a 的单位为安（A）；T 的单位为牛米（N·m）。

电磁转矩的方向由磁场的方向和电枢电流的方向决定。若两者之中有一个方向发生改变，电磁转矩的方向就会随之改变。在直流电动机中，电磁转矩的方向与转子旋转的方向相同，为拖动转矩；在直流发电机中，电磁转矩的方向与转子旋转的方向相反，为制动转矩。

二、感应电动势的计算

直流电机无论作电动机运行还是作发电机运行，电枢绕组内部都会感应产生电动势。这个感应电动势是对一条支路的电动势（即电刷间的电动势）而言。分析绕组时已经明确，在电刷放在磁极轴线下的换向片上的情况下，不论是什么形式的绕组，构成每一条支路的所有串联元件的上层边总是处于同一极性的磁场中，所以元件中的感应电动势均为同一方向。根据电磁感应定律，电枢绕组每一根导体中的感应电动势为

$$e = \boldsymbol{B}lv$$

由于电枢绕组的串联总导体数（即每条支路的总导体数）为 $2N$，导体切割磁场线的线速度为

$$v = \frac{2\pi R}{60}n = \frac{2p\tau}{60}n$$

所以电枢绕组的电动势

$$E=2Ne=2N\boldsymbol{B}lv=2N\cdot\frac{\Phi}{\tau l}\cdot l\cdot\frac{2p\tau}{60}n=\frac{4pN}{60}\Phi n$$

令 $C_E=\dfrac{4pN}{60}$ ，C_E 是由电机结构决定的常数，称为电动势常数。由此可得到直流电机的电动势公式为

$$E=C_E\Phi n$$

式中，Φ 的单位为韦（Wb）；n 的单位为转每分（r/min）；E 的单位为伏（V）。

电动势的方向由磁场的方向和转子的旋转方向决定。两者之中有一个方向改变，电动势的方向就会随之改变。在直流电动机中，电动势的方向与电枢电流的方向相反为反电动势；在直流发电机中，电动势的方向与电枢电流的方向相同为电源电动势。

比较电磁转矩的公式和感应电动势的公式，可以得到 C_E 与 C_T 的关系为

$$\frac{C_E}{C_T}=\frac{2\pi}{60}$$

§3.5　直流电动机的运行分析

一、直流他励电动机的运行分析

直流他励电动机的电路如图 3-10 所示。励磁绕组和电枢绕组分别由两个独立直流电源供电。在励磁电压 U_f 的作用下，励磁绕组中通过励磁电流 I_f 从而产生主磁极磁通 Φ。在电

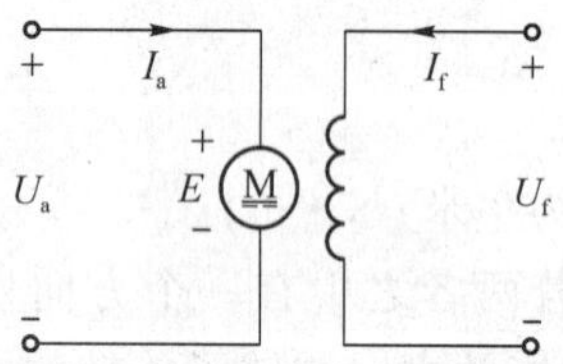

图 3-10　直流他励电动机的电路

枢电压 U_a 的作用下，电枢绕组中通过电枢电流 I_a，电枢电流与磁场相互作用产生电磁转矩 T 从而拖动生产机械以某一转速 n 运转，电枢旋转时，切割磁感线产生电动势 E，电动势 E 的方向与电枢电流 I_a 的方向相反。下面根据电流、电动势以及转速的基本方程式来讨论直流他励电动机的运行情况。

在励磁电路中，励磁电流为

$$I_f=\frac{U_f}{R_f} \tag{3-1}$$

式中，R_f 为励磁绕组的电阻。为了能用较小的电流产生足够强的磁场，即为了能用较小的电流得到足够的磁通势，励磁绕组的匝数应绕制多一些，而导线可以很细，故励磁绕组电阻 R 比较大。励磁电流的大小和方向决定了磁通 Φ 的大小和方向。励磁电流的大小可通过调节励磁电压 U_f 和励磁电路电阻（即在励磁电路中串联一个可变电阻）的方法来改变。

在电枢电路中，根据基尔霍夫电压定律可列出电动势平衡方程式如下：

$$U_a=E+R_aI_a \tag{3-2}$$

由此求得电枢电流为

$$I_a=\frac{U_a-E}{R_a} \tag{3-3}$$

式中，R_a 为电枢电路的电阻，包括电枢绕组的电阻和电刷与换向器之间的接触电阻。它的数值一般远小于励磁绕组的电阻 R_f。根据电磁转矩公式，电枢电流 I_a 还应满足下式：

$$I_a = \frac{T}{C_T \Phi} \tag{3-4}$$

根据式（3-4）可知，在 T 和 Φ 一定时，I_a 也就一定。若在 T 和 Φ 一定的情况下，改变 U_a 或 R_a，I_a 是否会改变呢？例如当 U_a 减小或 R_a 增大时，在 U_a 减小或 R_a 增大的瞬间，由于转速 n 来不及改变，根据感应电动势的公式可知，电动势 E 也来不及改变，根据式（3-3），I_a 将瞬时减小，使 T 随之减小，打破了原来的平衡，$T < T_L$，n 下降，电动势 E 随之减小，I_a 重新增加，电磁转矩 T 也随之增加，直至重新达到 $T = T_L$ 为止。电动机在保持 I_a 不变，而电动势 E 减小，转速 n 降低的情况下重新稳定运行。与其他电动机一样，在忽略空载转矩 T_0 时，电动机在稳定运行时，$T = T_L$。因而电动机的电枢电流由 T_L 和 Φ 的大小决定。直流他励电动机在电枢电流 $I_a = I_{aN}$（额定电枢电流）时，电动机满载，当 $I_a > I_{aN}$ 时，电动机过载。电动机长期过载运行是不允许的，但短时过载是允许的。直流电动机的短时过载能力由受换向限制的最大允许电枢电流 $I_{a\,max}$ 决定。因为电枢电流太大，会在换向器与电刷之间产生强烈火花和电弧，换向器会被烧坏。直流电动机的过载能力可用 $I_{a\,max}$ 与 I_{aN} 的比值 α_{MC} 来表示，一般的直流电动机 $\alpha_{MC} = 1.5 \sim 2.0$。

$$\alpha_{MC} = \frac{I_{a\,max}}{I_{aN}} \tag{3-5}$$

根据上面介绍的公式，他励电动机的转速还可以用下式表示：

$$n = \frac{E}{C_E \Phi} = \frac{U_a - R_a I_a}{C_E \Phi} \tag{3-6}$$

如果将式（3-6）中的 I_a 用式（3-4）代入，就可以直接得到转速与转矩之间的关系，即

$$n = \frac{U_a}{C_E \Phi} - \frac{R_a}{C_E C_T \Phi^2} T \tag{3-7}$$

由此可以得到直流他励电动机的机械特性如图 3-11 所示。由于 R_a 通常都很小，因此他励电动机在 T 变化时，n 变化不大，机械特性为硬特性。

直流他励电动机在运行时，如果励磁电路断电，即 $I_f = 0$，主磁极只有很小的剩磁，由于机械惯性，励磁电路断开瞬间，转速 n 尚来不及变化，E 将立即迅速减小，I_a 立即迅速增大，T 仍

图 3-11　直流他励电动机的机械特性

有一定数值。电动机将会发生以下两种可能的事故：一种情况是当 I_a 增加比例小于 Φ 减少的比例时，断电瞬间 T 将减小，$T < T_L$，电动机不断减速而致停转，这种现象称为"闷车"，亦即堵转。这时因 I_a 过大，换向器和电枢绕组都有被烧坏的危险，这种情况一般在重载和满载时容易发生。另一种情况是当 I_a 增加比例大于 Φ 减少的比例时，断电瞬间 T 将增大，$T > T_L$，电动机不断加速直至超过允许值，这种现象称为"飞车"。这时不仅使换向器和电枢绕组有被烧坏的危险，而且还会使电动机在机械方面遭受严重损伤，甚至危及操作人员的安全，这种情况一般在轻载和空载时容易发生。因此，直流电动机在使用时务必注意防

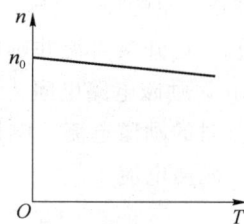

止励磁电路断电。

　　直流电动机的转子旋转方向由电磁转矩的方向决定。改变电磁转矩的方向即可改变电动机的转向。如前所述，电磁转矩的方向由磁场的方向和电枢电流的方向决定，两者之中任意改变一个，都可以改变电磁转矩的方向，从而也就改变了电动机的旋转方向。具体方法是：

　　（1）将励磁绕组接到电源的两根导线对调位置，也就是改变励磁电压的极性，这种方法称为磁场反向。

　　（2）将电枢绕组接到电源的两根导线对调位置，也就是改变电枢电压的极性，这种方法称为电枢反向。

　　上述两种方法任取其一即可改变电动机的转向。不过由于励磁绕组匝数多，电感大，反向磁场建立的过程缓慢，反转需要的时间较长，且容易因不慎而引起励磁电路断电，因而一般以采用电枢绕组反向的居多。若两种方法同时使用，电动机的转向不会改变。

二、直流并励电动机运行分析

　　直流并励电动机的励磁绕组和电枢绕组并联后，共同由一个直流电源供电，电路如图 3-12 所示。直流并励电动机和直流他励电动机其实并无本质的区别，两者可以通用。因此，有关直流他励电动机的一些结论、公式和特性也完全适用于直流并励电动机。只是采用并励方式连接后，电动机的输入电流 I 是电枢电流 I_a 和励磁电流 I_f 之和，即

$$I = I_a + I_f \tag{3-8}$$

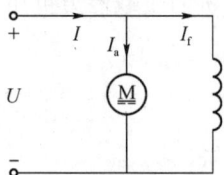

图 3-12　直流并励电动机结构示意图

而输入电压 U 等于电枢电压 U_a，也等于励磁电压 U_f，即

$$U = U_a = U_f \tag{3-9}$$

直流并励电动机的额定电压 U_N 和额定电流 I_N 是指其输入电压 U 和输入电流 I 的额定值。

　　【例 3-1】　已知某直流并励电动机，额定电压为 220 V，额定电流为 12.5 A，额定转速为 3 000 r/min，励磁电路电阻为 628 Ω，电枢电路电阻为 0.41 Ω。求该直流并励电动机在额定状态下运行时的励磁电流、电枢电流、电动势和电磁转矩。

　　解：（1）励磁电流

$$I_f = \frac{U_f}{R_f} = \frac{220}{628} = 0.35 \text{（A）}$$

　　（2）电枢电流

$$I_a = I - I_f = 12.5 - 0.35 = 12.15 \text{（A）}$$

　　（3）电动势

$$E = U_a - R_a I_a = 220 - 0.41 \times 12.15 = 215 \text{（V）}$$

　　（4）电磁转矩

$$C_E \Phi = \frac{E}{n} = \frac{215}{3\,000} = 0.071\,7$$

$$C_T \Phi = \frac{60}{2\pi} C_E \Phi = \frac{60}{2 \times 3.14} \times 0.071\,7 = 0.685$$

$$T=C_T\varPhi I_a=0.685\times12.15=8.32\,(\text{N}\cdot\text{m})$$

三、直流串励电动机运行分析

直流串励电动机的励磁绕组和电枢绕组串联以后共同由一个直流电源供电，电路如图 3-13 所示。

直流串励电动机的输入电压为

$$U=U_f+U_a \tag{3-10}$$

直流串励电动机的输入电流为

$$I=I_f=I_a \tag{3-11}$$

由于励磁电流大，励磁绕组的导线粗、匝数少，直流串励电动机的励磁绕组的电阻要比直流并励（或他励）电动机的励磁绕组的电阻小得多。

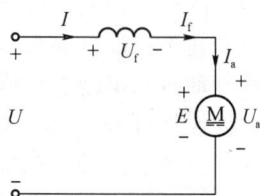

图 3-13　串励电动机

由于励磁电流就是电枢电流，主磁极的磁通 $\varPhi$ 随电枢电流 I_a 变化，当电枢电流小时，磁路未饱和，$\varPhi$ 正比于 I_a，故电磁转矩 T 正比于 I_a^2；当电枢电流大时，磁路已经饱和，$\varPhi$ 基本不变，故电磁转矩 T 近似正比于 I_a。可见，直流串励电动机的电磁转矩 T 是正比于 I_a^m，其中 $2>m>1$。因而与直流并励（或他励）电动机相比，直流串励电动机具有如下优点：

（1）对应于相同转矩变化量 ΔT，串励电动机电枢电流变化量 ΔI_a 小，即负载转矩变化时电源供给的电流可以保持相对稳定的数值，其波动比较小；

（2）对应于允许的最大电枢电流 $I_{a\,\max}=(1.5\sim2.0)I_{aN}$，可以产生较大的电磁转矩，因此串励电动机具有较大的启动转矩和过载能力。

直流串励电动机的转速：

$$n=\frac{E}{C_E\varPhi}=\frac{U-(R_a+R_f)I}{C_E\varPhi}=\frac{U}{C_E\varPhi}-\frac{R_a+R_f}{C_EC_T\varPhi^2}T \tag{3-12}$$

在 $T=0$ 时，$I_f=I_a=0$，主磁极只有微弱的剩磁，$n=n_0=\dfrac{U}{C_E\varPhi}$ 很大，为 $(5\sim6)n_N$，T 小时，随着 T 的增加，电枢电流 I_a 增加，使得磁通 $\varPhi$ 增加，引起转速 n 急剧下降；转矩 T 大时，由于磁路饱和，磁通增加减慢，甚至几乎不再增加，因而转速随转矩的增加而下降的速度减慢。直流串励电动机的机械特性如图 3-14 所示，直流串励电动机的机械特性表现为软特性。

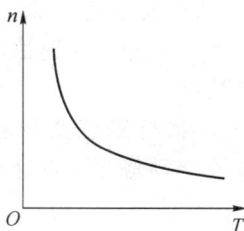

图 3-14　直流串励电动机的机械特性

直流串励电动机的上述特点使它特别适用于负载转矩在较大范围内变化和要求有较大启动转矩及过载能力的生产机械上，例如起重机和电气机车等起重运输设备。当负载转矩很大时，转速下降，以保证安全；负载转矩较小时，转速升高，以提高劳动生产率。串励电动机在空载和轻载时，转速太高，以致超出转子机械强度所允许的限度。因此，串励电动机不允许在空载和轻载下运行，不应采用诸如皮带轮等传动方式，以免皮带滑脱造成电动机空载，为安全起见，电动机与它所拖动的生产机械应采用直接耦合方式。

四、直流复励电动机运行分析

直流复励电动机的电路如图 3-15 所示。它在主磁极铁芯上绕有两个励磁绕组，一个为并励绕组，一个为串励绕组。前者匝数多、导线细、电阻大，后者匝数少、导线粗、电阻小。按照两个励磁绕组磁通势的方向是否相同，复励电动机又分为两种：两个励磁绕组磁通势方向相同的称为积复励电动机；两个励磁绕组磁通势方向相反的称为差复励电动机。后者因运行时转速不稳定，通常不用。复励电动机由于有并励和串励两个励磁绕组，其机械特性介于并励电动机和串励电动机之间，如图 3-16 所示。并励绕组的作用大于串励绕组的作用时，机械特性接近于并励电动机，串励绕组的作用大于并励绕组的作用时，机械特性接近于串励电动机。由于复励电动机的特性在并励申动机与串励电动机之间，因而它兼有并励和串励两种电动机的优点，由于有串励绕组，它的启动转矩和过载能力大；由于有并励绕组，它可以在空载以及轻载情况下运行。

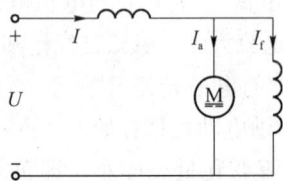

图 3-15　直流复励电动机的电路　　　　图 3-16　复励电动机的机械特性

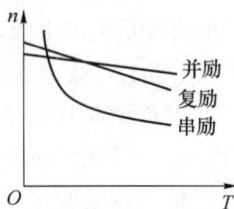

§3.6　直流发电机的运行分析

一、直流他励发电机运行分析

直流他励发电机的励磁绕组由其他直流电源供电，其电路如图 3-17 所示。当发电机的转子由原动机拖动以恒定的转速旋转时，电枢绕组切割磁极的磁感线而产生电动势 E。当直流他励发电机空载时，电枢电流等于零，电枢电压等于电动势。改变励磁电流 I_f 的大小和方向即可改变电动势的大小和方向，从而也改变了电枢电压的大小和方向。转速恒定时，直流发电机的电动势与励磁电流的关系 $E=f(I_f)$ 称为发电机的空载特性，空载特性通常都由实验求得。由于电动势 E 与磁通 Φ 成正比，所以空载特性的形状与磁化曲线相似，如图 3-18所示。空载特性不经过零点，即 $I_f=0$ 时，电枢绕组中仍有电动势存在，这是因为主磁极中有剩磁存在的缘故。

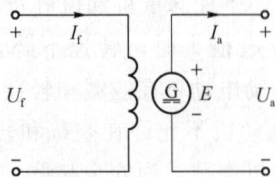

图 3-17　直流他励发电机的电路　　　　图 3-18　直流他励发电机的空载特性曲线

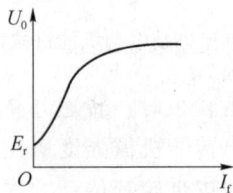

直流他励发电机与负载接通以后，发电机便向负载供电。对直流他励发电机来说，电枢电流 I_a 也就是输出电流 I，电枢电压 U_a 也就是输出电压 U。电压与电流的关系为

$$U_a = E - R_a I_a$$

当转速和励磁电流保持不变时，发电机输出电压与输出电流的关系 $U = f(I)$ 称为发电机的外特性。负载增加时，输出电流增加，$R_a I_a$ 增加，又由于电枢反应的去磁作用，E 减小，由上式可知，输出电压将下降，故直流他励发电机的外特性如图 3-19 所示。如果 n 和 I_f 都等于额定值，则满载时，即 $I = I_N$ 时，$U = U_N$。负载变化对输出电压的影响除了通过外特性说明以外，还可以通过电压调整率 V_R 来表示，发电机的空载电压 U_0 与额定电压 U_N 之差与额定电压 U_N 的百分比称为发电机的电压调整率，其值可用式（3-13）计算，直流他励发电机的电压调整率为 $5\% \sim 10\%$。

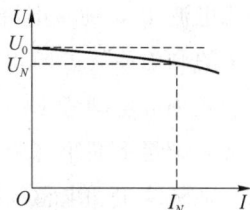

图 3-19　直流他励发电机的外特性

$$V_R = \frac{U_0 - U_N}{U_N} \times 100\% \tag{3-13}$$

【例 3-2】　已知直流他励发电机的额定功率 $P_N = 10 \text{ kW}$，额定电压 $U_N = 230 \text{ V}$，额定转速 $n_N = 1\,000 \text{ r/min}$，电枢电阻 $R_a = 0.4 \, \Omega$，若其磁通保持不变，求转速为 $1\,000 \text{ r/min}$ 时的空载电压和转速为 900 r/min 时的满载电压。

解：在转速为 $1\,000 \text{ r/min}$ 时，满载电压为 230 V，则电枢电流为

$$I_a = \frac{P_N}{U_a} = \frac{10 \times 10^3}{230} = 43.5 \, (\text{A})$$

此时的空载电压

$$U_0 = E = U_a + R_a I_a = 230 + 0.4 \times 43.5 = 247 \, (\text{V})$$

在磁通保持不变时，电动势正比于转速，故转速为 900 r/min 时的电动势为

$$E' = \frac{900}{1\,000} E = \frac{900}{1\,000} \times 247 = 222 \, (\text{V})$$

这时的满载电压

$$U = E' - R_a I_a = 222 - 0.4 \times 43.5 = 205 \, (\text{V})$$

二、直流并励发电机运行分析

直流并励发电机的励磁绕组与电枢绕组并联，其电路如图 3-20 所示。它的励磁电流由发电机自身供给，很明显只有在电枢绕组中先有了电动势 E 后才能在励磁绕组中产生励磁电流 I_f。但是，励磁绕组若不是先有了励磁电流，又不可能在电枢绕组中产生电动势。因此，这是一个矛盾。如何解决这个矛盾呢？这就需要直流并励发电机能够自励，那么，直流并励发电机到底能不能自励呢？怎样才能建立起所需要的感应电动势呢？

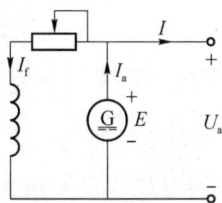

图 3-20　直流并励发电机的电路

　　直流并励发电机要建立起感应电动势，即能够自励，必须满足以下三个条件。

　　(1) 主磁极必须有剩磁。

　　由于主磁极由磁性物质制成，因此，一旦主磁极磁化之后，或多或少会有剩磁存在。剩磁的存在是自励的先决条件。当电枢旋转时，电枢绕组切割剩磁磁感线而在电枢绕组中产生了剩磁感应电动势 E_r，其值虽小，却会在电枢绕组和励磁绕组所组成的闭合回路中产生微小的励磁电流 I_{fr}，励磁电流通过励磁绕组又会产生自己的磁场。如果励磁电流所产生的磁场与原来的剩磁磁场方向相反，则总的磁通反而比剩磁磁通还小，所产生的感应电动势也就会小于剩磁感应电动势 E_r，这时仍然不能建立起必要的电动势。因此，要使发电机能够自励，还必须满足下面第二个条件。

　　(2) 励磁绕组和电枢绕组的连接要正确，必须使励磁电流所产生的磁场与剩磁磁场的方向相同。

　　如果出现了上述励磁电流所产生的磁场与剩磁磁场方向相反的情况，只需将励磁绕组并联到电枢去的两端对调位置就可以满足自励的第二个条件。这时，由于剩磁电流 I_{fr} 所产生的磁场与原来的剩磁磁场方向相同，总磁通增加，使得感应电动势增加，于是励磁电流及其所产生的磁通进一步增加，这样又会产生更大的电动势，如此循环下去，电动势就会越来越大。那么电动势是否会无止境地增加呢？下面就这个问题进行详细的讨论。

　　一定的励磁电流产生一定的电动势，它们之间的关系应符合空载特性；同时一定的电动势又会产生一定的励磁电流，它们之间的关系为

$$I_f = \frac{E}{R_a + R_f} \tag{3-14}$$

式中，R_f 是励磁电路的总电阻，包括励磁绕组的电阻和串联在励磁电路中的变阻器的电阻，这是一条通过原点的直线，称为场阻线。既然励磁电流与电动势之间的关系应同时满足空载特性和场阻线，所以电动势最后只能稳定在这两条线的交点 Q 上，如图 3-21 所示。如果利用图 3-21 来回顾一下前述的自励过程就更清楚了。当电枢刚开始旋转时，剩磁感应的电动势 E_r 可由空载特性与纵轴的交点求得，E_r 所产生的励磁电流 I_{fr} 可从场阻线上求得，即由 E_r 作水平线与场阻线交于 a 点，a 点的横坐标即为 I_{fr}，I_{fr} 产生了与剩磁方向相同的磁场，使磁通增加，产生了新的电动势 E_b，由 n 点作垂直线与空载特性交于 b 点，b 点的纵坐标就是 E_b 的数值。如此循环下去，自励过程便沿着图 3-21 中的阶梯形折线反复进行，直到空载特性与场阻线的交点 Q 为止，励磁电流和电动势不再增加，自励过程即告结束。

　　场阻线的斜率为 $\tan \alpha = \dfrac{E}{I_f} = R_a + R_f$，由于 $R_a \ll R_f$，所以场阻线的斜率决定于励磁电路的电阻，这也就是场阻线名称的由来。对于一台给定的发电机来说，空载特性一定，场阻线的斜率由电阻 $(R_a + R_f)$ 的大小决定。因此，最终建立的电动势与 $(R_a + R_f)$ 的大小有关。$(R_a + R_f)$ 增大，场阻线的斜率增大，场阻线与空载特性的交点向左移动，E 也随之减小，如图 3-22 所示。由此可以想到，发电机要能够自励，还必须满足下面第三个条件。

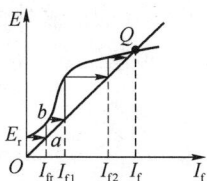

图 3-21　直流并励发电机的自励过程

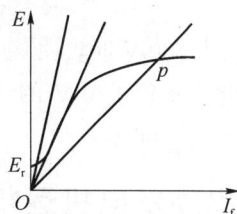

图 3-22　并励直流发电机励磁电路电阻的影响

（3）励磁电路的电阻应小于临界电阻。

当场阻线与空载特性的线性部分重合时，励磁电路的电阻称为临界电阻。这时，两线交点不止一个，电动势和励磁电流极不稳定。当励磁电路电阻大于临界电阻时交点移到了 E_r 附近，所建立的电动势与 E_r 相差无几，这时发电机不能自励。只有励磁电路电阻小于临界电阻时，才能建立起足够的电动势。

当直流并励发电机建立起电动势以后接通负载，发电机便向负载输出电流。这时电枢电流 I 也相应增加。输出电流 I、电枢电流 I_a 和励磁电流 I_f 之间关系为

$$I = I_a - I_f \tag{3-15}$$

发电机的输出电压 U 也就是电枢电压 U_a 和励磁电压 U_f，即

$$U = U_a = U_f \tag{3-16}$$

根据基尔霍夫电压定律

$$U_a = E - R_a I_a \tag{3-17}$$

负载增加时，输出电流 I 增加，电枢电流随之增加，输出电压下降。其外特性如图 3-23 所示。直流并励发电机的输出电压随负载增加而下降的程度比直流他励发电机大，这是因为电压下降的原因除了与直流他励发电机相同的原因之外，在直流并励发电机中还会因电压 U 的下降而引起励磁电流 I_f 减小，致使电动势 E 也随之减小。直流并励发电机的电压调整率为 $8\% \sim 15\%$。

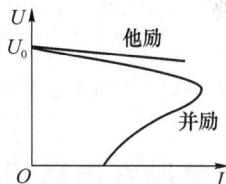

图 3-23　直流并励发电机的外特性

【例 3-3】　已知一直流他励发电机，其参数与例 3-2 中直流他励发电机参数一致，励磁绕组的电阻为 $100\ \Omega$，转速为 $1\ 000\ \text{r/min}$ 时的空载特性如图 3-18 所示。现将它改作并励发电机运行，求励磁电路内应串联多大电阻才能获得 $230\ \text{V}$ 的空载电压和满载电压？

解：空载运行时

$$U_0 = E - R_s I_f \approx E$$

由空载特性查得：$I_f = 1.5\ \text{A}$，$E = 230\ \text{V}$。由于

$$E = (R_a + R_f)\ I_f \approx R_f I_f$$

因此要得到 230V 的空载电压，励磁电路电阻应为

$$R_f = \frac{E}{I_f} = \frac{230}{1.5} = 153.3\ (\Omega)$$

由此求得励磁电路中应串联的电阻为

$$R = R_f - 100 = 153.3 - 100 = 53.3\ (\Omega)$$

满载电压为 230 V 时，由例 3-1 得知电动势为 247 V。由图 3-18 的空载特性查得这时的 $I_f = 2$ A。因此要获得 230 V 的满载电压，励磁电路内应串联的电阻如下：$R = R_f - 100 = 153.3 - 100 = 53.3\ (\Omega)$。

三、直流串励发电机运行分析

直流串励发电机的励磁绕组与电枢绕组串联，其电路如图 3-24 所示。直流串励发电机的输出电流 I、电枢电流 I_a 和励磁电流 I_f 是一个电流，即

$$I = I_a = I_f$$

直流串励发电机的输出电压 U、电枢电压 U_a 和励磁电压 U_f 之间的关系为

$$U = U_a - U_f$$

根据基尔霍夫电压定律

$$U = E - (R_a + R_f)I$$

空载时，$I = I_f = 0$，电动势 E 仅仅由剩磁产生，即 $E = E_r$。接上负载后，输出电压 U 起初随着电流的增加而增加，随后由于磁路的饱和，电动势基本上不增加，而电枢电阻和励磁电阻上的电压将继续增加，加上电枢反应的去磁作用，电压反而随电流的增加而减小，因而直流串励发电机的外特性如图 3-25 所示。由于直流串励发电机的输出电压很不稳定，所以仅在为数不多的特殊情况下使用。

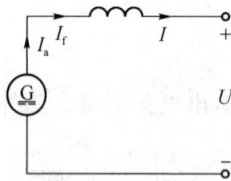

图 3-24　直流串励发电机的电路

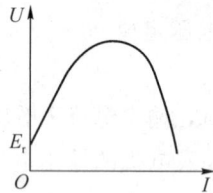

图 3-25　直流串励发电机的外特性

四、直流复励发电机运行分析

直流复励发电机的电路如图 3-26 所示，与直流复励电动机一样有两个励磁绕组，其中并励绕组的匝数多、导线细、电阻大；串励绕组的匝数少、导线粗、电阻小。该电机的磁场由两者的磁通势共同产生，但以并励绕组为主，串励绕组为辅。

直流复励发电机的自励条件和自励过程与并励发电机相同。按照两个励磁绕组磁通势方向是否相同，复励发电机也分为两种：两个励磁绕组磁通势方向相同的称为积复励发电机；两个励磁绕组磁通势方向相反的称为差复励发电机。在积复励发电机中，负载增加时，串励绕组的磁通势增加，使电机的磁通和电动势随之增加，可以补偿发电机由于负载增大而造成的输出电压的下降。但是，由于电机磁路饱和的影响，串励绕组中的电流与它所产生的磁通的关系是非线性的，因而串励绕组不可能在任何负载下都恰好起到完全补偿电压下降的作用，发电机的输出电压也就不可能在所有负载下保持不变。如果串励绕组的作用使满载时的额定电压与空载电压相等，则这种复励发电机称为平复励发电机；如果额定电压比空载电压

还要大，则这种复励发电机称为过复励发电机，高出额定值的电压可以用来补偿输电线上的电压降；如果额定电压比空载电压小，则这种复励发电机称为欠复励发电机。上述几种积复励发电机的外特性如图 3-27 所示。在差复励发电机中，串励绕组的磁通势与并励绕组的磁通势方向相反，串励绕组不是起补偿作用，反而起消磁作用，因而当负载增加时，输出电压将大幅度下降，其外特性如图 3-27 所示，这种发电机仅在直流电焊机等特殊场合使用。

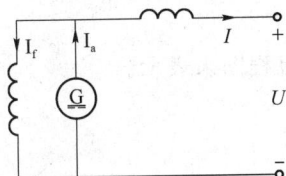

图 3-26　直流复励发电机的电路　　　　图 3-27　直流复励发电机的外特性

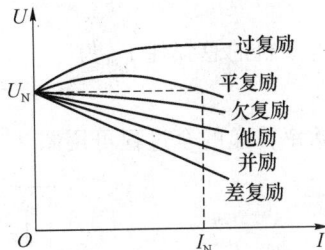

§3.7　直流电动机的功率和转矩方程

一、直流电动机的功率方程

现以直流并励电动机为例，讨论直流电动机的功率问题，其所得结论原则上也适用于其他直流电动机。

直流电动机从电源输入的电功率称为输入功率，即

$$P_1 = UI \tag{3-18}$$

输入功率的一小部分变成了铜损耗 P_{Cu}，它包括电枢铜损耗和励磁铜损耗两部分，即

$$P_{Cu} = R_a I_a^2 + R_f I_f^2 \tag{3-19}$$

输入功率减去铜损耗后余下的部分由电功率转换成机械功率，或者说转换成机械功率的电功率，称为电磁功率 P_e，即

$$P_e = P_1 - P_{Cu} \tag{3-20}$$

由于

$$UI = U(I_a + I_f) = U_a I_a + U_f I_f$$
$$= (E + R_a I_a) I_a + R_f I_f^2 = E I_a + R_a I_a^2 + R_f I_f^2$$

可见，电磁功率等于 E 与 I_a 的乘积，即

$$P_e = E I_a \tag{3-21}$$

由于

$$E I_a = C_E \Phi n I_a = \frac{2\pi}{60} C_T \Phi I_a n = T \Omega$$

可见，电磁功率还等于 T 与 Ω 的乘积，即

$$P_e = T \Omega \tag{3-22}$$

式中，EI_a 代表转换成机械功率的电功率，$T\Omega$ 代表由电功率转换成的机械功率，两者大小相等。电磁功率不能全部输出，需扣除空载损耗 P_0，空载损耗包括铁损耗 P_{Fe}（电枢铁芯中的铁损耗）、机械损耗 P_{me} 和附加损耗 P_{ad}，电磁功率去掉空载损耗后才是电动机输出的机械功率，称为输出功率 P_2，即

$$P_0 = P_{Fe} + P_{me} + P_{ad} \tag{3-23}$$

$$P_e - P_0 = P_2 \tag{3-24}$$

可见，直流电动机的总损耗 P_{al} 为

$$P_{al} = P_{Cu} + P_{Fe} + P_{me} + P_{ad} \tag{3-25}$$

直流电动机功率传递的全过程可用图 3-28 所示的功率流程图来表示。

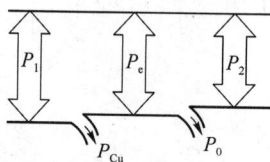

图 3-28　直流电动机的功率流程图

直流串动机的输入功率、输出功率和总损耗之间应满足下述的功率平衡方程式

$$P_1 - P_2 = P_{al} = P_{Cu} + P_{Fe} + P_{me} + P_{ad} \tag{3-26}$$

与其他电动机一样，直流电动机的输出功率与输入功率的百分比为直流电动机的效率，即

$$\eta = \frac{P_2}{P_1} \times 100\% \tag{3-27}$$

二、直流电动机的转矩方程式

与其他电动机一样，直流电动机的转矩也应满足下述的转矩平衡方程式

$$T_2 = T - T_0 \tag{3-28}$$

式中，T_0 与 P_0、T_2 与 P_2、T 与 P_e 之间的关系与交流电动机中对应的公式相同，而且在稳定运行时 $T_2 = T_L$。

【例 3-4】　并励电动机，$U = 110$ V，$I = 12.5$ A，$n = 1\,500$ r/min，$T_L = 6.8$ N·m，$T_0 = 0.9$ N·m。求该电机的 P_2、P_e、P_1、P_{al} 和 η。

$$P_2 = \frac{2\pi}{60} T_L n = \frac{6.28}{60} \times 6.8 \times 1\,500 = 1\,067.6 \text{ (W)}$$

$$P_0 = \frac{2\pi}{60} T_0 n = \frac{6.28}{60} \times 0.9 \times 1\,500 = 141.3 \text{ (W)}$$

$$P_e = P_2 + P_0 = 1\,067.6 + 141.3 = 1\,208.9 \text{ (W)}$$

$$P_1 = UI = 110 \times 12.5 = 1\,375 \text{ (W)}$$

$$P_{al} = P_1 - P_2 = 1\,375 - 1\,067.6 = 307.4 \text{ (W)}$$

$$\eta = \frac{P_2}{P_1} \times 100\% = \frac{1\,067.6}{1\,375} \times 100\% = 77.64\%$$

§3.8　直流发电机的功率和转矩方程式

一、直流发电机的功率方程式

现以直流并励发电机为例，讨论直流发电机的功率问题，其所得结论原则上也适用于其他直流发电机。

直流发电机的输入功率是由原动机输入的机械功率，故

$$P_1 = T_1 \Omega = \frac{2\pi}{60} T_1 n \qquad (3\text{-}29)$$

式中，T_1 为输入转矩。

输入功率减去空载损耗即为发电机的电磁功率，即

$$P_e = P_1 - P_0 \qquad (3\text{-}30)$$

空载损耗包括铁损耗 P_{Fe}、机械损耗 P_{me} 和附加损耗 P_{ad}，即

$$P_0 = P_{Fe} + P_{me} + P_{ad} \qquad (3\text{-}31)$$

直流发电机的电磁功率就是由机械功率 $T\Omega$ 转换而来的电功率 EI_a，故

$$P_e = T\Omega = EI_a \qquad (3\text{-}32)$$

电磁功率减去铜损耗才是发电机的输出功率，即

$$P_2 = P_e - P_{Cu} \qquad (3\text{-}33)$$

铜损耗包括电枢铜损耗和励磁铜损耗，即

$$P_{Cu} = R_a I_a^2 + R_f I_f^2 \qquad (3\text{-}34)$$

直流发电机的输出功率

$$P_2 = UI \qquad (3\text{-}35)$$

可见，直流发电机的总损耗为 $P_{al} = P_{Cu} + P_{Fe} + P_{me} + P_{ad}$。

直流发电机功率传递的全过程可用图 3-29 所示的功率流程图来表示。直流发电机的输入功率、输出功率和总损耗之间应满足下述的功率平衡方程。

$$P_1 - P_2 = P_{al} = P_{Cu} + P_{Fe} + P_{me} + P_{ad} \qquad (3\text{-}36)$$

直流发电机的输出功率与输入功率的百分比等于发电机的效率，即

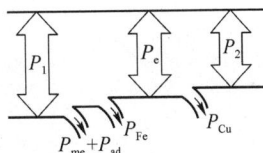

图 3-29　直流发电机的功率流程图

$$\eta = \frac{P_2}{P_1} \times 100\% \qquad (3\text{-}37)$$

二、直流发电机的转矩方程式

与交流发电机一样，直流发电机的转矩之间应满足下述的转矩平衡方程

$$T_1 = T + T_0 \qquad (3\text{-}38)$$

式中，输入转矩 T_1、电磁转矩 T 和空载转矩 T_0 与相应功率或损耗之间的关系为

$$T_1 = \frac{P_1}{\Omega} = \frac{60}{2\pi} \cdot \frac{P_1}{n} \tag{3-39}$$

$$T = \frac{P_e}{\Omega} = \frac{60}{2\pi} \cdot \frac{P_e}{n} \tag{3-40}$$

$$T_0 = \frac{P_0}{\Omega} = \frac{60}{2\pi} \cdot \frac{P_0}{n} \tag{3-41}$$

【例 3-5】 已知一直流并励发电机，输出电压 $U=230$ V，输出电流 $I=100$ A，电枢电路电阻 $R_a=0.2$ Ω，励磁电路电阻 $R_f=115$ Ω，转速 $n=1\,500$ r/min，空载转矩 $T_0=17.32$ N·m。求发电机的输出功率 P_2、电磁功率 P_e、输入功率 P_1 和效率 η。

解： 输出功率为

$$P_2 = UI = 230 \times 100 = 23\,000 \text{ (W)}$$

励磁电流和电枢电流分别为

$$I_f = \frac{U}{R_f} = \frac{230}{115} = 2 \text{ (A)}$$

$$I_a = I + I_f = 100 + 2 = 102 \text{ (A)}$$

铜损耗为 $\quad P_{Cu} = R_a I_a^2 + R_f I_f^2 = 0.2 \times 102^2 + 115 \times 2^2 = 2\,540.8 \text{ (W)}$

电磁功率为 $\quad P_e = P_2 + P_{Cu} = 23\,000 + 2\,540.8 = 25\,540.8 \text{ (W)}$

电磁转矩和输入转矩分别为

$$T = \frac{P_e}{\Omega} = \frac{60}{2\pi} \cdot \frac{P_e}{n} = \frac{60}{2 \times 3.14} \times \frac{25\,540.8}{1\,500} = 162.68 \text{ (N·m)}$$

$$T_1 = T + T_0 = 162.68 + 17.32 = 180 \text{ (N·m)}$$

输入功率为

$$P_1 = \frac{60}{2\pi} T_1 n = \frac{2 \times 3.14}{60} \times 180 \times 1\,500 = 28\,260 \text{ (W)}$$

效率为 $\quad \eta = \frac{P_2}{P_1} \times 100\% = \frac{23\,000}{28\,260} \times 100\% = 81.4\%$

本 章 小 结

本章主要分析了直流电机的工作原理、结构、运行原理以及电路和磁路的平衡方程等问题，为电力拖动系统提供了元件的性能知识。在进行本章问题阐述时，既要运用电路原理课程中所学习过的基本电磁规律，又要注意到直流电动机是拖动系统中的元件，以及在其中进行机电能量转换的物理现象。

思考题与练习题

1. 改变励磁电流的大小和方向对电动势和电磁转矩有何影响？
2. 改变直流电动机的转子转向有哪些办法？
3. 改变直流发电机的电压极性有哪些办法？

4. 直流串励电动机能否改成直流并励电动机使用？直流并励电动机能否改成直流串励电动机使用？

5. 将直流并励、串励和复励电动机电源电压的极性改变，能否改变该电动机的旋转方向？为什么？

6. 已经建立电压的直流他励发电机和直流并励发电机，改变电枢的旋转方向能否改变输出电压的正负极性？

7. 已经建立电压的直流他励发电机和直流并励发电机，改变励磁电流的方向能否改变输出电压的正负极性？

8. 一台直流并励发电机的输出电压和输出电流与一台直流并励电动机的输入电压和输入电流相同，试比较它们的电枢电流、电动势、输出功率和输入功率的大小。

9. 直流并励电动机的励磁铜损耗 $P_{Cuf} = U_f I_f = R_f I_f^2$，那么它的电枢铜损耗是否也有 $P_{Cua} = U_a I_a = R_a I_a^2$ 这样的关系？

10. 要求在宽广范围内调节电压，直流发电机为什么通常采用他励而不采用并励？

11. 一台直流电动机和一台直流发电机，它们的下述额定值相同：$P_N = 7.5\ \text{kW}$，$U_N = 220\ \text{V}$，$\eta_N = 85\%$。求它们的额定电流。

12. 某直流电机，磁极对数 $p = 2$，电枢绕组的串联总匝数 $N = 93$ 匝，每极磁通 $\Phi = 0.007\,07\ \text{Wb}$，电枢电流 $I_a = 29.8\ \text{A}$，转子转速 $n = 2\,850\ \text{r/min}$。求该电机的电磁转矩和电动势。

13. 直流他励电动机，$U_f = U_a = 220\ \text{V}$，$R_f = 120\ \Omega$，$R_a = 0.2\ \Omega$，$C_E\Phi = 0.175$，$n = 1\,200\ \text{r/min}$。求励磁电流 I_f、电动势 E、电枢电流 I_a 和电磁转矩 T。

14. 某直流他励电动机，$U_a = 110\ \text{V}$，$R_a = 0.2\ \Omega$。带某负载运行时，$I_a = 30\ \text{A}$，$n = 980\ \text{r/min}$。求：(1) 该电机的电动势 E 和电磁转矩 T；(2) 保持磁通 Φ 不变，而将电磁转矩增加一倍，求这时的电枢电流 I_a 和转速 n。

15. 直流他励电动机在下述情况下，转速、电枢电流和电动势是否变化？如何变化？(1) 磁通 Φ 和电枢电压 U_a 不变，电磁转矩 T 减小；(2) 磁通 Φ 和电磁转矩 T 不变，电枢电压 U_a 降低；(3) 电枢电压 U_a 和电磁转矩 T 不变，磁通 Φ 减小；(4) 电枢电压 U_a、磁通 Φ 和电磁转矩 T 不变，电枢电路电阻 R_a 增加。

16. 一台直流并励电动机，其额定功率 $P_N = 2.2\ \text{kW}$，额定电压 $U_N = 220\ \text{V}$，额定功率 $\eta_N = 80\%$，额定转速 $n_N = 750\ \text{r/min}$，电枢电路电阻 $R_a = 0.2\ \Omega$，励磁电路电阻 $R_f = 275\ \Omega$。求该电机在额定状态下运行时的输入电流 I、励磁电流 I_f、电枢电流 I_a、电动势 E 和电磁转矩 T。

17. 一台直流并励电动机，$U = 110\ \text{V}$，$I = 61\ \text{A}$，$n = 1\,500\ \text{r/min}$，$R_a = 0.12\ \Omega$，$R_f = 41.8\ \Omega$。求电磁转矩减半而磁通保持不变时的电枢电流 I_a 和转速 n。

18. 一台直流串励电动机，$R_a = 0.22\ \Omega$，$R_f = 0.18\ \Omega$，接于 220 V 的电源上工作电流为 10 A，转速为 432 r/min。设磁路未饱和，求电磁转矩增加一倍时，电动机的电流和转速。

19. 一台直流复励电动机，电枢电路电阻为 0.2 Ω，并励绕组电阻为 88 Ω，串励绕组电阻为 0.2Ω。电枢绕组先与串励绕组串联，再与并励绕组并联，然后接到 220 V 的直流电源上工作。在带某负载运行时，电动势为 213 V。求此时的电动机的输入电流。

20. 直流他励电动机在 $T_L=87$ N·m 时，$T_0=10$ N·m，$n=1\,500$ r/min，$\eta=80\%$。求该电动机的输出功率 P_2、电磁功率 P_e、输入功率 P_1、铜损耗 P_{cu} 和空载损耗 P_0。

21. 一台直流他励发电机，额定电枢电压为 230 V，额定电枢电流为 100 A，电枢电阻为 0.2 Ω。（1）求空载电压；（2）如果磁通减少 10%，求满载时的输出电压。

22. 一台直流并励发电机，$R_a=0.25$ Ω，$R_f=153$ Ω，向负载供电，$R_L=4Ω$，$U=230$ V，$n=1\,000$ r/min，求该发电机的：（1）输出电流；（2）励磁电流；（3）电枢电流；（4）电动势；（5）电磁转矩。

23. 某直流发电机，已知 $P_{Cu}=2\,000$ W，$P_0=1\,200$ W，$T=210$ N·m，$n=1\,000$ r/min。求该发电机的电磁功率、输出功率、输入功率和效率。

第4章

异步电机的基本理论

交流电机有异步电机和同步电机两大类。同步电机的转速与所接电网的频率之间存在一种严格不变的关系，异步电机则不然，并没有这种关系。异步电机的定子绕组接上电源以后，由电源提供励磁电流建立磁场，依靠电磁感应作用使转子绕组感应出电流，产生电磁转矩，以实现机电能量转换。因为其转子电流是由电磁感应作用而产生的，因而异步电机也称为感应电机。

因为异步发电机的性能较差，所以异步电机主要作电动机使用。异步电动机按供电电源相数的不同，有三相和单相两种。异步电动机在工农业、交通运输、国防工业以及其他各行各业中应用非常广泛，其原因在于异步电动机具有结构简单、价格便宜、运行可靠、维护方便等优点，特别是和同容量的直流电动机相比，异步电动机的重量约为直流电动机的一半，而其价格仅为直流电动机的1/3。但是，异步电动机也有自身的一些缺点，主要体现在不能经济地实现范围较广的平滑调速，必须从电网中吸取滞后的励磁电流，使电网的功率因数变差。总的来说，由于大多数的生产机械并不要求大范围的平滑调速，而且电网的功率因数又可以采取其他方法进行补偿，因此三相异步电动机是电力拖动系统中一个非常重要的元件。本章首先详细地讨论三相异步电动机的基本结构、工作原理、运行特性，然后介绍三相异步电动机的功率和转矩，最后简要介绍一下单相异步电动机的工作原理和启动方式。

§4.1　三相异步电动机的工作原理

三相异步电动机的工作原理就是通过一种旋转磁场与由这种旋转磁场的感应作用在转子绕组内所感应的电流相互作用，以产生电磁转矩来实现拖动作用。在三相异步电动机中实现机电能量转换的前提是产生一种旋转磁场。因此，在讨论三相异步电动机的工作原理之前，首先要了解旋转磁场的问题。

一、旋转磁场

根据理论分析和实践证明，旋转磁场是由三相电流通过三相绕组，或者多相电流通过多相绕组而产生的，是一种极性和大小不变且以一定转速旋转的磁场。三个匝数相同，形状尺寸一样，轴线在空间相差120°的绕组称为对称三相绕组，在图 4-1 中分别用 U_1U_2、V_1V_2、W_1W_2 代表嵌放在铁芯槽内的静止的三相绕组，U_1、V_1、W_1 是三相绕组的首端，U_2、V_2、

W_2 是三相绕组的末端。

当波形如图 4-2 所示三相电流通过对称三相绕组时，为了便于观察对称三相电流产生的合成磁场效应，可以任取几个特定的时刻分析它们所产生的合成磁场的情况。将三相电流 i_1、i_2 和 i_3 通入对应的 U_1U_2、V_1V_2、W_1W_2 对称三相绕组中，选择三相绕组电流的参考方向是从绕组的首端流向末端，$\otimes$ 表示电流从纸面流入，$\odot$ 表示电流从纸面流出。

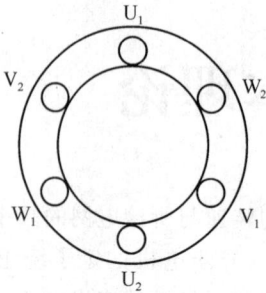

图 4-1　三相绕组示意图　　　　　　　图 4-2　三相电流的变化曲线

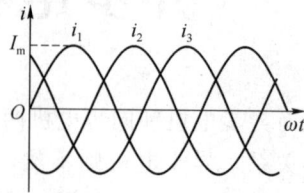

由图 4-2 可知，当 $\omega t = 0$ 时，$i_1 = 0$，U_1U_2 绕组中没有电流；$i_2 < 0$，实际方向与参考方向相反，即从末端 V_2 流入，如图 4-3 (a) 所示，V_2 端用 $\otimes$ 表示，从首端 V_1 流出，V_1 端用 $\odot$ 表示；$i_3 > 0$，实际方向与参考方向相同，即从首端 W_1 流入，从末端 W_2 流出，如图 4-3 (a) 所示。根据右手螺旋定则，它们产生的合成磁场的方向如图 4-3 (a) 中虚线所示，是一个两极（即一对磁极）的磁场，上面的磁感线穿出铁芯为 N 极，下面的磁感线进入铁芯为 S 极。

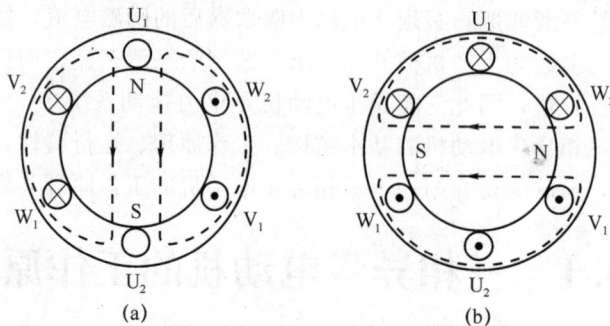

图 4-3　两极旋转磁场示意图

(a) $\omega t = 0°$；(b) $\omega t = 90°$

当 $\omega t = 90°$ 时，$i_1 > 0$，即从首端 U_1 流入，从末端 U_2 流出；$i_2 < 0$，即从末端 V_2 流入，从首端 V_1 流出；$i_3 < 0$，即从末端 W_2 流入，从首端 W_1 流出，它们产生的合成磁场的方向如图 4-3 (b) 所示，仍是两极磁场，但是合成磁场位置已从 $\omega t = 0$ 顺时针旋转了 90°。同理还可以继续得到其他时刻的合成磁场，从而证明了合成磁场在空间是旋转的。

如果像图 4-4 所示将每相绕组都改用两个线圈串联组成，采用与前面同样的分析方法，可以得到如图 4-5 所示的四极（即两对磁极）的旋转磁场，当电流变化了 90° 时，旋转磁场在空间旋转了 45°，比两极旋转磁场的转速慢了一半。

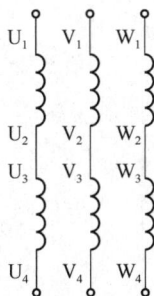

图 4-4　每相绕组为两
个线圈示意图

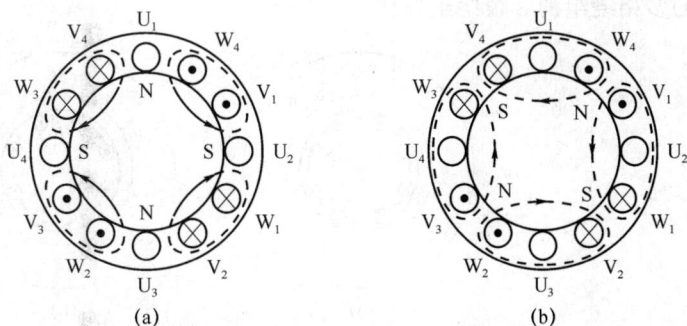

图 4-5　四级旋转磁场示意图
(a) $wt=0°$；(b) $wt=90°$

从上面的分析可以得出，三相电流通过三相绕组时所产生的合成旋转磁场是一个空间旋转磁场，利用同样的分析方法还可以证明其他多相电流通过多相绕组，例如两相电流（相位相差90°的电流）通过两相（轴线相差90°的绕组）绕组也会产生旋转磁场。

从图 4-2 和图 4-3 所示的电流变化情况和旋转磁场旋转情况，可以清楚地知道，当三相电流随时间变化经过一个周期 T，旋转磁场在空间相应地转过360°，即电流变化一次，旋转磁场转过一转。因此，电流每秒钟变化 f_1（即电流频率）次，则旋转磁场每秒钟转过 f_1 转。

综上所述，若通过静止的三相绕组中的电流的频率为 f_1，则一对磁极的旋转磁场的转速应为 $60f_1$，两对磁极的旋转磁场的转速应为 $\dfrac{60f_1}{2}$。依次类推，如果旋转磁场具有 p 对磁极，则旋转磁场的转速应为

$$n_0 = \frac{60f_1}{p} \tag{4-1}$$

旋转磁场的转速称为同步转速，用 n_0 表示，单位为 r/min。当电流的频率为工频 50 Hz 时，不同磁极对数的同步转速见表 4-1。由图 4-3 和图 4-5 可以看出，旋转磁场是沿着 U_1－V_1－W_1 方向旋转的，即旋转磁场的方向与三相绕组中三相电流的相序一致。

表 4-1　同步转速

p	1	2	3	4	5	6
$n_0/$ (r·min^{-1})	3 000	1 500	1 000	750	600	500

二、三相异步电动机的工作原理

三相异步电动机工作原理图如图 4-6 所示，异步电动机是由固定不动的定子和可以转动的转子两大部分组成。图 4-6 中最外面的两个大圆代表三相异步电动机的定子，在结构上它应该与图 4-3 或图 4-5 相同。在定子铁芯槽内嵌放着对称三相绕组，工作时，它连接成星形或三角形后接到对称三相电源上，于是三相电流通过对称三相绕组产生旋转磁场。为了形象地说明问题，在图 4-6 中将旋转磁场用一对旋转磁极来表示，它以同步转速 n_0 顺时针旋转，而定子三相绕组则省去未画。图 4-6 中里面的大圆代表转子，8 个小圆表示安装在转子铁芯

槽内的多相绕组的 8 根绕组导体。

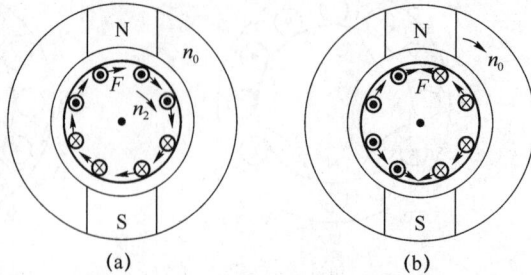

图 4-6　三相异步电动机的工作原理

(a) 转子电流有功分量与旋转磁场的相互作用；(b) 转子电流无功分量与旋转磁场的相互作用

　　由于旋转磁场的转动，使得转子绕组与旋转磁场存在着相对运动，转子绕组切割磁感线产生交流感应电动势，其每个时刻的方向可用右手定则来确定，注意此时转子绕组运动的方向应为旋转磁场转向的反方向。当旋转磁场转到图 4-6 (a) 所示位置时，转子绕组中感应电动势的方向为：在 N 极下穿出导体（用⊙表示），在 S 极下进入导体（用⊗表示）。由于转子绕组是闭合的，感应电动势将产生感应电流，该电流可分解为有功分量和无功分量两部分，其中转子绕组感应电流的有功分量与感应电动势相位相同，两者方向一致。根据安培定律，转子绕组电流的有功分量与旋转磁场相互作用产生了电磁力 F，它的方向可用左手定则来确定，在图 4-6 (a) 中用小箭头表示。从图 4-6 中可以看到，这些电磁力将对转子形成转矩，这种由电磁力而形成的转矩称为电磁转矩。在电磁转矩的驱动下，转子拖动生产机械沿着旋转磁场的旋转方向转动。转子绕组感应电流的无功分量在相位上滞后于感应电动势90°，故其方向如图 4-6 (b) 所示。根据左手定则，电磁力 F 的方向如图 4-6 (b) 中小箭头所示，它们的作用彼此抵消，不会形成电磁转矩。

　　由此可见，三相异步电动机的工作原理可以总结如下：定子三相电压 U_1 产生定子三相电流 I_1，三相电流通过定子三相绕组产生旋转磁场 Φ，由于转子与旋转磁场存在着相对运动，在转子绕组中产生了感应电动势 E_2。由于转子绕组是闭合的，因而产生了感应电流 I_2，转子绕组中的感应电流 I_2 与旋转磁场相互作用产生了电磁转矩 T，从而使转子拖动生产机械以转速 n 运转。这一工作过程可以表示如下：

$$U_1 \rightarrow I_1 \rightarrow \Phi \rightarrow E_2 \rightarrow I_2 \rightarrow T \rightarrow n$$

　　由于转子与旋转磁场之间存在相对运动，转子绕组才会切割磁感线而产生感应电动势和感应电流，进一步产生电磁转矩，所以转子转速总是略小于旋转磁场的同步转速，两者不可能相等，因此称为异步电动机。由于这种电动机是利用转子绕组中的感应电流与旋转磁场相互作用产生电磁转矩而工作的，故又称感应电动机。转子转速 n 与同步转速 n_0 之差，与同步转速 n_0 的比值称为转差率，用 s 表示，即

$$s = \frac{n_0 - n}{n_0} \qquad\qquad (4\text{-}2)$$

因此转子转速

$$n=(1-s)n_0 \tag{4-3}$$

转差率反映了转子与旋转磁场相对运动速度的大小，而这一相对运动速度的存在是电机能够工作的必要条件，因而转差率是分析异步电机工作的重要参数，s 不同，电机将工作在不同的状态。如果电机刚与电源接通而尚未转动，这种状态称为堵转，它也就是电动机刚要启动瞬间的状态，堵转时，$n=0$，$s=1$；如果电机的转速等于同步转速，这种状态称为理想空载，实际运行时一般不会出现。理想空载时，$n=n_0$，$s<0$。如果电机作电动机运行，这种状态称为电动机状态，这时 $0<n<n_0$，$0<s<1$。如果电机的定子三相绕组仍然接在三相电源上，同时又利用原动机拖动转子，使其转向与旋转磁场方向相同，但转速超过同步转速，这时与电动机状态相比，转子与旋转磁场相对运动的方向改变，转子绕组切割磁感线的方向改变，使得转子电流和定子电流的相位都反了过来，异步电机从电源输入电功率改为向外输出电功率，异步电机改作发电机运行，这种状态称为发电机状态，此时 $n>n_0$，$s<0$。如果电机的定子三相绕组仍然接在三相电源上，同时又因某种原因（例如利用外力），使转子转向与旋转磁场转向相反，从而使得电磁转矩的方向与转子转向相反，成为阻碍转子转动的制动转矩，这时异步电机所处的状态称为制动，制动时，$n<0$，$s>1$。异步电机的各种运行状态见表 4-2。

表 4-2　异步电机的各种运行状态

项目	制动状态	堵转状态	电动机状态	理想空载状态	发电机状态
转子转速	$n<0$	$n=0$	$0<n<n_0$	$n=n_0$	$n>n_0$
转差率	$s>1$	$s=1$	$1>s>0$	$s=0$	$s<0$

从三相异步电动机的工作原理可以看出，电磁转矩是由转子电流的有功分量与旋转磁场相互作用产生的，因此它的大小与旋转磁场的磁通最大值 Φ_m 以及转子每相电流的有功分量 $I_2\cos\varphi_2$ 成正比，可用下式表示

$$T=C_T\Phi_m I_2\cos\varphi_2 \tag{4-4}$$

式中，C_T 是由电机结构决定的常数。

电磁转矩的方向与旋转磁场的转向相同，即与定子三相绕组中三相电流的相序一致，而电磁转矩的方向决定了转子的转向。因此，要想改变转子的转向，即要使电动机反转，将三相绕组接到电源的三根导线中的任意两根对调一下位置，例如将 V_1 和 W_1 对调，这时旋转磁场的转向便由 $U_1{\rightarrow}V_1{\rightarrow}W_1$ 变为 $U_1{\rightarrow}W_1{\rightarrow}V_1$。

三、三相异步电动机的额定值

和直流电动机一样，异步电动机的机座外壳上也有一个铭牌，铭牌上面标有该电动机的额定数据，要正确使用电动机，必须看懂铭牌数据，正确理解各项数据的意义，下面以某台 Y 系列电动机为例说明其铭牌数据，主要额定数据如下：

三相异步电动机					
型号	Y132S-6	功　率	3 kW	频　率	50 Hz
电压	380 V	电　流	7.2 A	连　接	Y
转速	960 r/min	功率因数	0.76	绝缘等级	B

1. 型号

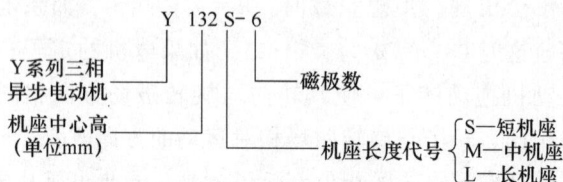

```
            Y 132 S- 6
Y系列三相 ┘   │  │   └── 磁极数
异步电动机    │  │
机座中心高    │  └── 机座长度代号 ┌ S—短机座
（单位mm）                      ┤ M—中机座
                               └ L—长机座
```

2. 额定功率 P_N

电动机在额定状态下运行时，转子轴上输出的机械功率称作额定功率 P_N。

3. 额定电压 U_N

电动机在额定状态下运行时，定子三相绕组的线电压称作额定电压 U_N。它与定子绕组的连接方式有对应的关系。Y 系列电动机的额定电压一般为 380 V，$P_N \leqslant 3$ kW 时为星形连接，$P_N \geqslant 4$ kW 时为三角形连接。有些小容量电动机，U_N 为 380/660 V 时连接方式为△/Y，这表示电源电压为 380 V 时，三角形连接；电源电压为 660 V 时，星形连接。

4. 额定电流 I_N

额定电流 I_N 是指电动机在额定状态下运行时，定子三相绕组的线电流，也就是电动机在长期运行时所允许的定子线电流。当电动机的实际工作电压、电流和功率等都等于额定值时，这种运行状态称为额定状态。当电动机的实际工作电流等于额定电流时，电动机的工作状态称为满载状态。

5. 额定频率 f_N

额定频率 f_N 是指电动机在额定状态下运行时，定子三相绕组所加交流电压的频率。

6. 额定转速 n_N

额定转速 n_N 是指电动机在额定状态下运行时的转子转速。国产异步电动机的额定转速非常接近而又略小于同步转速，额定转差率 $s_N = 0.015 \sim 0.090$。

7. 额定功率因数 λ_N

额定功率因数 λ_N 是指电动机在额定状态下运行时的功率因数，即 $\lambda_N = \cos \varphi_N$。额定功率因数和额定效率 η_N 是三相异步电动机的重要技术经济指标。电动机在额定状态或接近额定状态运行时，功率因数 λ 和效率 η 比较高，而在轻载或空载下运行时，功率因数 λ 和效率 η 都很低，这是不经济的。

8. 绝缘等级

绝缘等级是指电动机中所用绝缘材料的耐热等级，它决定电动机允许的最高工作温度。目前一般电动机倾向于采用 F 级绝缘，Y 系列电动机采用 B 级绝缘，它们允许的最高温度分别为 120℃ 和 130℃。

除铭牌数据外，还有额定效率 η_N 等一些数据，它们也是电动机的重要技术数据，可以从产品目录或电工手册中查到。

【例 4-1】　已知 Y180M‐2 型三相异步电动机，$P_N = 22$ kW，$U_N = 380$ V，三角形连接，$I_N = 42.2$ A，$\lambda_N = 0.89$，$f_N = 50$ Hz，$n_N = 2\,940$ r/min。求额定运行时的转差率、定子绕组的相电流、输入有功功率以及效率。

解：（1）由型号可知，该电动机的磁极数 $2p = 2$，即 $p = 1$，而可由式（4-1）求出 n_0，也可以从 n_N 直接得知 $n_0 = 3\,000$ r/min。故

$$s_N = \frac{n_0 - n_N}{n_0} = \frac{3\,000 - 2\,940}{3\,000} = 0.02$$

（2）由于定子三相绕组为三角形连接，故定子相电流

$$I_{1p} = \frac{I_N}{\sqrt{3}} = \frac{42.2}{\sqrt{3}} = 24.4 \text{（A）}$$

（3）输入有功功率

$$p_{1N} = \sqrt{3} U_N I_N \lambda_N = \sqrt{3} \times 380 \times 42.2 \times 0.89 = 24.7 \times 10^3 \text{（W）} = 24.7 \text{（kW）}$$

（4）效率

$$\eta_N = \frac{p_N}{p_{1N}} \times 100\% = \frac{22}{24.7} \times 100\% = 89\%$$

§4.2　三相异步电动机的结构

一、三相异步电动机的基本结构

和直流电机一样，三相异步电动机也是主要由静止的定子和转动的转子两大部分组成，定子与转子之间有一个较小的气隙，下面介绍其具体结构。

1. 定子

三相异步电动机的定子主要由定子铁芯、定子绕组和机座组成。

1）定子铁芯

定子铁芯是异步电动机主磁通磁路的一部分。为了使异步电动机能产生较大的电磁转矩，具有一个较强的旋转磁场，同时由于旋转磁场相对定子铁芯以同步转速旋转，定子铁芯中磁通的大小与方向都是变化的，必须设法减少由旋转磁场在定子铁芯中所引起的涡流损耗和磁滞损耗，因此，定子铁芯由彼此绝缘、厚为 0.5 mm 的硅钢片叠压而成，如图 4-7（a）所示。定子铁芯内壁开有许多均匀分布的槽用以嵌放定子绕组。

2）定子绕组

定子绕组是异步电动机定子部分的电路，它也是由许多线圈按照一定规律连接而成。由绝缘导线制成的三相对称定子绕组，嵌放在定子铁芯槽内。一般根据定子绕组在槽内布置的情况，分为单层绕

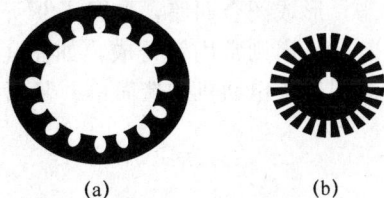

图 4-7　定子和转子铁芯的硅钢片
（a）定子铁芯硅钢片；（b）转子铁芯硅钢片

组和双层绕组两种基本形式。容量较大的异步电动机都采用双层绕组。双层绕组在每一槽内的

导线分上下两层布置，上下层线圈之间需要用层间绝缘隔开。小容量异步电动机采用单层绕组，其在槽内定子绕组的导线用槽楔紧固。

3）机座

机座的作用主要是固定和支撑定子铁芯。机座由铸铁或铸钢制成，定子铁芯装在机座内。异步电动机根据不同的冷却方式采用不同的机座形式。小型封闭式电动机，其损耗变成的热量全都要通过机座散出，为了加强散热能力，在机座的外表面有很多均匀分布的散热筋，以增大散热面积。对于大中型异步电动机，一般采用钢板焊接的机座。定子三相绕组的6个出线端都引到机座外侧接线盒内的接线柱上，接线柱的布置如图 4-8（a）所示。图 4-8（b）和图 4-8（c）分别是定子三相绕组为星形和三角形连接时的接法。

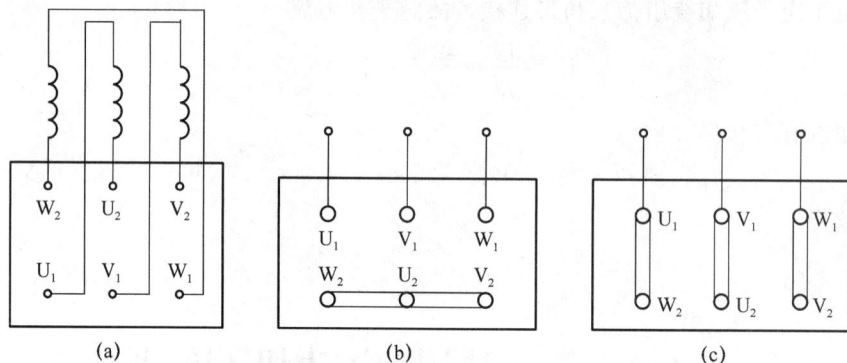

图 4-8　异步电机接线柱的连接

（a）内部连接方式；（b）星形连接；（c）三角形连接

2. 转子

三相异步电动机的转子主要由转子铁芯、转子绕组和转轴组成。

1）转子铁芯

转子铁芯也是电动机主磁通磁路的一部分，一般也是由 0.5 mm 厚的硅钢片叠成，如图 4-7（b）所示。将转子铁芯叠成圆筒形，铁芯外表面开有许多均匀分布的槽，槽内嵌放转子绕组，转子铁芯固定在转轴或转子支架上。

2）转子绕组

转子绕组的结构分为笼型（又称鼠笼型）和绕线型两种，因而三相异步电动机也分为笼型异步电动机和绕线型异步电动机两种。笼型绕组为自行闭合的对称多相绕组。额定功率在100 kW 以上的笼型异步电动机，转子铁芯槽内嵌放的是铜条，铜条的两端各用一个铜环焊接起来，形成闭合回路，如图 4-9 所示。100 kW 以下的笼型异步电动机，转子绕组以及用作冷却的风扇则常用铝铸成，如图 4-10 所示。图 4-11 所示为三相笼型异步电动机的部件图，笼型异步电动机构造简单、坚固耐用，所以应用最广泛。

图 4-9　笼型转子

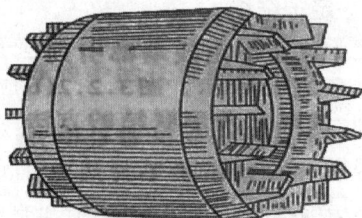

图 4-10　铸铝笼型转子

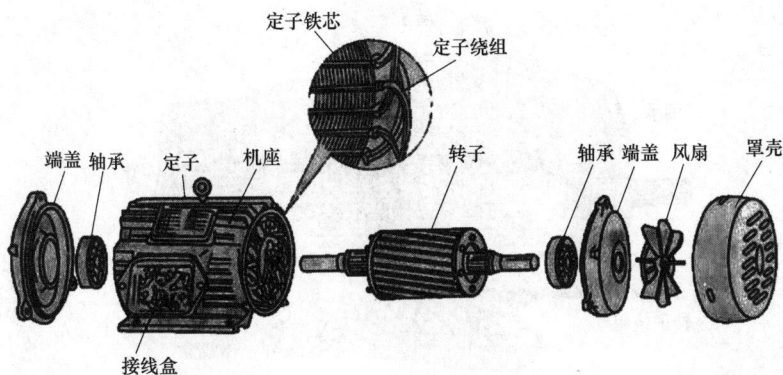

图 4-11 三相笼型异步电动机的部件图

　　绕线型异步电动机的转子绕组与定子绕组一样也是三相绕组，都采用星形连接。它的三个首端分别与转轴上的三个彼此绝缘的铜质滑环（集电环）相连接。其外形结构如图 4-12 所示。图 4-13 所示为绕线型异步电动机的示意图。每个滑环上都用弹簧压着一个固定不动的电刷，当转子转动时，滑环与电刷之间保持滑动接触。将转子绕组的三个首端通过电刷引到接线盒中，以便在转子电路中串入附加电阻，改善电动机的启动和调速性能。图 4-14 所示为三相绕线型异步电动机的结构图。

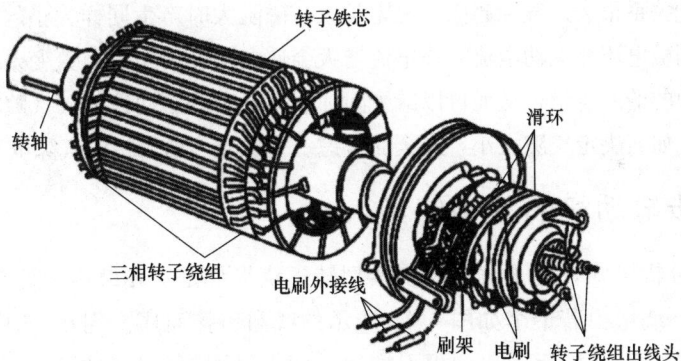

图 4-12 绕线型异步电动机的转子外形图

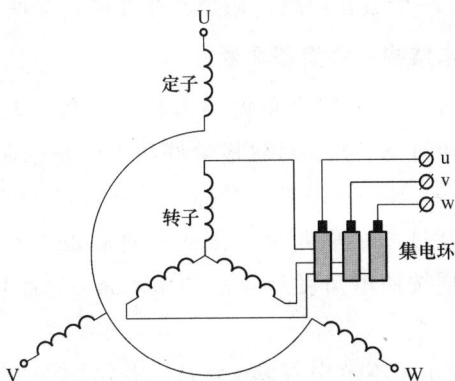

图 4-13 绕线型异步电动机的示意图

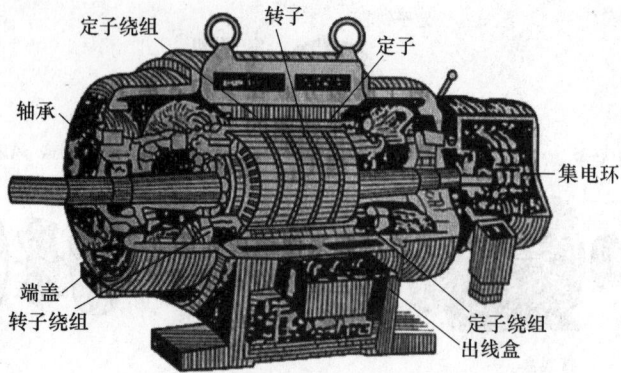

图 4-14　三相绕线型异步电动机的结构图

3）转轴

转轴由钢制成，将转子铁芯固定在转轴上，通过转轴可以拖动生产机械。风扇一般安装在转轴上，起冷却作用。

3. 气隙

异步电动机定、转子之间的气隙是很小的，中小型电动机一般为 0.2～2 mm。气隙的大小与异步电动机的性能关系很大。气隙越大，磁阻越大，磁阻大时产生同样大小的旋转磁场就需要较大的励磁电流。励磁电流是无功电流，该电流增大会使电动机的功率因数变差。然而，磁阻大可以减少气隙磁场中的谐波含量，从而可以减少附加损耗，改善启动性能。气隙过小，会使装配困难和运转不安全。如何决定气隙大小，应全面考虑。一般异步电动机的气隙以较小为宜。

二、三相异步电动机的三相绕组

通过前面的分析可知，定子绕组和绕线型转子绕组都是三相绕组。那么实际的三相绕组是怎么组成的呢？绕组由若干个如图 4-15 所示的线圈连接而成。图 4-15 中的线圈绕有若干匝（图 4-15 中为 2 匝），然后引出两根引出线，两个线圈边（简称圈边）分别嵌放在两个铁芯槽内。如果一个槽内只嵌放一个圈边，这种绕组称为单层绕组；如果一个槽内嵌放着两个分别属于两个线圈的圈边，一个放在内层，一个放在外层，这种绕组称为双层绕组。

1. 三相单层绕组的基本结构和绕组基本量

电机圆周在几何上分成 360°，这个角度称为机械角度。从电磁观点来看，若磁场在空间按照正弦波分布，则经过 N、S 一对磁极恰好相当于正弦曲线的一个周期。如果有导体去切割这种磁场，经过 N、S 一对磁极，导体中所感应产生的正弦电动势的变化也为一个周期，变化一个周期即经过 360° 电角度，因而一对磁极占有的空间是 360° 电角度。若电机有 p 对磁极，电机圆周按照电角度计算就为 $p \times 360°$，而机械角度总是 360°，因此，电角度 ＝ $p \times$ 机械角度。

假设电机的槽数用 z 表示，本节中假设 $z = 12$，并用图 4-16 所示竖线来表示，且编上槽号 1、2、…、12。

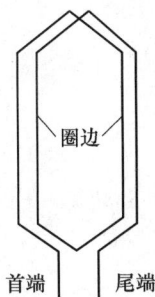

图 4-15　两匝线圈

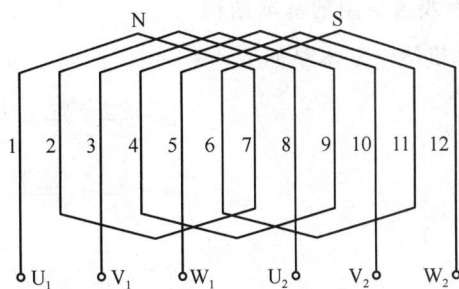

图 4-16　三相单层绕组的接线图

假设磁极对数 $p=1$，并在图 4-16 中标出 N 极和 S 极，原则上极区的划分是任意的。相邻两槽中心线间的电角度称为槽距角 α，计算公式如下：

$$\alpha = \frac{p \cdot 360^{\circ}}{z} \tag{4-5}$$

相邻两磁极中心线间的距离称为极距，用 τ 表示，其计算公式如下：

$$\tau = \frac{z}{2p} \tag{4-6}$$

线圈两圈边之间的距离称为线圈的节距，用 y 表示，一般用槽数计算。本绕组选择 $y=\tau=6$。绕组的相数用 m 表示，本绕组 $m=3$。每相绕组在每个极内所占槽数称为每极每相槽数，用 q 表示，其计算公式为

$$q = \frac{z}{2pm} \tag{4-7}$$

本绕组的槽距角 $\alpha=\dfrac{1\times360^{\circ}}{12}=30^{\circ}$，极距 $\tau=\dfrac{12}{2\times1}=6$。本绕组每极每相槽数 $q=\dfrac{12}{2\times1\times3}=2$。$y<\tau$ 的绕组称为短距绕组，$y=\tau$ 的绕组称为整距绕组。$q=1$ 的绕组称为集中绕组，$q>1$ 的绕组称为分布绕组，本节中绕组为整距分布绕组。

由于本绕组的 $y=6$，因此，若第 1 个线圈的左圈边放在 l 槽内，则它的右圈边应放在 $1+6=7$ 槽内，由于本绕组的 $q=2$，即每极每相有 2 个圈边，因此，第 2 个线圈的左圈边应放在与线圈 1 的左圈边相邻的 2 槽内，而右圈边则放在 $2+6=8$ 槽内，然后将它们串联起来，即将第 1 个线圈的 7 与第 2 个线圈的 2 相连，由 1 和 8 分别引出两根线作为 U 相绕组的首端 U_1 和末端 U_2，这样就组成了三相绕组中的 U 相绕组。再将另两相用同样方式连接起来便组成了如图 4-16 所示的完整的三相绕组。不过要注意三个首端之间应相差120°电角度。由于 $\alpha=30^{\circ}$，120°占 4 个槽，因此，U 既然从 1 槽引出，则 V_1 应从 5 槽引出，W_1 应从 9 槽引出。V 相绕组由线圈 5－11 和 6－12 组成，W_0 相绕组由线圈 9－3 和 10－4 组成，即三相绕组的组成为

$$U_1 - (1-7) - (2-8) - U_2$$
$$V_1 - (5-11) - (6-12) - V_2$$
$$W_1 - (9-3) - (10-4) - W_2$$

2. 三相双层绕组的基本结构

假设电机绕组基本量如下：$z=12$，$p=1$，$m=3$，$y=5$，则

$$\alpha=\frac{p \cdot 360°}{z}=\frac{1\times360°}{12}=30°$$

$$\tau=\frac{z}{2p}=\frac{12}{2\times1}=6$$

$$q=\frac{z}{2pm}=\frac{12}{2\times1\times3}=2$$

首先画出槽线如图 4-17 所示，编上槽号。图 4-17 中实线代表槽的外层，虚线代表槽的内层。每个线圈的两个圈边，一个嵌放在某槽的外层，另一个则嵌放在另一槽的内层。为清楚起见，再画出极区 N 和 S，最后画出 U 相绕组。

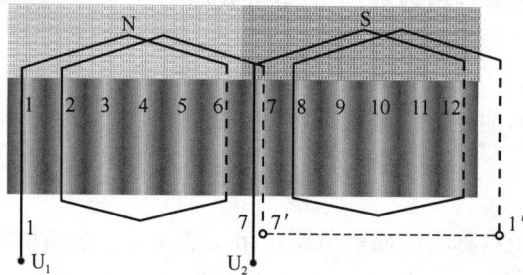

图 4-17　三相双层绕组的接线图

由于 $q=2$，故每极下只有 2 个槽。由于 $y=5$，故如图 4-17 所示，第 1 个线圈的左圈边若放在 1 槽的外层，右圈边则应放在 $1+5=6$ 槽的内层。为区分内外层，数字上加 "'" 表示内层，不加 "'" 表示外层。实线为外层线圈边，虚线为内层线圈边，所以该线圈可表示为 $(1-6')$，再画出线圈 $(2-7')$，连接 $6'$ 和 2，将这两个线圈串联起来，组成一个线圈组 $[(1-6')-(2-7')]$。由于每个圈边只占了槽的一半，另一半还可以用来嵌放其他圈边，因此可以在右半边即图 4-17 中 S 极下嵌放线圈 $(7-12')$ 和 $(8-1')$，连接 $12'$ 和 8，组成另一个线圈组 $[(7-12')-(8-1')]$。可见，双层绕组每相的线圈数是单层绕组的一倍，将两个线圈组串联或并联起来，便组成了三相绕组中的 U 相绕组。旋转磁场旋转时，将在各圈边中产生感应电动势。如果 N 极下的电动势方向向上，则 S 极下的电动势方向向下，为了使各圈边中的电动势在串联或并联时不致相互抵消，如图 4-17 所示，串联时应将 $7'$ 与 $1'$ 相连，将 1 作为 U 相绕组的首端 U_1，7 作为 U 相绕组的末端 U_2。并联时应将 1 和 $1'$ 相连作为 U_1 端，7 和 $7'$ 相连作为 U_2 端。即 U 相绕组的组成如下。

1）串联形式

$$U_1 \circ\!-\!\![(1\text{-}6')\text{-}(2\text{-}7')]$$
$$U_2 \circ\!-\!\![(7\text{-}12')\text{-}(8\text{-}1')]$$

$$V_1 \circ\!-\!\![(5\text{-}10')\text{-}(6\text{-}11')]$$
$$V_2 \circ\!-\!\![(11\text{-}4')\text{-}(12\text{-}5')]$$

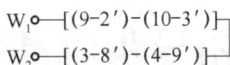

2）并联形式

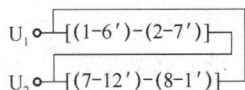

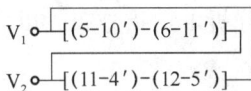

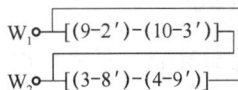

三、笼型绕组

三相笼型异步电动机的转子绕组结构比较特殊，这里介绍它的磁极对数和相数等问题。

1. 极数

转子电流通过转子绕组所产生的磁场的磁极数（简称转子极数）应与定子电流通过定子绕组所产生的磁场的磁极数（简称定子极数）相等。从图 4-3 和图 4-5 中可以看出，定子有几个磁极相应的转子导体中的感应电动势和电流的方向就有几个区域。因此，定子磁极对数 p_1 应等于转子磁极对数 p_2，可以都用 p 表示，即

$$p_1 = p_2 = p$$

2. 相数

笼型绕组是一个多相绕组，由于每相绕组中的电流应大小相等、相位相同，例如当转子齿数（即转子导体数）为 12，磁极对数 $p=2$，如图 4-18 所示，每对磁极下相同位置中的导体，即导体 1 与 7，2 与 8，3 与 9，4 与 10，5 与 11，6 与 12 中的感应电动势大小相等、相位相同，因而对应两导体中的电流也大小相等、相位相同，可以看成二者并联，成为一根总导体。图 4-18 中总导体数变为 6，6 根总导体中的电流相位不同，该转子的相数应为 6 相。因此当转子齿数 z_2 能够被磁极对数 p 整除时，转子相数 m_2 为 $m_2 = \dfrac{z_2}{p}$，当转子齿数 z_2 不能被磁极对数 p 整除时，所有导体中的电流都不可能相位相同，因此转子相数 m_2 为 $m_2 = z_2$。笼型绕组每相只有一根导体，相当于半匝，故笼型绕组的每相匝数为 $N_2 = \dfrac{1}{2}$。

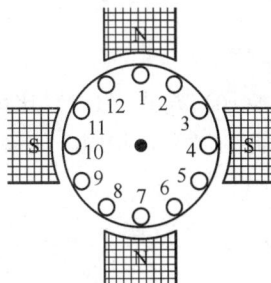

图 4-18　笼型绕组转子相数分析

§4.3 三相异步电动机的电动势

在前面的分析中可以看到，从电磁关系看，异步电动机与变压器非常相似。三相异步电动机定子绕组接到三相电源以后，气隙内建立旋转磁场，这个磁场以同步转速旋转，其幅值不变并且分布接近于正弦，相当于一种旋转的磁极。它同时切割定、转子绕组，并在其中感应出电动势。虽然在定、转子绕组中所感应出电动势的频率有所不同，但是两者定量计算的方法是一样的。本节中，将详细地分析由正弦分布、以同步转速旋转的旋转磁场在定子绕组和转子绕组中所感应产生的电动势。

一、定子电路的电动势方程式

三相异步电动机工作时其三相是对称的，只需取出一相来分析即可。与变压器一次电路的电动势平衡方程式一样，三相异步电动机的定子每相电路的电动势方程式为

$$\dot{U}_1 = -\dot{E}_1 + (R_1 + jX_1)\dot{I}_1 = -\dot{E}_1 + Z_1\dot{I}_1 \tag{4-8}$$

式中，R_1、X_1、Z_1 分别为定子每相绕组的电阻、漏电抗、漏阻抗；U_1、I_1、E_1 分别是定子绕组的相电压、相电流、相电动势。

三相异步电动机定、转子绕组中的感应电动势与三相变压器一、二次绕组中的感应电动势都是由电磁感应现象产生的，其计算公式也基本相同，但是由于它们的结构不同，变压器一、二次绕组是集中绕在铁芯上的，相当于整距集中绕组。而异步电动机常采用短距分布绕组，在匝数 N 和磁通的最大值 Φ_m 相同的情况下，短距分布绕组中的电动势将小于整距集中绕组中的电动势，两者之比称为绕组因数，用 k_w 表示，其值小于 1。也就是说采用短距分布绕组后，相当于将整距集中绕组的匝数减少到了 $k_w N$。因此，绕组因数与绕组匝数的乘积 $k_w N$ 称为绕组的有效匝数。定子每相绕组中的感应电动势 E_1 在数值上为

$$E_1 = 4.44 k_{w1} N_1 f_1 \Phi_m \tag{4-9}$$

式中，Φ_m 是旋转磁场磁通的幅值；$k_w N$ 是定子每相绕组的有效匝数；f_1 是三相绕组中感应电动势的频率，简称定子频率。由于 p 对磁极的旋转磁场每分钟绕定子转了 n_0 圈，感应电动势 E_1 每分钟变化了 pn_0 个周期，因此，每秒变化的周期数，即定子频率为

$$f_1 = \frac{pn_0}{60} \tag{4-10}$$

式（4-10）与式（4-1）比较可以看出，定子感应电动势的频率与定子电压和电流的频率（即电源的频率）相同。如果忽略 R_1 和 X_1，则由式（4-8）和式（4-9）可知

$$U_1 = E_1 = 4.44 k_{w1} N_1 f_1 \Phi_m$$

由此求得

$$\Phi_m = \frac{U_1}{4.44 k_{w1} N_1 f_1} \tag{4-11}$$

可见 Φ_m 正比于定子绕组相电压 U_1。

二、转子电路的电动势方程式

由于转子绕组是短路的，$U_2 = 0$，因此转子电路的电动势方程式为

$$0 = \dot{E}_{2s} - (R_2 + jX_{2s})\dot{I}_{2s} = \dot{E}_{2s} - Z_{2s}\dot{I}_{2s} \tag{4-12}$$

式中，R_2、X_{2s}、Z_{2s} 分别是转子每相绕组的电阻、漏电抗和漏阻抗。I_{2s} 和 E_{2s} 分别是每相绕组的相电流和相电动势。其中

$$X_{2s} = 2\pi f_2 L_2, \quad E_{2s} = 4.44 k_{w2} N_2 f_2 \Phi_m$$

式中，k_{w2} 是转子绕组的绕组因数；$k_{w2} N_2$ 是转子每相绕组的有效匝数。如果转子绕组是笼型绕组，由于每相只有一根导线，故笼型绕组的 $k_{w2} = 1$。

在 X_{2s}、E_{2s} 等物理量的下标中加上"s"，是因为这些物理量的大小与频率 f_2 有关，从而与转差率 s 有关，下面就来说明这一问题。由于定子是静止的，而转子是旋转的，旋转磁场与定子和转子的相对运动速度不同，因此定、转子绕组中感应电动势的频率也就不同。p 对磁极的旋转磁场每分钟只绕转子转了 $(n_0 - n)$ 圈，转子绕组中感应电动势每分钟只变化了 $p(n_0 - n)$ 个周期，每秒变化的周期数，即转子绕组感应电动势的频率（简称转子频率）为

$$f_2 = \frac{p(n_0 - n)}{60} = \frac{p(n_0 - n)}{60} \cdot \frac{n_0}{n_0}$$

即

$$f_2 = s f_1 \tag{4-13}$$

可见，转子频率与转差率成正比，只有在转子静止不动时，$n = 0$，$s = 1$，异步电动机才与变压器一样，其频率 $f_2 = f_1$。既然 f_2 与 s 成正比，转子电路中与转子有关的各物理量都与 s 有关。若令转子静止时的漏电抗为 X_2，则

$$X_2 = 2\pi f_1 L_2 \tag{4-14}$$

对于给定的电动机，X_2 是个定值。再令 E_2 为转子静止时每相绕组中的电动势，则

$$E_2 = 4.44 k_{w2} N_2 f_1 \Phi_m \tag{4-15}$$

由上述关系可知 X_{2s} 与 X_2、E_{2s} 与 E_2 的关系为 $X_{2s} = s X_2$，$E_{2s} = s E_2$。

【例 4-2】 已知某三相绕线型异步电动机，额定转速 $n_N = 2\,880$ r/min，额定频率 $f_N = 50$ Hz，转子绕组开路时的额定线电压 $U_{2N} = 254$ V，求该电动机在额定状态下运行时转子每相绕组的电动势 E_{2s} 和转子频率 f_2。

解： 由 $n_N = 2\,880$ r/min，可知 $n_0 = 3\,000$ r/min

额定状态下运行时

$$s_N = \frac{n_0 - n}{n} = \frac{3\,000 - 2\,880}{3\,000} = 0.04$$

由于转子绕组是星形连接，所以转子绕组开路时的相电压为

$$U_2 = E_2 = \frac{U_{2N}}{\sqrt{3}} = \frac{254}{1.73} = 146.82 \text{ (V)}$$

额定状态下运行时，转子电路的电动势和频率如下：

$$E_{2s} = s_N E_2 = 0.04 \times 146.82 = 5.87 \text{ (V)}$$
$$f_2 = s_N f_1 = 0.04 \times 50 = 2 \text{ (Hz)}$$

*三、绕组因数

上面提到的绕组因数到底与哪些因素有关，如何计算绕组因数呢？下面就详细讨论绕组因数的问题。绕组因数 k_w 等于节距因数 k_p 和分布因数 k_s 的乘积，即

$$k_w = k_p k_s \tag{4-16}$$

下面分别讨论节距因数 k_p 和分布因数 k_s。

节距因数是为了说明短距绕组与整距绕组的不同而引入的系数，在图 4-19（a）所示整距线圈中，由于线圈的节距 y 等于极距 τ，如果线圈的左圈边正好处在 N 极的中心线上，则右圈边一定正好处在 S 极的中心线上。若选择旋转磁场在两圈边中产生感应电动势 $\dot{E}_c'$ 和 $\dot{E}_c''$ 的参考方向均为向上的方向，选择线圈电动势 $\dot{E}_c$ 参考方向为顺时针方向，则 $\dot{E}_c = \dot{E}_c' - \dot{E}_c''$，相量图如图 4-19（b）所示，在数值上 $E_c = 2E_c' = 2E_c''$。在图 4-20（a）所示短距线圈中，如果线圈的左圈边正好处在 N 极的中心线上，则右圈边应处在比 S 极中心线短 $(\tau - y)$ 的位置上，相量图如图 4-20（b）所示，在数值上 $E_c = 2E_c'\cos\dfrac{\tau - y}{\tau}90° = 2E'\sin\dfrac{y}{\tau}90°$。

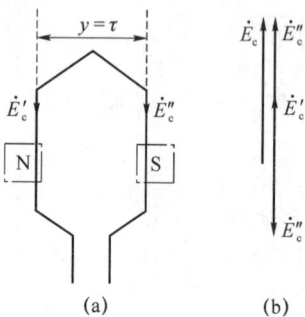

图 4-19　整矩线圈的电动势
（a）整距线圈；（b）相量图

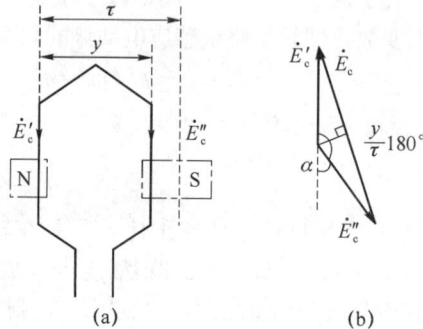

图 4-20　短距线圈电动势
（a）短距线圈；（b）相量图

可见，由短距线圈组成的短距绕组与整距线圈组成的整距绕组相比，在匝数相同的情况下，两者的比值应为 $\sin\dfrac{y}{\tau}90°$。短距绕组的电动势与整距绕组电动势之比称为绕组的节距因数，用 k_p 表示，显然，$k_p = \sin\dfrac{y}{\tau}90°$。在整距绕组中 $k_p = 1$，在短距绕组中 $k_p < 1$。

分布因数是说明分布绕组与集中绕组的不同而引入的系数。在集中绕组中，各匝线圈中的感应电动势大小相等、相位相同，如果设想该绕组是由 q 个线圈集中在一对槽，则每相绕组的电动势等于 q 个线圈电动势的算术和，即 $E = qE_c$。在分布绕组中，各相绕组的 q 个线圈是分布在相邻的槽中，每相绕组的电动势等于 q 个线圈电动势的相量和，相邻两线圈电动势在相位上相差 α 角。相量图如图 4-21（a）所示，$q=3$。将它换成另外一种画法，如图 4-21（b）所示，q 个线圈电动势组成一个正多边形的一部分，从几何关系求得，$E_c = 2R\sin\dfrac{\alpha}{2}$。

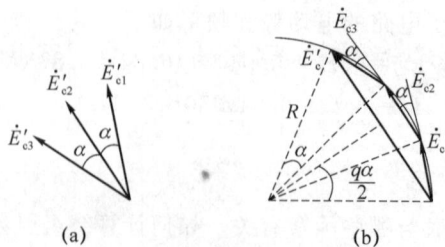

图 4-21　分布绕组电动势相量图
（a）相量图；（b）改画后的相量图

总电动势为 $E = 2R\sin\dfrac{q\alpha}{2}$，两式相除得

$$E = E_c \frac{\sin\dfrac{q\alpha}{2}}{\sin\dfrac{\alpha}{2}} = qE_c \frac{\sin\dfrac{q\alpha}{2}}{q\sin\dfrac{\alpha}{2}}$$

分布绕组的电动势与集中绕组的电动势之比称为绕组的分布因数，用 k_s 表示。由上述

分析可知，$k_s = \dfrac{\sin\dfrac{q\alpha}{2}}{q\sin\dfrac{\alpha}{2}}$，在集中绕组中，$k_s = 1$，在分布绕组中 $k_s < 1$。

§4.4　三相异步电动机的磁通势方程式

在上一章阐述三相异步电动机的工作原理时详细地说明了旋转磁场的产生，而这种旋转磁场是由异步电动机定子上的对称三相绕组中通过对称三相交流电流时产生的磁通势建立的。本章将进一步分析气隙中磁通势的大小、波形、方程以及一些其他属性。

一、脉振磁通势

单相电流通过单相绕组将在电动机中产生方位不变（与绕组轴线一致）而大小和方向随时间按正弦规律变化的磁场，该磁场称为脉振磁场，产生脉振磁场的磁通势称为脉振磁通势。当脉振磁场为一对磁极时，如图 4-22 （a） 所示，图中假设某一瞬间电流是由 U_2 流入，从 U_1 流出。由右手螺旋定则可以得到磁感线的分布情况。从图 4-22 中可以看到，沿任何一条磁感线的闭合磁路都包含两个气隙，它们分别为一段定子铁芯气隙和一段转子铁芯气隙。两个气隙的磁位差与定子铁芯和转子铁芯的磁位差之和应等于绕组的磁通势。由于气隙的磁阻远大于铁芯的磁阻，铁芯的磁位差可以忽略不计。两个气隙的磁位差之和等于绕组的磁通势，即绕组的磁通势全部分配到两个气隙上了，气隙上分配到的磁通势称为气隙磁通势。可见在 $p = 1$ 时气隙磁通势等于绕组磁通势的 $\dfrac{1}{2}$。各气隙上的气隙磁通势大小相等，但它所产生的磁感线方向在 N 极下是由定子到转子，在 S 极下是由转子到定子。若规定 N 极下的气隙磁通势为正，S 极下的气隙磁通势为负，并由 U_1 处展开，便得到了如图 4-22 （a）下方曲线所示的气隙磁通势沿气隙的分布图，气隙磁通势沿气隙呈矩形波规律分布。

当脉振磁场为两对磁极时，如图 4-22 （b） 所示，绕组由线圈 U_1U_2 与线圈 U_3U_4 串联组成。每个线圈的匝数为绕组匝数的一半，因而线圈磁通势为绕组磁通势的一半。假设某瞬间的电流是从 U_4 流入，U_3 流出，再从 U_2 流入，U_1 流出，它所产生的磁场的磁感线如图 4-22 （b）中虚线所示。沿任何闭合回路中两个气隙磁位差与定子铁芯和转子铁芯磁位差之和只等于线圈磁通势，即等于绕组磁通势的 $\dfrac{1}{2}$。忽略铁芯磁位差，各处气隙上分配到的磁通势即气隙磁通势在 $p = 2$ 时等于绕组磁通势的 $\dfrac{1}{4}$，如图 4-22 （b）下方曲线所示，它沿气隙也是呈矩形波规律分布的。比较上述结果可知，对于磁极对数为 p 的磁场，气隙磁通势

应等于绕组磁通势的 $\frac{1}{2p}$。呈矩形分布的气隙磁通势可以用傅里叶级数将其分解成基波和各种高次谐波。高次谐波磁通势很小，而基波磁通势却是工作中所需要的磁通势，所以这里主要讨论基波磁通势。由于电流随时间按正弦规律变化，绕组的磁通势也是随时间按正弦规律变化的。在第1章讨论磁路欧姆定律时曾指出，交变磁通和磁通势的大小用幅值表示。因而，绕组磁通势幅值为 $k_wNI_m = \sqrt{2}k_wNI$，气隙磁通势幅值为 $\frac{1}{2p}k_wNI_m = \frac{\sqrt{2}k_wNI}{2p}$。根据傅里叶级数分解的结果，气隙基波磁通势的幅值应为气隙磁通势幅值的 $\frac{4}{\pi}$ 倍。由此求得气隙基波磁通势幅值为

$$F_{pm} = \frac{4}{\pi} \cdot \frac{1}{2p}k_wNI_m = \frac{2\sqrt{2}}{\pi p}k_wNI$$

由于 $\frac{2\sqrt{2}}{\pi} = 0.9$，因而 $F_{pm} = \frac{0.9k_wNI}{p}$。

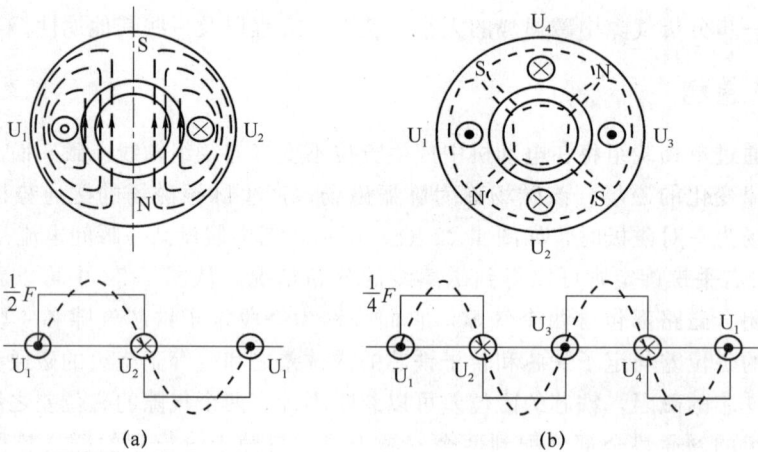

图 4-22　单相绕组的脉振磁场
(a) $p=1$；(b) $p=2$

二、旋转磁通势

　　三相电流通过三相绕组产生的旋转磁通势显然就是三个在空间和时间上都相差120°电角度的单相绕组脉振磁通势的合成磁通势。分析时只需任取几个时刻，求出该时刻各相绕组的基波脉振磁通势，然后再求出它们的合成磁通势即为三相绕组的基波旋转磁通势。

　　现将三相电流通过三相绕组时，三相绕组的三个基波脉振磁通势 F_{pU}、F_{pV} 和 F_{pW} 分别用三个空间矢量来表示。它们的方向应在绕组的轴线方向，并且规定当电流从绕组的首端流入，从末端流出时，所产生的脉振磁通势为正值，否则为负值。根据右手螺旋定则，F_{pU}、F_{pV} 和 F_{pW} 的参考方向应如图 4-23（a）所示。矢量的大小代表脉振磁通势的大小，它们是随时间按正弦规律变化的，而且彼此在相位上互差120°。

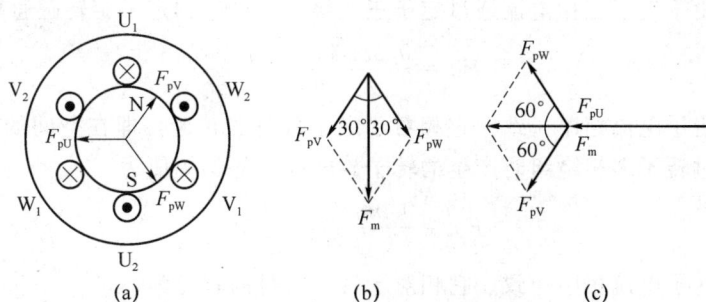

图 4-23　不同瞬间三相绕组的合成旋转磁通势

（a）基波脉振磁通势空间矢量；（b）$\omega t = 0°$；（c）$\omega t = 90°$

当 $\omega t = 0°$ 时

$$F_{pU} = F_{pm} \sin \omega t = F_{pm} \sin 0° = 0$$

$$F_{pV} = F_{pm} \sin (\omega t - 120°) = F_{pm} \sin (-120°) = -\frac{\sqrt{3}}{2} F_{pm}$$

$$F_{pW} = F_{pm} \sin (\omega t + 120°) = F_{pm} \sin 120° = \frac{\sqrt{3}}{2} F_{pm}$$

F_{pV} 为负值，说明它的方向与图 4-23（a）中的参考方向相反；F_{pW} 为正值，说明它的方向与图 4-23（a）中的参考方向相同。画出 F_{pV} 和 F_{pW}，如图 4-23（b）所示，由此求得该瞬间的合成磁通势为

$$F_m = 2F_{pW} \cos 30° = 2 \times \frac{\sqrt{3}}{2} F_{pm} \times \frac{\sqrt{3}}{2} = \frac{3}{2} F_{pm}$$

当 $\omega t = 90°$ 时

$$F_{pU} = F_{pm} \sin \omega t = F_{pm} \sin 90° = F_{pm}$$

$$F_{pV} = F_{pm} \sin (\omega t - 120°) = F_{pm} \sin (90° - 120°) = -\frac{1}{2} F_{pm}$$

$$F_{pW} = F_{pm} \sin (\omega t + 120°) = F_{pm} \sin (90° + 120°) = -\frac{1}{2} F_{pm}$$

画出 F_{pU}、F_{pV} 和 F_{pW}，如图 4-23（c）所示，由此可得

$$F_m = F_{pU} + 2 |F_{pV}| \cos 60° = F_{pm} + 2 \times \frac{1}{2} F_{pm} \times \frac{1}{2} = \frac{3}{2} F_{pm}$$

继续选择不同的时刻可以证明合成磁通势是在空间旋转的，而且任何瞬间合成磁通势的幅值不变，始终等于 $\frac{3}{2} F_{pm}$。将脉振磁通势幅值代入到上述式中，便得到了三相电流通过三相绕组所产生的旋转磁通势的幅值为

$$F_m = \frac{3}{2} \times \frac{0.9 k_w NI}{p} \tag{4-17}$$

若相数为 m，同样可以证明 m 相绕组通过 m 相电流产生的基波旋转磁通势的幅值为 $F_m = \dfrac{0.9 m k_w NI}{2p}$。

三、磁通势方程式

由磁路欧姆定律可知，电流产生磁场的能力用磁通势来表示，产生旋转磁场的磁通势称

为旋转磁通势。由于定子三相电流通过定子三相绕组时产生的定子旋转磁通势的幅值为

$$F_{1m} = \frac{0.9 m_1 k_{w1} N_1 I_1}{2p} \tag{4-18}$$

旋转方向与定子电流相序一致。它相对于定子自身的转速，即在空间的转速为 $n_1 = n_0$。转子多相电流通过转子多相绕组时产生的转子旋转磁通势的幅值为

$$F_{2m} = \frac{0.9 m_2 k_{w2} N_2 I_{2s}}{2p} \tag{4-19}$$

旋转方向与转子电流相序一致。它相对于转子自身的转速为

$$n_2 = \frac{60 f_2}{p} = \frac{60 s f_1}{p} = s n_0$$

转子旋转磁通势相对于定子的转速，即在空间的转速则为

$$n_2 + n = s n_0 + (1-s) n_0 = n_0$$

可见，转子磁通势和定子磁通势在空间内是以同一转速沿同一方向旋转的，两者构成统一的合成旋转磁通势，共同产生旋转磁场。这与变压器中主磁通是由一、二次绕组的磁通势共同作用产生的道理是一样的。理想空载时，$I_{2s} = 0$，$I_1 = I_0$，这时的旋转磁通势的幅值为 $F_{0m} = \frac{0.9 m_1 k_{w1} N_1 I_0}{2p}$。实际空载时，$n \approx n_0$，$I_{2s} \approx 0$，$I_1 \approx I_0$，可认为此时的旋转磁通势的幅值 F_{0m} 与理想空载时的旋转磁通势的幅值相等。

由于从空载到负载，定子电压 U_1 和频率 f_1 不变，Φ_m 基本不变，所以像变压器一样，三相异步电动机也要满足下述的磁通势平衡方程式：

$$\dot{F}_{1m} + \dot{F}_{2m} = \dot{F}_{0m} \tag{4-20}$$

将式（4-18）、式（4-19）以及理想空载时旋转磁通势的幅值 F_{0m} 代入式（4-20），得

$$m_1 k_{w1} N_1 \dot{I}_1 + m_2 k_{w2} N_2 \dot{I}_{2s} = m_1 k_{w1} N_1 \dot{I}_0 \tag{4-21}$$

§4.5 三相异步电动机的运行分析

一、三相异步电动机的运行特性

三相异步电动机在定子电压和频率均为额定值的情况下，电动机的转速 n、定子电流 I_1、电磁转矩 T（或输出转矩 T_2）、功率因数 λ 以及效率 η 与输出功率 P_2 之间的关系称为三相异步电动机的运行特性，如图 4-24 所示。通过前面的分析，当 P_2 增加时，n 略有下降，T（或 T_2）和 I_1 相应增加。由于这时转子电流的有功分量增加，定子电流的有功分量也相应增加，故功率因数也随之增加。效率特性与变压器相似，轻载时效率低，在额定状态附近运行时，效率和功率因数最高。故在选用电动机的额定功率时，应注意使其与实际负载所需的功率相当。

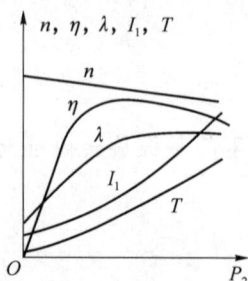

图 4-24 三相异步电动机的运行特性

二、三相异步电动机的等效电路

因三相异步电动机的定子电路与转子电路只有磁的联系，并无直接电的联系。同时由于转子电路的频率与定子电路的频率不同，故直接画出电路图是没有物理意义的。如果像变压器一样，将二次侧电路向一次侧电路归算，导出所谓的等效电路，这样问题就会迎刃而解。因此将转子电路向定子电路归算，使归算后的电动势 $\dot{E}'_{2s}$ 等于定子电动势 $\dot{E}_1$，就可以得到三相异步电动机的等效电路，可以方便地列出电动机的基本方程式。前面指出，异步电动机转动时转子电路频率 f_2 与定子电路频率 f_1 不同，进行归算时除了和变压器一样要进行绕组归算外，必须先将频率归算，因此归算要分以下两步进行。需要说明的是，转子电路中的物理量下标中均加上"2"，定子电路中的物理量下标中均加上"1"。

1. 频率的归算

所谓"频率归算"就是指保持整个电磁系统的电磁性能不变，把一种频率的参数及有关物理量换算成为另一种频率的参数及有关物理量。就异步电动机而言，为了克服因定子、转子电路中频率不同而带来的分析与计算上的困难，须将转子电路中的参数及电动势、电流等归算为定子频率下的参数。实质上就是用一个具有定子电路频率而等效于转子的电路去代替实际转子电路。由于只有转子静止不动时，转子频率才能等于定子频率。因此频率归算的方法是用一个等效的静止的转子代替实际旋转的转子。为此，将转子电流做如下的变换

$$\dot{I}_{2s} = \frac{\dot{E}_{2s}}{R_2 + jX_{2s}} = \frac{s\dot{E}_2}{R_2 + jsX_2} = \frac{\dot{E}_2}{\frac{R_2}{s} + jX_2} = \dot{I}_2 \tag{4-22}$$

等式两边的电流 $\dot{I}_{2s}$ 和 $\dot{I}_2$ 虽然相等，但却有了不同的含义。其中，E_{2s} 和 X_{2s} 都与 f_2 成正比，因而

$$\dot{I}_{2s} = \frac{\dot{E}_{2s}}{R_2 + jX_{2s}} \tag{4-23}$$

$\dot{I}_{2s}$ 是转子旋转时的转子相电流，其频率为 f_1，而 E_2 和 X_2 都与 f_1 成正比，因而

$$\dot{I}_2 = \frac{\dot{E}_2}{\frac{R_2}{s} + jX_2} \tag{4-24}$$

$\dot{I}_2$ 是转子静止时的转子相电流，其频率为 f_1。可见将转子旋转时的 E_{2s} 和 X_{2s} 改为静止时的 E_2 和 X_2，同时将 R 改为 R_2/s，就可以将原本旋转的转子用一个静止的转子来等效代替。

2. 绕组的归算

虽然对异步电动机进行频率归算之后，解决了定子、转子频率不同而产生的问题，但是还不能把定子、转子电路连接起来，因为两个电路的电动势还不相等，所以还要像变压器那样进行绕组归算，才能得出等效电路。绕组的归算方法就是人为地用一个相数和每相有效匝数与定子绕组相同的转子代替实际的经频率归算后的转子。这里必须保证归算前后转子对定子的电磁效应不变，即转子磁通势、转子总的视在功率、转子铜损耗以及转子漏磁场储能均

保持不变。归算后与归算前的转子电流、电动势和阻抗的关系如下。

1）归算后的转子相电流 I_2'

由于归算前后的转子磁通势保持不变，因此

$$\frac{0.9m_2k_{w2}N_2I_2}{2p}=\frac{0.9m_1k_{w1}N_1I_2'}{2p} \tag{4-25}$$

令

$$k_i=\frac{I_2}{I_2'}=\frac{m_1k_{w1}N_1}{m_2k_{w2}N_2} \tag{4-26}$$

式中，k_i 称为电流比。因此，$I_2'=\dfrac{I_2}{k_i}$。

2）归算后的转子电动势 E_2'

归算前的转子电动势为

$$E_2=4.44k_{w2}N_2f_1\Phi_m$$

归算后的转子电动势为

$$E_2'=E_1=4.44k_{w1}N_1f_1\Phi_m$$

令

$$k_e=\frac{E_2'}{E_2}=\frac{k_{w1}N_1}{k_{w2}N_2} \tag{4-27}$$

式中，k_e 称为电动势比。因此

$$E_2'=k_eE_2=k_e\frac{E_1}{k_e}=E_1 \tag{4-28}$$

3）归算后的转子阻抗 Z_2'

归算前的转子阻抗为

$$Z_2=\frac{R_2}{s}+jX_2=\frac{\dot{E}_2}{\dot{I}_2}$$

归算后的转子阻抗为

$$Z_2'=\frac{R_2'}{s}+jX_2'=\frac{\dot{E}_2'}{\dot{I}_2'}$$

令

$$k_Z=\frac{|Z_2'|}{|Z_2|}=\frac{E_2'}{E_2}\cdot\frac{I_2}{I_2'} \tag{4-29}$$

式中，k_Z 称为阻抗比。通过前面的分析可得

$$k_Z=k_ek_i=\frac{m_1k_{w1}^2N_1^2}{m_2k_{w2}^2N_2^2}$$

于是求得

$$|Z_2'|=k_Z|Z_2| \tag{4-30}$$

$$R_2'=k_ZR_2 \tag{4-31}$$

$$X_2'=k_ZX_2 \tag{4-32}$$

由此得到三相异步电动机的每相 T 形等效电路如图 4-25 所示，图中将 R_2'/s 分成 R_2' 和

$\dfrac{1-s}{s}R_2'$ 两部分。在与变压器的 T 形等效电路做比较后,可以发现 $\dfrac{1-s}{s}R_2'$ 相当于变压器中的

负载电阻,由于异步电动机输出的是机械功率而不是电功率,所以 $\dfrac{1-s}{s}R_2'$ 上消耗的功率代

表了异步电动机产生的机械功率。

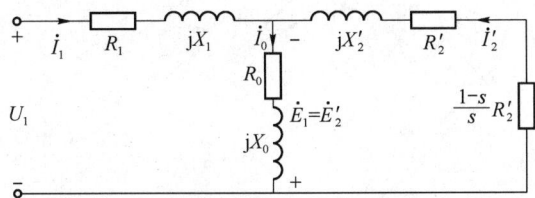

图 4-25 转子绕组归算后异步电动机 T 形等效电路

由于异步电动机的定、转子之间有气隙存在,空载电流 I_0 相对来说比较大,一般不可忽略,因而不能将 T 形等效电路简化成像变压器那样的简化等效电路。但是为了简化计算,可以把励磁支路移到等效电路的输入端而成为如图 4-26 所示的三相异步电动机的简化等效电路。当然,利用简化等效电路计算的结果会有一定误差,但是对于一般容量不太小的异步电动机而言,这种误差是不大的,能满足工程上所要求的精度。

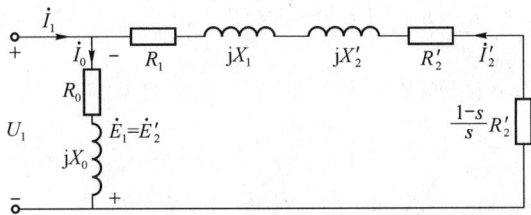

图 4-26 转子绕组归算后异步电动机简化等效电路

三、三相异步电动机的基本方程式

利用图 4-25 所示转子绕组归算后异步电动机 T 形等效电路可以得出归算后三相异步电动机的基本方程式,总结如下:

$$\left.\begin{array}{l} \dot{U}_1 = -\dot{E}_1 + Z_1\dot{I}_1 \\[2mm] 0 = \dot{E}_2' - \left(\dfrac{R_2'}{s} + jX_2'\right)\dot{I}_2' \\[2mm] \dot{I}_1 + \dot{I}_2' = \dot{I}_0 \\[2mm] \dot{E}_1 = \dot{E}_2' \\[2mm] \dot{E}_1 = -Z_0\dot{I}_0 \end{array}\right\} \tag{4-33}$$

根据上述基本方程式可画出三相异步电动机的相量图如图 4-27 所示。与变压器一样,画相量图的步骤应视给定的条件而定。这里选 $\dot{E}_2' = \dot{E}_1$ 为参考相量,画在水平向右位置,由等效电路可知,$\dot{I}_2'$ 滞后于 $\dot{E}_2'$,画出 $\dot{I}_2'$,再从 $\dot{I}_2'$ 的起点画出 $\dfrac{R_2'}{s}\dot{I}_2'$,加上 $jX_2'\dot{I}_2'$ 应正好等于

$\dot{E}'_2$，画出相量 $\dot{I}_0$ 和 $-\dot{I}'_2$，两者相加得到 $\dot{I}_1$。画出 $-\dot{E}_1$，从其顶端画出 $R_1\dot{I}_1$，再加上 jX_1 $\dot{I}_1$，便得到了 $\dot{U}_1$。

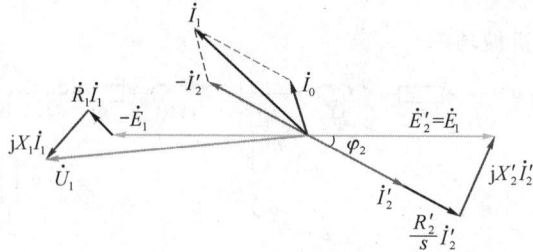

图 4-27　异步电动机 T 形等效电路的向量图

【例 4-3】　已知一台三相 4 极笼型异步电动机，$U_N = 380$ V，三角形连接，$n_N =$ 1 452 r/min，$f_N = 50$ Hz，$R_1 = 1.33$ Ω，$X_1 = 2.43$ Ω，$R'_2 = 1.12$ Ω，$X'_2 = 4.4$ Ω，$R_0 = 7$ Ω，$X_0 = 90$ Ω。分别采用 T 形和简化等效电路求额定状态下运行时的定子相电流 $\dot{I}_1$、转子相电流 $\dot{I}'_2$ 和励磁电流 $\dot{I}'_0$。

解： 应用 T 形等效电路

$$s_N = \frac{n_0 - n_N}{n_0} = \frac{1\,500 - 1\,452}{1\,500} = 0.032$$

$$Z_1 = R_1 + jX_1 = (1.33 + j2.43)\ \Omega = 2.77\angle 61.3°\ \Omega$$

$$Z'_2 = \frac{R'_2}{s} + jX'_2 = \left(\frac{1.12}{0.032} + j4.4\right)\ \Omega = 35.28\angle 7.17°\ \Omega$$

$$Z_0 = R_0 + jX_0 = (7 + j90)\ \Omega = 90.27\angle 85.55°\ \Omega$$

取 $\dot{U}_1$ 为参考向量，即令 $\dot{U}_1 = 380\angle 0°$，则定子相电流

$$\dot{I}_1 = \frac{\dot{U}_1}{Z_1 + \dfrac{Z_0 Z'_2}{Z_0 + Z'_2}} = \frac{380\angle 0°}{1.33 + j2.43 + \dfrac{90.27\angle 85.55° \times 35.28\angle 7.17°}{(7 + j90) + (35 + j4.4)}}$$

$$= 11.47\angle -29.43°\ (\text{A})$$

转子相电流

$$\dot{I}'_2 = -\frac{Z_0}{Z'_2 + Z_0}\dot{I}_1 = -\frac{90.27\angle 85.55°}{(35 + j4.4) + (7 + j90)} \times 11.47\angle -29.43°$$

$$= 10.02\angle 170.11°\ (\text{A})$$

空载电流

$$\dot{I}_0 = \dot{I}_1 + \dot{I}'_2 = 11.47\angle -29.43° + 10.02\angle 170.11° = 3.91\angle -88.27°\ (\text{A})$$

或者

$$\dot{I}_0 = \frac{Z'_2}{Z'_2 + Z_0}\dot{I}_1 = -\frac{35.28\angle 7.17°}{(35 + j4.4) + (7 + j90)} \times 11.47\angle -29.43°$$

$$= 3.91\angle -88.27°\ (\text{A})$$

应用简化等效电路，则转子相电流

$$\dot{I}_2' = -\frac{\dot{U}_1}{Z_1 + Z_2'} = -\frac{380\angle 0°}{(1.33+j2.43)+(35+j4.4)} = 10.28\angle 169.35° \text{ (A)}$$

空载电流

$$\dot{I}_0 = \frac{\dot{U}_1}{Z_0} = \frac{380\angle 0°}{90.27\angle 85.55°} = 4.21\angle -85.55° \text{ (A)}$$

定子相电流

$$\dot{I}_1 = \dot{I}_0 - \dot{I}_2' = 4.21\angle -85.55° - 10.28\angle 169.35°$$
$$= 12.08\angle -30.32° \text{ (A)}$$

§4.6 三相异步电动机的功率和转矩计算

一、三相异步电动机的功率计算

三相异步电动机从电源输入的有功功率称为输入功率，用 P_1 表示，三相异步电动机是电感性负载，定子相电流滞后于相电压 φ_1 角，$\cos\varphi_1$ 称为三相异步电动机的功率因数用 λ 表示，$\lambda = \cos\varphi_1$，则

$$P_1 = m_1 U_1 I_1 \cos\varphi_1 \tag{4-34}$$

输入功率的一小部分将消耗于定子绕组的电阻中而变成定子铜损耗 P_{Cu1}，另外一小部分将消耗于定子铁芯中而变成铁损耗 P_{Fe}。

$$P_{Cu1} = m_1 R_1 I_1^2 \tag{4-35}$$

由于三相异步电动机在正常运行时，转差率很小，转子频率很低，转子铁芯中的铁损耗远小于定子铁损耗，一般可忽略不计，因而定子铁损耗也就是电动机的铁损耗，其计算公式如下：

$$P_{Fe} = m_1 R_0 I_0^2 \tag{4-36}$$

输入功率 P_1 减去 P_{Cu1} 和 P_{Fe} 后，余下部分是通过电磁感应经气隙传递到转子去的功率，称为电磁功率，用 P_e 表示。因此

$$P_e = P_1 - P_{Cu1} - P_{Fe} \tag{4-37}$$

电磁功率既然是传递到转子的功率，它应该等于转子电路的有功功率，从 T 形等效电路可知

$$P_e = m_1 E_2' I_2' \cos\varphi_2 = m_2 E_2 I_2 \cos\varphi_2 \tag{4-38}$$

式中，φ_2 是 $\dot{E}_2'$ 与 $\dot{I}_2'$ 的相位差，也就是 $\dot{E}_2$ 与 $\dot{I}_2$ 的相位差，$\lambda_2 = \cos\varphi_2$ 称为转子电路的功率因数。从 T 形等效电路还可以看出：

$$P_e = m_1 \frac{R_2'}{s} I_2'^2 = m_1 R_2' I_2'^2 + m_1 \frac{1-s}{s} R_2' I_2'^2 \tag{4-39}$$

电磁功率 P_e 输送到转子后，又有一小部分消耗在转子绕组的电阻上而成为转子铜损耗 P_{Cu2}

$$P_{Cu2} = m_2 R_2 I_2^2 = m_1 R_2' I_2'^2 \tag{4-40}$$

从式（4-39）和式（4-40）中可以发现 P_{Cu2} 与 P_e 的关系如下：

$$P_{Cu2} = sP_e \tag{4-41}$$

电磁功率减去转子铜损耗后，余下部分就是转换到电动机转轴上去的机械功率 P_m。

$$P_m = P_e - P_{Cu2} \tag{4-42}$$

$$P_m = m_1 \frac{1-s}{s} R_2' I_2'^2 \tag{4-43}$$

可见，T 形等效电路中的 $\frac{1-s}{s} R_2'$ 是用来代表机械功率的电阻，又可以得到 P_m 与 P_e 的关系是

$$P_m = (1-s)P_e \tag{4-44}$$

由于三相异步电动机在正常运行时转差率 s 很小，所以在 P_e 中只有一小部分成为 P_{Cu2}，而绝大部分转变成了机械功率 P_m。机械功率不能全部输出，尚需扣除机械损耗 P_{me} 和附加损耗 P_{ad} 后，才是电动机输出的机械功率。机械损耗主要是由轴承摩擦及风阻摩擦而构成的损耗。由于附加损耗是高次谐波磁通和漏磁通引起的额外损耗，故其不容易计算，一般其在大容量电动机中占额定功率的 0.5%，在小容量电动机中占额定功率的 1%～3%。

电动机输出的机械功率称为输出功率，用 P_2 表示，即

$$P_2 = P_m - P_{me} - P_{ad} \tag{4-45}$$

三相异步电动机在空载运行时 $P_2 = 0$，这时的机械功率 P_m 全部成了损耗，称为空载损耗，用 P_0 表示，即

$$P_0 = P_{me} + P_{ad} \tag{4-46}$$

三相异步电动机功率传递的全过程可用图 4-28 所示的功率流程图来表示。

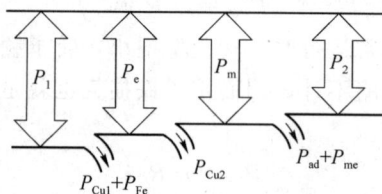

图 4-28　三相异步电动机的功率流程图

综上所述，三相异步电动机的总损耗 P_{al} 为

$$P_{al} = P_{Fe} + P_{Cu} + P_{me} + P_{ad} \tag{4-47}$$

式中，铜损耗

$$P_{Cu} = P_{Cu1} + P_{Cu2} \tag{4-48}$$

三相异步电动机的输入功率、输出功率和总损耗之间应满足下述功率平衡方程式：

$$P_1 - P_2 = P_{al} = P_{Fe} + P_{Cu} + P_{em} + P_{ad} \tag{4-49}$$

输出功率与输入功率的百分比为电动机的效率，即

$$\eta = \frac{P_2}{P_1} \times 100\% \tag{4-50}$$

【例 4-4】　已知某三相异步电动机，$U_N = 380$ V，三角形连接，$p = 2$，$f_1 = 50$ Hz，$R_1 = 1.5\ \Omega$，$R_2' = 1.2\ \Omega$，拖动某负载运行时，相电流 $I_1 = 11.5$ A，$I_2' = 10$ A，$\lambda = 0.86$，$\eta = 82\%$，$n = 1\ 446$ r/min。求该电机的输入功率 P_1、电磁功率 P_e、机械功率 P_m 和输出功率 P_2。

解：同步转速 $n_0 = \dfrac{60f_1}{p} = \dfrac{60 \times 50}{2} = 1\,500\,(\text{r/min})$

转差率 $s = \dfrac{n_0 - n}{n_0} = \dfrac{1\,500 - 1\,446}{1\,500} = 0.036$

输入功率 $P_1 = 3U_1 I_1 \lambda = 3 \times 380 \times 11.5 \times 0.86 = 11.27\,(\text{kW})$

电磁功率 $P_e = m_1 \dfrac{R_2'}{s} I_2'^2 = 3 \times \dfrac{1.2}{0.036} \times 10^2 = 10\,(\text{kW})$

机械功率 $P_m = (1-s)\,P_e = (1-0.036) \times 10 = 9.64\,(\text{kW})$

输出功率 $P_2 = \eta P_1 = 0.82 \times 11.27 = 9.24\,(\text{kW})$

二、三相异步电动机的转矩计算

如前所述，三相异步电动机的电磁功率 P_e 是由旋转磁场传递到转子去的功率，因此它应该等于电磁转矩 T 与旋转磁场的旋转角速度 Ω_0 的乘积。这就是说，电磁转矩 T 应为

$$T = \frac{P_e}{\Omega_0} = \frac{60}{2\pi} \cdot \frac{P_e}{n_0} = 9.55 \frac{P_e}{n_0} \qquad (4\text{-}51)$$

将式（4-44）和式（4-34）代入式（4-51），可以得到

$$T = \frac{P_m}{\Omega} = \frac{60}{2\pi} \cdot \frac{P_m}{n} = 9.55 \frac{P_m}{n} \qquad (4\text{-}52)$$

空载运行时，由空载损耗 P_0 所形成的转矩称为空载转矩 T_0，其计算公式如下：

$$T_0 = \frac{P_0}{\Omega} = \frac{60}{2\pi} \cdot \frac{P_0}{n} = 9.55 \frac{P_0}{n} \qquad (4\text{-}53)$$

电动机从轴上输出的转矩

$$T_2 = \frac{P_2}{\Omega} = \frac{60}{2\pi} \cdot \frac{P_2}{n} = 9.55 \frac{P_2}{n} \qquad (4\text{-}54)$$

电磁转矩、空载转矩和输出转矩之间应满足下述的转矩平衡方程

$$T_2 = T - T_0 \qquad (4\text{-}55)$$

电动机在运行时，电动机的负载（即拖动的生产机械）施加在转子上的转矩称为负载转矩 T_L，电动机在稳定运行时

$$T_2 = T_L \qquad (4\text{-}56)$$

若 T_L 减小，则原来的平衡被打破，T_L 减小瞬间，$T_2 > T_L$，电动机加速，n 增加，s 减小，转子电动势 E_{2s} 减小，转子电流随之减小，定子电流 I_1 也随之减小。I_2 减小又会使 T 减小，直到恢复 $T = T_L$ 为止，电动机便在比原来高的转速和比原来小的电流下重新稳定运行。T 一般很小，电动机在满载运行或接近满载运行时，$T_0 \ll T$，T_0 可忽略不计，这时 $T = T_2 = T_L$。

【例 4-5】 已知三相异步电动机，$U_N = 380\,\text{V}$，三角形连接，$p = 2$，$f_1 = 50\,\text{Hz}$，$R_1 = 1.5\,\Omega$，$R_2' = 1.2\,\Omega$，拖动某负载运行时，相电流 $I_1 = 11.5\,\text{A}$，$I_2' = 10\,\text{A}$，$\lambda = 0.86$，$\eta = 82\%$，$n = 1\,446\,\text{r/min}$。求该电机的输出转矩 T_2、空载转矩 T_0 和电磁转矩 T。

解：输出转矩

$$T_2 = \frac{60}{2\pi} \cdot \frac{P_2}{n} = \frac{60}{2 \times 3.14} \times \frac{9.24 \times 10^3}{1\,446} = 61.05\,(\text{N} \cdot \text{m})$$

空载损耗

$$P_0 = P_m - P_2 = 9.64 - 9.24 = 0.4 \ (\text{kW})$$

空载转矩

$$T_0 = \frac{60}{2\pi} \cdot \frac{P_0}{n} = \frac{60}{2 \times 3.14} \times \frac{0.4 \times 10^3}{1\ 446} = 2.64 \ (\text{N} \cdot \text{m})$$

电磁转矩

$$T = T_0 + T_2 = 2.64 + 61.05 = 63.69 \ (\text{N} \cdot \text{m})$$

或者

$$T = \frac{60}{2\pi} \cdot \frac{P_e}{n_0} = \frac{60}{2 \times 3.14} \times \frac{10 \times 10^3}{1\ 500} = 63.69 \ (\text{N} \cdot \text{m})$$

$$T = \frac{60}{2\pi} \cdot \frac{P_m}{n} = \frac{60}{2 \times 3.14} \times \frac{9.64 \times 10^3}{1\ 446} = 63.69 \ (\text{N} \cdot \text{m})$$

§4.7 单相异步电动机

由单相电源供电的异步电动机称为单相异步电动机，其基本原理虽是建立在三相异步电动机的基础上，但是在结构和特性方面又与其有一定的差别。单相异步电动机定子绕组是单相绕组，其转子为笼型。工作时，定子绕组接在单相电源上，单相电流通过单相绕组会产生方位不变（与绕组轴线一致），而大小和方向随时间按正弦规律变化的脉振磁通势，从而产生脉振磁场。

一、单相异步电动机的工作原理

脉振磁通势可以分解为两个幅值相等、转速相同、转向相反的旋转磁通势，这一结论可以利用反证法通过图 4-29 来证明。图 4-29 中，上面给出了脉振磁通势 F 随时间按照正弦规律变化的波形，下面则画出了对应的两个幅值相等，转速相同、转向相反的旋转磁通势转到不同位置时的合成结果。图 4-29 表明，合成磁通势在任一瞬间都与对应的脉振磁通势的瞬时值相等，从而证明了上述结论。

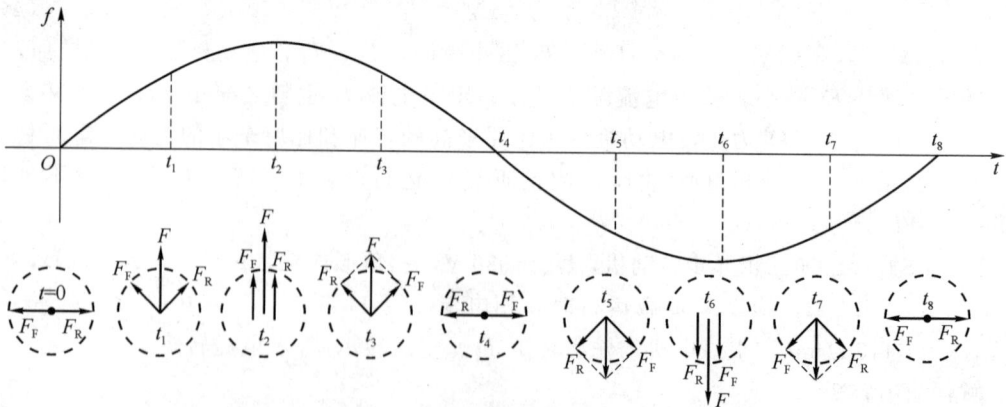

图 4-29 单相异步电动机脉振磁通势分解

上述两个旋转磁通势产生的旋转磁场分别对转子产生方向相反的电磁转矩 T_f 和 T_R。电磁转矩 T 与转差率 s 之间的关系曲线如图 4-30（a）所示，当转子静止不动时，即 $n=0$，两个旋转磁场与转子之间的相对运动速度相等，它们与转子之间的转差率 $s_f = s_R$，因而 $T_f = T_R$，合成转矩 $T=0$，即单相异步电动机没有启动转矩，不能自行启动。

当转子已经沿顺时针方向旋转时，转差率如图 4-30（a）所示，可知 $T_f > T_R$，$T = T_f - T_R \neq 0$，电动机继续顺时针运行。当转子已经逆时针方向旋转时，转差率如图 4-30（b）所示，可知，$T_f < T_R$，$T = T_R - T_f \neq 0$，电动机继续逆时针运行。

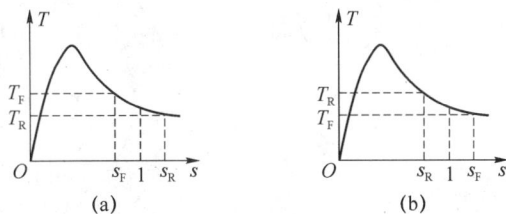

图 4-30　单相异步电动机的运行转矩

（a）转子顺时针方向旋转；（b）转子逆时针方向旋转

可见，单相异步电动机虽无启动转矩，却有运行转矩。只要能解决其启动问题，便可以带负载运行。三相异步电动机接至电源的三根导线中若有一根断线，电动机便处于单相状态。此时，如果启动时断线，电动机将无法启动，时间一长，会因电流过大而烧坏；如果是运行中断线，电动机仍可继续运行，但电流相应增大，故负载一般不能超过额定负载的 30% 才能保证其稳定运行。

二、单相异步电动机的启动方法

单相异步电动机的启动方法有两相启动和罩极启动两种。

1. 两相启动

这种电动机定子上装有两个轴线在空间互差 90° 的两相绕组，$W_1 W_2$ 称为工作绕组，$S_1 S_2$ 称为启动绕组。启动绕组串联电容器后与工作绕组一起并联于单相交流电源上，如图 4-31 所示，电容的作用是使 i_s 与 i_W 之间的相位差等于或接近 90°。相位相差 90° 的两相电流，通过轴线在空间互差 90° 的两相绕组，与三相电流通过三相绕组一样产生旋转磁场，从而产生启动转矩使电动机启动。

电动机启动后，其运行方式有两种：一种是两相启动单相运行，这种电动机在启动绕组电路中串联了一个离心式开关，电动机启动后开关自动断开，电动机进入单相运行，这种电动机称为单相电容启动电动机；另一种是两相启动两相运行，启动绕组电路中未接离心式开关，启动和运行时电动机都处于两相状态，这种电动机称为单相电容运转电动机。将两个绕组中接电源两端的任何一个绕组对调一下位置，即可改变两相电流的相序，使旋转磁场的转向随之发生改变，从而可以改变转子的转向。

2. 罩极启动

这种电动机的定子做成凸极形状，上面绕有励磁绕组并在磁极约为 1/3 的部分装有一个闭合的铜环，如图 4-32 所示，称为短路环。转子仍为笼型转子，当定子磁极中的一部分磁通穿过短路环时，在环内产生感应电动势和感应电流，它将阻止磁通的变化，使得这一部分磁通与另一部分不穿过短路环的磁通之间出现相位差，这两部分在空间相差一定角度，在时间上有一定相位差的磁通将形成一个旋转磁场，使转子产生启动转矩。转子的旋转方向是由磁极未罩部分向被罩部分的方向旋转。这种电动机启动转矩很小，适用于空载下启动的设备。

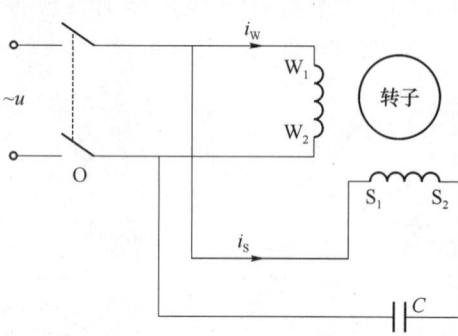

图 4-31　单相异步电动机两相启动示意图

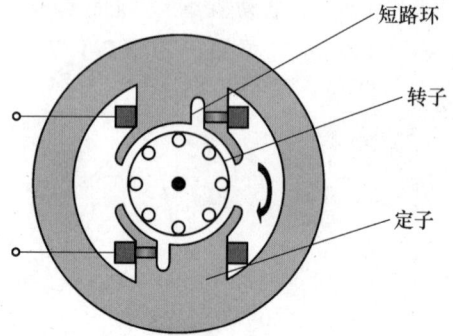

图 4-32　单相异步电动机罩极启动示意图

本 章 小 结

从基本电磁关系来看，异步电动机与变压器极为相似，异步电动机的定子、转子和变压器的一次、二次侧的电压、电流都是交流的，两者之间的关系都是感应关系，它们都是以磁通势平衡、电动势平衡、电磁感应和全电流定律为理论基础。因此，其基本方程式、等效电路及相量图不论是形式或者推导过程都很相似，本质上的差别在于异步电动机的磁通势是旋转磁通势，其所建立的磁场是旋转磁场。异步电动机转子绕组的电动势及电流的频率 $f_2 = sf_1$ 不仅取决于定子频率，还取决于转子的转速。异步电动机绕组是短距分布绕组，变压器的绕组是整距集中绕组，所以两者的磁通势、电动势公式也略有不同。此外，异步电动机与变压器的能量转换和传递情况也不同，变压器中只有能量传递，而异步电动机中既有能量传递又有能量转换。

等效电路也是分析异步电动机的有效工具。用"归算"的方法，将转子频率与转子绕组进行归算到定子侧。"归算"的物理意义是用一个静止的转子去代替实际转动的转子，其绕组和定子绕组相同，而与定子的电磁关系及其本身的功率和能量又与实际转子等效。转子进行归算后可导出等效电路。等效电路中出现一个附加电阻 $(1-s)R_2'/s$，应深刻理解其为机械负载的模拟。在异步电动机的功率与转矩的关系中，要充分理解电磁转矩与电磁功率及总机械功率的关系。异步电动机的工作特性为电源的电压和频率均为额定值时，异步电动机的转速、定子电流、功率因数、电磁转矩及效率与输出功率的关系。从工作特性可知，异步电动机基本上是一种恒速的电动机，而在任何负载下功率因数始终是滞后的，这是异步电动机的不足之处之一。单相异步电动机的工作原理是建立在一个脉振磁通势可以分解为两个幅值相等、转速相同、转向相反的两个旋转磁通势理论的基础上的，单相电动机的固有特性是不能自行启动，但是一经启动即可连续地旋转，其启动方法有两相启动和罩极启动两种，两者都是从结构上采取措施，使脉振磁通势变成椭圆形旋转磁通势。

思考题与练习题

1. 某些国家的工业标准频率为 60 Hz，问这种频率的三相异步电动机在 $p=1$ 和 $p=2$ 时的同步转速为多少？

2. 某三相异步电动机，$p=2$，$f_1=50$ Hz，$n=1\,440$ r/min，求该电动机的转差率为多少？

3. 一台三相异步电动机，如何从结构特点上来判断它是笼型还是绕线型？

4. 某三相绕组 $z=36$，$p=2$，$y=\dfrac{8}{9}\tau$。问该绕组是整距绕组还是短距绕组？是集中绕组还是分布绕组？

5. 某 380 V 星形连接的三相异步电动机，问电源电压为何值时才能结成三角形？某 380 V 三角形连接的电动机，问电源电压为何值时才能结成星形？

6. 额定电压为 380/660 V 星形/三角形连接的三相异步电动机，问当电源电压分别为 380 V 和 660 V 时，各应采用什么连接方式？它们的额定相电流是否相同？额定线电流是否相同？

7. $n_N=2\,950$ r/min 的三相异步电动机，问其同步转速 n_0 是多少？磁极对数又是多少？

8. 一台三相异步电动机在额定电压下运行，问由于负载变化转子转速降低时，转子电流和定子电流是增加还是减小？

9. 在 Φ_m、N 和 f 相同的情况下，问整距集中绕组电动势与短距分布绕组中电动势相比哪个大？

10. 三相异步电动机的转子转速变化时，问转子旋转磁通势在空间的转速是否改变？

11. 三相异步电动机有星形和三角形两种连接方式，问两种连接方式下其等效电路、基本方程式和相量图是否有所不同？

12. 等效电路中 $\dfrac{1-s}{s}R_2'$ 代表什么？能否不用电阻而用电容和电感来代替？

13. $m_2E_{2s}I_{2s}\cos\varphi_2$ 与 $m_2E_2I_2\cos\varphi_2$ 是否相等？它们是属于哪一部分功率？

14. 电动机在稳定运行时，为什么负载转矩 T_L 增加，电磁转矩 T 也会随之增加？

15. T_0、T_L、T_2 与 T 的作用方向相同还是相反？

16. 为什么三相异步电动机断了一根电源线即成为单相状态而不是两相状态？

17. 一台三相异步电动机，定子频率 $f_1=50$ Hz，磁极对数 $p=2$。在带某负载运行时，转差率 $s=0.03$，求该电机的同步转速 n_0 和转子转速 n。

18. 有一台三相异步电动机，定子绕组为三相双层绕组，已知定子槽数 $z=24$，磁极对数 $p=2$，线圈节距 $y=5$。求该绕组是整距绕组还是短距绕组？是集中绕组还是分布绕组？

19. Y180M-2 型三相异步电动机 $P_N=22$ kW，$U_N=380$ V，三角形连接，$I_N=42.2$ A，额定输入功率 $P_{1N}=24.7$ kW。额定转差率 $s_N=0.02$。求该电机的额定转速 n_N、额定功率因数 λ_N 和额定功率 η_N。

20. 某三相异步电动机，$P_N=7.5$ kW，Y/△连接，$U_N=660/380$ V，$\eta_N=82\%$，$\lambda_N=0.88$。求：（1）当电源电压为 380 V 时，定子绕组应采用什么连接方式？此时的额定线电流和额定相电流是多少？（2）当电源电压为 660 V 时，定子绕组应采用什么连接方式？此时的额定线电流和额定相电流是多少？（3）上述两种情况下的额定线电流的比值和额定相电流的比值是多少？

21. 有一台三相异步电动机，三角形连接，额定电压为 380 V，定子每相电阻 $R_1=0.5\ \Omega$，漏电抗 $X_1=1.2\ \Omega$，转子每相电阻 $R_2=0.015\ \Omega$，转子静止时的漏电抗 $X_2=2\ \Omega$。当转差率 $s=0.02$ 时，定子每相电流 $I_1=10\ A$，$\lambda_1=0.88$，转子相电流 $I_{2s}=0.5\ A$，$\lambda_2=0.86$。求定子和转子的电动势 E_1 和 E_{2s}。

22. 有一台四级三相笼型异步电动机，定子槽数 $z_1=48$，线圈节距 $y=10$，匝数 $N_1=80$ 匝，定子相电流 $I_1=15\ A$，频率 $f_1=50\ Hz$，转子槽数 $z_2=38$，转子相电流 $I_2=340\ A$，频率 $f_2=2\ Hz$，旋转磁场的磁通最大值 $\Phi_m=0.014\ Wb$。求：（1）定子和转子每相电动势；（2）定子和转子的旋转磁通势。

23. 一台三相绕线型异步电动机，$U_N=380\ V$，三角形连接。$R_1=0.4\ \Omega$，$X_1=1\ \Omega$，$R_0=4\ \Omega$，$X_0=40\ \Omega$。$R_2=0.1\ \Omega$，$X_2=0.25\ \Omega$，$k_{w1}N_1=300$，$k_{w2}N_2=150$。采用 T 形等效电路。求 $s=0.02$ 时的定子相电流、线电流，转子相电流、线电流和空载电流的实际值。

24. 一台三相笼型异步电动机，$U_N=380\ V$，$I_N=63\ A$，三角形连接。$R_1=0.7\ \Omega$，$X_1=1.7\ \Omega$，$R_2'=0.4\ \Omega$，$X_2'=3\ \Omega$，$R_0=6\ \Omega$。采用简化等效电路分析该电动机运行在 $s=0.04$ 时是否过载？

25. 一台三相绕线型异步电动机，$U_N=660\ V$，$R_1=0.8\ \Omega$，$R_2'=1\ \Omega$，$R_0=6\ \Omega$，$X_1=1\ \Omega$，$X_2'=4\ \Omega$，$X_0=75\ \Omega$。采用 T 形等效电路求该电动机在转子开路和转子堵转时的定子线电流。

26. 一台三相绕组型异步电动机，$U_N=380\ V$，三角形连接。$f_1=50\ Hz$，$R_1=0.5\ \Omega$，$R_2=0.2\ \Omega$，$R_0=10\ \Omega$。当该电机输出功率 $P_2=10\ kW$，$I_1=12\ A$，$I_{2s}=30\ A$，$I_0=4\ A$，$P_0=100\ W$。求该电机的总损耗 P_{al}、输入功率 P_1、电磁功率 P_e、机械功率 P_m 以及功率因数 λ 和效率 η。

27. 某三相笼型异步电动机，$U_N=380\ V$，$f_N=50\ Hz$，$p=2$，$R_1=0.7\ \Omega$。$R_2'=0.4\ \Omega$，$R_0=8\ \Omega$，在负载转矩 $T_L=100\ N\cdot m$ 时，$n=1\,440\ r/min$，$I_1=18\ A$，$I_2'=23.26\ A$，$I_0=3\ A$，空载损耗 $P_0=500\ W$。求该电动机的总损耗、输出功率、输入功率、效率和功率因数。

28. 已知某 Y112M-2 型三相异步电动机，输出转矩 $T_2=13\ N\cdot m$，空载转矩 $T_0=1\ N\cdot m$，转速 $n=2\,880\ r/min$，效率 $\eta=88\%$。求该电动机的输出功率 P_2、输入功率 P_1、机械功率 P_m、电磁功率 P_e 以及总损耗 P_{al}。

29. 某三相异步电动机，已知同步转速 $n_0=1\,000\ r/min$，电磁功率 $P_e=4.58\ kW$，机械功率 $P_m=4.4\ kW$，输出功率 $P_2=4\ kW$。求该电机此时的电磁转矩 T、输出转矩 T_2 和空载转矩 T_0。

30. 某三相异步电动机，$p=3$，$f=50\ Hz$，Y 形连接，$U_N=660\ V$，$R_1=2.5\ \Omega$，$X_1=3.5\ \Omega$，$R_2'=1.5\ \Omega$，$X_2'=4.5\ \Omega$。用简化等效电路求该电动机在 $s=0.04$ 时的电磁功率和电磁转矩。

第 5 章

同步电机的基本理论

　　同步电机也是一种交流电机，其工作原理与异步电机之间既有联系，又有区别。异步电机的同步运行是这种联系和区别的具体体现。同步电机也有单相和三相之分，单相同步电机容量很小，常被用于要求恒速的自动和遥控装置及仪表工业中，三相同步电机虽然应用范围不及三相异步电机广泛，但是由于它的功率因数可以调节，因而在要求转速恒定和需要改善功率因数的场合，同时在电动机功率数百千瓦级以上的设备中，常常优先选用三相同步电动机。随着电力电子技术中变频技术的日益成熟，同步电动机的调速问题也得到了较好的解决，从而进一步扩大了其应用范围。

§5.1　三相同步电机的工作原理

　　图 5-1 所示为具有一对磁极的三相同步电机的工作原理示意图。三相同步电机定子结构与三相异步电动机基本相同，$U_1 U_2$、$V_1 V_2$、$W_1 W_2$ 为其三相绕组，其转子则是由转子铁芯和转子绕组两部分组成。工作时，在转子绕组中通过直流电流使转子形成 N 极和 S 极。这一形成磁极的绕组称为励磁绕组，励磁绕组中的电流称为励磁电流。与其他电机一样，同步电机既可以作为电动机运行，也可以作为发电机运行，通常同步电机主要作为发电机应用。下面分别介绍三相同步电动机和三相同步发电机的工作原理。

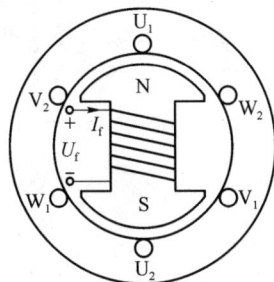

图 5-1　三相同步电机的工作原理示意图

一、三相同步电动机的工作原理

　　同步电机作为电动机运行时，与三相异步电动机一样定子三相绕组接成星形或三角形后接到三相电源上。三相电流通过三相绕组形成旋转磁通势，产生以同步转速旋转的旋转磁场，如图 5-2（a）所示。图 5-2（a）中用外面的一对 N 极和 S 极代表旋转磁场，只要旋转磁场的磁极对数与转子磁极的磁极对数相同，从磁极间同性相斥、异性相吸的基本物理特性可以断定，不论旋转磁极与转子磁极起始时的位置如何，总是旋转磁极的 N 极和 S 极分别与转子上的电流形成的 S 极和 N 极相吸，产生电磁转矩，旋转磁场必定牵引着转子磁极以

相同的转速旋转。因而，电动机的转子转速与旋转磁场的转速相同，这就是"同步"名称的由来。电动机的转速为同步转速，即

$$n = n_0 = \frac{60 f_1}{p} \tag{5-1}$$

同步电动机是一种定子侧用交流电流励磁以建立旋转磁场，转子侧用直流电流励磁构成旋转磁极的双边励磁的交流电动机。其工作原理就是通过旋转磁场以电磁力拖着旋转的转子磁极同步地旋转。当转子转动起来后，转子励磁电流通过励磁绕组产生的磁通势也变成了旋转磁通势，可见三相同步电动机在运行时存在着以下两个旋转磁通势：

（1）定子旋转磁通势，又称电枢旋转磁通势。它由定子三相电流通过定子三相绕组产生，是以电气方式形成的旋转磁通势；

（2）转子旋转磁通势，又称励磁旋转磁通势。它由转子励磁电流通过转子励磁绕组产生，是以机械方式形成的旋转磁通势。因两者以同一转速沿同一方向旋转，所以气隙总磁通势就是这两者合成的结果，图 5-2 中外面的 N 极和 S 极所代表的旋转磁场就是由合成旋转磁通势所产生的旋转磁场。

电枢电流不同，电枢旋转磁通势便会不同，合成磁通势也就不同，它所产生的旋转磁场也不同，电枢旋转磁通势对合成旋转磁通势的影响称为电枢反应。如图 5-2（b）所示，转子磁极与旋转磁场的轴线重合，它们的相互作用力在轴线方向，不会形成电磁转矩。由于受被其拖动的负载的影响，如图 5-2（a）所示，转子磁极滞后于旋转磁场 θ 角时，转子上才会产生与其转向相同的电磁转矩，同步电机才处于电动机运行状态。这时，电动机从定子电源输入电功率，从转子输出机械功率。显然，θ 的大小与电磁转矩及电磁功率的大小有关，因此称为功角。既然功角是转子磁极与合成旋转磁场轴线间的夹角，显然，它也是励磁旋转磁通势与合成旋转磁通势之间的夹角，三相同步电机作电动机运行时，励磁旋转磁通势在空间上滞后于合成旋转磁通势 θ 角。

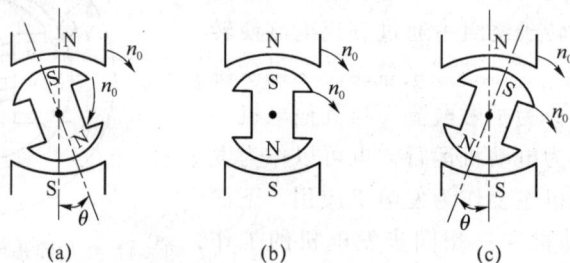

图 5-2　三相同步电机的工作状态

（a）电动机状态；（b）理想空载状态；（c）发电机运行

二、三相同步发电机的工作原理

同步电机作为发电机运行时，转子由原动机拖动，以恒定不变的转速旋转，从而产生了旋转磁场，旋转磁场与定子三相绕组存在着相对运动，从而在定子三相绕组中产生对称的三相励磁电动势。三相同步发电机空载运行时，每相绕组的空载电动势即为励磁电动势 E_0，其大小为

$$E_0 = 4.44 k_{w1} N_1 f_1 \Phi_{0m} \tag{5-2}$$

式中，Φ_{0m} 是转子的每极磁通，即励磁旋转磁通的最大值，在相位上 $\dot{E}_0$ 滞后于 $\dot{\Phi}_{0m}$ 90°。三相同步发电机定子绕组一般为星形连接，故空载时相电压 $U_{0p} = E_0$，线电压 $U_{0L} = \sqrt{3} E_0$，其电动势的频率为

$$f_1 = \frac{pn}{60} \tag{5-3}$$

从式（5-3）可以看出，为保持 f_1 不变，同步发电机的 $pn =$ 常数，且 n 要恒定。负载时定子三相绕组向外输出三相电流，三相电流通过三相绕组也要产生电枢旋转磁通势，所以三相同步发电机运行时，其旋转磁场也由励磁旋转磁通势和电枢旋转磁通势合成的旋转磁通势产生，而且当电流变化时，也会产生电枢反应，对旋转磁场产生影响。当电机的转子在原动机的拖动下，如图 5-2（c）所示，以超前于旋转磁场一个功角 θ 旋转时，电磁转矩的方向与转子转向相反，原动机只有克服电磁转矩才能拖动转子旋转。这时电机转子从原动机输入机械功率，而从定子输出电功率。由此可见，在同步发电机中，励磁旋转磁通势在空间是超前于合成旋转磁通势 θ 角的。图 5-2（b）所示为处于电动机和发电机状态之间的理想空载状态。

三、三相同步电机的额定值

三相同步电机铭牌上给出的主要额定值有以下几个。

（1）额定电压 U_N。额定电压是指三相同步电机线电压的额定值，即同步电机在额定状态下运行时，定子三相绕组的线电压。

（2）额定电流 I_N。额定电流是指三相同步电机线电流的额定值。即同步电机在额定状态下运行时的线电流。当实际电流等于额定电流时，电机便处于满载状态。

（3）额定功率 P_N。额定功率是指三相同步电机输出功率的额定值，即同步电机在额定状态下运行时的输出功率。对三相同步电动机而言

$$P_N = T_{2N} \Omega = \sqrt{3} U_N I_N \lambda_N \eta_N \tag{5-4}$$

对三相同步发电机而言

$$P_N = \sqrt{3} U_N I_N \lambda_N \tag{5-5}$$

（4）额定转速 n_N。额定转速是指电机在额定状态下运行时的转速，它等于同步转速。

（5）额定频率 f_N。我国同步电机的额定频率为工频 50 Hz。

§5.2　三相同步电机的基本结构

一、三相同步电机主要部件

同步电机是由静止的定子和转动的转子两个基本部分组成的。

1. 定子

三相同步电机的定子又称电枢，其结构与三相异步电动机相同，起着接收电能、产生旋转磁场的作用，它的结构也是由定子（电枢）铁芯、定子（电枢）绕组、机座和端盖等部分

组成。定子铁芯由硅钢片叠成，内壁槽内嵌放着对称三相绕组。

2. 转子

三相同步电机的转子由转子铁芯、励磁绕组、阻尼绕组和转轴等部分组成。转子铁芯由整块的铸钢或锻钢做成，其上绕有励磁绕组。转轴上装有两个彼此绝缘的滑环（又称集电环），分别与励磁绕组两端相连，滑环上压着两组固定不动的电刷，通过电刷引出两个接线端，以便从外部通入直流励磁电流。阻尼绕组由嵌入磁极表面的若干铜条组成，如图 5-3 所示。这些铜条的两端用短路环连接起来，像异步电动机的笼型绕组一样。在同步发电机中，阻尼绕组起抑制转子机械振荡的作用；在同步电动机中，阻尼绕组主要作为启动绕组用。

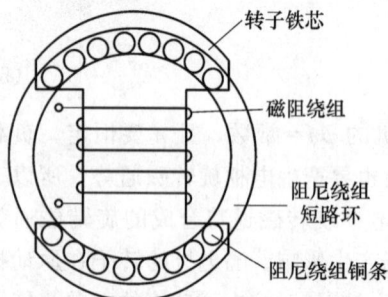

图 5-3　三相同步电机阻尼绕组

二、三相同步电机励磁方式

同步电动机的直流励磁电流需要从外部提供，供给励磁电流的方式即励磁方式，有以下几种。

1. 直流励磁机励磁

这种励磁方式是由装在同步电机转轴上的小型直流发电机供电。这种专供励磁电流用的发电机称为励磁机。

2. 静止整流器励磁

这种励磁方式是将同轴的交流励磁机（小型同步发电机）发出的交流电经静止的整流器整流成直流电后，再供给同步发电机作励磁电流。

3. 旋转整流器励磁

这种励磁方式是将整流器装在同步电机的转轴上，随同步电机一起旋转，将同轴旋转的交流励磁发电机电枢输出的交流电整流后，直接供电给励磁绕组，这样可以省去滑环和电刷等装置。例如大型同步发电机的励磁电流可达数千安，通过电刷和滑环引入转子励磁绕组存在困难，便可以采用这种励磁方式。

三、同步电机的分类

同步电机按相数的不同，可分为单相同步电机和三相同步电机两种。按能量转换的不同，可分为同步电动机和同步发电机两种。按转子结构的不同，同步电机又可以分为隐极式和凸极式两种。隐极式转子如图 5-4（a）所示，铁芯成圆柱形，铁芯上开槽，槽内嵌放励磁绕组，它与定子铁芯之间的气隙较均匀。凸极式转子如图 5-4（b）所示，励磁绕组集中绕在两磁极之间的铁芯柱上，它与定子铁芯之间的气隙是不均匀的。转子磁极的中心轴线称为纵轴或直轴，相邻两磁极之间的轴线称为横轴和交轴。隐极式同步电机直轴和交轴处的气隙相等，磁阻相同。凸极式同步电机直轴处气隙小、磁阻小，而交轴处的气隙大、磁阻大。

一般转速高的同步电机采用隐极式，转速低的同步电机采用凸极式。按安装方式的不同，同步电机又可分为卧式和立式两种，卧式为水平安装，立式为垂直安装。按原动机的不同，三相同步发电机还可以分为汽轮发电机和水轮发电机两种。汽轮发电机由汽轮机作原动机，其具有卧式安装、转速高、磁极对数少、转子结构为隐极式的特点。火电站和核电站中采用的同步发电机都属于这种发电机，其安装示意图如图 5-5 所示。水轮发电机由水轮机作原动机，其具有立式安装、转速低、磁极对数多、转子结构为凸极式的特点，水电站中采用的同步发电机都属于这种发电机，其安装示意图如图 5-6 所示。

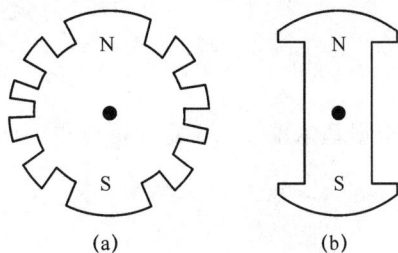

图 5-4　同步电机的转子

（a）隐极式转子；（b）凸极式转子

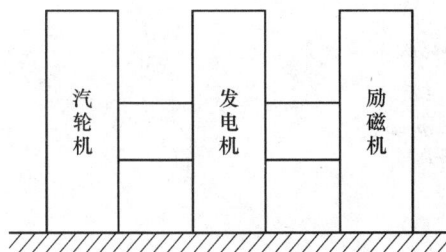

图 5-5　汽轮发电机的安装示意图

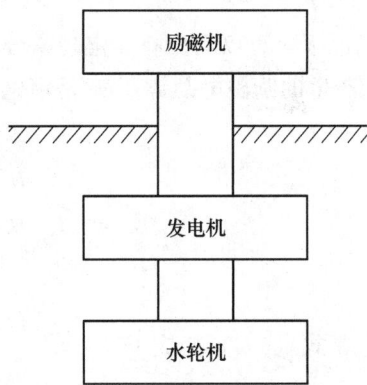

图 5-6　水轮发电机的安装示意图

§5.3　三相同步电动机的运行分析

一、三相隐极式同步电动机的运行分析

1. 三相隐极式同步电动机的基本方程式

由于三相对称，可以取出一相来分析，一相定子电路如图 5-7 所示。

在转子励磁电压 U_f 的作用下，产生了转子励磁电流 I_f，从而产生了励磁磁通势 F_{0m}。

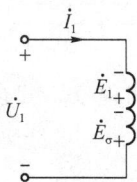

图 5-7　三相隐极式同步电动机
的一相定子电路示意图

同时，在定子三相电压 U_1 的作用下，产生了定子三相电流 I_1，从而产生了电枢磁通势 F_{am}。励磁磁通势 F_{0m} 与电枢磁通势 F_{am} 组成了合成磁通势 F_m，产生旋转磁场 Φ，它将在定子每相绕组中产生电动势 E_1。此外，与变压器和异步电机一样，定子电流 I_1 还会产生漏磁通 Φ_σ，从而在定子每相绕组中产生漏磁感应电动势 E_σ，同时定子电流 I_1 通过定子每相电阻 R_1 时也会

产生电压降。上述的电磁关系可归纳表示如下：

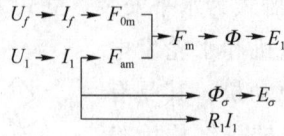

$$
\left.
\begin{array}{l}
U_f \to I_f \to F_{0m} \\
U_1 \to I_1 \to F_{am}
\end{array}
\right\} F_m \to \varPhi \to E_1 \\
\qquad\qquad\qquad \begin{array}{l} \to \varPhi_\sigma \to E_\sigma \\ \to R_1 I_1 \end{array}
$$

根据基尔霍夫电压定律可以得到同步电动机每相定子电路的电动势平衡方程式：

$$\dot{U}_1 = -\dot{E}_1 - \dot{E}_\sigma + R_1 \dot{I}_1 \tag{5-6}$$

$$\dot{E}_\sigma = -\mathrm{j}X_\sigma \dot{I}_1 \tag{5-7}$$

式中，X_σ 是定子每相绕组的漏电抗。因此，电动势平衡方程式可改写成

$$\dot{U}_1 = -\dot{E}_1 + (R_1 + \mathrm{j}X_\sigma)\dot{I}_1 \tag{5-8}$$

式中，E_1 因受电枢反应的影响，并非固定的数值，因此是非线性的。在考虑时忽略磁路饱和的情况下，可以利用叠加定理来分析，即将 $\dot{E}_1$ 分解成 $\dot{E}_0$ 和 $\dot{E}_a$ 两部分。其中 E_0 是励磁磁通势 F_{0m} 产生的励磁电动势，E_a 是由电枢磁通势 F_{am} 产生的电枢电动势，这时的电磁关系可归纳表示如下：

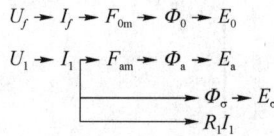

$$
\begin{array}{l}
U_f \to I_f \to F_{0m} \to \varPhi_0 \to E_0 \\
U_1 \to I_1 \to F_{am} \to \varPhi_a \to E_a \\
\qquad\qquad\qquad \to \varPhi_\sigma \to E_\sigma \\
\qquad\qquad\qquad \to R_1 I_1
\end{array}
$$

于是式（5-6）变成了

$$\dot{U}_1 = -\dot{E}_0 - \dot{E}_a - \dot{E}_\sigma + R_1 \dot{I}_1 \tag{5-9}$$

由于磁路不饱和，$\dot{E}_a$ 也可以像 $\dot{E}_\sigma$ 一样用电抗电压降表示，即

$$\dot{E}_a = -\mathrm{j}X_a \dot{I}_1 \tag{5-10}$$

在没有电枢磁通势 F_{am} 时，合成磁通势 F_m 就等于励磁磁通势 F_{0m}；当有了电枢磁通势 F_{am} 后合成磁通势发生了变化，这一影响称为电枢反应，因而由电枢磁通势 F_{am} 所产生的磁通 $\varPhi_a$ 称为电枢反应磁通，与电枢反应磁通 $\varPhi_a$ 对应的 X_a 就称为定子每相绕组的电枢反应电抗。于是电动势平衡方程式又可变为

$$\dot{U}_1 = -\dot{E}_0 + [R_1 + (X_a + X_\sigma)]\dot{I}_1 = -\dot{E}_0 + (R_1 + \mathrm{j}X_s)\dot{I}_1 \tag{5-11}$$

式中，$X_s = X_a + X_\sigma$，称为定子每相绕组的同步电抗。由于 R_1 一般远小于 X_s，因此，电动势平衡方程式可简化为

$$\dot{U}_1 = -\dot{E}_0 + \mathrm{j}X_s \dot{I}_1 \tag{5-12}$$

如果考虑到磁路的饱和，而又为了计算方便，可以根据磁路的饱和程度，找出相应的 X_s 的饱和值，仍可用式（5-11）和式（5-12）进行计算。

2. 三相隐极式同步电动机的等效电路和相量图

根据式（5-11）可得到与之对应的等效电路如图 5-8 所示，图中 $\dot{E}_0$ 是由励磁电流 I_f 即由

励磁磁通势 F_{0m} 控制的，故用一个受控电压源来表示。根据式（5-11）和式（5-12）可画出隐极同步电动机在电感性、电阻性和电容性三种情况下的完整相量图和简化相量图，如表 5-1 所示。

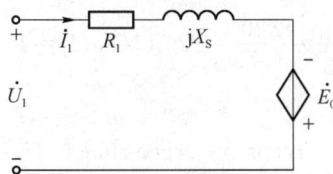

图 5-8　隐极式同步电动机的等效电路

表 5-1　三相隐极同步电动机的完整相量图和简化相量图

分类	完整相量图	简化相量图
电感性		
电阻性		
电容性		

励磁旋转磁通势 F_{0m} 在空间上滞后于合成旋转磁通势 F_m 一个角度，这个角度为 θ。当 F_m 转到 U 相绕组的轴线位置时，它在 U 相绕组中产生的电动势 E_1 达到最大值。转子再转过 θ 角时，励磁旋转磁通势 F_{0m} 转到 U 相绕组的轴线位置，它在 U 相绕组中产生的励磁电动势 E_0 达到最大值。可见，$\dot{E}_0$ 在相位上滞后于 $\dot{E}_1$ 一个角度，该角度为 θ。因此，$\dot{E}_0$ 与 $\dot{E}_1$ 在时间上的相位差与 F_{0m} 和 F_m 在空间上的相位差是相等的。在忽略 R_1 和 X_σ 时，$U_1 = -\dot{E}_1$，因此，在同步电动机的上述相量图中，$\dot{U}_1$ 与 $-\dot{E}_0$ 之间的夹角即 $-\dot{E}_1$ 与 $-\dot{E}_0$ 之间的夹角等于功角 θ，电压 $\dot{U}_1$ 与电流 $\dot{I}_1$ 之间的夹角 φ 为功率因数角，$\dot{I}_1$ 与 $-\dot{E}_0$ 之间的夹角 ψ 为内功率因数角。从相量图中可以看到，它们之间的关系如下：

$$\psi = \varphi \pm \theta \tag{5-13}$$

电动机呈电容性时，式（5-13）取 "＋" 号；呈电感性时式（5-13）取 "－" 号；呈电阻性时，$\varphi = 0$，$\psi = \theta$。

【例 5-1】　已知某三相隐极式同步电动机，额定功率 $P_N = 50\text{ kW}$，额定电压 $U_N = 380\text{ V}$，Y 形连接，额定电流 $I_N = 90\text{ A}$。额定功率因数 $\lambda_N = 0.8$（电感性），定子每相绕组的

电阻 $R_1=0.2\,\Omega$，同步电抗 $X_s=1.2\,\Omega$。求在上述条件下运行时的励磁电动势 $\dot{E}_0$、功率因数角 φ、功角 θ 和内功率因数角 ψ。

解： 由于定子绕组为星形连接，故定子相电压和相电流为

$$U_1=\frac{U_N}{\sqrt{3}}=\frac{380}{1.73}=220\,(\text{V})，\quad I_1=I_N=90\,\text{A}$$

电流滞后于电压的角度为

$$\varphi=\arccos\varphi=\arccos 0.8=36.87°$$

选 $\dot{U}_1$ 为参考相量，即 $\dot{U}_1=220\angle 0°$，则

$$-\dot{E}_0=\dot{U}_1-(R_1+jX_s)\dot{I}_1=220\angle 0°-(0.2+j1.2)90\angle -36.87°$$
$$=159.72\angle -28.34°\,(\text{V})$$

由此求得

$$E_0=159.72\,\text{V}；\quad \theta=28.34°；\quad \psi=\varphi-\theta=36.87°-28.34°=8.53°$$

二、三相凸极式同步电动机的运行分析

1. 三相凸极式同步电动机的基本方程式

三相凸极式同步电动机与三相隐极式同步电动机的不同之处在于其气隙不均匀，直轴位置的气隙小、磁阻小，交轴位置的气隙大、磁阻大。在同样的电枢磁通势 F_{am} 作用下，会产生明显不同的电枢反应磁通 Φ_a，其对应的电枢反应电抗 X_a 也就不同。在磁路不饱和时，可利用叠加定理，将电枢电流 I_1 分解成直轴和交轴两个分量，也就是将电枢磁通势分解成直轴和交轴两个分量，从而由它们分别产生相应的电枢反应磁通和电动势，这种分析方法称为双反应理论。

由于励磁磁通势 F_{0m} 所产生的磁通 Φ_0 为直轴方向的磁通，它与 $\dot{E}_0$ 在相位上相差90°，因而 $\dot{I}_1$ 和 F_{am} 的直轴分量及其产生的直轴方向的磁通也应该在相位上与 $\dot{E}_0$ 或 $-\dot{E}_0$ 相差90°，因此，如图 5-9 所示，将 $\dot{I}_1$ 分解成直轴分量 $\dot{I}_d$ 和交轴分量 $\dot{I}_q$ 两部分。

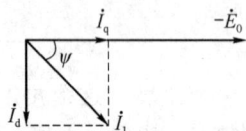

图 5-9　电枢电流的直轴分量和交轴分量

从图 5-9 可以看出

$$\dot{I}_1=\dot{I}_d+\dot{I}_q \tag{5-14}$$

式中，直轴分量 $\dot{I}_d$ 在相位上与 $-\dot{E}_0$ 相差90°，大小则为

$$I_d=I_1\sin\psi \tag{5-15}$$

交轴分量 $\dot{I}_q$ 在相位上与 $-\dot{E}_0$ 同相，大小则为

$$I_q=I_1\cos\psi \tag{5-16}$$

于是，三相凸极式同步电动机中的电磁关系可归纳为

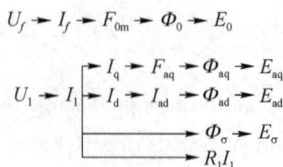

$$U_f \rightarrow I_f \rightarrow F_{0m} \rightarrow \Phi_0 \rightarrow E_0$$

$$U_1 \rightarrow I_1 \begin{cases} I_q \rightarrow F_{aq} \rightarrow \Phi_{aq} \rightarrow E_{aq} \\ I_d \rightarrow I_{ad} \rightarrow \Phi_{ad} \rightarrow E_{ad} \\ \rightarrow \Phi_\sigma \rightarrow E_\sigma \\ \rightarrow R_1I_1 \end{cases}$$

由此得到凸极式同步电动机每相定子电路的电动势平衡方程式

$$\dot{U}_1 = -\dot{E}_0 - \dot{E}_{ad} - \dot{E}_{aq} - \dot{E}_\sigma + R_1\dot{I}_1 \tag{5-17}$$

由于不计饱和，$\dot{E}_{ad}$ 和 $\dot{E}_{aq}$ 也可以用电抗电压降表示，即

$$\dot{E}_{ad} = -jX_{ad}\dot{I}_d \qquad \dot{E}_{aq} = -jX_{aq}\dot{I}_q \tag{5-18}$$

X_{ad} 和 X_{aq} 分别称为直轴电枢反应电抗和交轴电枢反应电抗。式（5-17）可改为

$$\dot{U}_1 = -\dot{E}_0 + jX_{ad}\dot{I}_d + j\dot{X}_{aq}\dot{I}_q + jX_\sigma\dot{I}_1 + R_1\dot{I}_1$$

$$= -\dot{E}_0 + R_1\dot{I}_1 + j(X_{ad} + X_\sigma)\dot{I}_d + j(X_\sigma + X_{aq})\dot{I}_q$$

令

$$X_d = X_{ad} + X_\sigma \qquad X_q = X_{aq} + X_\sigma$$

X_d 和 X_q 分别称为直轴同步电抗和交轴同步电抗。于是，电动势平衡方程式可改写成

$$\dot{U}_1 = -\dot{E}_0 + R_1\dot{I}_1 + jX_d\dot{I}_d + jX_q\dot{I}_q \tag{5-19}$$

由于 R_1 远小于 X_d 和 X_q，因此，电动势平衡方程式可简化为

$$\dot{U}_1 = -\dot{E}_0 + jX_d\dot{I}_d + jX_q\dot{I}_q \tag{5-20}$$

2. 三相凸极式同步电动机的等效电路和相量图

由式（5-19）画出等效电路不容易，因为要将 $\dot{I}$ 分解成 $\dot{I}_d$ 和 $\dot{I}_q$ 两个分量，而 $X_d\dot{I}_d$ 和 $X_q\dot{I}_q$ 又不相等，并非并联关系。为此，假设一个虚拟电动势 $\dot{E}_Q$，令

$$\dot{E}_Q = \dot{E}_0 - j(X_d - X_q)\dot{I}_d \tag{5-21}$$

由于 $X_d > X_q$，由图 5-10 可知，$j\dot{I}_d$ 与 $\dot{E}_0$ 相位相同或相反，而 $(X_d - X_q)I_d$ 一般都小于 E_0，故 $\dot{E}_0$ 与 $\dot{E}_Q$ 的相位相同。于是可将式（5-19）改写成

$$\dot{U}_1 = -\dot{E}_0 + R_1\dot{I}_1 + jX_d\dot{I}_d + jX_q\dot{I}_q - jX_q\dot{I}_d + jX_q\dot{I}_d$$

$$= -\dot{E}_0 + j(X_d - X_q)\dot{I}_d + R_1\dot{I}_1 + jX_q\dot{I}_q + jX_q\dot{I}_d$$

$$= -[\dot{E}_0 - j(X_d - X_q)\dot{I}_d] + R_1\dot{I}_1 + jX_q(\dot{I}_q + \dot{I}_d)$$

将式（5-21）和式（5-14）代入上式可得

$$\dot{U}_1 = -\dot{E}_Q + (R_1 + jX_q)\dot{I}_1 \tag{5-22}$$

若忽略 R_1，则

$$\dot{U}_1 = -\dot{E}_Q + jX_q\dot{I}_1 \tag{5-23}$$

由此可得凸极式同步电动机的等效电路如图 5-11 所示。

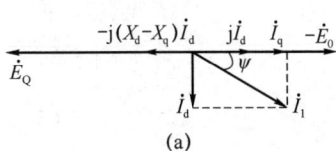

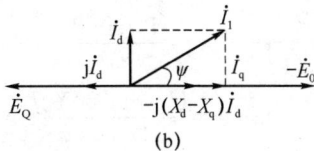

图 5-10 $j\dot{I}_d$ 与 $\dot{E}_0$ 的相位关系

(a) $\dot{I}_1$ 滞后于 $-\dot{E}_0$ 时；(b) $\dot{I}_1$ 超前于 $-\dot{E}_0$ 时

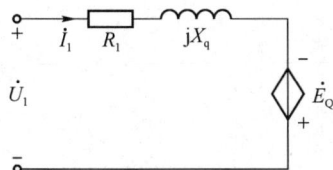

图 5-11 凸极式同步电动机
的等效电路

由式（5-19）、式（5-20）、式（5-22）和式（5-23）可画出凸极式同步电动机在电感性、电阻性和电容性三种情况下的完整相量图和简化相量图，见表 5-2。画完整相量图的一般步骤如下：选择 $\dot{U}_1$ 为参考相量，画在水平向右位置，根据已知的 φ 和 I_1 画出相量 $\dot{I}_1$，根据已知的 X_q、R_1 和 I_1 画出 $jX_q\dot{I}_1$ 和 $R_1\dot{I}_1$，求得 $-\dot{E}_Q$，从而确定了 $-\dot{E}_0$ 和 $-\dot{E}_Q$ 的位置，将 $\dot{I}$ 分解成 $\dot{I}_d$ 和 $\dot{I}_q$ 两个分量；画出 $R_1\dot{I}_1$，$jX_d\dot{I}_d$ 和 $jX_q\dot{I}_q$，最后求得 $-\dot{E}_0$（应与 $-\dot{E}_Q$ 在一条线上）。若已知 ψ，则可不必画出 $-\dot{E}_Q$，而由 ψ 确定 $-\dot{E}_0$ 的位置。

表 5-2　三相凸极同步电动机的相量图

分类	完整相量图	简化相量图
电感性	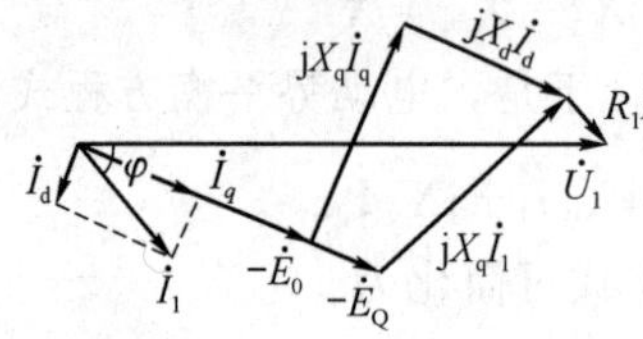	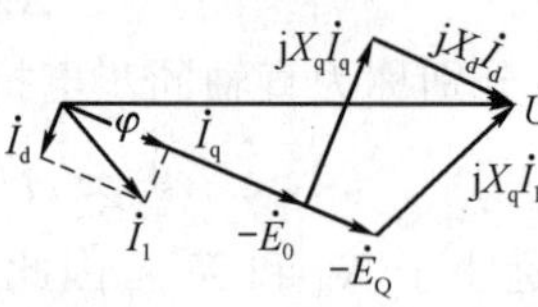
电阻性	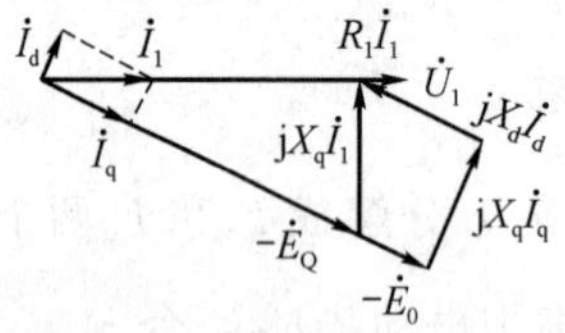	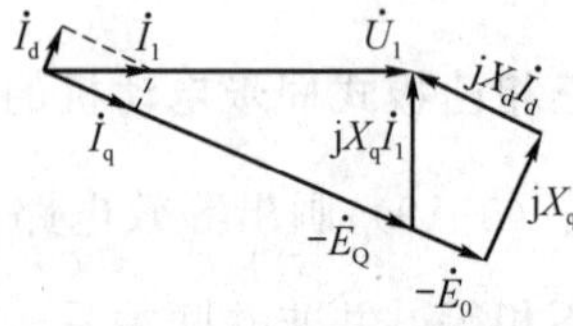
电容性	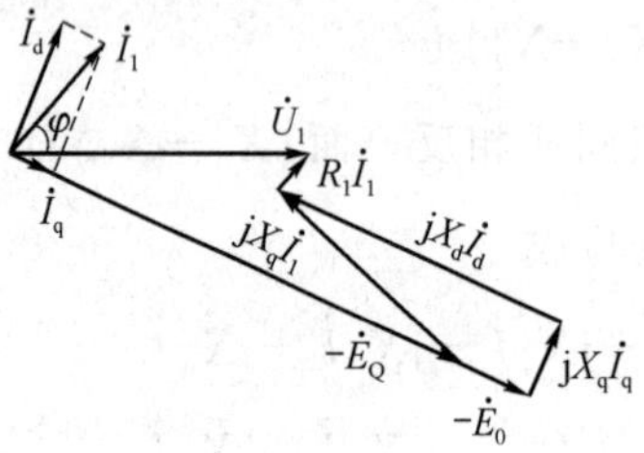	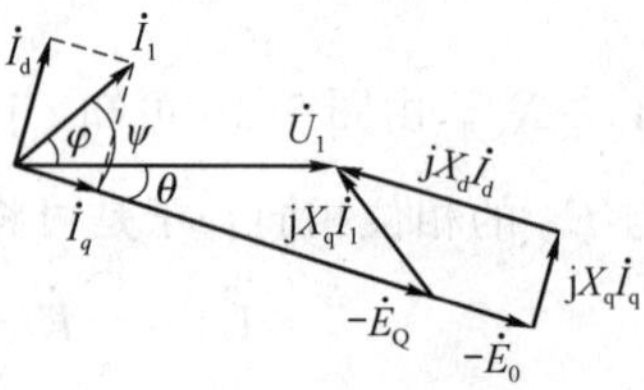

与隐极式同步电动机一样，相量图中的 θ 为功角，φ 为功率因数角，ψ 为内功率因数角。它们之间的关系仍满足式（5-13）。相量图可以清楚地表明各部分物理量之间的关系，利用相量图对凸极式同步电动机进行运行分析要比用基本方程式和等效电路方便，从简化相量图可以得到以下常用的公式。

$$X_d = \frac{\left| E_0 - U_1\cos\theta \right|}{I_d} \tag{5-24}$$

$$X_q = \frac{U_1\sin\theta}{I_d} \tag{5-25}$$

$$\tan\psi = \frac{U_1\sin\varphi \pm X_q I_1}{U_1\cos\varphi} \tag{5-26}$$

式中，当电动机呈电容性时取"＋"号，当电动机呈电感性时取"－"号。

【例 5-2】　某三相凸极式同步电动机，$U_N = 6\,000$ V，$I_N = 57.8$ A，Y 形连接，当电枢电压和电流为额定值，功率因数 $\lambda = 0.8$（电容性）时，相电动势 $E_0 = 6\,300$ V，$\psi = 58°$，R_1

忽略不计。求该电动机的直轴同步电抗 X_d 和交轴同步电抗 X_q。

解：电枢相电压和相电流为

$$U_1 = \frac{U_N}{\sqrt{3}} = \frac{6\,000}{1.73} = 3\,468.21\,(\text{V})$$

$$I_1 = I_N = 57.8\,(\text{A})$$

由此求得

$$I_d = I_1 \sin\psi = 57.8\sin 58° = 49.02\,(\text{A})$$

$$I_q = I_1 \cos\psi = 57.8\cos 58° = 30.63\,(\text{A})$$

$$\theta = \psi - \varphi = 58° - 36.87° = 21.13°$$

$$X_d = \frac{E_0 - U_1\cos\theta}{I_d} = \frac{6\,300 - 3\,468.21 \times \cos 21.13°}{49.02} = 62.52\,(\Omega)$$

$$X_q = \frac{U_1\sin\theta}{I_q} = \frac{3\,468.21 \times \sin 21.13°}{30.63} = 40.82\,(\Omega)$$

§5.4　三相同步电动机的功率和转矩计算

一、三相同步电动机功率计算

同步电动机在工作时，电枢绕组从电网输入三相功率，励磁绕组从励磁电源输入直流功率，不过习惯上常将励磁功率归到励磁系统中去考虑，而不计算在输入功率 P_1 中，所以输入功率为

$$P_1 = 3U_1 I_1 \cos\varphi \tag{5-27}$$

电流通过定子三相绕组会产生铜损耗 P_{Cu}，则铜损耗为

$$P_{Cu} = 3R_1 I_1^2 \tag{5-28}$$

输入功率减去铜损耗后就是由电枢经气隙传递到转子去的电磁功率 P_e，即

$$P_e = P_1 - P_{Cu} \tag{5-29}$$

根据式（5-29），由等效电路或相量图可以证明，在隐极式同步电动机中

$$P_e = 3E_0 I_1 \cos\psi \tag{5-30}$$

在凸极式同步电动机中

$$P_e = 3E_Q I_1 \cos\psi \tag{5-31}$$

由于空载运行时，铜损耗很小可忽略不计，则只有电枢铁损耗 P_{Fe}、机械损耗 P_{me} 和附加损耗 P_{ad}，因此通常将这三者之和称为空载损耗 P_0。电磁功率减去空载损耗便是电动机的输出功率，即

$$P_0 = P_{Fe} + P_{me} + P_{ad} \tag{5-32}$$

$$P_2 = P_e - P_0 \tag{5-33}$$

输出功率是转轴上输出的机械功率，应等于输出转矩 T_2 与转子旋转角速度 Ω 的乘积，即

$$P_2 = T_2\Omega = \frac{2\pi}{60}T_2 n \tag{5-34}$$

总损耗 P_{al} 为

$$P_{al}=P_{Cu}+P_{Fe}+P_{me}+P_{ad} \tag{5-35}$$

综上所述可求得同步电动机的功率平衡方程式

$$P_1-P_2=P_{al}=P_{Cu}+P_{Fe}+P_{me}+P_{ad} \tag{5-36}$$

上述功率关系可通过图 5-12 所示的功率流程图表示。同步电动机的输出功率与输入功率的百分比为同步电动机的效率，即

$$\eta=\frac{P_2}{P_1}\times100\% \tag{5-37}$$

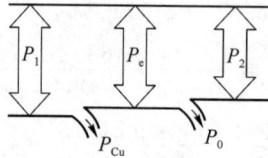

图 5-12　三相同步电动机的功率流程图

二、三相同步电动机转矩计算

与三相异步电动机一样，三相同步电动机的转矩之间也应满足转矩平衡方程式：

$$T_2=T-T_0 \tag{5-38}$$

式中，输出转矩 T_2、电磁转矩 T 和空载转矩 T_0 分别如下：

$$T_2=\frac{P_2}{\Omega}=\frac{60}{2\pi}\cdot\frac{P_2}{n} \tag{5-39}$$

$$T=\frac{P_e}{\Omega}=\frac{60}{2\pi}\cdot\frac{P_e}{n} \tag{5-40}$$

$$T_0=\frac{P_0}{\Omega}=\frac{60}{2\pi}\cdot\frac{P_0}{n} \tag{5-41}$$

同步电动机在稳定运行时，输出转矩应等于负载转矩，即 $T_2=T_L$，忽略空载转矩 T_0，则 $T=T_2=T_L$。

【例 5-3】 已知某三相同步电动机，$n=1\,500$ r/min，$X_d=6$ Ω，$X_q=4$ Ω，Y 形连接，当定子额定电压 $U_N=380$ V，转子加负载转矩 $T_L=30$ N·m 时，电枢电流 $I_1=10$ A，功率因数 $\lambda=0.8$（电容性），$\psi=40°$，$E_0=228$ V。求输入功率 P_1、电磁功率 P_e、输出功率 P_2、铜损耗 P_{Cu}、空载损耗 P_0 和输出转矩 T_2、电磁转矩 T、空载转矩 T_0。

解：

$$P_1=3U_1I_1\cos\varphi=3\times\frac{U_N}{\sqrt{3}}I_1\cos\varphi=3\times\frac{380}{1.73}\times10\times0.8=5\,259.2\,(\text{W})$$

$$I_d=I_1\sin\psi=10\sin40°=6.43\,(\text{A})$$

$$E_Q=E_0-(X_d-X_q)I_d=228-(6-4)\times6.43=215.14\,(\text{V})$$

$$P_e=3E_QI_1\cos\psi=3\times215.14\times10\times\cos40°=4\,944.2\,(\text{W})$$

$$P_2=\frac{60}{2\pi}T_2n=\frac{60}{2\pi}T_Ln=\frac{2\times3.14}{60}\times30\times1\,500=4\,710\,(\text{W})$$

$$P_{\mathrm{Cu}}=P_1-P_{\mathrm{e}}=5\,259.2-4\,944.2=315\,(\mathrm{W})$$

$$P_0=P_{\mathrm{e}}-P_2=4\,944.2-4\,710=234.2\,(\mathrm{W})$$

$$T_2=T_{\mathrm{L}}=30\ \mathrm{N}\cdot\mathrm{m}$$

$$T=\frac{60}{2\pi}\cdot\frac{P_{\mathrm{e}}}{n}=\frac{60}{6.28}\times\frac{4\,944.2}{1\,500}=31.49\,(\mathrm{N}\cdot\mathrm{m})$$

$$T_0=T-T_{\mathrm{L}}=31.49-30=1.49\,(\mathrm{N}\cdot\mathrm{m})$$

本 章 小 结

　　三相同步电机可以认为是三相异步电机运行的一种特殊情况。在这种特殊情况下由于其转子电流的转差频率等于零，电机的转速始终是同步转速，因此而命名为同步电机。同步电机也遵循可逆原理，其物理模型十分形象地表征了电机的运行状况，令反映有功功率的功率角得到一种空间的解释，也表明了机电能量的转换。

　　同步电机又与直流电机有相似之处，两者带有负载时气隙磁场均发生了显著的变化，因为在同步电机的定子绕组中通入交流电流，转子通入直流电流；在直流电机中励磁绕组通入直流电流，而电枢绕组中通入由换向器作用将直流电流变换成频率受转速控制的多相交流电流。从励磁效应看，这两类电机都属于双边励磁的电机，两者都存在所谓的电枢反应问题。在同步电机中，电枢反应的性质与其内功率因数角有关，电枢反应的作用用同步电抗来表征，凸极式同步电机的电枢反应的分析可用"双反应理论"来分析。同步电动机本身无启动能力，必须在磁极上装设启动绕组（也称为阻尼绕组）做异步启动。

思考题与练习题

　　1. 为什么三相同步电动机中的铜损耗和铁损耗都只考虑定子的铜损耗和铁损耗，而没有考虑转子的铜损耗和铁损耗？

　　2. 为什么三相同步电动机的同步转速高，则磁极对数少；同步转速低，则磁极对数多？

　　3. 异步电机的定子铁芯和转子铁芯都用硅钢片叠成，为什么同步电机的定子铁芯用硅钢片叠成，而转子铁芯却用整块钢材料做成？

　　4. 为什么同步电动机的励磁电流是直流电流？用交流电流作励磁电流是否可以？

　　5. 为什么同步电动机的定子和转子的磁极对数必须相同？

　　6. 同步电动机的转子转速能否不同于同步转速，为什么？

　　7. 在隐极式同步电动机中，漏电抗 X_σ、电枢反应电抗 X_{a} 和同步电抗 X_{s} 有何不同？试将同一台同步电动机中的上述三者的大小排个顺序。

　　8. 根据相量图分析同步电动机处在电感性和电容性时 ψ 和 φ 的相对大小。

　　9. 增加励磁电流 I_{f}，隐极式同步电动机和凸极式同步电动机中的 E_0 是否改变，如果改变将如何变化？

　　10. 一台三相同步电动机，频率 $f_1=50$ Hz，磁极对数 $p=2$，定子每相绕组的匝数 $N_1=264$ 匝，绕组因数 $k_{\mathrm{w1}}=0.985$，气隙磁通最大值 $\Phi_{\mathrm{m}}=0.059$ Wb。求该电机定子每相绕组的电动势 E_1 和转子转速 n。

11. 某三相同步发电机，定子绕组为星形连接，每相绕组的有效匝数 $k_{w1}N_1 = 20$ 匝，磁极对数 $p = 1$，转子每极磁通最大值 $\Phi_{0m} = 0.82$ Wb。为了能产生 $f_1 = 50$ Hz 的电压，转子转速 n 应等于多少？这时的空载相电压和线电压是多少？

12. 某三相同步电动机，$P_N = 100$ kW，$U_N = 6\,000$ V，$f_N = 50$ Hz，$\eta_N = 90\%$，$\lambda_N = 0.8$，$n_N = 1\,500$ r/min，求该电机的磁极对数、额定输出转矩和额定电流。

13. 某三相同步发电机，$P_N = 15\,000$ kW，$U_N = 13\,800$ V，$I_N = 680$ A，$n_N = 100$ r/min，$f_N = 50$ Hz，额定输入转矩 $T_{1N} = 1\,500$ kN·m。求：（1）该电机的额定功率因数、额定效率、磁极对数；（2）分析该电机应为凸极式极还是隐极式，是水轮发电机还是汽轮发电机，是立式还是卧式。

14. 已知某星形连接的三相隐极式同步电动机，其额定电压 $U_N = 3\,000$ V，同步电抗 $X_s = 15$ Ω，电枢电阻可忽略不计。当电动机的输入功率 $P_1 = 95$ kW 时，求功率因数为 0.8（电感性）和 0.8（电容性）两种情况下的励磁电动势 E_0、功角 θ 和内功率因数角 ψ。

15. 一台三相隐极式同步电动机，$U_1 = 380$ V，Y 形连接。$R_1 = 0.2$ Ω，$X_s = 1.2$ Ω，$\theta = 21.37°$，$E_0 = 296$ V，求：（1）该电机的电枢电流 I_1、φ 和 ψ；（2）说明该电动机是工作在电容性还是电感性状态。

16. 已知三相凸极式同步电动机，Y 形连接，定子额定电压 $U_N = 400$ V，$I_1 = 80$ A，$X_d = 2$ Ω，$X_q = 1.2$ Ω，R_1 可忽略不计，求该电机在 $\lambda = 0.8$（电感性），$\lambda = 1$（电阻性），$\lambda = 0.8$（电容性）三种情况下的 E_0。

17. 已知某三相同步电动机，电枢额定电压 $U_N = 6\,000$ V，Y 形连接，$X_d = 60$ Ω，$X_q = 45$ Ω，$I_1 = 98.1$ A，$\lambda = 0.8$（电容性），求 E_Q 和 E_0？

18. 已知星形连接三相同步电动机，电枢额定电压 $U_N = 380$ V，$I_1 = 60$ A，$R_1 = 0.2$ Ω，$n = 3\,000$ r/min，$\lambda = 0.85$，$\eta = 90\%$。求 P、P_e、P_2、T、T_2 和 T_0。

第 6 章

控 制 电 机

电力拖动系统是机械和电气相结合的一种自动控制系统。系统中除了拥有交、直流电动机这种机电能量转换的电磁元件外,还有用作检测、放大和执行用的许多电磁元件。这些电磁元件就是在一般旋转电机的理论基础上发展起来的各式各样的小功率电机,它们都有特殊的性能,将它们统称为控制电机。控制电机主要是用来实现信号传递和转换。在自动控制系统中控制电机主要起检测、执行和校正等功能,功率一般从数毫瓦到数百瓦。控制电机是在动力电机的基础上发展起来的,从基本原理来说与动力电机并无本质区别,动力电机的主要任务是完成能量的转换,对它们的要求主要是提高效率等经济指标以及启动、调速等性能。而控制电机的主要任务是完成控制信号的传递和转换。因此,对控制电机的基本要求则是高精确度、高灵敏度和高可靠性。目前已经生产、使用和研制出的控制电机种类很多,本章就拖动系统中常用的一些控制电机的基本工作原理、基本结构以及用途做简单介绍。

§6.1 伺服电动机

伺服电动机又称执行电动机,它具有一种服从控制信号的要求而动作的职能,在信号到来之前,转子静止不动;信号到来之后,转子立即转动;当信号消失,转子能够及时自行停转,由于这种伺服的性能,因此而得名。伺服电动机的功能是把所接收的电信号转换为电动机转轴上的角位移或角速度的变化。按照自动控制系统的功能要求,伺服电动机必须具备可控性好、稳定性高和适应性强等基本性能。伺服电动机的转速通常要比控制对象的运动速度高得多,一般都是通过减速机构(如齿轮)将两者连接起来。伺服电动机按电流种类的不同,可分为直流伺服电动机和交流伺服电动机两大类。

一、直流伺服电动机

直流伺服电动机的基本结构与普通小型直流电动机相同,不过由于直流伺服电动机的功率不大,因此也可由永久磁铁制成磁极,省去励磁绕组。其基本结构是由装有磁极的定子、可以转动的电枢和换向器组成。按励磁方式的不同,直流伺服电动机可分为电磁式和永磁式两种。电磁式直流伺服电动机的磁场由励磁电流通过励磁绕组产生。按励磁绕组与电枢绕组连接方式的不同,又分为他励式、并励式和串励式三种,通常在实际控制中多用他励式直流伺服电动机。永磁式直流伺服电动机的磁场是由永磁铁产生,无须励磁绕组和励磁电流。为了适应各种不同系统的需要，目前从结构上和材料上都做了许多改进，出现了不少新品种。

直流伺服电动机的工作原理与普通直流电动机相同。只要在其励磁绕组中有电流通过并且产生了磁通，当电枢绕组中通过电流时，该电流与磁通相互作用而产生转矩就会使伺服电动机投入工作。当这两个绕组其中的一个断电时，电动机立即停转，它不像交流伺服电动机那样有"自转"现象，所以直流伺服电动机也是自动控制系统中一种很好的执行元件，其电路如图 6-1 所示。下面介绍直流伺服电动机的控制方式及其特性。

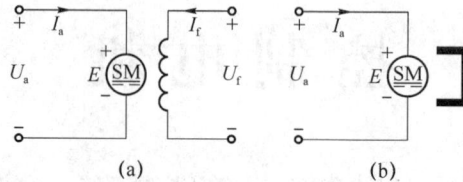

图 6-1　直流伺服电动机电路示意图

(a) 电磁式；(b) 永磁式

电枢电流与磁场相互作用产生了使电枢旋转的电磁转矩，其表达式为

$$T = C_T \Phi I_a \tag{6-1}$$

电枢旋转时，电枢绕组又会切割磁感线而产生电动势，其表达式为

$$E = C_E \Phi n \tag{6-2}$$

电枢电流 I_a 与电枢电压和电动势的关系为 $E = U_a - R_a I_a$，则电动机的转速为

$$n = \frac{U_a}{C_E \Phi} - \frac{R_a}{C_E C_T \Phi^2} T \tag{6-3}$$

为简化分析，假设磁路不饱和并且不考虑电枢反应的影响，则电磁式直流伺服电动机的磁通就与励磁电压成正比，即 $\Phi = C_\Phi U_f$。其中，比例常数 C_Φ 由电机结构决定，将磁通公式代入式 (6-3) 中可得：

$$n = \frac{U_a}{C_E C_\Phi U_f} - \frac{R_a}{C_E C_T C_\Phi^2 U_f^2} T \tag{6-4}$$

从式 (6-4) 可以看出，改变 U_a 和 U_f 都可以改变转速 n。因此，电磁式直流伺服电动机有两种控制转速的方式，即电枢控制转速方式和磁场控制转速方式。对永磁式直流伺服电动机来说，则只有电枢控制转速一种方式。采用电枢控制时，电枢绕组加上控制信号电压，成为控制绕组，电磁式伺服电动机的励磁绕组加上额定直流电压，当控制信号电压 $U_a = 0$ 时，$I_a = 0$，$T = 0$，电动机不会旋转，即转速 $n = 0$；当控制绕组接到控制电压以后，$U_a \neq 0$ 时，$I_a \neq 0$，$T \neq 0$，电动机在电磁转矩 T 的作用下运转，改变 U_a 的大小或极性，电动机的转速或转向将随之改变，电动机随着电枢电压大小或极性的改变而处于调速或反转的状态中。U_a 不同时，伺服电动机的机械特性与普通直流电动机相同，是一组平行的略为倾斜的直线。因此，电枢控制时直流伺服电动机的机械特性和调节特性都是线性的，并且其线性关系与电枢电阻无关。采用磁场控制时，电磁式直流伺服电动机的励磁绕组作为控制绕组加上控制信号电压 U_c，电枢绕组作为励磁绕组，接于恒定的励磁电压，这种控制方式在永磁式直流伺服电动机中不能采用。磁场控制时的电磁式伺服电动机的工作原理与电枢控制时的工作原理相同，只是当控制信号电压 U_c 的大小和极性改变时，电动机随着磁场强弱和方向的改变而处在调速或反转状态中，U_c 不同时，电磁式直流伺服电动机的机械特性与普通直流

电动机在不同 I_f 时的机械特性相同，I_f 减小，机械特性上移，斜率增加。通过对两种控制方式的特性比较，电枢控制方式的机械特性与调节特性均为线性的，而特性曲线是一组平行线。另外，由于励磁绕组进行励磁时，励磁绕组电阻较大，所消耗的功率较小，并且电枢电路的电感小，时间常数小，响应迅速，在性能上电枢控制较磁场控制优越，所以直流伺服电动机多采用电枢控制方式。

二、交流伺服电动机

交流伺服电动机实质上是一个两相异步电动机，其定子上装有两个在空间相差 90° 的绕组，一个是励磁绕组，另一个是控制绕组。运行时，励磁绕组始终加上一定的交流励磁电压 U_f，控制绕组则加上伺服放大器供电的控制信号电压 U_c。交流伺服电动机转子的结构形式主要有笼型转子和空心杯型两种。

笼型转子交流伺服电动机的结构与普通笼型异步电动机相同，空心杯型转子交流伺服电动机的结构如图 6-2 所示。定子分外定子和内定子两部分，外定子的结构与笼型交流伺服电动机的定子相同，铁芯槽内放有定子两相绕组。内定子由硅钢片叠成，压在一个端盖上，一般不放绕组，它的作用只是为了减小磁路的磁阻。转子由导电材料（例如铝）做成薄壁圆筒形，放在内、外定子之间，杯子底部固定在转轴上，杯壁薄而轻，厚度一般不超过 0.5 mm，因而转动惯量小，动作快速灵敏，多用于要求低速运行平滑的系统中。

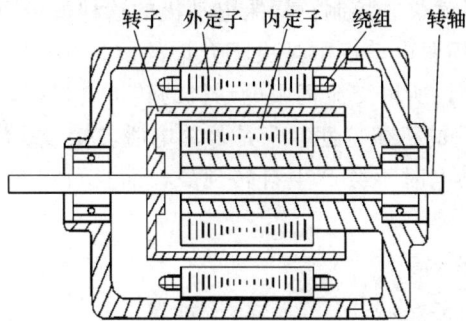

图 6-2　空心杯型转子交流伺服电动机的结构

图 6-3 所示为交流伺服电动机的电路，其中 f 是励磁绕组，c 是控制绕组，当两相绕组分别加上交流电压 u_f 和 u_c 时，两相绕组中的电流 i_f 和 i_c 各自产生磁通势 F_f 和 F_c，它们的大小和方向随时间按正弦规律变化，其方向符合右手螺旋定则，即始终在绕组的轴线方向。也就是说，F_f 总在水平方向，F_c 总在垂直方向，两者构成了交流伺服电动机的合成磁通势 F。以下通过几种情况下的合成磁通势以及所产生的磁场的分析来研究电动机的工作状态。

当两相绕组分别加上相位相差 90° 的额定电压时，这时交流伺服电动机处于对称运行状态。由前面的分析可知，对称两相电流通过对称两相绕

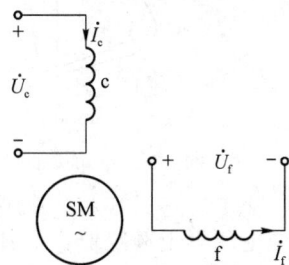

图 6-3　交流伺服电动机电路

组与对称三相电流通过对称三相绕组一样，产生幅值不变的旋转磁通势和旋转磁场。旋转磁通势的旋转方向与两相绕组中两相电流的相序一致。由于这一合成磁通势的幅值不变，若用一空间矢量表示，则其末端的轨迹应为一个圆，因而称为圆形磁通势（简称圆磁通势）。圆形磁通势所产生的磁场称为圆形磁场（简称圆磁场）。与普通三相异步电动机在对称状态下运行时的情况一样，圆磁场在转子上将产生与磁场旋转方向一致的电磁转矩，使转子运转起来。如果控制电压反相，则两相绕组中两相电流的相序随之改变，而转子的转向也就改变了。如果控制电压和励磁电压都随控制信号的减小而同样地减小，并始终保持两者的相位差为90°，则电动机仍处于对称运行状态，合成磁通势的幅值减小，使电磁转矩也随之减小。若负载一定，则转子的转速必然下降，转子电流增加，使电磁转矩又重新增加到与负载转矩相等，电动机便在比原来低的转速下稳定运行。

当控制电压等于零或者虽不等于零，但与励磁电压相位相同时，这时交流伺服电动机处于单相运行状态，此时气隙内的合成磁通势为脉振磁通势，电动机无启动转矩，转子不转。脉振磁通势可以分解为两个幅值相等、转速相同、转向相反的旋转圆磁通势，产生两个转向相反的圆磁场。它们在转子上分别产生了两个方向相反的电磁转矩 T_f 和 T_R，这两个转矩决定了转子能否转动的总电磁转矩等于这两个转矩之差。当转子静止时，由于 $T_f = T_R$，总电磁转矩 $T = 0$，电动机没有启动转矩，不会自行启动。如果上述单相状态在运转中出现，对于普通异步电动机来说，其机械特性如图 6-4（a）所示，总电磁转矩不等于零，电动机仍将继续运转，这样，电动机就失去控制。伺服电动机的这种失控而自行旋转的现象称为"自转"。这种单相自转现象在伺服电动机中是决不允许的。为此，需要寻求克服交流伺服电动机这种"自转"现象的方法，所以交流伺服电动机的转子电阻都取得比较大，使机械特性成为如图 6-4（b）所示的下垂的机械特性。于是，总电磁转矩 T 始终是与转子转向相反的制动转矩，从而保证了单相供电时不会产生自转现象，而且可以自行制动，使转子迅速停止运转。

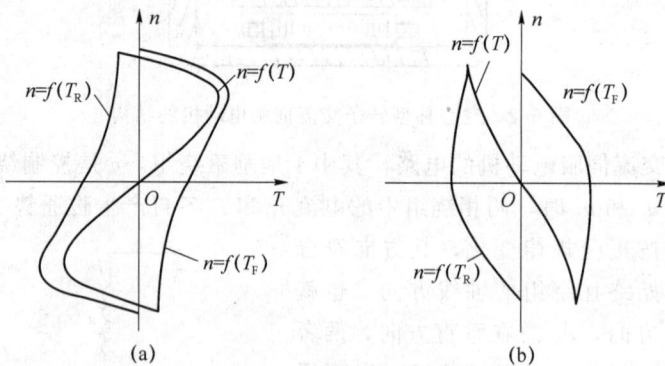

图 6-4　单相供电时的交流伺服电动机和普通异步电动机的机械特性
(a) 普通异步电动机；(b) 交流伺服电动机

当励磁电压等于额定值，而控制电压小于额定值，但与励磁电压的相位差保持90°时，或者控制电压与励磁电压都等于额定值，但两者的相位差小于90°时，这时交流伺服电动机处于不对称运行状态。将不同时刻的 F_c 和 F_f 矢量相加，便可得到相应时刻的合成磁通势 F。上述两种情况下 F_c 和 F_f 的波形及合成磁通势分别如图 6-5（a）和图 6-5（b）所示。合成磁通势都是以变化的幅值和转速在空间旋转，其末端轨迹为一椭圆，故称椭圆磁通势，它所产生的磁场称为椭圆磁场。

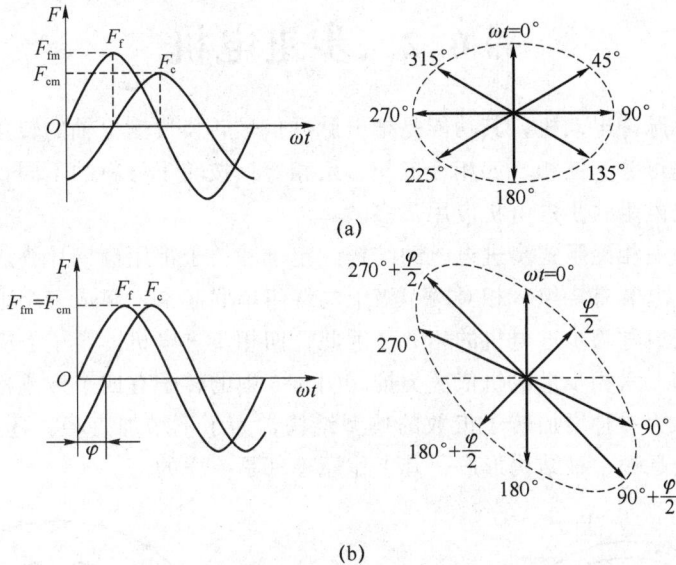

(a)

(b)

图 6-5　交流伺服电动机处于不对称运行状态时的椭圆磁通势

(a) 控制电压小于额定值时；(b) 相位差小于 90°时

椭圆磁通势也可以分解为两个转速相同、转向相反，但幅值不等的圆磁通势。其中，与原椭圆磁通势 F 转向相同的正向圆磁通势的幅值越大，与原椭圆磁通势转向相反的反向圆磁通势幅值越小，电动机的工作状态越不对称，反向圆磁通势的幅值就越接近正向圆磁通势的幅值。当电动机处于单相状态时，正、反向圆磁通势幅值相等，反之电动机的工作状态越接近于对称，反向圆磁通势的幅值就越小于正向圆磁通势的幅值。当电动机处于对称运行状态时，反向圆磁通势为零，只有正向圆磁通势。交流伺服电动机在不对称状态下运行时的总电磁转矩 T 应为正向和反向两个圆磁场分别产生的电磁转矩 T_f 和 T_R 之差。电动机的工作状态越不对称，总电磁转矩 $T = T_f - T_R$ 就越小，当负载一定时，电动机的转速势必下降，转子电流增加，直到总电磁转矩 T 又重新增加到与负载转矩相等，电动机便在比原来低的转速下稳定运行。可见，改变控制电压的数值或相位也可以控制电动机的转速。普通的两相和三相异步电动机正常情况下都是在对称状态下运行的，而在不对称状态下运行则属于故障运行。而交流伺服电动机则可以靠不同程度的不对称运行来达到控制目的，这是交流伺服电动机在运行上与普通异步电动机的根本区别。

伺服交流电动机不仅需要具有启动和停止的伺服性，而且还需具有转速的大小和方向的可控性，因此交流伺服电动机可以有以下三种控制方法：

1) 双相控制。控制电压与励磁电压的相位差保持 90°不变，同时按相同比例改变它们的大小来改变电动机的转速。

2) 幅值控制。控制电压与励磁电压的相位差保持 90°不变，通过改变控制电压的大小来改变电动机的转速。

3）相位控制。控制电压与励磁电压的大小保持额定值不变，通过改变它们的相位差来改变电动机的转速。

§6.2　步进电机

步进电机又称脉冲电动机，其功能是把电脉冲信号转换成输出轴的转角或转速。步进电机按其相数的不同可分为三相、四相、五相、六相等；按转子材料的不同，可分为磁阻式和永磁式等。目前以磁阻式步进电机应用最多。

图 6-6 所示为三相磁阻式步进电机的结构，定子和转子都用硅钢片叠成双凸极形式。定子上有六个极，其上装有绕组，相对两个极上的绕组串联起来，组成三个独立的绕组，称为三相绕组，独立绕组称为步进电机的相数。因此，四相步进电机，定子上应有八个极，四个独立的绕组，五相、六相步进电机依次类推。图 6-6 中的转子有四个极或称四个齿，其上无绕组。图 6-7 所示为一种增加转子齿数的典型结构，为了不增加直径，还可以按相数 m 做成多段式等，无论是哪一种结构形成，其工作原理都是一样的。

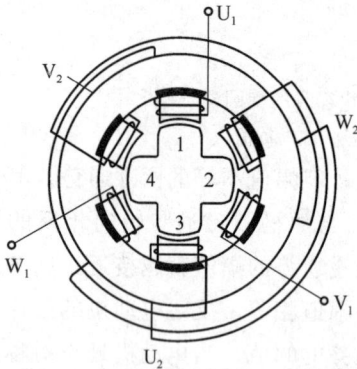

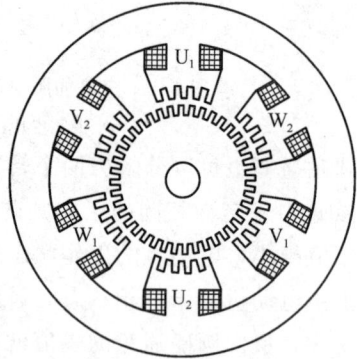

图 6-6　三相磁阻式步进电机的结构　　　　图 6-7　步进电机增加转子齿数的典型结构

步进电机在工作时，需由专用的驱动电源将脉冲信号电压按一定的顺序轮流加到定子的各相绕组上。驱动电源主要由脉冲分配器和脉冲放大器两部分组成。步进电机的定子绕组从一次通电到下一次通电称为一拍。每一拍转子转过的角度称为步距角。现以 m 相步进电机为例分析其运行方式，按通电方式的不同，有以下三种运行方式。

1. m 相单 m 拍运行

"m 相"指 m 相电动机，"单"指每次只给一相绕组通电，"m 拍"是指通电 m 次完成一个通电循环。以三相步进电机为例，其运行方式即为三相单三拍运行。其通电顺序为 U-V-W 或反之。当 U 相绕组单独通电时，如图 6-8（a）所示，定子 U 相磁极产生磁场，靠近 U 相的转子齿 1 和 3 被吸引到与定子极 U_1 和 U_2 对齐的位置；当 V 相绕组单独通电时，如图 6-8（b）所示，定子 V 相磁极产生磁场，靠近 V 相的转子齿 2 和 4 被吸引到与定子极 V_1 和 V_2 对齐的位置；当 W 相绕组单独通电时，如图 6-8（c）所示，定子 W 相磁极产生磁场，靠近 W 相转子齿 3 和 1 被吸引到与定子极 W_1 和 W_2 对齐的位置。以后重复上述过程，可见，当三相绕组按 U-V-W 的顺序通电时，转子将顺时针方向旋转，若改变三相绕组的通电顺序，即按 W-V-U 的顺序通电时，转子就变成逆时针方向旋转。显然，该电动机在这种运行方式下，步进电机一相绕组通电转过的角度为 30°，该角度称为步距角，用 θ 表示，即 $\theta=30°$。

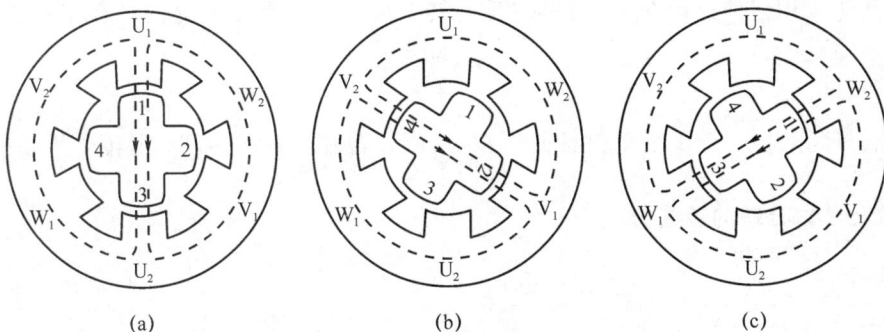

图 6-8　步进电机三相单三拍运行

（a）U 相通电；（b）V 相通电；（c）W 相通电

2. m 相双 m 拍运行

"双"指每次同时给两相绕组通电。以三相步进电机为例，其运行方式即为三相双三拍运行。其通电顺序为 UV-VW-WU 或反之。当 U、V 两相绕组同时通电时，由于 U、V 两相的磁极对转子齿都有吸引力，故转子将转到如图 6-9（a）所示位置，当 V、W 两相绕组同时通电时，转子将转到图 6-9（b）所示位置，当 W、U 两相绕组同时通电时，转子将转到图 6-9（c）所示位置。以后重复上述过程，当三相绕组按 UV-VW-WU 顺序通电时，转子顺时针方向旋转，改变通电顺序，使其按 WU-VW-UV 顺序通电时，即可改变转子的转向，显然这种运行方式下的步距角仍为 $\theta=30°$。

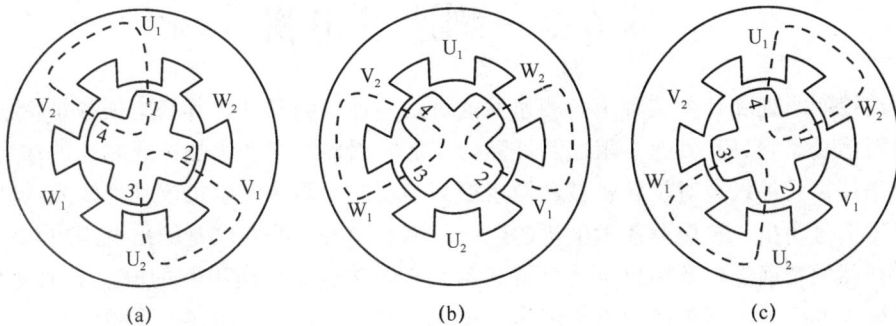

图 6-9　步进电机三相双三拍运行

（a）U、V 相通电；（b）V、W 相通电；（c）W、U 相通电

3. m 相单、双 $2m$ 拍运行

以三相步进电机为例，其运行方式即为三相单、双六拍运行。电机的通电顺序为绕组 U-UV-V-VW-W-WU 或反之。当 U 相通电时，转子将转到图 6-8（a）所示位置，当 U 和 V 两相绕组同时通电时，转子将转到图 6-9（a）所示位置，以后情况依此类推。所以采用这种运行方式，当经过六拍才完成一个通电循环，步距角 $\theta=15°$。

磁阻式步进电机在脉冲信号停止输入时，转子不再受到定子磁场的作用力，转子将因为惯性而可能继续转过某一角度，因此必须解决停机时的转子定位问题。磁阻式步进电机一般是在最后一个脉冲停止时，在该绕组中继续通以直流电，即采用带电定位的方法。永磁式步进电机因转子本身有磁性，可以实现自动定位，不需采用带电定位的方法。由以上的分析可以看出，无论采用何种运行方式，步距角 θ 与转子齿数 z 和拍数 N 之间都存在着如下关系：

$$\theta = \frac{360}{zN} \tag{6-5}$$

由于转子每经过一个步距角相当于转了 $\frac{1}{zN}$ 圈，若脉冲频率为 f，则转子每秒钟就转了 $\frac{f}{zN}$ 圈，故转子每分钟的转速为

$$n = \frac{60f}{zN} \tag{6-6}$$

磁阻式步进电机作用于转子上的电磁转矩为磁阻转矩，当转子处在不同位置时磁阻转矩的大小便有所不同，其中转子受到的最大电磁转矩称为最大静转矩。最大静转矩是步进电机的重要技术数据之一。步进电机在启动时，启动转矩不仅要克服负载转矩，而且还要克服惯性转矩，如果脉冲频率过高，转子跟不上，电机就会失步，甚至不能启动。步进电机不失步启动的最高频率称为启动频率。步进电机在启动后，若惯性转矩的影响不像启动时那么明显，电机就可以在比启动频率高的脉冲频率下不失步地连续运转。步进电机不失步运行的最高频率称为运行频率。若步距角小，最大静转矩大，则启动频率和运行频率高。综上所述，由于步进电机的转角与输入脉冲数成正比，步进电机的转速与输入脉冲频率成正比，因而不受电压、负载及环境条件变化的影响。步进电机的这些性能符合数字控制系统的要求，因而随着数字技术的发展，其在数控机床、轧钢机和军事工业等部门得到了广泛的应用。

§6.3 测速发电机

在自动控制系统和计算装置中，测速发电机是一种检测元件，其基本任务是将机械转速转换为电气信号。它具有测速、阻尼及计算的职能，因此具有产生加速或减速的信号、在计算装置中作计算元件以及对旋转机械做恒速控制等功能。测速发电机就是把输入的转速信号变换成电压信号输出。按照测速发电机的职能，测速发电机的要求是输出电压应与转速成正比，以达到高的精确度以及输出电动势斜率要大，即转速变化所引起的电动势的变化要大，以满足灵敏度的要求。当测速发电机用作计算元件时，应着重考虑线性误差要小；用作一般测速或阻尼元件时，则需立足于有大的输出斜率。按照电流种类的不同，测速发电机分为直流测速发电机和交流测速发电机两大类。交流测速发电机又有异步测速发电机与同步测速发电机之分。在自动控制系统中，交流异步测速发电机应用较广。

一、直流测速发电机

直流测速发电机的结构与直流伺服电动机相同，也由装有磁极的定子、转动的电枢和换向器等组成。按励磁方式的不同，可分为电磁式（他励式）和永磁式两种。直流测速发电机

的工作原理与普通直流发电机基本相同。它与直流伺服电动机正好是互为可逆的两种运行方式，其电路如图 6-10 所示。工作时他励式直流测速发电机的励磁绕组两端加上固定的直流电压 U_f，当转子在伺服电动机或其他电动机拖动下以转速 n 旋转时，电枢绕组切割磁通 Φ 而产生感应电动势 E。

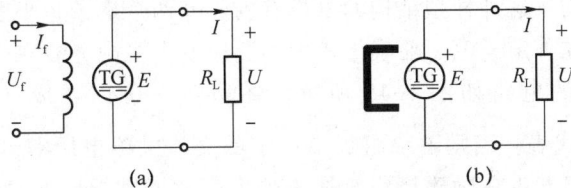

图 6-10 直流测速发电机电路示意图

(a) 他励式；(b) 永磁式

在直流电机的运行原理中已推导出感应电动势的公式如下：

$$E = C_E \Phi n \tag{6-7}$$

空载情况下，直流测速发电机的输出电压 U_0 等于电动势 E，所以输出电压与转速呈线性关系，即

$$U_0 = E = C_E \Phi n \tag{6-8}$$

从式 (6-8) 可以看出，改变转子的转向，输出电压的正、负极性也随之改变。负载时，电枢向负载输出电流，从电枢这一边看，输出电压 U 与输出电流 I、电枢电阻 R_a 以及电动势 E 之间有如下关系

$$U = E - R_a I \tag{6-9}$$

由于负载电阻为 R_L，其输出电压为

$$U = R_L I \tag{6-10}$$

将式 (6-8) 和式 (6-10) 代入式 (6-9) 中，整理后可得：

$$U = \frac{C_E \Phi}{1 + \dfrac{R_a}{R_L}} n \tag{6-11}$$

上述 U 与 n 之间的线性关系是在理想情况下得到的。实际上在 R_L 一定时，转速 n 越高，电动势 E 越大，电流 I 就越大；在 n 一定时，R_L 越小，I 也越大。电枢电流越大，其电枢反应的去磁作用越明显，φ 减小得越多，电机的温度越高，电枢绕组的电阻增加越多，电刷与换向器之间的接触电阻也会因电流的增加而减小，使 R_a 发生变化。因此，U 与 n 之间的实际关系与理想的线性关系之间存在着误差，而且 n 越高 R_L 越小，误差越大。为此，在直流测速发电机的技术数据中给出了最大线性工作转速和最小负载电阻值。使用时，实际转速不应超过最大线性工作转速，负载电阻不应小于最小负载电阻，以保证 U 与 n 之间的非线性程度不致超过允许的误差范围。

二、交流测速发电机

交流测速发电机结构上与交流伺服电动机相同，定子上也有两个互差 90° 的绕组嵌放在定子槽内。工作时一个绕组加励磁电压，称为励磁绕组，另一个绕组用来输出电压，称为输

出绕组,转子也有笼型和杯型两种。从工作原理来看,发生在笼型转子中的电磁过程与杯型转子中的电磁过程没有什么区别,但是笼型转子的交流异步测速发电机的精度不及杯型结构,并且测速发电机在运行时,经常与伺服电动机的转轴连接在一起,故为了提高系统的快速性与灵敏度,要求发电机的转子惯量越小越好,因此目前被广泛应用的交流异步测速发电机的转子都是杯型结构。这种杯型结构的电机有内、外两个定子。小容量测速发电机的励磁绕组和输出绕组都装在外定子上,而容量较大的测速发电机则分装在内、外定子中。

交流测速发电机的电路如图 6-11 所示。杯型转子可以看成是很多导体并联而成,图 6-11中用一些导体代表。当励磁绕组加上一定的交流励磁电压 $\dot{U}_f$ 时,产生励磁电流 $\dot{I}_f$,励磁电流通过励磁绕组产生在励磁绕组轴线方位上变化的脉振磁通 Φ_d,脉振磁通的参考方向如图 6-11 所示。

$$\Phi_d = \Phi_{dm} \sin \omega t \tag{6-12}$$

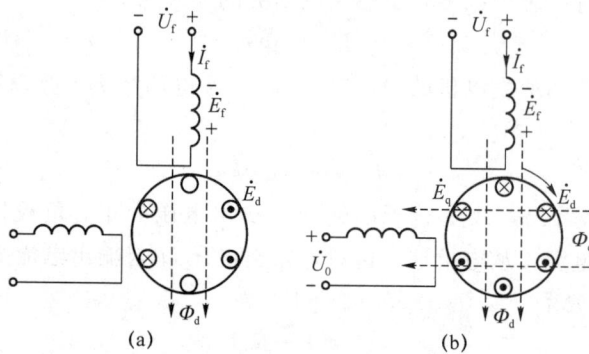

图 6-11 交流测速发电机电路示意图
(a) 转子静止时;(b) 转子旋转时

当转子静止时,交流测速发电机类似于一台变压器。励磁绕组相当于变压器的一次绕组,转子绕组相当于变压器的二次绕组。脉振磁通 Φ_d 在励磁绕组中产生电动势 $\dot{E}_f$,在转子绕组中产生电动势 $\dot{E}_d$ 和电流 $\dot{I}_d$。由于转子杯壁很薄并且用高电阻率材料做成,因此转子电阻远大于转子漏抗,转子漏抗可忽略不计,即认为 $\dot{I}_d$ 与 $\dot{E}_d$ 相位相同。根据右手螺旋定则可以判断出它们的参考方向如图 6-11 (a) 所示,左半部分为进入导体,右半部分为流出导体,从图 6-11 可知 $\dot{I}_d$ 产生的磁通势也是在励磁绕组的轴线方向,故 Φ_d 是由 I_f 产生的磁通势和 I_d 产生的磁通势共同作用产生的。在忽略励磁绕组的漏阻抗时

$$\dot{U}_f = -\dot{E}_f = j4.44k_{wf}N_f f \dot{\Phi}_{dm} \tag{6-13}$$

$$\dot{E}_d = -j4.44k_{wr}N_r f \dot{\Phi}_{dm} \tag{6-14}$$

由于 Φ_{dm} 的交变方向与输出绕组的轴线垂直,不会在输出绕组中产生感应电动势,因此转子静止时,即转子转速 $n = 0$ 时,输出绕组的输出电压等于零。当转子旋转时,并不会改变以上运行情况,但是转子绕组中除因上述原因产生的 $\dot{E}_d$ 外,还会因其切割 Φ_d 而产生电动势 $\dot{E}_q$ 和电流 $\dot{I}_q$,它们的参考方向按照右手螺旋定则判断应如图 6-11 (b) 中所示,上半部分为流入导体,下半部分为流出导体,其瞬时值如下:

$$e_q = C_1 \Phi_d n = C_1 n \Phi_{dm} \sin \omega t \tag{6-15}$$

式中，C_1 是由电机结构决定的常数。

由右手螺旋定则可知，I_q 将产生与输出绕组轴线方向一致的磁通势和磁通 Φ_q，其表达式如下：

$$\Phi_q = C_2 e_q = C_1 C_2 n \Phi_{dm} \sin \omega t = \Phi_{qm} \sin \omega t \tag{6-16}$$

式中，C_2 也是由电机结构决定的常数。

比较式（6-12）和式（6-16）可知，Φ_d 与 Φ_q 相位相同，因此其最大值相量为

$$\dot{\Phi}_{qm} = C_1 C_2 n \dot{\Phi}_{dm} \tag{6-17}$$

由于 Φ_q 是在输出绕组轴线方位上交变的脉振磁通，它必然会在输出绕组中产生感应电动势 e_0，其有效值相量为

$$\dot{E}_0 = -\mathrm{j}4.44 k_{w0} N_0 f \dot{\Phi}_{qm} = -\mathrm{j}4.44 k_{w0} N_0 C_1 C_2 f n \dot{\Phi}_{dm} \tag{6-18}$$

若选择输出电压 Φ_q 的参考方向如图 6-11 所示，并将 Φ_{dm} 用式（6-13）代入，便可得到测速发电机的空载输出电压为

$$\dot{U}_0 = -\dot{E}_0 = C_1 C_2 \frac{k_{w0} N_0}{k_{wf} N_f} n \dot{U}_f \tag{6-19}$$

从上面的分析可以看出，交流测速发电机的空载输出电压具有以下特点：输出电压与励磁电压频率相同，输出电压与励磁电压相位相同，输出电压的大小与转速成正比。实际上，测速发电机的定子绕组和转子都有一定的参数。这些参数受温度变化和工艺等因素的影响会造成输出电压线性误差、相位误差以及剩余电压等。因此，实际情况与理想情况之间会有误差存在。上述误差都存在于交流测速发电机的主要技术数据中，而这些技术数据都是空载运行时的技术数据。实际选用时，应使负载阻抗远大于测速发电机的输出阻抗，使其尽量工作在接近空载状态以减少误差。

§6.4   旋转变压器

旋转变压器的功能是将转子转角变换成与之有函数关系的电压信号。旋转变压器从原理上说相当于一台二次绕组可以转动的变压器，从结构上说相当于一台两相绕线型异步电动机。由于旋转变压器的一次、二次绕组之间的相对位置会因旋转而改变，故其耦合情况是随转角变化的。在励磁绕组（一次绕组）以一定频率的交流电压励磁时，输出绕组（二次绕组）的输出电压可与转子转角成正弦或余弦函数关系，或在一定转角范围内呈线性关系。输出电压与转角成正弦或余弦关系的称为正弦或余弦旋转变压器，输出电压与转角呈线性关系的称为线性旋转变压器。在自动控制系统中旋转变压器广泛地被用来进行三角运算和传输角度数据，也可以作为移相器使用。

旋转变压器的结构形式与绕线转子异步电动机相似，旋转变压器的定、转子铁芯由优质硅钢片或高镍合金片叠成，定、转子铁芯槽内分别装有两个结构完全相同而在空间上相差 90°电角度的高精度正弦绕组。转子绕组可由集电环和电刷引出。在定子或转子上的这两个绕组上其匝数、线径和接线方式都相同，一般制成两极。旋转变压器按其在控制系统中的不同用途可分为计算用旋转变压器和数据传输用旋转变压器两类。前者按其输出电压与转子转角之间的函数

关系，又可分为正余弦旋转变压器、线性旋转变压器和比例式旋转变压器三种。

一、正余弦旋转变压器

这种旋转变压器具有输出电压是转子转角的正弦和余弦函数的特点。电路如图 6-12 所示，其中 D_1D_2 和 D_3D_4 是定子绕组，其有效匝数均为 $k_{w1}N_1$。Z_1Z_2 和 Z_3Z_4 是转子绕组，其有效匝数均为 $k_{w2}N_2$。定子绕组 D_1D_2 称为励磁绕组，工作时加上大小和频率一定的交流励磁电压 U_f 以产生工作时所需要的磁场，定子绕组 D_3D_4 称为补偿绕组。转子绕组 Z_1Z_2 为余弦输出绕组，Z_3Z_4 为正弦输出绕组。当定子绕组 D_1D_2 与转子绕组 Z_1Z_2 轴线一致时，称为旋转变压器的基准位置。下面详细地分析正余弦旋转变压器的工作原理。

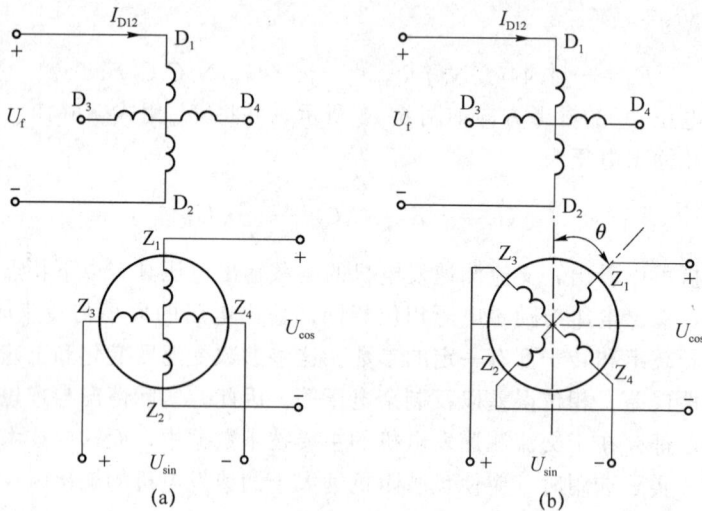

图 6-12　旋转变压器的空载运行电路示意图

（a）转子在基准位置时；（b）转子偏离 θ 角时

在励磁电压 U_f 的作用下，定子励磁绕组 D_1D_2 中通过电流 I_{D12} 形成在 D_1D_2 绕组轴线方向的纵向磁通势 F_{Dd}，产生纵向脉振磁通 Φ_d。当转子处于基准位置时，如图 6-12（a）所示，纵向脉振磁通 Φ_d 将全部通过 Z_1Z_2 绕组，于是与普通静止变压器一样，Φ_d 将在 D_1D_2 和 Z_1Z_2 绕组中分别产生电动势 E_D 和 E_Z，其有效值如下：

$$E_D = 4.44k_{w1}N_1f\Phi_{dm} \tag{6-20}$$

$$E_Z = 4.44k_{w2}N_2f\Phi_{dm} \tag{6-21}$$

式中，Φ_{dm} 是纵向脉振磁通 Φ_d 的最大值。

$$k = \frac{E_Z}{E_D} = \frac{k_{w2}N_2}{k_{w1}N_1} \tag{6-22}$$

式中，k 称为旋转变压器的电压比。忽略定子励磁绕组的漏阻抗，则

$$U_f = E_D \tag{6-23}$$

而余弦输出绕组 Z_1Z_2 的输出电压

$$U_{cos} = E_Z = kE_D = kU_f \tag{6-24}$$

由于 Φ_d 的方向与正弦输出绕组 Z_3Z_4 垂直，不会在该绕组中产生感应电动势，故正弦输出绕组的输出电压 $U_{sin} = 0$。当转子偏离基准位置 θ 角时，如图 6-12（b）所示，纵向脉振磁

通 Φ_d 通过转子两绕组的磁通分别为

$$\Phi_{Z12}=\Phi_\mathrm{d}\cos\theta$$

$$\Phi_{Z34}=\Phi_\mathrm{d}\sin\theta$$

它们在转子两绕组中产生的感应电动势分别如下:

$$E_{Z12}=E_Z\cos\theta=kE_D\cos\theta=kU_\mathrm{f}\cos\theta \tag{6-25}$$

$$E_{Z34}=E_Z\sin\theta=kE_D\sin\theta=kU_\mathrm{f}\sin\theta \tag{6-26}$$

因而空载输出电压为

$$U_{\cos}=kU_\mathrm{f}\cos\theta \tag{6-27}$$

$$U_{\sin}=kU_\mathrm{f}\sin\theta \tag{6-28}$$

可见,只要励磁电压 U_f 不变,转子绕组的输出电压就与转角保持正弦和余弦函数关系。

当转子绕组 Z_1Z_2 接有负载 Z_L 时,如图 6-13 所示,此时有电流通过该绕组,并产生方向与 Z_1Z_2 绕组轴线一致的脉振磁通势 F_{Z12},该磁通势可分为两个分量,一个是方向与绕组 D_1D_2 轴线一致的纵向分量 F_{Zd},一个是方向与绕组 D_1D_2 轴线垂直的横向分量 F_{Zq},它们的大小分别如下:

$$F_{Zd}=F_{Z12}\cos\theta$$

$$F_{Zq}=F_{Z12}\sin\theta$$

纵向分量 F_{Zd} 与定子磁通势 F_{Dd} 共同作用产生纵向磁通 Φ_d,根据磁通势平衡原理只要 U_f 的大小和频率不变,它们共同作用所产生的磁通 Φ_d 与空载时的 Φ_d 基本相同。F_{Zd} 的出现将使 D_1D_2 绕组中的电流增加,横向磁通势 F_{Zq} 却没有相应的磁通势与之平衡,它将产生横向磁通 Φ_q,并在 Z_1Z_2 和 Z_3Z_4 绕组

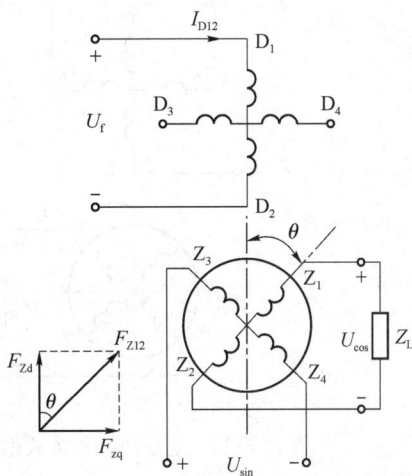

图 6-13 旋转变压器的负载运行

中分别产生感应电动势,从而破坏了输出电压与转角的正弦和余弦成正比的关系,这种现象称为输出电压的畸变。负载电流越大,它所产生的磁通势越大,输出电压的畸变越厉害。

要解决旋转变压器负载运行时输出电压的畸变问题,就必须设法消除横向磁通 Φ_q,这种消除横向磁通 Φ_q 的方法称为补偿,基本的补偿方法有以下三种:

1)定子边补偿

其补偿电路如图 6-14 所示,将定子绕组 D_3D_4 短路作为补偿用,由于 D_3D_4 绕组的轴线与横向磁通 Φ_q 的轴线一致,横向磁通将在该绕组中产生感应电动势,并在绕组短路后形成的闭合电路内产生电流 I_{D34},根据楞次定律,这一电流所产生的磁通一定反对原来磁通的变化,即起着抵消转子横向磁通的作用。也就是说,电机内的横向磁通 Φ_q 由 I_{D34} 形成的定子横向磁通 F_{Dq} 与转子横向磁通势 F_{Zq} 共同作用产生。由于 D_3D_4 绕组短路,该绕组内由 Φ_q 产生的感应电动势在数值上等于其漏阻抗压降,其漏阻抗很小,感应电动势便很小,这说明 Φ_q 也很小接近于零。所以这种补偿方式能起到较好的补偿作用,而且方法简单,容易实现。

2)转子边补偿

其补偿方式电路如图 6-15 所示,其中有两个转子绕组,一个作输出绕组用接负载 Z_L,

另一个作补偿绕组用接阻抗 Z_c。于是，转子两绕组中的电动势将分别在各自的回路内产生电流 I_{Z12} 和 I_{Z34}。由于它们所产生的磁通势的横向分量方向相反，互相抵消，只要 Z_c 选择合适，就可以使它们的横向磁通势分量大小相等，方向相反，完全抵消，从而实现"全补偿"。理论分析和实践证明全补偿的条件是 $Z_c = Z_L$。

3）双边补偿

实际上要随时保证全补偿的条件比较困难，所以一般不单独采用转子边补偿，而是将定子边补偿和转子边补偿同时采用，其效果当然比采用其中任何一种单独补偿都好。

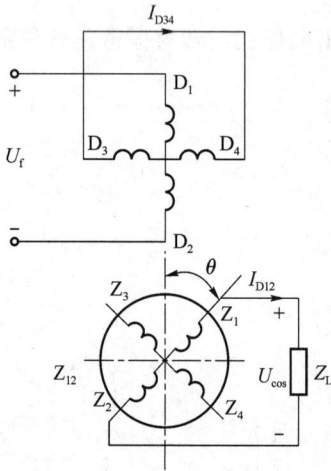

图 6-14　定子边补偿方式电路　　图 6-15　转子边补偿方式电路

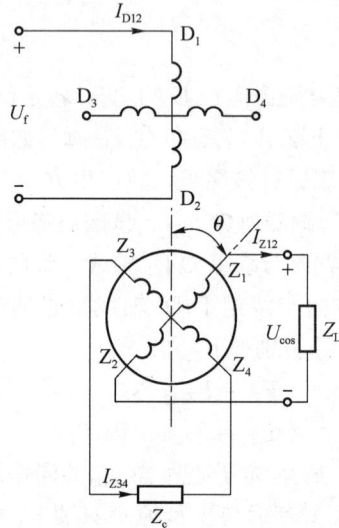

二、线性旋转变压器

若将正余弦旋转变压器的定、转子绕组做适当改接，就可成为线性旋转变压器。线性旋转变压器的特点是在一定的转角范围内，输出电压与转子转角成正比。由于转子转角 θ 很小，且用弧度为单位时，可以认为 $\theta \approx \sin\theta$。因此，一般的正余弦旋转变压器在转子转角很小时即可成为线性旋转变压器。但是当 $\theta = 14° = 0.244\ 35$ rad 时，$\sin 14° = 0.214\ 92$，其误差已达 1%。因此，若要求在更大的转角范围内得到与转角呈线性关系的输出电压时，直接使用正余弦旋转变压器就不能满足要求了。因此，线性旋转变压器采用了图 6-16 所示的接线方式，定子 D_1D_2 绕组与转子 Z_1Z_2 绕组串联后加上交流励磁电压 U_f，转子正弦输出绕组 Z_3Z_4 接负载 Z_L 作输出绕组，定子 D_3D_4 绕组短路作补偿绕组。

由于采用了定子边补偿措施，可认为横向磁通不存在，只有纵向磁通 Φ_d 分别在定子 D_1D_2 绕组和转子

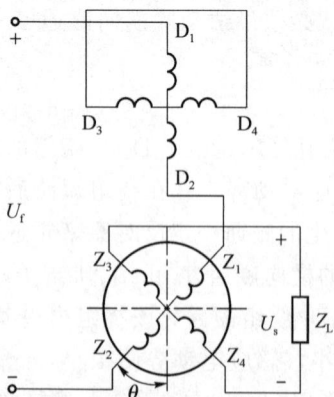

图 6-16　线性旋转变压器电路示意图

Z_1Z_2 及 Z_3Z_4 绕组中产生电动势 E_D、E_{Z12} 和 E_{Z34}，它们的相位相同，大小则符合式（6-23）、式（6-25）和式（6-26）。如果忽略定、转子绕组的漏阻抗，则有

$$U_f = E_D + E_{Z12} = E_D + kE_D\cos\theta$$

$$U_0 = E_{Z34} = kE_D\sin\theta$$

因此，输出电压 U_0 与励磁电压 U_f 的有效值之比为

$$\frac{U_0}{U_f} = \frac{k\sin\theta}{1+k\cos\theta} \tag{6-29}$$

或

$$U_0 = \frac{k\sin\theta}{1+k\cos\theta}U_f \tag{6-30}$$

当电压比为 0.52 时，在 $\theta = \pm 60°$ 的范围内，U_0 与 θ 近似为线性关系，而且误差不会超过 0.1%。不过上述结果是在忽略定、转子漏阻抗的情况下得到的，为了得到最佳的 U_0 与 θ 之间线性关系，实际线性旋转变压器一般取 $k = 0.56 \sim 0.57$。

三、比例式旋转变压器

从原理上说，比例式旋转变压器与正余弦旋转变压器一样，其不同之处在于比例式旋转变压器的转轴上装有调整齿轮和调整后可以固定转子的机构，使用时可将转子转到需要的角度后加以固定。比例式旋转变压器可以用来求解三角函数、调节电压和实现阻抗匹配等。采用图 6-17 所示接法时，将转子固定在某一转角下，则这台旋转变压器便与一台静止的普通变压器相同。只不过两个输出绕组的输出电压分别如下：

$$U_{\cos} = kU_f\cos\theta$$

$$U_{\sin} = kU_f\sin\theta$$

在励磁电压一定的情况下，只要调节转角 θ 便可以求解正弦函数和余弦函数，也可以实现调压的目的，而且还可以将比例式旋转变压器像普通静止变压器一样做阻抗匹配之用。

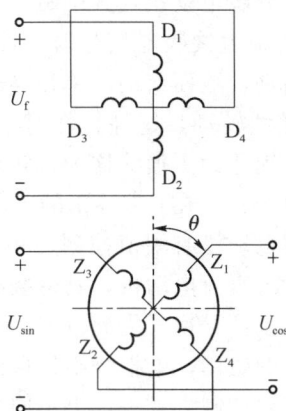

图 6-17 比例式旋转变压器电路示意图

四、数据传输用旋转变压器

数据传输用旋转变压器的电路如图 6-18 所示。左边的旋转变压器称为旋变发送机，右

边的旋转变压器称为旋变变压器。它们的定子绕组对应相接，旋变发送机的转子绕组 Z_1Z_2 加上交流励磁电压 U_f，Z_3Z_4 绕组短路作补偿用。旋变变压器的转子绕组 Z_3Z_4 作输出绕组，Z_1Z_2 绕组短路作补偿用。当旋变发送机的励磁绕组 Z_1Z_2 与旋变变压器的输出绕组 Z_3Z_4 处于垂直的协调位置时，输出绕组没有输出电压。当旋变发送机的转子转过一个 θ 角时，旋变变压器的输出绕组便有电压输出。

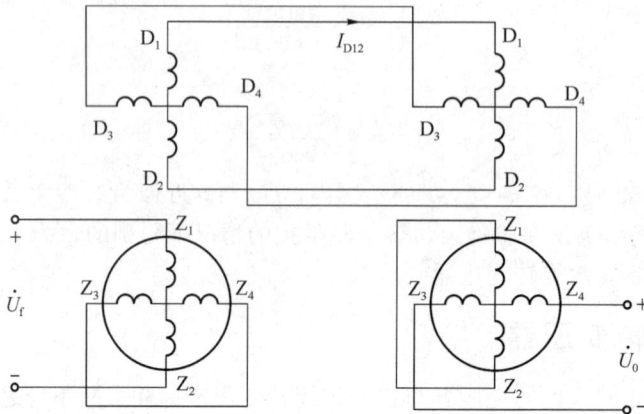

图 6-18　数据传输用旋转变压器的电路

本 章 小 结

　　本章主要介绍了伺服电动机、测速发电机、步进电机以及旋转变压器等控制电机的基本结构、工作原理以及相关用途。

　　伺服电动机在自动控制系统中主要被用于执行元件的运转，其分为交流和直流两类。交流伺服电动机就是一台分相式单相异步电动机，其励磁绕组和控制绕组分别相当于分相式电动机的主绕组和辅助绕组。当控制绕组接收电信号时，使电动机气隙中形成椭圆形旋转磁场，和单相异步电动机一样产生启动转矩而启动。单相异步电动机虽然无启动转矩，但是一经启动，即使断开辅助绕组也能继续转动，这种特性对于交流伺服电动机来说称为自转现象。由于该现象不符合控制要求，因此为了消除这种自转现象，将交流伺服电动机的转子电阻设计得较大，使电动机的合成机械特性在 $0 \leqslant s \leqslant 1$ 的范围内出现负转矩，一旦控制信号消失，电动机会立即停转。交流伺服电动机有幅值控制、相位控制和幅相控制三种控制方法。直流伺服电动机实质上是一台他励式直流电动机，励磁绕组和电枢绕组两者中，一个绕组作为励磁用，另一个绕组作为接收控制信号用。因此可有两种控制方式，即电枢控制和磁场控制。电枢控制方式中，励磁绕组作励磁用，电枢绕组作控制用；磁场控制方式中，励磁绕组作控制用，电枢绕组作励磁用。不同控制方式表现出不同的特性，电枢控制方式的机械特性和调节特性是线性的，励磁功率小，时间常数较小，响应迅速。

　　测速发电机在自动控制系统中作检测元件用，即将转速信号变为电压信号，所以测速发电机与伺服电动机是两种互为可逆的运行方式，好像电动机运行方式变为发电机运行方式一样，测速发电机也有交、直流两类。交流测速发电机以交流异步测速发电机应用最广，其结构与交流伺服电动机相同，两相绕组之一作为励磁绕组，该绕组通过励磁电流后，产生磁通，当转子以一定转速转动时，根据电磁感应定律，则由另一绕组输出电压，其大小与转速成正比，但其频率与转速无关，仍等于励磁电流的频率。由于测速发电机是一种检测元件，所以其主要性能指标为线性误差、相位误差、剩余电动势等，这些因素都会破坏电压信号与转速信号的正比关系而造成测量上的误差。直流测速发电机工作原理与直流发电机相同，发电机的空载输出电压与转速成正比。直流测速发电机中也存在线性误差，造成线性误差的原因是电枢反应、温度影响以及电刷与换向器的接触电阻的非线性等因素。

步进电机就是把电脉冲信号转换为输出轴的转角或转速的控制电机，其中以磁阻式步进电机应用最多。步进电机工作时需由专用的驱动电源将脉冲信号电压按一定的顺序轮流加到定子的各绕组上，其运行方式主要有三种方式，即 m 相单 m 拍运行、m 相双 m 拍运行以及 m 相单、双 $2m$ 拍运行，其步距角公式为 $\theta = 360/zN$。步进电机的转角与输入脉冲数成正比，其转速与输入脉冲频率成正比，不受电压、负载和环境条件变化的影响。

旋转变压器是一种电磁耦合情况随转角变化，输出电压与转子角度成某种函数关系的电磁元件。在自动控制系统中，旋转变压器作测量角度用，有输出电压是转子转角的正、余弦函数的正、余弦旋转变压器，有输出电压与转角成线性函数的线性旋转变压器。正、余弦旋转变压器的工作原理可用脉振磁通势分解为两个旋转磁通势的理论去分析。将正、余弦旋转变压器的定、转子绕组做适当改接，就成为线性旋转变压器。旋转变压器有负载时出现交轴磁通势，破坏了输出电压与转角所选定的函数关系，因此必须进行补偿，即消除交轴磁通势的效应。

思考题与练习题

1. 已知一台永磁式直流电动机，电枢电阻 $R_a = 60\ \Omega$，当电枢电压为 110 V 时，空载电枢电流为 0.065 A，带负载时电枢电流为 0.85 A，转速为 3 000 r/min。求空载和负载时的电磁转矩。

2. 已知一台电磁式直流伺服电动机，电枢电压 $U_a = 110$ V，当电枢电流 $I_a = 0.06$ A 时，转速 $n = 3\ 000$ r/min；当电枢电流 $I_a = 1.2$ A 时，转速 $n = 1\ 400$ r/min。求这两种情况下的电磁转矩。

3. 已知一直流伺服电动机，额定电压 $U_{aN} = U_{fN} = 24$ V，额定电流为 $I_{aN} = 0.55$ A，空载转矩为 $T_0 = 0.000\ 3$ N·m，额定转矩为 $n_N = 3\ 000$ r/min，额定输出转矩为 $T_{2N} = 0.016\ 7$ N·m，求：(1) $U_a = 19.2$ V 时的启动转矩 T_s；(2) $T = 0.014\ 7$ N·m 时的启动电压 U_s（与 T 对应的 $n = 0$ 时电压，即启动电动机时所必须超过的最低电压）；(3) $U_a = 19.2$ V，$T = 0.014\ 7$ N·m 时的转速。

4. 已知某交流伺服电动机，$p = 1$，$f_N = 50$ Hz，$U_{cn} = U_{fN} = 110$ V，启动转矩为 1 N·m，机械特性为直线，在负载转矩 $T_L = 0.06$ N·m，空载转矩忽略不计时，采用双相控制，求：(1) $U_c = U_f = 110$ V 时的转矩；(2) $U_c = U_f = 80$ V 时的转矩。

5. 已知一台三相步进电机，转子齿数为 50，求各种运行方式时的步距角。

6. 已知一台五相步进电机，采用五相十拍运行方式时，步距角为 1.5°，若脉冲频率为 3 000 Hz，求其转速是多少？

7. 已知一台直流测速发电机，已知 $R_a = 180\ \Omega$，$n = 3\ 000$ r/min，$R_L = 2\ 000\ \Omega$，$U = 50$ V。求该转速下的输出电流和空载输出电压？

8. 已知某直流测速发电机，在 $n = 3\ 000$ r/min 时，空载输出电压为 52 V，接上 2 000 Ω 的负载电阻后输出电压降为 50 V。求当转速为 1 500 r/min，负载电阻为 5 000 Ω 时的输出电压。

第7章

三相异步电动机的电力拖动

本章将较全面地介绍三相异步电动机的电力拖动相关问题。首先讨论三相异步电动机的机械特性以及各种运行状态，其次讨论三相异步电动机的稳定运行条件，最后详细分析三相异步电动机的启动、调速和制动等问题。本章是学习电力拖动控制系统等其他后续课程的基础。

§7.1 三相异步电动机的机械特性

三相异步电动机的机械特性是指其转速与电磁转矩之间的函数关系。为此，应先了解电磁转矩的相关表达式。电磁转矩的表达式有以下三种形式，现分别介绍如下。

1. 电磁转矩的物理表达式

由第4章的知识可知，三相异步电动机电磁转矩公式有如下形式：

$$T = \frac{P_e}{\Omega_0} = \frac{60}{2\pi} \cdot \frac{P_e}{n_0} = \frac{60}{2\pi} \cdot \frac{m_2 E_2 I_2 \cos \varphi_2}{\dfrac{60 f_1}{p}}$$

$$= \frac{p m_2}{2\pi f_1} E_2 I_2 \cos \varphi_2 = \frac{p m_2}{2\pi f_1} 4.44 k_{w2} N_2 f_1 \Phi_m I_2 \cos \varphi_2$$

$$= \frac{4.44 p m_2 k_{w2} N_2}{2\pi} \Phi_m I_2 \cos \varphi_2$$

令

$$C_T = \frac{4.44 p m_2 k_{w2} N_2}{2\pi}$$

式中，C_T 是由电机结构决定的常数，称为转矩常数。于是可以得到电磁转矩的物理表达式为

$$T = C_T \Phi_m I_2 \cos \varphi_2 \tag{7-1}$$

上述公式从物理意义上清楚地说明了电磁转矩的形成原理，因此称式（7-1）为异步电动机的机械特性的第一种表达式，该表达式用以物理上分析异步电动机在各种运行状态下转矩与磁通及转子电流的有功分量之间的关系较为方便。但是该表达式没有反映电磁转矩与定子电压、转子转速（或转差率）和电机参数等的关系。在第4章关于异步电动机功率和转矩的讨论中已指出，只要知道了电机的参数，利用等效电路不难由转差率 s 求出电磁转矩 T。

为了得到电磁转矩与转差率和转速的关系，以便后面的分析，还需要进一步推导出转矩的参数公式。

2. 电磁转矩的参数表达式

为了得到电磁转矩的参数公式，重新推导如下：

$$T = \frac{60}{2\pi} \cdot \frac{P_e}{n_0} = \frac{60}{2\pi} \cdot \frac{m_2 E_2 I_2 \cos\varphi_2}{\frac{60 f_1}{p}} = \frac{pm_2}{2\pi f_1} E_2 I_2 \cos\varphi_2$$

$$= \frac{pm_2}{2\pi f_1} E_2 \frac{E_2}{\sqrt{\left(\frac{R_2}{s}\right)^2 + X_2^2}} \cdot \frac{R_2}{\sqrt{R_2^2 + (sX_2)^2}} = \frac{pm_2}{2\pi f_1} \cdot \frac{sR_2 E_2^2}{R_2^2 + (sX_2)^2}$$

$$= \frac{pm_2}{2\pi f_1} \cdot \frac{sR_2}{R_2^2 + (sX_2)^2} (4.44 k_{w2} N_2 f_1 \Phi_m)^2$$

$$= \frac{pm_2}{2\pi f_1} \cdot \frac{sR_2}{R_2^2 + (sX_2)^2} \left(4.44 k_{w2} N_2 f_1 \frac{U_1}{4.44 k_{w1} N_1 f_1}\right)^2$$

$$= \frac{m_2}{2\pi} \left(\frac{k_{w2} N_2}{k_{w1} N}\right)^2 \frac{spR_2 U_1^2}{f_1 [R_2^2 + (sX_2)^2]}$$

令

$$K_T = \frac{m_2}{2\pi} \left(\frac{k_{w2} N_2}{k_{w1} N}\right)^2 \tag{7-2}$$

式中，K_T 也是由电机结构决定的常数，于是求得电磁转矩的参数表达式如下：

$$T = K_T \frac{spR_2 U_1^2}{f_1 [R_2^2 + (sX_2)^2]} \tag{7-3}$$

3. 电磁转矩的实用表达式

电磁转矩参数表达式对于分析电磁转矩与电动机参数之间的关系，进行某些理论分析是非常有用的。但是，由于在电动机产品目录中，定子与转子的参数是查不到的，因此用参数表达式以绘制机械特性或进行分析计算是很不方便的，如果能利用电动机的铭牌数据和电工手册或产品目录提供的额定值进行计算，就比较实用和方便了。为此，必须推导出较为实用的电磁转矩表达式。

将式（7-3）中的电磁转矩 T 对转差率 s 求导数并令其等于零，即令

$$\frac{dT}{ds} = 0$$

便可求得产生最大电磁转矩时的转差率为

$$s_M = \frac{R_2}{X_2} \tag{7-4}$$

式中，s_M 称为临界转差率。将式（7-4）代入到式（7-3）就可求得最大电磁转矩为

$$T_M = K_T \frac{pU_1^2}{2f_1 X_2} \tag{7-5}$$

最大电磁转矩 T_M 简称最大转矩。在电工手册和产品目录中提供有最大转矩与额定转矩的比值，该比值称为最大转矩倍数，用 α_{MT} 表示，即

$$\alpha_{MT} = \frac{T_M}{T_N} \tag{7-6}$$

式中，T_N 为额定电磁转矩。在工程计算时，常因空载转矩 T_0 远小于电磁转矩 T 而将其忽略不计，因而可认为额定电磁转矩等于额定输出转矩，简称额定转矩，其计算公式如下：

$$T_N = T_{2N} = \frac{60}{2\pi} \cdot \frac{P_N}{n_N} \tag{7-7}$$

将式（7-3）除以式（7-5），并将式（7-4）代入，整理后便得到了电磁转矩的实用公式如下：

$$\frac{T}{T_M} = \frac{2}{\frac{s}{s_M} + \frac{s_M}{s}} \tag{7-8}$$

或

$$T = \frac{2T_M}{\frac{s}{s_M} + \frac{s_M}{s}} \tag{7-9}$$

由实用公式（7-9）可以得到如下公式

$$\frac{s}{s_M} = \left[\frac{T_M}{T} \pm \sqrt{\left(\frac{T_M}{T}\right)^2 - 1} \right] \tag{7-10}$$

在式（7-10）中，当 $|s| < |s_M|$ 时，取负号；当 $|s| > |s_M|$ 时，取正号。

【例 7-1】 已知 Y132M-4 型三相异步电动机带某负载运行，转速 $n = 1\,455$ r/min，求该电机的负载转矩 T_L 是多少？若负载转矩 $T_L = 45$ N·m，则电动机的转速 n 是多少？

解：通过查电工手册得到电机的 $P_N = 7.5$ kW，$n_0 = 1\,500$ r/min，$n_N = 1\,440$ r/min，$\alpha_{MT} = 2.2$，由此求得

$$s = \frac{n_0 - n}{n_0} = \frac{1\,500 - 1\,455}{1\,500} = 0.03$$

$$s_N = \frac{n_0 - n_N}{n_0} = \frac{1\,500 - 1\,440}{1500} = 0.04$$

$$s_M = \frac{s_N}{\alpha_{MT} - \sqrt{\alpha_{MT}^2 - 1}} = \frac{0.04}{2.2 - \sqrt{2.2^2 - 1}} = 0.166$$

忽略 T_0，则

$$T_N = \frac{60}{2\pi} \cdot \frac{P_N}{n_N} = \frac{60}{2 \times 3.14} \times \frac{7.5 \times 10^3}{1\,440} = 49.76 \, (\text{N·m})$$

$$T_M = \alpha_{MT} T_N = 2.2 \times 49.76 = 109.47 \, (\text{N·m})$$

$$T_L = T_2 = T = \frac{2T_M}{\frac{s}{s_M} + \frac{s_M}{s}} = \frac{2 \times 109.47}{\frac{0.03}{0.166} + \frac{0.166}{0.03}} = 38.32 \, (\text{N·m})$$

当 $T_L = T_2 = T = 45$ N·m 时

$$s = s_M \left[\frac{T_M}{T} - \sqrt{\left(\frac{T_M}{T}\right)^2 - 1} \right] = 0.166 \times \left[\frac{109.47}{45} - \sqrt{\left(\frac{109.47}{45}\right)^2 - 1} \right]$$

$$= 0.036$$

$$n=（1-s）n_0=（1-0.036）\times1\,500=1\,446（\text{r/min}）$$

§7.2　三相异步电动机的固有机械特性与人为机械特性

一、固有机械特性

当 U_1、f_1、R_2 和 X_2 都保持不变时，三相异步电动机的电磁转矩 T 与转差率 s 之间的关系 $T=f(s)$ 称为转矩特性，转速 n 与电磁转矩 T 之间的关系 $n=f(T)$ 称为机械特性，将上述两个特性统称为机械特性。如果定子电压和频率都保持为额定值，而且若是绕线型异步电动机，则其转子电路中不另外串联电阻或电抗，这时的转矩特性和机械特性称为固有转矩特性和固有机械特性，简称固有特性，将人为地改变这些参数得到不同的机械特性曲线，称为人为机械特性。

三相异步电动机的固有机械特性如图 7-1 所示。为了描述机械特性的特点，下面着重研究几个反映电动机工作的特殊运行点，其中固有机械特性上的 N、M、S 三个特殊的工作点代表了三相异步电动机的三个重要的工作状态。

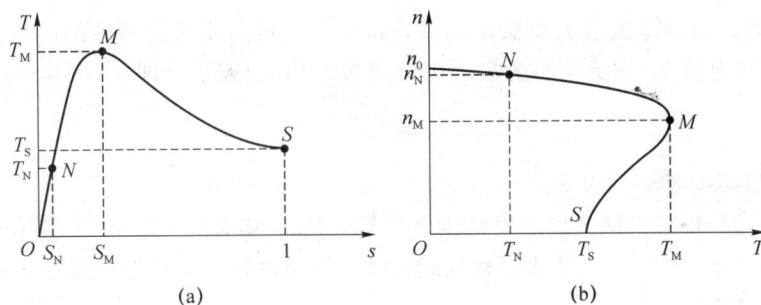

图 7-1　三相异步电动机的固有机械特性
(a) 转矩特性；(b) 机械特性

1. 额定状态

额定状态指电动机的电压、电流、功率和转速等都等于额定值时的状态，其工作点在机械特性曲线上的 N 点，约在 OM 段或 n_0M 段的中间附近。额定状态的转差率 s_N、转速 n_N 和转矩 T_N 分别为额定转差率、额定转速和额定转矩。额定状态说明了电动机的长期运行能力。若 $T>T_N$，则电流和功率都会超过额定值，电动机处于过载状态。长期过载运行，电动机的温度会超过允许值，将会降低电动机的使用寿命，甚至很快烧坏，这是不允许的。因此，长期运行时电动机的工作范围应在固有转矩特性的 ON 段和固有机械特性的 n_0N 段。工作在上述区段，电磁转矩 T 增加时，转速 n 下降不多，像这种转矩增加时，转速下降不多的机械特性称为硬特性，而那种随转矩的增加而转速下降很多的机械特性则称为软特性。

2. 临界状态

临界状态指电动机的电磁转矩等于最大值时的状态，其工作点位于机械特性曲线上的 M 点。这时的电磁转矩 T_M 称为最大转矩，转差率 s_M 和转速 n_m 分别称为临界转差率和临界转速。临界状态说明了电动机的短时过载能力。因为电动机虽然不允许长期过载运行，但是只要过载时间很短，电动机的温度还没有超过允许值，就停止工作或者负载又减小了，在这种情况下，从发热的角度看，电动机短时过载是允许的。可是，过载时，负载转矩却必须小于最大转矩，否则电动机带不动负载，转速会越来越低，直到停转，出现"堵转"现象。堵转时，$s=1$，转子与旋转磁场的相对运动速度大，因而电流要比额定电流大得多，时间一长，电动机会严重过热甚至烧坏。因此，通常用最大转矩 T_M 和额定转矩 T_N 的比值 α_{MT} 来说明异步电动机的短时过载能力，Y 系列三相异步电动机的 $\alpha_{MT}=2\sim2.2$。

3. 启动状态（堵转状态）

启动状态指电动机刚接通电源，转子尚未转动时的工作状态，其工作点在机械特性曲线上的 S 点。这时转差率 $s=1$，转速 $n=0$，对应的电磁转矩 T_S 称为启动转矩或堵转转矩，定子线电流称为启动电流或堵转电流。启动状态（堵转状态）说明了电动机的直接启动能力。因为只有在 $T_S>T_L$ [一般要求 $T_S \geqslant (1.1\sim1.2) T_L$]，电动机才能启动起来。启动转矩 T_S 大，电动机才能重载启动；T_S 小，电动机只能轻载，甚至空载启动。因此，通常用启动转矩 T_S 和额定转矩 T_N 的比值来说明异步电动机的直接启动能力，该比值称为启动转矩倍数，用 α_{ST} 表示，即

$$\alpha_{ST}=\frac{T_S}{T_N} \tag{7-11}$$

直接启动时，启动电流远大于额定电流，这也是直接启动时应考虑的问题。电动机的启动电流 I_S 与额定电流 I_N 的比值称为启动电流倍数，用 α_{SC} 表示，即

$$\alpha_{SC}=\frac{I_S}{I_N} \tag{7-12}$$

Y 系列三相异步电动机的 $\alpha_{ST}=1.6\sim2.2$，$\alpha_{SC}=5.5\sim7.0$。

【例 7-2】 已知 Y225M-2 型三相异步电动机，$P_N=45$ kW，$T_L=200$ N·m，$\alpha_{MT}=2.2$，$n_N=2\,970$ r/min，$\alpha_{ST}=2.0$，求能否带此负载：（1）长期运行；（2）短期运行；（3）直接启动（设启动电流在允许范围内）。

解：（1）电动机的额定转矩

$$T_N=\frac{60}{2\pi} \cdot \frac{P_N}{n_N}=\frac{60}{2\times3.14}\times\frac{45\times10^3}{2\,970}=145 \text{ (N·m)}$$

由于 $T_N<T_L$，故不能带此负载长期运行。

（2）电动机的最大转矩

$$T_M=\alpha_{MT} T_N=2.2\times145=319 \text{ (N·m)}$$

由于 $T_M>T_L$，故可以带此负载长期运行。

（3）电动机的启动转矩

$$T_S=\alpha_{ST} T_N=2.0\times145=290 \text{ (N·m)}$$

由于 $T_S>T_L$，且超过 1.1 倍 T_L，故可以带此负载短时运行。

二、人为机械特性

1. 降低定子电压时的人为机械特性

根据式（7-3）和式（7-4）可以看出，临界转差率 s_M 与定子电压无关而电磁转矩正比于定子电压平方，因此，电压降低后的人为机械特性如图 7-2 所示。

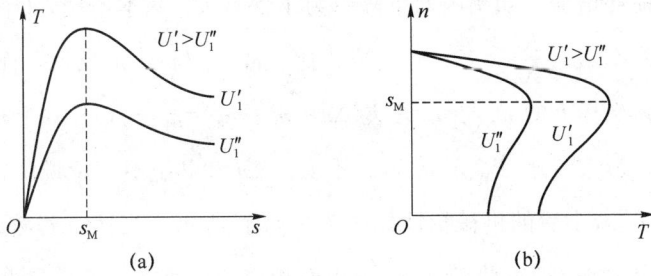

图 7-2 降低定子电压时的人为机械特性
(a) 转矩特性；(b) 机械特性

2. 增加转子电阻时的人为机械特性

由于临界转差率 s_M 正比于转子电阻 R_2，最大转矩 T_M 却与转子电阻 R_2 无关，因此，绕线型异步电动机在转子电路中串入电阻时的人为机械特性如图 7-3 所示。

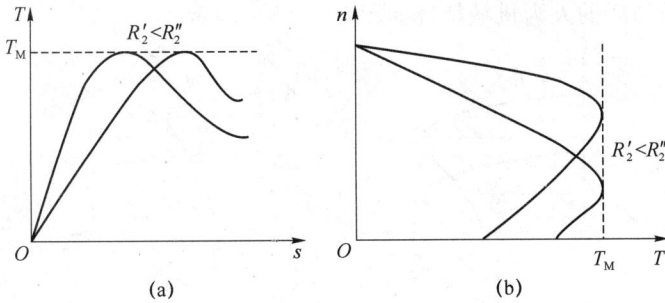

图 7-3 增加转子电阻时的人为机械特性
(a) 转矩特性；(b) 机械特性

转子电阻增加后，启动转矩 T_S 的大小则与 R_2 和 X_2 的相对大小有关，在图 7-4 中分别给出了 $R_2 < X_2$、$R_2 = X_2$ 和 $R_2 > X_2$ 时的转矩机械特性。由图 7-4 可知，当 $R_2 < X_2$ 时，$s_M < 1$，R_2 增加时，T_S 增加；当 $R_2 = X_2$ 时，$s_M = 1$，$T_S = T_M$，启动转矩最大；当 $R_2 > X_2$ 时，$s_M > 1$，R_2 增加时，T_S 减小。

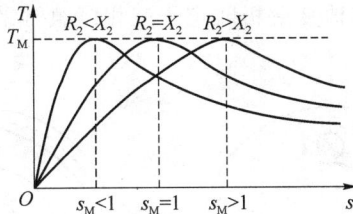

图 7-4 转子电阻 R_2 对启动转矩 T_S 的影响

3. 改变定子频率时的人为特性

改变定子频率 f_1 主要有两种情况：一种为频率减小，另一种为频率增大。下面分别介绍这两种情况。

(1) $f_1 < f_N$ 时，要保持 $\dfrac{U_1}{f_1} \approx \dfrac{E_1}{f_1} =$ 常数。

在忽略定子漏阻抗的情况下，$U_1 = E_1 = 4.44 k_{w1} N_1 f_1 \Phi_m$，单独降低 f_1 会使 Φ_m 增加，

引起磁路饱和，铁损耗增加，功率因数下降。为了保持 Φ_m 基本不变，U_1 应随 f_1 成比例的减小。由于临界转差率 $s_M = \dfrac{R_2}{X_2}$，X_2 与 f_1 成正比，故 s_M 与 f_1 成反比，而同步转速 n_0 与 f_1 成正比。特性曲线纵坐标上的 n_0 与 n_m 之差 $\Delta n = n_0 - n_m = n_0 - (1 - s_M) n_0 = s_M n_0$ 不变。在忽略定子漏阻抗时，最大转矩 T_M 正比于 $\dfrac{U_1}{f_1}$ 不变。Δn 和 T_M 不变，说明机械特性的上半部分基本平行。因此 f_1 减小后的机械特性如图 7-5 (a) 所示。当然，若考虑到定子漏阻抗的存在，在保持 $\dfrac{U_1}{f_1}$ =常数时，T_M 将随 f_1 的减小而相应的减小。

(2) $f_1 > f_N$ 时，要保持 $U_1 = U_N$ =常数。

因为若仍保持 $\dfrac{U_1}{f_1}$ =常数，则 $U_1 > U_N$，通常是不允许的，故保持 $U_1 = U_N$ 不变。这时，随着频率的增加，Φ_m 将会减小，由于临界转差率 s_M 与 f_1 成反比，而同步转速 n_0 与 f_1 成正比，$\Delta n = n_0 - n_m = s_M n_0$ 不变。由于 $U_1 = U_N$ 不变，由式 (7-5) 可知，最大转矩与 f_1^2 成反比。因此，f_1 增加后的人为机械特性如图 7-5 (b) 所示。

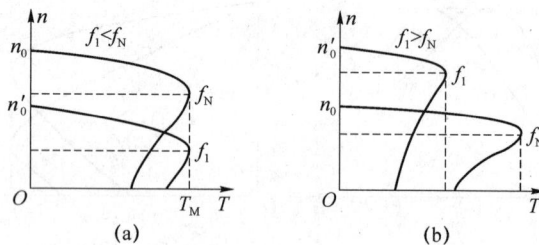

图 7-5 改变定子频率时的人为机械特性

(a) $f_1 < f_N$；(b) $f_1 > f_N$

4. 改变磁极对数时的人为机械特性

磁极对数可以通过改变定子绕组的连接方式来改变，如图 7-6 所示。定子每相绕组有由两个线圈 $U_1 U_2$ 和 $U_3 U_4$ 组成（图中只画出了 U 相绕组的两个线圈），当这两个线圈串联时，如图 7-6 (a) 所示，定子旋转磁场是两对磁极；如果将两个线圈并联，如图 7-6 (b) 所示，则定子旋转磁场是一对磁极。当改变磁极时定子三相绕组常采用如下连接方式：

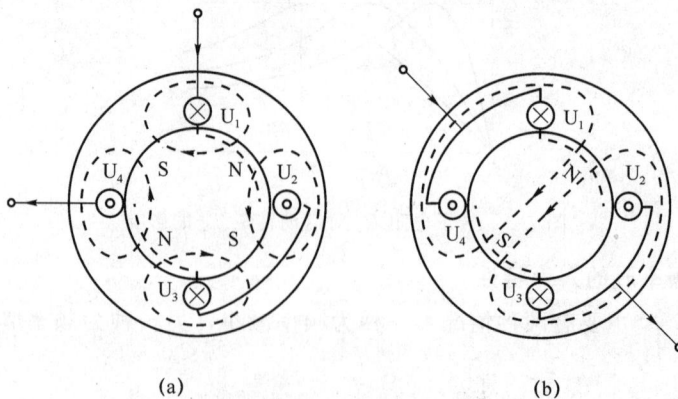

图 7-6 改变磁极对数的方法

(a) 串联 $p=2$ 时；(b) 并联 $p=1$ 时

1) Y-YY 变极

Y-YY 变极时定子绕组的连接方式如图 7-7 所示。

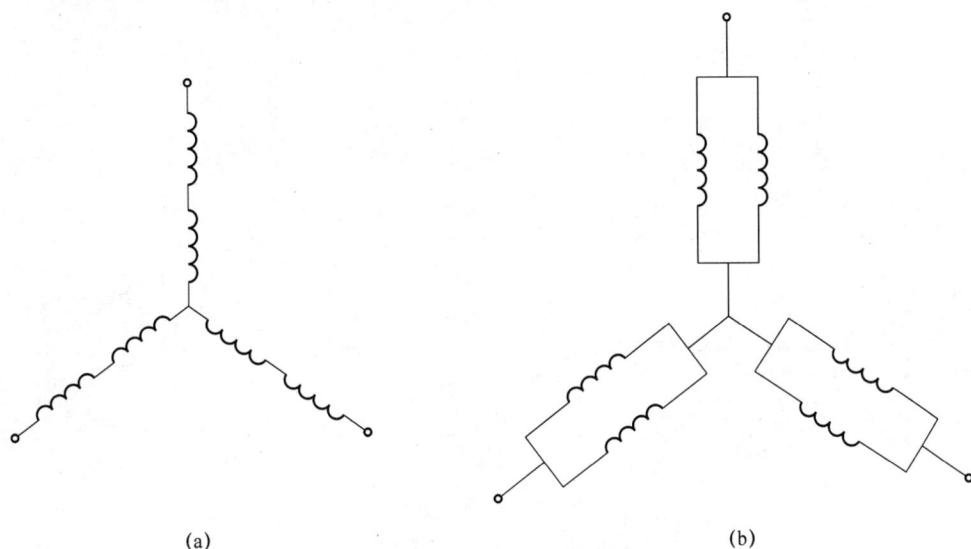

图 7-7 Y-YY 变极

(a) Y (2p)；(b) YY (p)

由于定子绕组由 Y 变为 YY 时，转子绕组未变，临界转差率 $s_{\mathrm{M}} = \dfrac{R_2}{X_2}$ 不变，同步转速 n_0 因磁极对数 p 减半而增加一倍，$\Delta n = n_0 - n_{\mathrm{m}} = s_{\mathrm{M}} n_0$ 增加一倍。由于定子每相绕组的匝数 N_1 减半，K_{T} 增至 4 倍，而磁极对数 p 减半，所以 T_{M} 增加一倍，机械特性的上半部分基本上是平行的，因而 Y-YY 变极时的机械特性如图 7-8 (a) 所示。

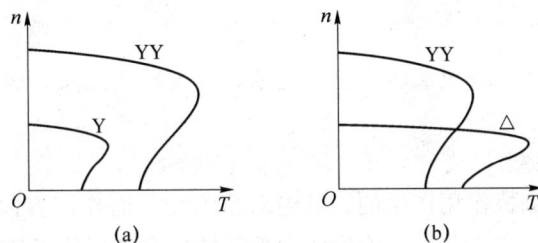

图 7-8 极数改变时的人为机械特性

(a) Y-YY；(b) △-YY

2) △-YY 变极

△-YY 变极时定子绕组的连接方式如图 7-9 所示。由于临界转差率 $s_{\mathrm{M}} = \dfrac{R_2}{X_2}$ 不变，同步转速 n_0 因磁极对数 p 减半而增加一倍，$\Delta n = n_0 - n_{\mathrm{m}} = s_{\mathrm{M}} n_0$ 增加一倍。变极后定子相电压减至 $\dfrac{1}{\sqrt{3}}$，定子每相绕组匝数 N_1 减半，K_{T} 增至 4 倍，p 减半，T_{M} 减至 $\dfrac{2}{3}$，因而 △-YY 变极时的机械特性如图 7-8 (b) 所示。

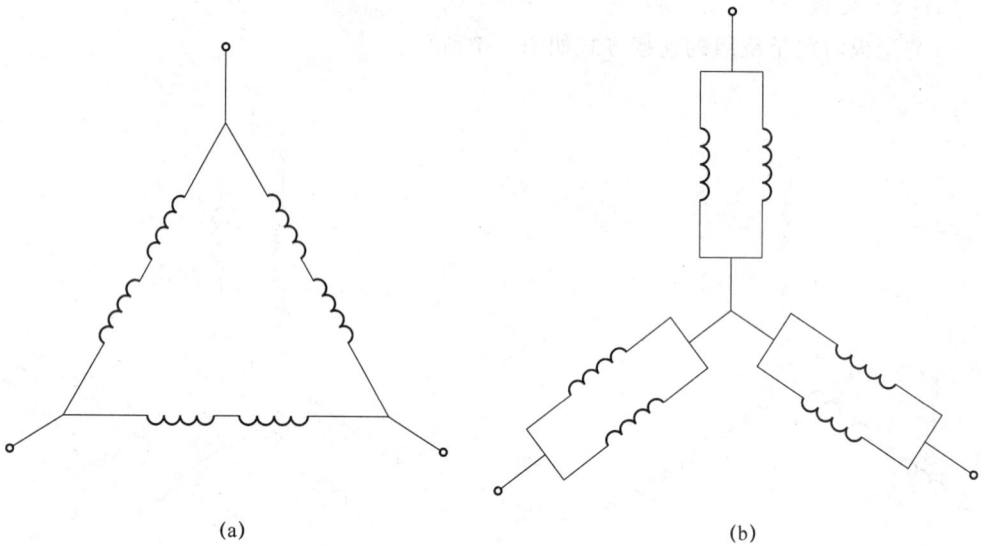

图 7-9　△-YY 变极

(a) △ (2p)；(b) YY (p)

§7.3　电力拖动系统的稳定运行

一、负载的机械特性

生产机械的转速与负载转矩的关系 $n=f(T_L)$ 称为负载的机械特性，简称负载特性，生产机械的负载特性主要有以下三种类型。

1. 恒转矩负载特性

具有这种特性的负载，其负载转矩是个定值，其与转速无关，属于这一特性的负载又分以下两种。

1) 反抗性恒转矩负载

这种负载转矩是由摩擦作用产生的，其绝对值不变，而作用方向总是与旋转方向相反，是阻碍运动的制动转矩。在本节的讨论中将会涉及转速和转矩的正负问题，因此，需要选择某一转向为转速的参考方向，其实际方向与参考方向一致的转速为正，否则为负。选择电磁转矩 T 和输出转矩 T_2 的参考方向与转速的参考方向一致，选择空载转矩 T_0 和负载转矩 T_L 的参考方向与转速的参考方向相反。在此规定下，反抗性转矩负载，当 $n>0$ 时，$T_L>0$；当 $n<0$ 时，$T_L<0$。负载特性如图 7-10 (a) 所示，通常属于这一负载的生产机械有起重机的行走机构和机床的平移

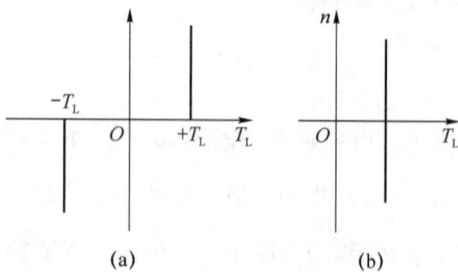

图 7-10　恒转矩负载特性

(a) 反抗性；(b) 位能性

机构等。

2）位能性恒转矩负载

这种负载的负载转矩由重力作用产生，负载转矩的大小和方向都保持不变，与转速无关。当 $n > 0$ 时，$T_L > 0$，是制动转矩；当 $n < 0$ 时，$T_L > 0$，是拖动转矩。负载特性如图 7-10（b）所示，属于这一类负载的生产机械有起重机的提升机构和矿井卷扬机等。

2. 恒功率负载特性

具有这种特性的负载，其负载转矩的大小与转速的大小成反比，两者的乘积不变，$T_L n =$ 常数，即机械功率基本恒定，而 T_L 的方向始终与 n 的方向相反。负载的特性如图 7-11 所示，属于这一类负载的生产机械有各种机床的主传动等。

3. 通风机负载特性

具有这种特性的负载，其负载转矩的大小与转速的平方成正比，即 $T_L \propto n^2$，负载转矩的方向始终与转速的方向相反，负载特性如图 7-12 所示，属于这一类负载的生产机械有通风机、水泵、油泵等流体机械。

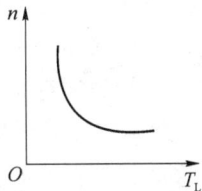

图 7-11　恒功率负载特性　　　　图 7-12　通风机负载特性

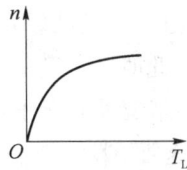

以上介绍的是三种典型的负载特性，有些生产机械的负载特性可能是这几种特性的综合。

二、稳定运行的条件

电动机在拖动生产机械稳定运行时，必须是 $T = T_L$，因而该拖动系统只能稳定运行在电动机的机械特性与生产机械的负载特性的交点上。但是有交点只是拖动系统稳定运行的必要条件，不是充分条件。只有在某交点上工作而遇到外界的瞬时干扰打破了原来的平衡使得转速稍有变化时，在干扰过后系统仍能恢复到原来的转速，回到原来的交点工作这才是真正的稳定运行，否则在该交点上的运行仍然是不稳定的。也就是说，若遇到瞬时干扰，使转速 n 减小，即转速的变化量 $\Delta n < 0$ 时，转矩的变化量必须 $\Delta T > \Delta T_L$，使得 $T > T_L$，转速才能自动恢复。反之，当 n 增加，即 $\Delta n > 0$ 时，转矩的变化量必须 $\Delta T > \Delta T_L$，使得 $T > T_L$，转速才能自动恢复。因此，电力拖动系统稳定运行的条件是电动机的机械特性与生产机械的负载特性有交点，而且在该交点处满足下述公式

$$\frac{\mathrm{d}T}{\mathrm{d}n} < \frac{\mathrm{d}T_L}{\mathrm{d}n} \tag{7-13}$$

现以三相异步电动机拖动恒转矩负载为例说明这一问题。由于三相异步电动机的机械特性

是弯曲的，如图 7-13 所示，以临界点 M 为界分成性质不同的两段，因而机械特性与负载特性

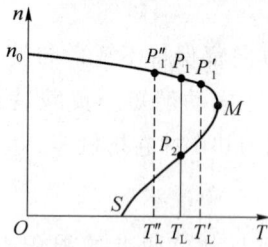

图 7-13 电力拖动系统的稳定
运行机械特性和负载特性图

可能存在两个交点 P_1 和 P_2。在机械特性的 n_0M 段，n 减小，T 增大，即该段 $\frac{dT}{dn}<0$；在机械特性的 MS 段，n 减小，T 减小，即该段的 $\frac{dT}{dn}>0$。由于恒转矩负载特性的 $\frac{dT_L}{dn}=0$，因此，在交点 P_1 处工作时，$\frac{dT}{dn}<\frac{dT_L}{dn}$，能满足稳定运行的条件，在该点处的运行是稳定的。在交点 P_2 处，$\frac{dT}{dn}>\frac{dT_L}{dn}$，不满足稳定运行的条件，在该点处的运行是不稳定的。

具体情况分析如下，当系统工作在 P_1 点时，倘若由于某种原因使得负载转矩瞬时增加至 T_L'。在此瞬时，$T<T_L'$，系统的转速 n 就要下降，T 逐渐增加，工作点向 P_1' 点移动。当干扰过后，负载转矩又恢复到 T_L，这时 $T>T_L$，系统的转速 n 又会增加。工作点又由 P_1' 向 P_1 移动，在此过程中，T 不断减小，直到重新回到 P_1，$T=T_L$，系统重新稳定运行。相反地，若负载转矩瞬时减小至 T_L''，$T>T_L''$，系统的转速 n 就会增加，T 逐渐减小，工作点向 P_1'' 移动。当干扰过后，负载转矩又恢复到 T_L。这时 $T<T_L$，系统的转速 n 又要减小，直到重新回到 P_1 点，此时 $T=T_L$，系统重新稳定运行，在交点 P_1 上的运行是稳定的。在系统工作在 P_2 点时，情况就有所不同了。若由于某种原因使得负载转矩瞬时增加至 T_L'，在此瞬间，$T<T_L'$，转速要下降，工作点向着与 T_L' 的相反的方向移动，T 在不断减小，转速不断下降，即使负载转矩又恢复到 T，工作点也无法回到 P_2，而是沿着电动机的机械特性向下移动，直到 S 点为止，电动机处于堵转状态。反之，倘若负载转矩瞬时减小至 T''，在此瞬间，$T>T_L'$，转速要增加，工作点向着与 T_L' 相反的方向移动，T 在不断增大，转速不断增加，即使负载转矩又恢复到 T_L，工作点也无法回到 P_2，而是沿着电动机的机械特性向上移动，经过 M 点，最后却稳定运行在 P_1 点上，交点 P_2 上的运行是不稳定的。

§7.4 三相异步电动机的启动

一、三相异步电动机的启动指标

启动是指电动机从静止状态开始转动起来直至最后达到稳定运行。对于任何一台电动机，在启动时，都有下列两个基本的要求：

（1）启动转矩要足够大。只有启动转矩大于负载转矩，即 $T_S>T_L$ 时，电动机才能改变原来的静止状态，拖动生产机械运转，一般要求 $T_S\geqslant(1.1\sim1.2)T_L$。$T_S$ 越大于 T_L，启动过程所需要的时间就越短。

（2）启动电流不能超过电动机的允许范围。对三相异步电动机来说，由于启动瞬间其转差率为 1，旋转磁场与转子之间的相对运动速度很大，转子电路的感应电动势及感应电流都很大，所以启动电流远大于额定电流。在电源容量与电动机的额定功率相比不是足够大时，会引

起输电线路上电压降的增加，造成供电电压的明显下降，不仅影响了同一供电系统中其他负载的工作，而且会延长电动机本身的启动时间。另外在启动过于频繁时，还会引起电动机过热，此时就必须设法减小启动电流。下面分别介绍笼型和绕线型异步电动机的启动方法。

二、三相笼型异步电动机的启动方法

三相笼型异步电动机有直接启动、减压启动与软启动器启动三种启动方法。

1. 直接启动

直接启动又称全压启动，是一种最简单的启动方法，其做法就是将电动机定子绕组直接加上额定电压上进行启动。显然，这时启动电流较大，可达额定电流的 4～7 倍。对于经常启动的电动机，过大的启动电流将造成电动机发热，影响电动机寿命；同时电动机绕组在电动力的作用下会发生变形，可能造成短路而烧坏电动机；过大的启动电流会使线路压降增大，造成电网电压显著下降而影响接在同一电网的其他异步电动机的工作，有时甚至使它们停下来或者无法带负载启动。但是如果启动时间很短，而且随着转子转动起来后，电流很快减小，只要启动不过于频繁，不致引起电动机过热，同时如果电源的容量又足够大，电源的额定电流远大于电动机启动电流，也不会引起供电电压的明显下降。因此，在这种情况下，只要启动转矩能满足要求，可以采用直接启动。一般规定，异步电动机功率低于 7.5 kW 时，笼型异步电动机可以直接启动。如果异步电动机功率大于 7.5 kW，而且电源容量较大，能满足式（7-14）要求，也可以直接启动。

$$\alpha_{SC} = \frac{I_S}{I_N} \leqslant \frac{1}{4}\left[3 + \frac{\text{电源容量（kV·A）}}{\text{电机容量（kW）}}\right] \tag{7-14}$$

如果不能满足上述条件的要求或者启动过于频繁时，则必须采用减压启动的方法，通过减压启动把启动电流限制在允许的范围内。

2. 减压启动

减压启动就是在启动时先降低定子绕组上的电压，启动后再把电压恢复到额定值。减压启动虽然可以减小启动电流和电源供给的电流（以下简称电源电流），但启动转矩也会减小。因此，这种启动方法一般只适用于轻载或空载情况下启动。以下介绍三种减压启动的方法。

1）定子串电阻或电抗减压启动

电动机启动过程中，在定子电路串联电阻或电抗，启动电流在电阻或电抗上将产生压降，降低了电动机定子绕组上的电压，启动电流也从而得到减小。这种启动方法的电路原理如图 7-14 所示，启动时开关 Q_2 断开，Q_1 闭合，电动机通过启动电阻 R_{ST} 或启动电抗 X_{ST} 接至电源，定子电流在 R_{ST} 或 X_{ST} 上产生电压降，使得电动机的定子电压降低，从而减小了启动电流，启动后开关 Q_2 闭合切除 R_{ST} 或 X_{ST}。

这种启动方法具有启动平稳、结构简单、运行可靠等优点，但定子串电阻启动耗能较大，主要用于低压小功率电动机，定子串电抗启动投资较大，主要用于高压大功率电动机。

2）星形—三角形（Y—△）减压启动

这种启动方法只适用于正常运行时为三角形连接的电动机，启动时定子绕组先按星形连接，启动后再换成三角形连接，其电路原理如图 7-15 所示。启动时先合上电源开关 Q_1，然后将开关 Q_2 合向"启动"位置，电动机在星形连接下减压启动，待转速上升到接近正常转速时，再将开关 Q_2 置于"运行"位置，电动机换成三角形连接在额定电压下运行。

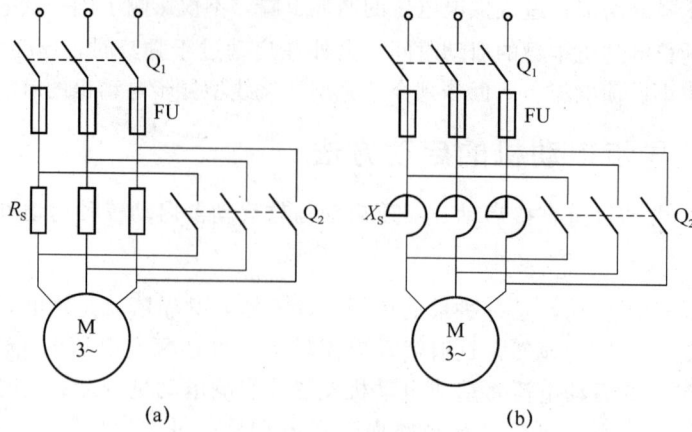

(a) 　　　　　　　　　　(b)

图 7-14　定子串电阻或电抗启动电路

（a）定子串联电阻启动；（b）定子串联电抗启动

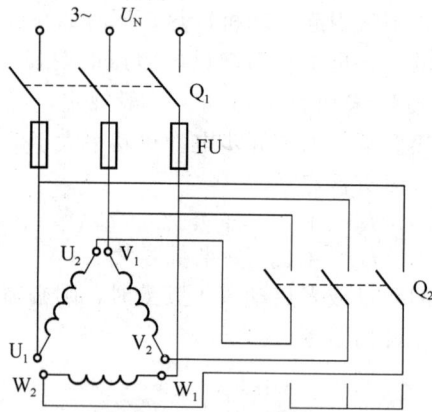

图 7-15　星形—三角形减压启动电路

星形—三角形减压启动（定子绕组星形连接）与直接启动（定子绕组三角形连接）相比，启动电流、电源电流和启动转矩减小的程度分析如下，这里用下标 Y 表示，星形—三角形启动，用下标△表示直接启动，并设电源电压为 U_N，则它们的数量关系对比如下：

定子线电压比　　　　　　$$\frac{U_{1LY}}{U_{1L\triangle}} = \frac{U_N}{U_N} = 1$$

定子相电压比　　　　$$\frac{U_{1PY}}{U_{1P\triangle}} = \frac{U_{1LY}/\sqrt{3}}{U_{1L\triangle}} = \frac{1}{\sqrt{3}}$$

定子相电流比　　　　　$$\frac{I_{1PY}}{I_{1P\triangle}} = \frac{U_{1PY}}{U_{1P\triangle}} = \frac{1}{\sqrt{3}}$$

启动电流比　　　　　　$$\frac{I_{SY}}{I_{S\triangle}} = \frac{I_{1PY}}{\sqrt{3}\,I_{1P\triangle}} = \frac{1}{3}$$

电源电流比　　　　　　$$\frac{I_Y}{I_\triangle} = \frac{I_{YS}}{I_{S\triangle}} = \frac{1}{3}$$

启动转矩比　　　　　$$\frac{T_{SY}}{T_{S\triangle}} = \left(\frac{U_{1PY}}{U_{1P\triangle}}\right)^2 = \frac{1}{3}$$

从上面的分析可见，由于电动机星形—三角形减压启动的启动电流、电源电流和启动转矩都只有直接启动时的三分之一，因此该方法只适用于空载或轻载启动。

3）自耦变压器减压启动

这种启动方法既适用于正常运行时三角形连接的电动机，也适用于星形连接的电动机。启动时先通过三相自耦变压器将电动机的定子电压降低，启动后再将电压恢复到额定值，其电路原理如图 7-16 所示。TA 是一台三相自耦变压器，每相绕组备有一个或多个抽头（图中为三个），每个抽头的降压比为 $K_A = \dfrac{U}{U_N}$。抽头不同降压比也就不同，不同的 $K_A = \dfrac{U}{U_N}$ 可以满足对不同的启动电流和启动转矩的要求。启动时先合上电源开关 Q_1，然后将开关 Q_2 合到"启动"位置，这时电源电压加到三相自耦变压器的高压绕组上，异步电动机的定子绕组接到自耦变压器的低压绕组上，使电动机减压启动，待转速上升到接近正常转速时，再把 Q_2 合到"运行"位置，自耦变压器被切除电动机接至电源在额定电压下运行。

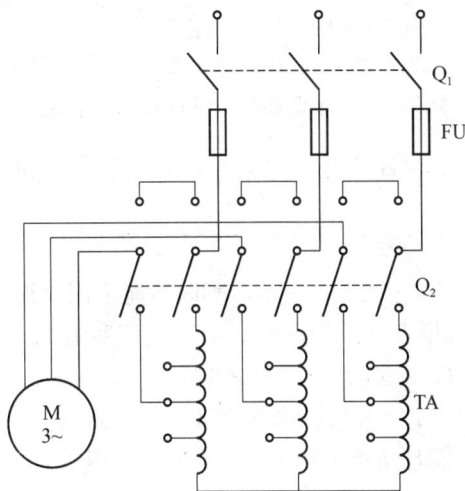

图 7-16　自耦变压器减压启动电路

自耦变压器启动与直接启动相比（定子绕组的连接方式相同情况下），启动电流、电源电流和启动转矩减小的程度分析如下。这里用下标 a 表示自耦变压器启动，下标 d 表示直接启动，则它们的数量关系如下：

定子线电压比　　　　　$\dfrac{U_{1La}}{U_{1Ld}} = \dfrac{U}{U_N} = K_A$

定子相电压比　　　　　$\dfrac{U_{1Pa}}{U_{1Pd}} = \dfrac{U_{1La}}{U_{1Ld}} = K_A$

定子相电流比　　　　　$\dfrac{I_{1Pa}}{I_{1Pd}} = \dfrac{U_{1Pa}}{U_{1Pd}} = K_A$

启动电流比　　　　　　$\dfrac{I_{Sa}}{I_{Sd}} = \dfrac{I_{1Pa}}{I'_{1Pd}} = K_A$

电源电流比　　　　　　$\dfrac{I_a}{I_d} = \dfrac{K_A I_{Sa}}{I_{Sd}} = K_a^2$

启动转矩比

$$\frac{I_a}{I_d} = \frac{K_A I_{Sa}}{I_{Sd}} = K_a^2$$

从上面的公式可知，电动机本身的启动电流减小到直接启动时的 K_A 倍，但由电源供给的电流和启动转矩都减小到 K_a^2 倍。

【例7-3】 已知一台 Y250M-6 型三相笼型异步电动机，$U_N = 380$ V，三角形连接，$P_N = 37$ kW，$n_N = 985$ r/min，$I_N = 72$ A，$\alpha_{ST} = 1.8$，$\alpha_{SC} = 6.5$。如果要求电动机启动时，启动转矩必须大于 250 N·m，从电源取用的电流必须小于 360 A。求：（1）能否直接启动？（2）能否采用星形—三角形减压启动？（3）能否采用 $K_A = 0.8$ 的自耦变压器启动？

解：（1）电动机的额定转矩为

$$T_N = \frac{60}{2\pi} \cdot \frac{P_N}{n_N} = \frac{60}{2 \times 3.14} \times \frac{37 \times 10^3}{985} = 359 \text{（N·m）}$$

直接启动时的启动转矩和启动电流（也是电源电流）为

$$T_S = \alpha_{ST} T_N = 1.8 \times 359 = 646 \text{（N·m）}$$

$$I_S = \alpha_{ST} I_N = 6.5 \times 72 = 468 \text{（A）}$$

虽然 $T_S > 250$ N·m，但是启动电流 $I_S > 360$ A，所以，不能采用直接启动。

（2）采用星形—三角形减压启动时启动转矩和启动电流为

$$T_{SY} = \frac{1}{3} T_S = \frac{1}{3} \times 646 = 215 \text{（N·m）}$$

$$I_{SY} = \frac{1}{3} I_S = \frac{1}{3} \times 468 = 156 \text{（A）}$$

虽然 $I_{SY} < 360$ A，但是 $T_{SY} < 250$ N·m，所以不能采用星形—三角形减压启动。

（3）采用 $K_A = 0.8$ 的自耦变压器启动时，启动转矩和电源电流为

$$T_{Sa} = K_A^2 T_S = 0.8^2 \times 646 = 413 \text{（N·m）}$$

$$I_a = K_A^2 I_S = 0.8^2 \times 468 = 300 \text{（A）}$$

由于 $T_{Sa} > 250$ N·m，而且 $I_a < 360$ A，所以可以采用 $K_A = 0.8$ 的自耦合变压器启动。

3. 软启动器启动

随着电力电子技术和微电子技术的发展，一种功能完善、性能优秀的软启动器已经问世并且逐渐得到了推广应用。软启动器与电机的接线图如图 7-17（a）所示。利用软启动器启动可以在电动机的启动过程中，通过自动调节电动机的电压使用户得到期望的启动性能。软启动器通常分为限压启动和限流启动两种启动模式。限压启动模式的启动过程如图 7-17（b）所示。电动机在启动时软启动器的输出电压从初始电压 U_0 逐渐升高到额定电压 U_N，起始电压和启动时间 t_S 可根据负载情况进行设定，以获得满意的启动性能。限流启动模式的启动过程如图 7-17（c）所示。电动机在启动时，软启动器的输出电流从零迅速增加至限定值 I_R，然后在保证输出电流不超过限定值的情况下，电压逐渐升高至额定电压。当启动过程结束时，电流为电动机的稳定工作电流 I_L，电流的限定值 I_R 可根据实际情况设定，一般为额定电流的 0.5～4 倍。

软启动器还兼有对电动机的过压、过载以及缺相等的保护功能。有时还可以根据负载的变化自动调节电压，使电动机运行在最佳状态，以达到节能的目的。目前一些生产厂家已经生产出各种类型的电子软启动装置，供不同类型的用户选用。笼型异步电动机的减压启动方

式经星形—三角形减压启动以及自耦变压器减压启动，发展到目前先进的电子软启动器启动。在实际应用中当笼型异步电动机不能用直接启动方式时，应该首先考虑选用电子软启动方式，电子软启动方式为进一步智能控制奠定了良好的基础。

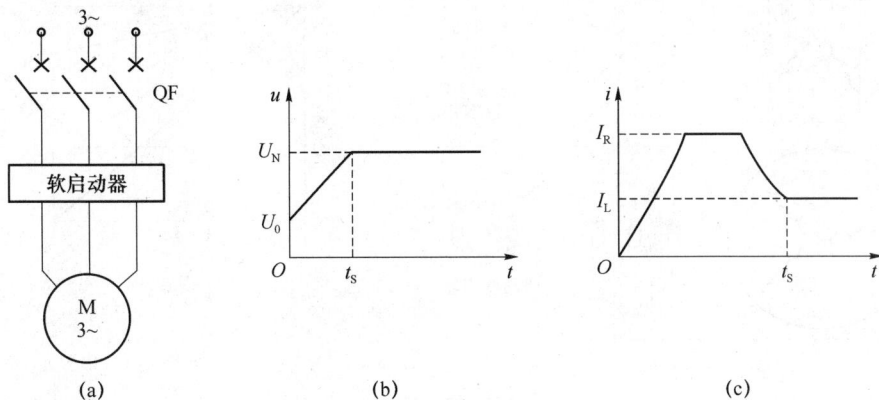

图 7-17　软启动器启动

（a）接线图；（b）限压启动模式的启动过程；（c）限流启动模式的启动过程

三、三相绕线型异步电动机的启动方法

三相绕线型异步电动机的启动方法有转子串联电阻以及转子串联频敏变阻器两种启动方法。

1. 转子电路串联电阻启动

绕线型异步电动机的转子电路串联合适的电阻不但可以减小启动电流，而且可以增大启动转矩，因而要求启动转矩大或启动频繁的生产机械常采用绕线型异步电动机进行拖动。根据电动机容量的不同，启动方法又分为无级启动和有级启动两种。

1）无级启动

容量较小的三相绕线型异步电动机常采用如图 7-18（a）所示的转子电路串联启动变阻器的无级启动方法启动。启动变阻器通过手柄接成星形，启动前先把启动变阻器调到最大值，再合上开关 Q，电动机开始启动。随着转速的升高，逐渐减小启动变阻器的电阻，直到全部切除，使转子绕组短接。启动变阻器的最大值为

$$R_{ST} = \left(\frac{T_N}{s_N T_1} - 1 \right) R_2$$

式中，T_1 为所要求的启动转矩值；R_2 是转子每相绕组的电阻，可以通过实测或者通过铭牌上提供的转子绕组额定线电压（开路时线电压）U_{2N} 和额定线电流 I_{2N}（满载线电流）进行计算。

由于转子绕组为星形连接其相电流等于线电流，因此，在额定状态下运行时

$$I_{2N} = \frac{s_N E_2}{\sqrt{R_2^2 + (s_N X_2)^2}} = \frac{s_N U_{2N}/\sqrt{3}}{\sqrt{R_2^2 + (s_N X_2)^2}}$$

由于 s_N 很小，$s_N X_2$ 可以忽略不计，则

$$I_{2N} = \frac{s_N U_{2N}}{\sqrt{3} R_2}$$

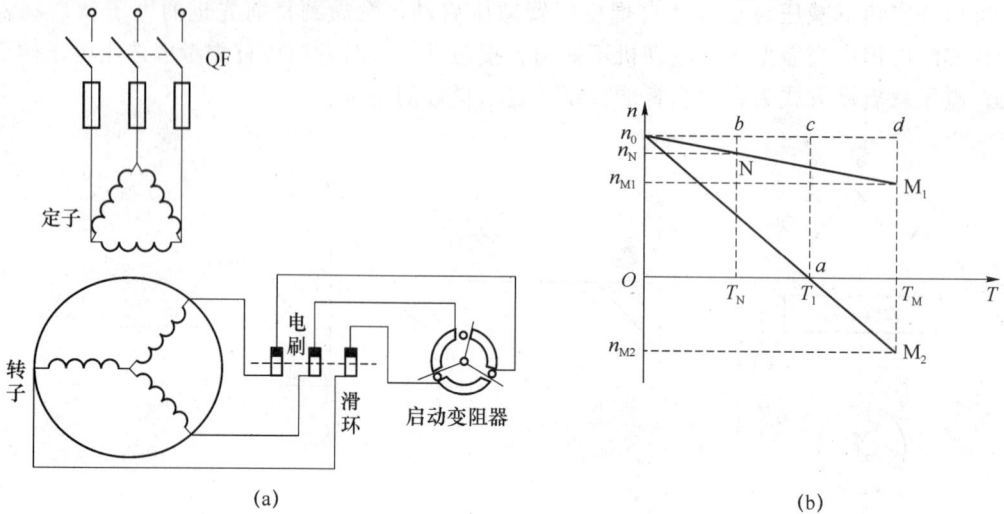

(a)　　　　　　　　　　　　　　　　　　　　(b)

图 7-18　绕线型异步电动机的无极启动

(a) 电路图；(b) 机械特性

由此求得 R_2 的计算公式为

$$R_2 = \frac{s_N U_{2N}}{\sqrt{3}\, I_{2N}}$$

2）有级启动

容量较大的三相绕线型异步电动机一般采用有级启动（又称分级启动），以保证启动过程中都有较大的启动转矩和较小的启动电流。它的启动电阻 R_{ST} 由若干启动电阻串联，即 $R_{ST1} + R_{ST2} + \cdots + R_{STm}$。启动瞬间转子串入最大启动电阻 R_{ST}，使启动转矩为所要求启动转矩值 T_1，随着转速 n 的增加，当转矩 T 降至某希望转矩值 T_2 时，切除一段启动电阻使 T 又等于 T_1，T_2 称为切换转矩。因而在启动过程中转矩始终在启动转矩 T 与切换转矩 T_2 之间变化，直到全部启动电阻被切除。现以两级启动为例来说明其启动步骤和启动过程，其电路原理和机械特性如图 7-19 所示。图 7-19 中 $n_0 M_c$ 为固有特性，$n_0 M_b$ 为串联 R_{ST1} 时的人为特性，$n_0 M_a$ 为串联 $R_{ST} = R_{ST1} + R_{ST2}$ 时的人为特性。启动步骤如下：

（1）串联启动电阻 R_{ST1} 和 R_{ST2} 启动。启动前开关 Q_1 和 Q_2 断开，使得转子每相绕组串入电阻 R_{ST1} 和 R_{ST2} 加上转子每相绕组自身的电阻 R_2，转子电路总电阻为 $R_{22} = R_2 + R_{ST1} + R_{ST2}$。然后合上电源开关 Q，这时电动机的机械特性为图 7-19 (b) 中的特性 $n_0 M_a$。由于启动转矩 T_1 远大于负载转矩 T_L，电动机拖动生产机械开始启动，工作点沿特性 $n_0 M_a$ 由 a_1 点向 a_2 点移动；

（2）切除启动电阻 R_{ST2}。当工作点到达 a_2 点时其电磁转矩 T 等于切换转矩 T_2，合上开关 Q_2 切除启动电阻 R_{ST2}，转子每相电路的总电阻变为 $R_{21} = R_2 + R_{ST1}$。这时电动机的机械特性变为特性 $n_0 M_b$，由于切除 R_{ST} 的瞬间转速来不及变化，故工作点由特性 $n_0 M_a$ 上的 a_2 点平移到特性 $n_0 M_b$ 上的 b_1 点，这时的电磁转矩仍等于 T_1，电动机继续加速，工作点沿特性 $n_0 M_b$ 由 b_1 点向 b_2 点移动；

（3）切除启动电阻。当工作点到达 b_2 点时其电磁转矩 T 又等于切换转矩 T_2，合上开关 Q_1 切除启动电阻 R_{ST1}，电动机转子电路短接，转子每相电路的总电阻变为 $R_{20} = R_2$。机械

特性变为固有特性 $n_0 M_c$，工作点由 b_2 平移至 c_1 点，使这时的电磁转矩 T 正好等于 T_1，电动机继续加速，工作点沿特性 $n_0 M_c$ 由 c_1 点向 c_2 点移动，经过 c_2 点后最后稳定运行在 p 点，整个启动过程结束。

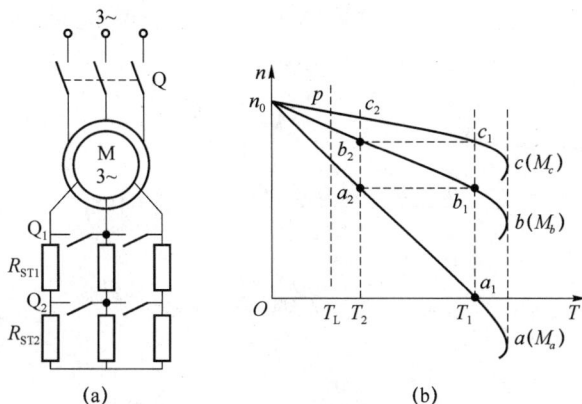

图 7-19　绕线型异步电动机的分级启动

（a）电路图；（b）机械特性

怎样使启动过程满足上述要求呢？这涉及启动电阻如何计算的问题，启动电阻计算步骤如下：

①选择启动转矩 T_1 和切换转矩 T_2。一般选择 $T_1 = (0.8 \sim 0.9) T_M$，$T_2 = (1.1 \sim 1.2) T_L$；

②求出起切转矩比 β，其计算公式为 $\beta = \dfrac{T_1}{T_2}$；

③确定启动级数 m。其计算公式为 $m = \dfrac{\lg \dfrac{T_N}{s_N T_1}}{\lg \beta}$，若求得的 m 不是整数可取相近整数，若 m 已知，则上述计算步骤除求 T_1 外其余都可省略。启动级数可以通过图 7-19（b）中相似三角形的几何关系可以得到计算式为 $\dfrac{T_1}{T_M} = \dfrac{s_{a_1}}{s_{M_a}} = \dfrac{s_{b_1}}{s_{M_b}} = \dfrac{s_{c_1}}{s_{M_c}}$，$\dfrac{T_2}{T_M} = \dfrac{s_{a_2}}{s_{M_a}} = \dfrac{s_{b_2}}{s_{M_b}} = \dfrac{s_{c_2}}{s_{M_c}}$。利用 $s_{c_1} = s_{b_2}$ 或 $s_{b_1} = s_{a_2}$，对应两式相除可得 $\dfrac{T_1}{T_2} = \dfrac{s_{M_b}}{s_{M_c}} = \dfrac{R_{21}/X_2}{R_{20}/X_2} = \dfrac{R_{21}}{R_{20}}$，$\dfrac{T_1}{T_2} = \dfrac{s_{M_a}}{s_{M_b}} = \dfrac{R_{22}/X_2}{R_{21}/X_2} = \dfrac{R_{22}}{R_{21}}$。

因此，$R_{21} = \beta R_{20} = \beta R_2$，$R_{22} = \beta R_{21} = \beta^2 R_2$。若启动级数为 m，则 $R_{2m} = \beta^m R_2$。因而 $\beta = \sqrt[m]{\dfrac{R_{2m}}{R_2}}$，由启动变阻器最大值公式可知，$R_{2m} = R_{ST} + R_2 = \dfrac{T_N}{s_N T_1} R_2$，即 $\beta = \sqrt[m]{\dfrac{T_N}{s_N T_1}}$，等式两边取对数便得到了启动级数计算公式。

④重新计算 β，校对 T_2 是否在规定范围之内。若 m 取整数或 m 已知，则需重新计算并求出 T_2，校验是否在所规定的范围之内。若不在规定范围之内，则需调整 T_1 或加大启动级数 m，重新计算 β 和 T_2 直到 T_2 满足要求为止。

⑤求出各级启动电阻。根据前面的分析可知，计算各级启动电阻的一般公式为以 $R_{STi} = (\beta^i - \beta^{i-1}) R_2$，式中，$i = 1, 2, \cdots, m$。

【例 7-4】　已知 JR41-4 型三相绕线型异步电动机拖动某生产机械，电动机的 $P_N = 40 \text{ kW}$，$n_N = 1\,435 \text{ r/min}$，$\alpha_{MT} = 2.6$，$U_{2N} = 290 \text{ V}$，$I_{2N} = 86 \text{ A}$，启动时的负载转矩 $T_L = 200 \text{ N} \cdot \text{m}$。采用转子电路串电阻启动，启动级数初步定为三级。求各级应串联的启动电阻是多少？

解：（1）选择启动转矩 T_1。

$$T_N = \frac{60}{2\pi} \cdot \frac{P_N}{n_N} = \frac{60}{2 \times 3.14} \times \frac{40 \times 10^3}{1\,435} = 266.32\,(\text{N} \cdot \text{m})$$

$$T_M = \alpha_{MT} T_N = 2.6 \times 266.32 = 692.43\,(\text{N} \cdot \text{m})$$

$$T_1 = (0.8 \sim 0.9)\,T_M = (0.8 \sim 0.9) \times 692.43$$

$$= (553.94 \sim 623.19)\,(\text{N} \cdot \text{m})$$

取 $T_1 = 580\,\text{N} \cdot \text{m}$。

（2）求出起切转矩比 β。

$$s_N = \frac{n_0 - n_N}{n_0} = \frac{1\,500 - 1\,435}{1\,500} = 0.043\,3$$

$$\beta = \sqrt[m]{\frac{T_N}{s_N T_1}} = \sqrt[3]{\frac{266.32}{0.043\,3 \times 580}} = 2.2$$

（3）求出切换转矩 T_2。

$$T_2 = \frac{T_1}{\beta} = \frac{580}{2.2} = 263.64\,(\text{N} \cdot \text{m})$$

由于 $T_2 > 1.1 T_L$，因此所选 m 和 β 合适。

（4）求出转子每相绕组电阻。

$$R_2 = \frac{s_N U_{2N}}{\sqrt{3}\,I_{2N}} = \frac{0.043\,3 \times 290}{1.73 \times 86} = 0.084\,4\,(\Omega)$$

（5）求出各级启动电阻

$$R_{ST1} = (\beta - 1)\,R_2 = (2.2 - 1) \times 0.084\,4 = 0.1\,(\Omega)$$

$$R_{ST2} = (\beta^2 - \beta)\,R_2 = (2.2^2 - 2.2) \times 0.084\,4 = 0.22\,(\Omega)$$

$$R_{ST3} = (\beta^3 - \beta^2)\,R_2 = (2.2^3 - 2.2^2) \times 0.084\,4\,(\Omega) = 0.49\,(\Omega)$$

2. 转子电路串联频敏变阻器启动

当绕线型异步电动机转子电路串联电阻启动时，其具有当功率较大且转子电流很大、电阻逐段变化、转矩变化较大、对机械冲击较大、控制设备也较大、操作维修不便的缺点。如果采用频敏变阻器代替上述启动电阻，则可以克服上述缺点。频敏变阻器就是一个电阻随频率变化的变阻器。图 7-20 所示为频敏变阻器的结构示意图。它实际上是一个三相铁芯线圈，其铁芯一般用30～50 mm厚的普通铸铁或钢板制成，为了取得较好的散热效果，片间留有几毫米的距离，三相线圈按星形连接串联在电动机的转子电路中。

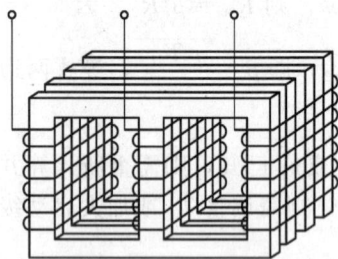

图 7-20 频敏变阻器

电动机启动时转子电流频率最高，$f_2 = f_1$，频敏变阻器铁损耗很大其等效电阻就很大，线圈的电抗也较大。相当于转子电路中串联了较大的启动电阻和一定的电抗，随着转速的升高，$f_2 = s f_1$ 逐渐降低，等效电阻和电抗都随之减小，启动结束后可将频敏变阻器短接。

四、改善启动性能的三相笼型异步电动机

普通的三相笼型异步电动机直接启动时，启动电流很大，启动转矩较小。为了改善这种电动机的启动性能，可以从转子槽型着手，设法利用"集肤效应"使启动时转子电阻增大，

以增大启动转矩并减小启动电流，而在正常运行时转子电阻又能自动变小。深槽型与双笼型两种类型转子就能够改善异步电动机的启动性能。

1. 深槽型异步电动机

这种电动机的转子槽型窄而深，槽深与槽宽之比为 $8\sim12$，如图 7-20 所示。当电流流过转子导体时，所产生的漏磁通如图 7-21 中虚线所示。槽口部分环绕的磁通少，漏电抗 X_2 小，槽底部分环绕的磁通多，漏电抗 X_2 大。启动时，转差率 $s=1$，转子频率 $f_2=f_1$ 较大，$X_{2s}=X_2$ 的影响大使电流的分布不均匀，上部电流大，下部电流小，其效果相当于减少了转子导体的截面积，增加了转子电阻 R_2，故启动转矩大，启动电流小。运行时，转差率 s 很小，$f_2=sf_1$ 小，$X_{2s}=sX_2$ 的影响小，集肤效应不明显，电流接近于均匀分布，R_2 减小，可保证基本的运行性能。

2. 双笼型异步电动机

这种电动机的转子上装有两套并联的笼型绕组，如图 7-22 所示。外笼（启动笼）导体截面积小，采用黄铜等电阻率大的材料做成，因而电阻大，由于环绕的磁通少，故漏电抗小。内笼（运行笼）的导体截面积大，采用紫铜等电阻率小的材料做成，因而电阻小。由于环绕的磁通多，故漏电抗大。启动时 f_2 大，X_2 起主要作用，电流集中在外笼，同时外笼电阻大，故启动转矩大，启动电流小。运行时，f_2 小，R_2 起主要作用，电流集中在内笼，由于内笼电阻小可保证基本运行性能。

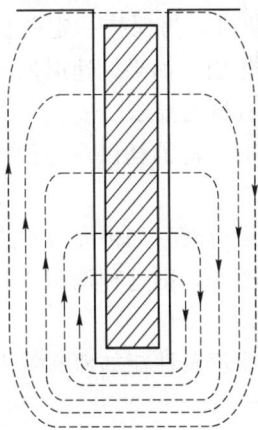

图 7-21　深槽型异步电动机的转子槽　　　　　图 7-22　双笼型异步电动机的转子槽

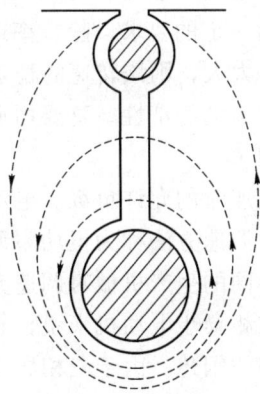

§7.5　三相异步电动机的调速

一、三相异步电动机的调速指标

调速就是在一定的负载下，根据生产的需要人为地改变电动机的转速，这是生产机械经常向电动机提出的要求。调速性能的好坏将直接影响到生产机械的工作效率和产品质量。电动机的调速性能的好坏往往需要一些指标来衡量，下面将详细地分析三相异步电动机的调速指标。电动机的调速指标通常有以下六个指标：

（1）调速范围。电动机在满载（电流为额定值）情况下所能得到的最高转速与最低转速之比称为调速范围，用 D 表示，即 $D = \dfrac{n_{\max}}{n_{\min}} = n_{\max} : n_{\min}$，不同生产机械要求的调速范围各不相同。

（2）调速方向。调速方向指调速后的转速比原来的定转速（基本转速）高还是低。若比基本转速高，称为往上调；比基本转速低，称为往下调。

（3）调速的平滑性。调速的平滑性由一定调速范围内能得到的转速级数来说明。级数越多，相邻两转速的差值越小，平滑性越好。如果转速只能跳跃式地调节，无法得到两者中间的转速，这种调速称为有级调速，如果在一定的调速范围内的任何转速都可以得到则称为无级调速。无级调速的平滑性当然比有级调速好。平滑的程度可用相邻两转速之比来衡量，称为平滑系数，即 $\sigma = \dfrac{n_i}{n_{i-1}}$，$\sigma$ 越接近于 1，平滑性越好，无级调速时 $\sigma = 1$，平滑性最好。

（4）调速的稳定性。调速的稳定性是用来说明电动机在新的转速下运行时，负载变化而引起转速变化的程度，通常用静差率来表示。静差率定义如下：在某一机械特性上运行时，电动机由理想空载到满载时转速差与理想空载转速之百分比，即 $\delta = \dfrac{n_0 - n_f}{n_0} \times 100\%$。$\delta$ 越小，稳定性越好。静差率与机械特性的硬度有关。机械特性的硬度定义为 $\alpha = \left| \dfrac{dT}{dn} \right| \approx \dfrac{\Delta T}{\Delta n}$，$\alpha$ 越大，转矩变化时，n 变化的程度就越小，机械特性就越强，静差率 δ 越小，稳定性就越好。静差率还与理想空载转速 n_0 大小有关。生产机械在调速时，为保持一定的稳定性会对静差率提出一定的要求。静差率还会对调速范围起到制约的作用，如果调速时所得到的最低转速下的 δ 太大，则该转速的稳定性太差，便难以满足生产机械的要求。

（5）调速的经济性。这要由调速时的初期投资，调速后的电能消耗以及各种运行费用的多少来说明。

（6）调速时的允许负载。电动机在各种不同转速下满载运行时，如果允许输出的功率相同，则这种调速方法称为恒功率调速；如果允许输出时转矩相同，则这种调速方法称为恒转矩调速。不同的生产机械对调速允许的负载的要求往往不同。

对于三相异步电动机来说，它有哪些调速方法，其调速原理及性能如何呢？下面就此问题进行详细的阐述。由于三相异步电动机转速的表达式如下：

$$n = (1-s)n_0 = (1-s)\frac{60 f_1}{p}$$

从上式可知，要调节异步电动机的转速，可从改变以下三个参数入手：

（1）改变定子绕组的极对数 p；

（2）改变供电电源的频率 f_1；

（3）改变转差率 s。因此，三相异步电动机的调速方法可分为两大类：一类是通过改变同步转速 n_0 来改变转速 n，具体方法有变极调速（改变 p）和变频调速（改变 f_1）；另一类是通过改变转差率 s 来实现调速，这就需要电动机从固有特性上运行改为人为特性上运行，具体方法有变压调速（改变 U_1）和转子电路串电阻调速（改变 R_2）等。

二、变频调速

（1）$f_1 < f_N$ 时，要保持 $\dfrac{U_1}{f_1}$ = 常数。

以电动机拖动恒转矩负载为例，它们的机械特性和负载特性如图 7-23（a）所示。调速前系统工作在固有特性与负载特性的交点 a 上，频率改变的瞬间，因机械惯性，转速来不及改变，工作点由 a 点平移到人为特性上的 b 点，此时 $T < T_L$，n 下降，工作点沿人为特性由 b 点移至新交点 c，系统重新在比原来低的转速下稳定运行。显然，f_1 越小，n 越低。保持 $\dfrac{U_1}{f_1}$ = 常数是为了保持 Φ_m 不变，这是因为忽略了定子的漏阻抗电压降，近似认为 $U_1 \approx E_1 = 4.44 k_{w1} N_1 f_1 \Phi_m$ 得到的。准确地说，只有保持 $\dfrac{E_1}{f_1}$ = 常数，才能保持 Φ_m 不变。随着 f_1 的降低，U_1 的减小，漏阻抗电压降的作用越来越明显，所以在实际的变频调速中，随着 f_1 的降低，要适当提高 U_1/f_1 值，对阻抗电压降进行适当补偿。

（2）$f_1 > f_N$ 时，要保持 $U_1 = U_N$。

此时的机械特性和负载特性如图 7-23（b）所示。调速前系统工作在固有特性和负载特性的交点 a 上，f_1 改变瞬间，工作点平移到人为特性上的 b 点。由于此时的 $T > T_L$，转速 n 上升，工作点沿人为特性由 b 点移至新交点 c 点，系统重新在比原来高的转速下稳定运行。可见，f_1 增加时转速 n 随之增加。

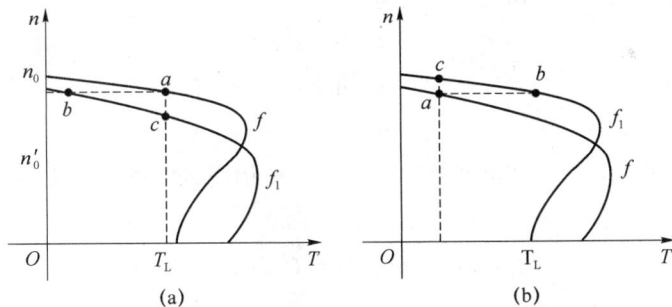

图 7-23　变频调速机械特性和负载特性曲线

（a）$f_1 < f_N$；（b）$f_1 > f_N$

综上所述，变频调速的主要性能如下：

①调速方向既可往上调，也可往下调；

②平滑性好可实现无级调速；

③调速的稳定性好，机械特性的工作段基本平行，硬度大，静差率小；

④调速范围广；

⑤调速的经济性方面，初期投资大，需要专用的变频装置，但运行费用不大；

⑥调速时的允许负载：$f_1 < f_N$ 时为恒转矩调速，$f_1 > f_N$ 时为恒功率调速。

变频调速可以实现较宽范围内的平滑调速，是笼型异步电动机最好的调速方法，但需要专用的变频电源。目前市场上供应的变频调速器就是供电动机变频调速用的变频电源。它可以将频率和电压都一定的三相交流电变换成频率和电压可调的三相交流电。现代的变频调速器都带有接口，可以挂在控制网络中，既能面板控制，也能实现远程控制和网络控制，而且可以跟踪电动机的负载变化，使其处于最佳运行状态。

三、变极调速

改变磁极数也有两种基本方式：Y—YY 变极和△—YY 变极。仍以电动机拖动恒转矩负载为例，它们的机械特性和负载特性如图 7-24 所示。

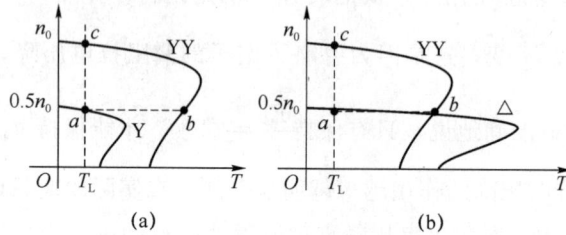

图 7-24 变极调速的机械特性和负载特性

(a) Y→YY 变极时；(b) △→YY 变极时

当定子绕组由 Y 形连接或△形连接改接成 YY 形连接时，极对数 p 减半，n_0 增加 1 倍，工作点由 a 点经 b 点到达 c 点，重新在比原来高的转速下稳定运行。变极调速时为了不改变转子的转向，要注意将接至电源的三根导线中的任意两根对调一下位置。这是因为在 p 对磁极时，若原来 U、V、W 三相绕组中的电流为

$$i_U = I_m \sin \omega t$$
$$i_V = I_m \sin (\omega t - 120°)$$
$$i_W = I_m \sin (\omega t + 120°)$$

在磁极对数增加一倍时，电角度也增加一倍，三相绕组中电流的相序变了。即

$$i_U = I_m \sin \omega t$$
$$i_V = I_m \sin (\omega t - 240°) = I_m \sin (\omega t + 120°)$$
$$i_W = I_m \sin (\omega t + 240°) = I_m \sin (\omega t - 120°)$$

普通的笼型异步电动机出厂后磁极对数不能改变，要想用变极调速，必须选购专门可以改变磁极对数的笼型异步电动机，称为多速电动机，国产多速电动机的产品代号为 YD。目前国产多速电动机除两种转速之比为整数$\left(例如同步转速为 \dfrac{3\,000}{1\,500} r/min\right)$的电动机外，还出现了两种转速之比为非整数（例如同步转速为 $\dfrac{1\,500}{1\,000}$ r/min）的电动机，还有可以得到三种或四种转速的电动机。变极调速的主要性能总结如下：

(1) 调速方向由 Y 或△变为 YY 时，是往上调，反之则为往下调；

(2) 调速的平滑性差，只能有级调速；

(3) 调速的稳定性好，因为在机械特性的工作段静差率 δ 基本不变；

(4) 调速范围不广，一般为 2∶1 至 4∶1；

（5）调速的经济性好，初期投资不大，运行费用也不多；

（6）调速时的允许负载在 Y-YY 调速时为恒转矩调速，在△-YY 调速时为恒功率调速。

四、变压调速

变压调速时的机械特性和负载特性如图 7-25 所示。降低定子电压，便可改变电动机的机械特性，使得工作点由 a 点变到 b 点，从而降低了电动机的转速。对于恒转矩负载和恒功率负载来说，在 n_m 以下的各交点上运行是不稳定的，只有在 n_m 以上的各交点上运行才是稳定的，因而调速范围十分有限。对于通风机负载而言，所有交点都能满足稳定运行条件，都可以稳定运行，调速范围明显比恒转矩负载和恒功率负载时的调速范围大，但是此时需要注意的是电流应不超过额定值。

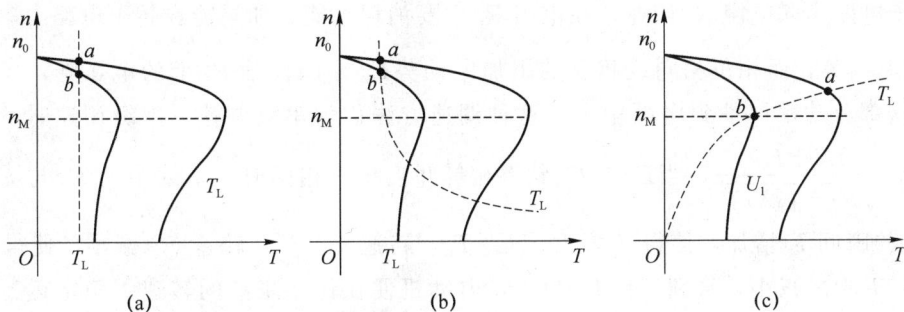

图 7-25　变压调速时的机械特性和负载特性曲线

（a）恒转矩负载；（b）恒功率负载；（c）恒风机负载

变压调速的主要性能如下：

（1）调速方向为往下调，因为电压 U_1 不能超过额定电压 U_N，只能降压调速，故 n 只能比基本转速低；

（2）调速的平滑性好，可以实现无级调速；

（3）调速的稳定性差，因为电压降低后，机械特性硬度降低，静差率 δ 增大；

（4）调速的经济性差，因为初期投资大，需要专用的电压可调的电源，运行时，效率和功率因数低；

（5）调速范围不大；

（6）调速时的允许负载既非恒转矩调速，又非恒功率调速。

如上所述，单纯的变压调速实用意义不大，为了提高其调速性能，可采用速度闭环控制系统等方法进行调速。

五、绕线型异步电动机转子串联电阻调速

前面三种调速方法都是针对笼型异步电动机而言，转子串联电阻调速方法是对绕线型异步电动机而言的。此时的机械特性和负载特性如图 7-26 所示。增加转子电阻 R_2 便可改变电动机的机械特性，使得工作点由 a 点变到 c 点，从而降低了转速，R_2 越大，n 越低。

从图 7-26 调速曲线可以总结出这种调速方法的主要性能如下：

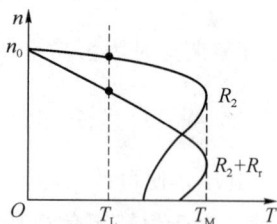

图 7-26 转子串联电阻调速
的机械特性和负载特性曲线

（1）调速方向只能往下调。

（2）调速的平滑性取决于 R_2 的调节方式。

（3）调速的稳定性差。R_2 越大，机械特性硬度越小，静差率越大。

（4）调速的经济性差，初期投资虽然不大，但损耗增加，运行效率低。

（5）因受低速时的静差率的限制，故调速范围不大。

（6）调速时的允许负载为恒转矩负载。

六、绕线型异步电动机的串级调速

转子电路串联电阻 R_r 调速，在电阻 R_r 中要消耗电能。如果能在转子电路中串入一个与 $\dot{E}_{2s}$ 频率相等，而相位相同或相反的附加电动势 $\dot{E}_{ad}$，以代替 R_r 上的电压降，既可节能又可将这部分功率回馈到电网中去，这种调速方法称为串级调速。串级调速时，转子电流为 $I_{2s} = \dfrac{E_{2s} \pm E_{ad}}{\sqrt{R_2^2 + (sX_2)^2}}$，当 $\dot{E}_{ad}$ 与 $\dot{E}_{2s}$ 频率相等并且相位相同时，上式中的 E_{2s} 与 E_{ad} 相加，引入 E_{ad} 的瞬间 I_2 增加，使得 T 增大，$T > T_L$，转速 n 上升，转差率 s 减小，使得 I_{2s} 又开始减小，T 随之减小，直到 $T = T_L$ 为止，电动机便在比原来高的转速下稳定运行，串入的 E_{ad} 越大，转速 n 越高。当 $\dot{E}_{ad}$ 与 $\dot{E}_{2s}$ 频率相等，相位相反时，E_{2s} 与 E_{ad} 相减，引入 E_{ad} 的瞬间，I_{2s} 减小，使得 T 减小，$T > T_L$，转速 n 下降，转差率 s 增加，使得 I_{2s} 又开始增加，T 随之增加，直到 $T = T_L$ 为止，电动机便在比原来低的转速下稳定运行，串入的 E_{ad} 越大，转速 n 越低。由于 I_{2s} 是由 E_{2s} 和 E_{ad} 产生的，可以看成 I_{2s} 由 E_{2s} 和 E_{ad} 两者分别产生的两部分电流组成，它们与旋转磁场相互作用分别产生电磁转矩。当 $\dot{E}_{ad}$ 与 $\dot{E}_{2s}$ 相位相同时，两部分电流相位相同，它们所产生的电磁转矩方向相同，在同一转速下 T 增加；当 $\dot{E}_{ad}$ 与 $\dot{E}_{2s}$ 相位相反时，两部分电流相位相反，它们所产生的电磁转矩方向相反，在同一转速下 T 减小。因此，串级调速的机械特性如图 7-27 所示，E_{ad} 不同时其机械特性差不多是上下、左右平移。串级调速的主要性能如下：

（1）调速方向既可往上调，又可往下调；

（2）调速的平滑性好，可实现无级调速；

（3）调速的稳定性好，机械特性的硬度不变，只要转速不是太低，静差率不会太大；

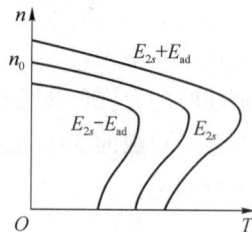

图 7-27 串级调速时的机械特性曲线

（4）调速的经济性方面，初期投资大，但运行费用不大，效率高；

（5）调速范围广；

（6）调速时的允许负载为恒转矩负载。

§7.6　三相异步电动机的制动

　　制动就是让电动机产生一个与转子转向相反的电磁转矩，以使电力拖动系统迅速停机或稳定下放重物，这时电机所处的状态称为制动状态，这时的电磁转矩为制动转矩。目前三相异步电动机的制动方法有能耗制动、反接制动和回馈制动三种方法，下面将详细介绍这三种方法。

一、能耗制动

　　能耗制动的特点是将电动机与三相电源断开而与直流电源接通，电动机像发电机一样，将拖动系统的机械能转换成电能消耗在电机内部电阻中，其电路如图 7-28（a）所示。制动前，合上开关 Q_1 并且断开开关 Q_2，电动机与三相电源接通作电动机运行，制动时断开 Q_1，迅速合上 Q_2，将定子改接到直流电源上。直流电流通过定子绕组产生恒定不变的磁场，这时的转子仍在沿着原来的方向旋转，由右手定则可知，在转子绕组中产生的感应电动势和电流的方向如图 7-28（b）所示，转子转向相反，此时电磁力形成的转矩为制动转矩。

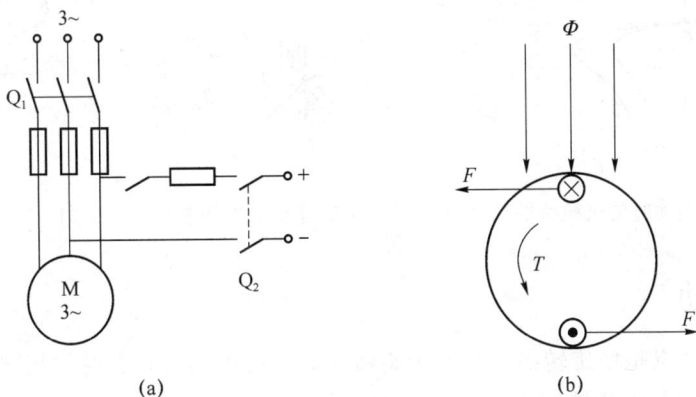

图 7-28　能耗制动

（a）能耗制动电路；（b）能耗制动转矩的产生

　　制动过程中，转子与恒定磁场间存在着相对运动，这与电动状态时转子与旋转磁场之间存在相对运动的道理是一样的，因而机械特性形状不变，但 n 与 T 方向相反，$n>0$ 时，$T<0$；$n<0$ 时，$T>0$；机械特性如图 7-29 所示的二、四象限。能耗制动具体可应用在迅速停机和下放重物两个方面。

1. 迅速停机

　　迅速停机的机械特性曲线如图 7-30 所示。制动前电动机拖动负载 T_L 工作在固有特性上的 a 点，作电动机运行，制动时因机械惯性转速 n 来不及改变，工作点由 a 点平移到能耗制动时的人为特性 b 点上，此时 T 反向成为制动转矩，制动过程开始。在制动转矩的作用下转子转速迅速下降，工作点沿人为特性由 b 点移至 O 点，此时 $n=0$，转子与恒定磁通之间没有相对运动，不会在转子绕组中产生感应电动势和电流，因而电磁转矩自动变为零。制动过程结束，实现了系统的迅速停机，虽然这时 $T=0$，系统不会自动启动，为节能起见，应将开关 Q_2 断开。能耗制动的制动效果与定子直流电流 I_1 的大小有关。I_1 大产生的恒定磁通 Φ 大，制动转矩 T 大，制动快，I_1 的大小可以通过调节制动电阻 R_b 来调节。

2. 下放重物

下放重物的机械特性曲线如图 7-31 所示。制动前系统工作在固有特性的 a 点，电动机拖动位能性恒转矩负载 T_L 以一定速度提升重物。在需要稳定下放重物时，使电动机处于能耗制动状态。工作点由固有特性曲线的 a 点平移到人为特性曲线的 b 点，并迅速移动到 O 点。这一阶段电动机是处在制动过程之中。当工作点到达 O 点时，$T=0$，但 $T_L>0$，即在重物的重力作用下，系统反向启动，工作点将由 O 点移到 c 点，$T=T_L$，系统重新稳定运行。这时 n 反向，电动机以稳定速度下放重物，电动机处在制动运行之中。制动电阻 R_b 小，定子直流电流 I_1 大，人为特性的斜率小，c 点下放重物的速度就慢。

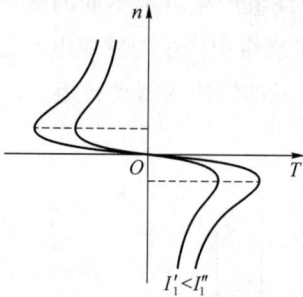

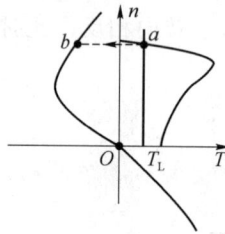

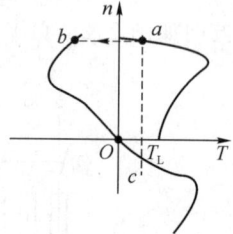

图 7-29 能耗制动时的机械特性 　图 7-30 迅速停机的能耗制动 　图 7-31 下放重物的能耗制动

二、反接制动

反接制动的特点是使旋转磁场与转子旋转的方向由电动机状态时的相同变为相反，此时转差率 $s>1$，从而使电磁转矩方向与转子转向相反，成为制动转矩。实现反接制动方法有两种，即迅速停机和下放重物，它们分别用于不同场合。

1. 迅速停机

制动前，电机作电动机运行，以绕线型电动机为例，其电路如图 7-32（a）所示。制动时改变定子电流的相序并且串入制动电阻 R_b（笼型电动机串联定子电路中，绕线型电动机串在转子电路中），其电路如图 7-32（b）所示。由于定子电流相序改变并且串入了电阻 R_b，所以此时的人为特性在第二、三象限。制动前电动机拖动恒转矩负载 T_L 作电动机运行，工作点在固有特性上的 a 点，制动时工作点平移至人为特性上 b 点，制动过程开始，由于此时 T 与 n 方向相反，n 迅速下降，工作点迅速沿人为特性向下移至 c 点，这时 $n=0$，制动过程结束。为了不使系统反向启动，应立即断开电源。制动电阻 R_b 小，制动瞬间电流大，制动转矩大、制动较快。

2. 下放重物

制动前电动机拖动位能性恒转矩负载 T_L 作电动机运行以提升重物，其电路如图 7-33（a）所示。制动时串入电阻 R_b，其电路如图 7-33（b）所示。制动前系统工作在固有特性和

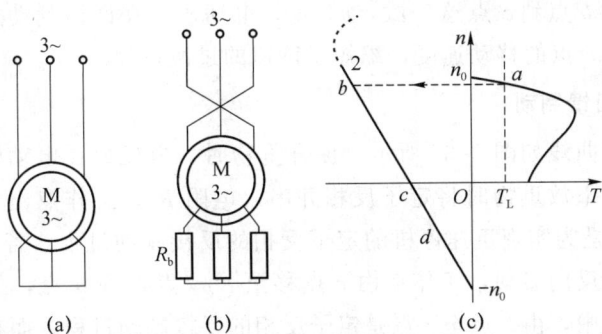

图 7-32　定子反向的反接制动

(a) 制动前电路；(b) 制动时电路；(c) 机械特性

负载特性的交点 a 上，制动时工作点平移到人为特性的 b 点。由于此时的 $T<T_L$，n 下降，工作点由 b 点向 c 点移动，到达 c 点后，$n=0$，但 $T<T_L$，系统反向启动，工作点继续下移，直到 b 点为止，$T=T_L$，电动机稳定下放重物，电动机处于制动运行之中。制动电阻 R_b 小，人为特性的斜率小，d 点下放重物的速度慢。但是必须使 c 点的电磁转矩小于负载转矩 T_L，否则只能降低提升速度不能稳定下放重物。

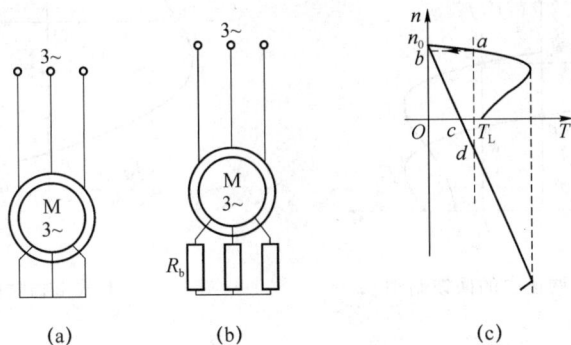

图 7-33　转子反向的反接制动

(a) 制动前电路；(b) 制动时电路；(c) 机械特性

三、回馈制动

回馈制动又称为再生制动，其特点是使转子转速 n 超过同步转速 n_0，其转差率 $s<0$，电机处于发电状态，将系统的动能转换成电能送回电网。回馈制动一般出现以下两种情况，即调速过程中的回馈制动和下放重物的回馈制动。下面分别介绍以下两种情况。

1. 调速过程中的回馈制动

通过改变同步转速 n_0 来进行调速，例如变频调速、变极调速和串级调速中都有可能在调速过程中的某一阶段使电动机处在回馈制动过程中。当降低频率调速时，其机械特性和负载特性如图 7-34 所示。在降低频率的瞬间，工作点由 a 点平移至 b 点，T 反向成为制动转矩，n 下降，工作点由 b 点移向 c 点。由于 c 点处的 $T=0$，$T<T_L$，n 继续下降，直到工作点到达 d 点为止，$T=T_L$，电动机在比原来低的转速下重新稳定运行，调速过程结束。在上

述的调速过程中，由 b 点到 c 点这一段，$n > n_0$，电动机处在回馈制动过程中，这一制动加速了工作点由 b 点向 c 点的移动速度，缩短了调速的过渡过程。

2. 下放重物的回馈制动

此时的机械特性曲线如图 7-35 所示。提升重物时，电机处在电动机运行状态，工作在固有特性上的 a 点，下放重物时将定子反相并串入电阻 R_b，工作点由 a 点平移至 b 点，再到 c 点，这一阶段就是为实现迅速停机的定子反相的反接制动过程。若到达 c 点后，不立即断开电源，电动机将反向启动，工作点由 c 点移至 $-n_0$ 点再到 d 点，这时 n 反向，稳定下放重物。在这一过程中，由 b 点至 c 点是定子反相的反接制动过程，而在 $-n_0$ 点至 d 点这一阶段转速大于同步转速，电机处在回馈制动过程，在 d 点运行时电机处在回馈制动运行中。制动电阻 R_b 小，人为特性在第四象限部分的斜率小，d 点下放重物的速度慢，但制动瞬间的电流大。

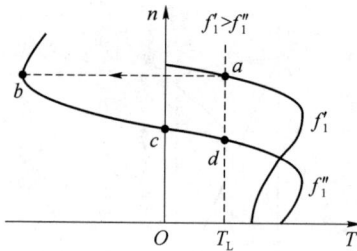

图 7-34 调速中的回馈制动   图 7-35 下放重物时的回馈制动

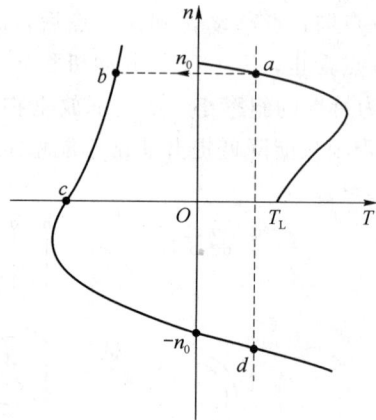

本 章 小 结

本章首先介绍了三相异步电动机的机械特性的表达式和异步电动机的固有特性以及人为特性，然后介绍了异步电动机的稳态运行条件、启动方法和调速方法，最后介绍了异步电动机的制动方法。

三相异步电动机的机械特性有三种表达式，即物理表达式、参数表达式和实用表达式。这三种表达式虽然形式很不相同，但是可以从一种形式推导出另外两种形式，可见它们是同一条机械特性的不同表达形式，但是三者在电力拖动系统中应用的场合是不同的。机械特性三种表达式可用以表示异步电动机的固有机械特性，也可用以表示改变各种参数时的人为机械特性，根据不同目的可有启动、调速以及各种制动状态的人为机械特性，在形式上这些特性的表达式是相同的。生产机械一方面要求电动机具有足够大的启动转矩，以便很快得到正常转速而进行工作，对于经常启动、制动的生产机械更可提高生产率；另一方面又希望启动电流不要太大，以免电网产生过大的电压下降，从而影响接在同一电网上的其他电气设备的正常运行。对于笼型异步电动机，启动电流用减压启动的方法来限制，但是此时启动转矩及最大转矩也相应地减小了。解决这一矛盾较好的办法是增大转子电阻，这样对改善启动性能十分有利。此时，一方面可以减小启动电流，另一方面由于转子功率因数提高了，启动转矩也能提高。

　　本章还介绍了变极调速、变频调速、变压调速、转子串联电阻调速和串级调速等几种调速方法。变极调速是通过改变定子绕组的连接方法来得到不同的极数和转速，这一方法适用于不需要平滑调速的场合。变频调速具有范围大，平滑性好，低速特性较硬，可实现恒转矩调速的优点，但其缺点是必须有专用的变频电源，低速时可能因转矩大而带不动负载。变压调速、转子串联电阻调速和串级调速均属于调节转差率能耗的调速方法，其共同特点是转差功率都消耗在笼型转子或电枢电路中，调速时发热较为严重，效率不高，只能用在功率不高的生产机械上。

　　在异步电动机的制动方法上，三种制动方法应用的范围不同，其特点也各不相同。能耗制动主要是将系统的动能转换成电能消耗在电机内部的电阻中。反接制动主要使旋转磁场的方向与转子旋转的方向相反，因此可以采取定子反向和转子反向两种方案。回馈制动是将系统的动能转换成电能送回给电网。

思考题与练习题

　　1. 三相笼型异步电动机，在 $f_1 = f_N$，$U_1 = U_N$ 的情况下运行。若 $s > s_N$，问该电动机是工作在过载、满载还是欠载状态？

　　2. 电动机在短时过载运行时，过载越多，其允许过载的时间越短，为什么？

　　3. 三相绕线型异步电动机，转子电路串入的电阻越大，是否启动转矩也越大？

　　4. 三相异步电动机在空载和满载启动时，启动电流和启动转矩是否相同？

　　5. 金属切削机床往往要求在精加工时，切削量要小，而转速要高；粗加工时，切削量要大，而转速要低，问从这一加工的总体要求看，它应该属于哪一种负载？但在每次加工时，切削量和转速基本上保持不变，这时它应该属于哪一种负载？

　　6. 在三相异步电动机机械特性 MS 段运行时都是不稳定的，这种说法正确吗？

　　7. 星形—三角形启动是降低了定子线电压还是定子相电压？自耦变压器启动是降低了定子线电压还是定子相电压？

　　8. 380 V、星形连接的电动机能否采用星形—三角形减压启动？

　　9. 笼型异步电动机调速方法中哪种调速方法性能最好？绕线型异步电动机的调速方法中哪种调速方法性能最好？

　　10. 绕线型异步电动机转子串联电阻启动时，随着 R_2 的增大有可能会出现启动转矩由小变大，而后又会由大变小，那么绕线型异步电动机转子串电阻调速时，是否会出现随着 R_2 的增大，转速由高变低之后又会由低变高呢？

　　11. 用能耗制动使系统迅速停机，当转速 $n = 0$ 时若不断开电源，电机是否会自行启动？利用反接制动迅速停机，当 $n = 0$ 时，若不断开电源，电机是否会自行启动？

　　12. 绕线型异步电动机带位能性恒转矩负载运行，在电动机状态下提升重物时，R_2 增大，n 增大还是减小？在转子反向的反接制动状态下放重物时，R_2 增大，n 增加还是减小？

13. 反接制动运行和回馈制动运行时，它们的转差率有何区别？

14. 能耗制动、反接制动和回馈制动用来稳定下放重物时，转子电阻 R_2 增加，下放的转速是增加还是减小？

15. 某三相异步电动机，$P_N = 4$ kW，$n_0 = 750$ r/min，$n_N = 720$ r/min，$\alpha_{MT} = 2.0$。求：(1) 当 $s = 0.3$ 时，T 为多少？(2) $T = 50$ N·m 时，s 为多少？

16. 某三相绕线型异步电动机，$n_N = 980$ r/min，$\alpha_{MT} = 2.2$，原来 $T = T_N$，现求下述情况的转速：(1) $T = 0.8 T_N$；(2) $U_1 = 0.8 U_N$；(3) $f_1 = 0.8 f_N$；(4) R_2 增加至 1.2 倍。

17. 表 7-1 是一台三相笼型异步电动机的数据。试求：(1) 额定转差率；(2) 额定转矩；(3) 额定输入功率；(4) 最大转矩；(5) 启动转矩；(6) 启动电流。

表 7-1 练习题 17 表

电动机型号	额定功率/kW	额定电压/V	额定电流/A	额定转速/(r·min^{-1})	额定效率/%	额定功率因数	启动电流/倍数	启动转矩/倍数	最大转矩/倍数
T180L-4	22	380	42.5	1 470	91.5	0.86	7.0	2.0	2.2

18. 某三相异步电动机，$P_N = 15$ kW，$U_N = 380$ V，$n_N = 2\,930$ r/min，$\eta_N = 88.2\%$，$\lambda_N = 0.88$，$\alpha_{SC} = 7$，$\alpha_{ST} = 2$，$\alpha_{MT} = 2.2$，启动电流不允许超过 150 A。若 $T_L = 60$ N·m，求能否带此负载：(1) 长期运行；(2) 短时运行；(3) 直接启动。

19. 一台冲天炉鼓风机，其异步电动机的 $P_N = 75$ kW，$U_N = 380$ V，$I_N = 137.5$ A，△形连接，$\alpha_{SC} = 6$，车间变压器（电源）的容量 $S_N = 200$ kV·A。求：(1) 能否直接启动异步电动机？(2) 如果采用星形连接，启动电流为多少安？

20. 某三相异步电动机，$U_N = 380$ V，$I_N = 15.4$ A，$\alpha_{SC} = 7$，已知电源电压为 380 V，要求将电压降低至 220 V 启动。求：(1) 采用定子串联电阻减压启动，电动机从电源取用的电流是多少？(2) 采用自耦变压器减压启动，电动机从电源取用的电流是多少？

21. 某三相异步电动机，$P_N = 30$ kW，$U_N = 380$ V，三角形连接。$I_N = 63$ A，$n_N = 740$ r/min，$\alpha_{ST} = 1.8$，$T_L = 0.8 T_N$。由 $S_N = 200$ kV·A 的三相变压器供电。电动机启动时，要求从变压器取用的电流不得超过变压器的额定电流。求能否：(1) 直接启动；(2) 星形—三角形启动；(3) 选用 $K_A = 0.73$ 的自耦变压器启动。

22. JR71-4 型三相绕线异步电动机拖动一个恒转矩负载，已知 $P_N = 20$ kW，$n_N = 1\,420$ r/min，$U_{2N} = 187$ V，$I_{2N} = 68.5$ A，$\alpha_{MT} = 2.3$，$T_L = 100$ N·m。采用转子电路串电阻启动，求各级启动电阻是多少？

23. Y200L-2 型三相笼型异步电动机，$P_N = 30$ kW，$n_N = 2\,950$ r/min，$\alpha_{MT} = 2.2$，$f_N = 50$ Hz，拖动 $T_L = T_N$ 的恒转矩负载运行。求：(1) $f_1 = 0.8 f_N$，$U_1 = 0.8 U_N$ 时的转速；(2) $f_1 = 1.2 f_N$，$U_1 = U_N$ 时的转速。

24. 某三相多速异步电动机，$P_N = 10/11$ kW，$n_N = 1\,470/2\,940$ kW，$\alpha_{MT} = 2.1/2.4$。求：(1) $p = 2$，$T = 60$ N·m 时的转速；(2) $p = 1$，$T = 40$ N·m 时的转速。

25. Y225M-2 型三相笼型异步电动机，$P_N = 45$ kW，$U_N = 380$ V，$\alpha_{MT} = 2.2$，$n_N = 2\,970$ r/min，求：(1) $U_1 = U_N$，$T = 120$ N·m 时的速度；(2) $U_1 = 0.8 U_N$，$T = 120$ N·m

时的速度。

26. 一台三相绕线型异步电动机，$n_N = 960$ r/min，$U_{2N} = 244$ V，$I_{2N} = 14.5$ A。求转子电路中串入 $R_r = 2.611$ Ω 后的满载转速、调速范围和静差率各是多少？

27. JR61-4 型三相绕线型异步电动机，$P_N = 10$ kW，$n_N = 1\,420$ r/min，$\alpha_{MT} = 2.0$，现用它起吊某重物。当转子电路不串联电阻时，$n = 1\,440$ r/min，若在转子电路中串入电阻使转子电路每相电阻增加一倍，求此时的转速是多少？

28. 一台三相笼型异步电动机，$P_N = 22$ kW，$n_N = 1\,470$ r/min，$\alpha_{MT} = 2.2$，$T_L = T_N$，现欲采用反接制动使系统迅速停机。求若不串联电阻，反接制动瞬间电动机产生的制动转矩是多少？

29. 一台三相绕组型异步电动机，$P_N = 60$ kW，$n_N = 577$ r/min，$\alpha_{MT} = 2.5$，$U_{2N} = 253$ V，$I_{2N} = 160$ A。$T_L = 0.8\,T_N$。现采用定子反相的反接制动使系统迅速停机，并要求瞬间的转矩为 $1.2\,T_N$，求转子每相电路中应串联多大电阻？

第 8 章

直流电动机的电力拖动

在第 3 章中介绍过，根据直流电动机的励磁方式的不同将直流电动机分成四种类型。在这四种直流电动机中，他励直流电动机应用最广泛。本章将重点讨论他励直流电动机的机械特性、启动方法、调速方法和制动方法，而对其他直流电动机的应用只做简要的介绍。

§8.1　他励直流电动机的机械特性

在前面的分析中详细地介绍了他励直流电动机的工作原理，本节中将重点介绍他励直流电动机的机械特性。在他励直流电动机中，当 U_a、R_a 和 I_f 保持不变时，电动机的转速 n 与电磁转矩 T 之间的关系 $n = f(T)$ 称为他励直流电动机的机械特性。根据第 3 章中他励直流电动机的几个基本方程式，他励直流电动机的转速与转矩之间可以推出如下关系：

$$n = \frac{U_a}{C_E\Phi} - \frac{R_a}{C_E C_T \Phi^2}T = n_0 - \Delta n = n_0 - \gamma T \tag{8-1}$$

式中，n_0 是直流电动机的理想空载转速，其值为

$$n_0 = \frac{U_a}{C_E\Phi} \tag{8-2}$$

Δn 是转速差，其值为

$$\Delta n = n_0 - n = \gamma T \tag{8-3}$$

γ 是机械特性的斜率，其值为

$$\gamma = \left| \frac{\mathrm{d}n}{\mathrm{d}T} \right| = \frac{R_a}{C_E C_T \Phi^2} \tag{8-4}$$

机械特性的硬度为

$$\alpha = \left| \frac{\mathrm{d}T}{\mathrm{d}n} \right| = \frac{1}{\gamma} \tag{8-5}$$

斜率 γ 越小，硬度 α 越大，机械特性越硬。

当 U_a 和 I_f 保持为额定值而且电枢电路中无外接电阻时的机械特性称为固有特性，否则可用改变电动机参数的方法获得的机械特性称为人为特性。

一、固有机械特性

他励直流电动机的固有特性如图 8-1 所示。由于电枢电路电阻 R_a 很小，机械特性的斜率 γ 很小，硬度 α 很大，固有特性为硬特性。固有特性上的 N 点对应于电动机的额定状态，

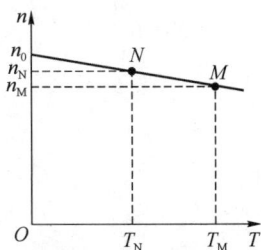

图 8-1 他励直流电动机的固有特性

这时电动机的电压、电流、功率和转速都等于额定值。额定状态说明了电动机的长期运行能力。固有特性上的 M 点对应于电动机的临界状态，这时的电枢电流 I_a 等于换向所允许的最大电枢电流 $I_{a\max} = (1.5 \sim 2.0) I_{aN}$，对应的转矩 T_M 为电动机所允许的最大转矩。临界状态说明了电动机短时过载能力。

二、人为机械特性

人为机械特性可以根据式（8-1）改变电动机参数的方法获得，他励直流电动机一般可得到以下三种人为机械特性。

1. 电枢电路串联电阻时的人为机械特性

若在电枢电路中串入一外接电阻，相当于将式（8-1）中的电枢电 2 路电阻 R_a 增加。这时由于电动机的电压及磁通保持额定值不变，人为机械特性具有与固有机械特性相同的理想空载转速 n_0，而其斜率 γ 的绝对值则随串联电阻的增加而增大，机械特性硬度 α 减小，其人为机械特性如图 8-2 所示。

2. 改变电枢电压时的人为机械特性

这种情况下电枢不串联电阻，当电枢电压 U_a 降低时，n_0 减小，γ 不变，α 不变，机械特性平行下移，其人为机械特性如图 8-3 所示。

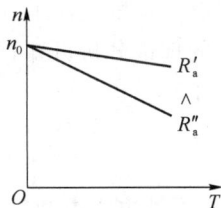

图 8-2 电枢电路电阻增加时的人为机械特性

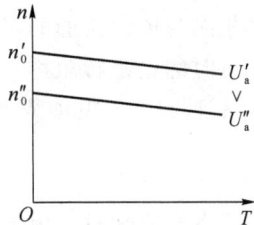

图 8-3 改变电枢电压时的人为机械特性

3. 减弱电动机磁通时的人为机械特性

一般他励直流电动机在额定磁通下运行时，电动机已经接近饱和。改变磁通实际上是减弱励磁。减小励磁电流 I_f，则磁通 Φ 减小，n_0 增加，γ 增加，α 减小，其人为机械特性如图 8-4 所示。

【例 8-1】 已知他励直流电动机的额定功率 $P_N = 40 \text{ kW}$，额定电压 $U_{aN} = 220 \text{ V}$，额定电流 $I_{aN} = 210 \text{ A}$，额定转速 $n_N = 750 \text{ r/min}$。（1）绘制固有机械特性；（2）求固有机械特性的斜率和硬度。

解：（1）要绘制固有机械特性必须要确定出 n_0 点和 N（T_N、n_N）点。忽略 T_0，则

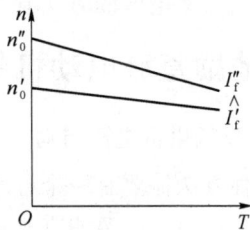

图 8-4 减弱磁通时的人为机械特性

$$T_N = \frac{60}{2\pi} \cdot \frac{P_N}{n_N} = \frac{60}{2 \times 3.14} \times \frac{40 \times 10^3}{750} = 509.55 \, (\text{N} \cdot \text{m})$$

$$C_T \Phi = \frac{T_N}{I_{aN}} = \frac{509.55}{210} = 2.426$$

$$C_E \Phi = \frac{2\pi}{60} C_T \Phi = \frac{2 \times 3.14}{60} \times 2.426 = 0.254$$

$$n_0 = \frac{U_{aN}}{C_E \Phi} = \frac{220}{0.254} = 866.14 \, (\text{r/min})$$

连接 n_0 和 N（T_N、n_N）两点即可得到该电动机的固有特性。

（2）求固有特性的斜率和硬度。

$$E = C_E \Phi n_N = 0.254 \times 750 = 190.5 \, (\text{V})$$

$$R_a = \frac{U_{aN} - E}{I_{aN}} = \frac{220 - 190.5}{210} = 0.14 \, (\Omega)$$

$$\gamma = \frac{R_a}{C_E C_T \Phi^2} = \frac{0.14}{2.426 \times 0.254} = 0.227$$

$$\alpha = \frac{1}{\gamma} = \frac{1}{0.227} = 4.41$$

§8.2 他励直流电动机的启动

他励直流电动机启动时，必须先保证有磁场（即先接通励磁电流），然后加电枢电压。当他励直流电动机刚与电源接通的瞬间，转子尚未转动起来时，他励直流电动机的电枢电流称为启动电流，这时的电磁转矩称为启动转矩。根据第 3 章的理论分析可知，他励直流电动机在启动瞬间，转速 $n = 0$，电动势 $E = 0$，因此其启动电流如下：

$$I_S = \frac{U_a}{R_a} \tag{8-6}$$

在额定电压下直接启动时，由于 R_a 很小，I_S 很大，一般可达电枢电流额定值的 $10 \sim 20$ 倍，这样大的电流将使换向情况恶化，产生严重的火花，而且与电流成正比的转矩将损坏拖动系统的传动机构。由此可见，除了额定功率在数百瓦以下的微型直流电动机，因其电枢绕组导线细、电枢电阻 R_a 大、转动惯量又比较小、可以直接启动外，一般的直流电动机是不允许采用直接启动的。为此，必须将启动电流限制在允许范围之内。从式（8-6）可以看出，限制启动电流的方法有两个，即降低电枢电压 U_a 和增加电枢电阻 R_a。

一、他励直流电动机的启动方法

1. 降低电枢电压启动

这种方法需要有一个可改变电压的直流电源专供电枢电路之用，例如利用直流发电机、晶闸管可控整流电源或直流斩波电源等。启动时加上励磁电压 U_f，保持励磁电流 I_f 为额定值不变，电枢电压 U_a 从零逐渐升高到额定值。这种启动方法适用于电动机的直流电源是可调电源的情况，其优点是启动平稳，启动过程中能量损耗小，易于实现自动化，缺点是初期投资较大。

2. 增加电枢电阻启动

当没有可调电源时，可在电枢电路中串联电阻以限制启动电流，在启动过程中将启动电阻逐步切除。这种电阻分级启动方法一般应用在无轨电车及一些生产机械上。

1）无级启动

额定功率较小的电动机可采用在电枢电路内串联启动变阻器的无级启动方法启动。启动前先把启动变阻器调到最大值，加上励磁电压 U_f，保持励磁电流为额定值不变。再接通电枢电源，电动机开始启动。随着转速的升高，逐渐减小启动变阻器的电阻，直到全部切除。那么启动变阻器的最大电阻值 R_{ST} 应为多少？下面将解决这个问题，设要求的启动电流值为 I_S，该值不得超过 $I_{a\,max}$。

由于这时

$$I_S = \frac{U_a}{R_a + R_{ST}}$$

因此求得

$$R_{ST} = \frac{U_a}{I_S} - R_a \tag{8-7}$$

R_a 可以通过实测或者通过铭牌上提供的额定值进行估算，由于在忽略 T_0 的情况下 $P_2 = P_e = EI_a$。因此，在额定状态下运行时

$$E = \frac{P_N}{I_{aN}} \tag{8-8}$$

$$R_a = \frac{U_{aN} - \dfrac{P_N}{I_{aN}}}{I_{aN}} \tag{8-9}$$

2）分级启动

额定功率较大的电动机一般采用分级启动的方法以保证启动过程中既有比较大的启动转矩，又使启动电流不会超过允许值，其电路图和机械特性如图 8-5 所示。

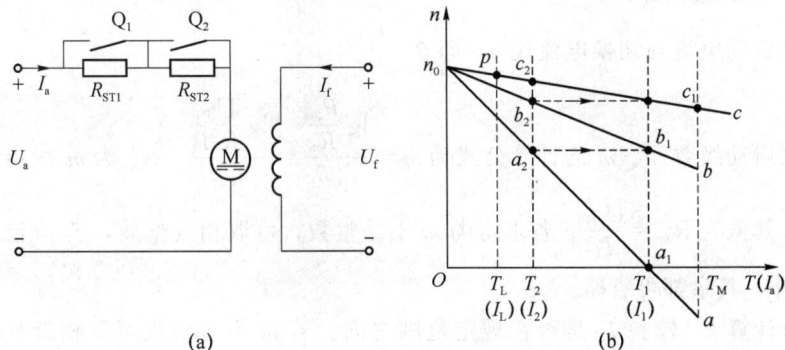

图 8-5　他励直流电动机电枢串电阻分级启动
（a）电路图；（b）机械特性

二、他励直流电动机启动步骤和启动电阻计算

1. 他励直流电动机启动步骤

现以两级启动为例来说明启动步骤和启动过程，其电路图如图 8-5（a）所示，他励直

流电动机的启动步骤总结如下：

（1）串联启动电阻 R_{ST1} 和 R_{ST2} 启动。启动前开关 Q_1 和 Q_2 断开，使得电枢电路中串入电阻 R_{ST1} 和 R_{ST2}，加上电枢电路自身的电阻 R_a，电枢电路的总电阻为 $R_{a2}=R_a+R_{ST1}+R_{ST2}$。加上励磁电压 U_f，保持励磁电流 I_f 为额定值不变，然后加上电枢电压 U_a，这时电动机的机械特性如图 8-5（b）中的人为特性 n_0a。由于启动转矩 T_1 远大于负载转矩 T_L，电动机拖动生产机械开始启动，工作点沿人为特性 n_0a 由 a_1 点向 a_2 点移动。

（2）切除启动电阻 R_{ST2}。当工作点到达 a_2 点，即电磁转矩 T 等于切换转矩 T_2 时，合上开关 Q_2，切除启动电阻 R_{ST2}，电枢电路的总电阻变为 $R_{a1}=R_a+R_{ST1}$，这时电动机的机械特性变为人为特性 n_0b，切除 R_{ST2} 的瞬间转速来不及改变，工作点由特性 n_0a 上的 a_2 点平移到特性 n_0b 上的 b_1 点，这时的电磁转矩 T 仍等于 T_1，电动机继续加速，工作点沿特性 n_0b 由 b_1 点向 b_2 点移动。

（3）切除启动电阻 R_{ST1}。当工作点到达 b_2 点，电磁转矩 T 又等于切换转矩 T_2 时，合上开关 Q_1，切除启动电阻 R_{ST1}，电枢电路的总电阻变为 $R_{a0}=R_a$，机械特性变为固有特性 n_0c，工作点由 b_2 点平移至 c_1 点，使得这时的电磁转矩 T 仍正好等于 T_1，电动机继续加速，工作点沿固有特性 n_0c 上的 c_1 点经 c_2 点最后稳定运行在 p 点，整个启动过程结束。

2. 他励直流电动机的启动电阻计算

为了满足上述启动过程，启动电阻的选择是关键，如何进行启动电阻的计算？下面将进行详细的分析。启动电阻计算步骤如下：

（1）选择启动电流 I_1 和切换电流 I_2。为保证与启动转矩 T_1 对应的启动电流 I_1 不会超过允许的最大电枢电流 $I_{a\,max}$，选择 $I_1=（1.5\sim2.0）I_{aN}$，对应的启动转矩为 $T_1=（1.5\sim2.0）T_N$。为保证一定的加速转矩，减少启动时间，一般选择切换转矩为 $T_2=（1.1\sim1.2）T_L$。若 T_L 未知，可用 T_N 代替，对应的切换电流为 $I_2=（1.1\sim1.2）I_L$，I_L 是与 T_L 对应的稳态电枢电流，若未知可用 I_{aN} 代替。

（2）求出启动电流与切换电流比 β，即 $\beta=\dfrac{I_1}{I_2}$。

（3）确定启动级数 m。m 的计算公式为 $m=\dfrac{\lg\dfrac{R_{am}}{R_a}}{\lg\beta}=\dfrac{\lg\dfrac{U_{aN}}{R_aI_1}}{\lg\beta}$，$R_{am}$ 为 m 级启动时的电枢启动总电阻，其值为 $R_{am}=\dfrac{U_{aN}}{I_1}$。若求得的 m 不是整数，可取相近整数，若 m 已知，上述步骤中除求 I_1 外，其余都可省略。

（4）重新计算 β，校验 I_2 是否在规定范围之内。若 m 不是整数可取相近整数，则需重新计算 β。计算 β 的公式为 $\beta=\sqrt[m]{\dfrac{R_{am}}{R_a}}=\sqrt[m]{\dfrac{U_{aN}}{R_aI_1}}$，根据重新求得的 β，重新求出 I_2，并校验 I_2 是否在所规定的范围之内。若不在规定范围之内，需调整 I_1 或加大启动级数 m，重新计算 β 和 I_2，直到满足要求为止。

（5）求出各级启动电阻。根据分析可知，各级启动电阻计算公式 $R_{STi}=（\beta^i-\beta^{i-1}）R_a$。

【例 8-2】 已知一台他励直流电动机，$P_N=200$ kW，$U_{aN}=440$ V，$I_{aN}=497$ A，$n_N=1\,500$ r/min，$R_a=0.076\ \Omega$，采用电枢电路串电阻启动。求启动级数和各级启动电阻。

解：（1）选择 I_1 和 I_2。

$$I_1 = (1.5 \sim 2.0) \, I_{aN} = (1.5 \sim 2.0) \times 497 = (745.5 \sim 994) \text{ A}$$

$$I_2 = (1.1 \sim 1.2) \, I_N = (1.1 \sim 1.2) \times 497 = (546.7 \sim 596.4) \text{ A}$$

选择 $I_1 = 840 \text{ A}$，$I_2 = 560 \text{ A}$。

（2）求出启动电流与切换电流比 β。

$$\beta = \frac{I_1}{I_2} = \frac{840}{560} = 1.5$$

（3）求出启动级数 m。

$$R_{am} = \frac{U_{aN}}{I_1} = \frac{440}{840} = 0.524 \ (\Omega)$$

取 $m = 5$。

（4）重新计算 β，校验 I_2。

$$\beta = \sqrt[m]{\frac{R_{am}}{R_a}} = \sqrt[5]{\frac{0.524}{0.076}} = 1.47$$

$$I_2 = \frac{I_1}{\beta} = \frac{840}{1.47} = 571 \ (\text{A})$$

I_2 在规定的范围之内。

（5）求出各级启动电阻。

$$R_{ST1} = (\beta - 1) \, R_a = (1.47 - 1) \times 0.076 = 0.035 \, 7 \ (\Omega)$$

$$R_{ST2} = (\beta^2 - \beta) \, R_a = (1.47^2 - 1.47) \times 0.076 = 0.052 \, 5 \ (\Omega)$$

$$R_{ST3} = (\beta^3 - \beta^2) \, R_a = (1.47^3 - 1.47^2) \times 0.076 = 0.077 \, 2 \ (\Omega)$$

$$R_{ST4} = (\beta^4 - \beta^3) \, R_a = (1.47^4 - 1.47^3) \times 0.076 = 0.113 \, 5 \ (\Omega)$$

$$R_{ST5} = (\beta^5 - \beta^4) \, R_a = (1.47^5 - 1.47^4) \times 0.076 = 0.166 \, 8 \ (\Omega)$$

§8.3 他励直流电动机的调速

从 8.1 节的式（8-1）可以看出，改变 R_a、U_a 和 Φ 中的任何一个值都可以使转速 n 发生变化，所以他励直流电动机的调速方法有以下三种。

一、改变电枢电阻调速

改变电枢电阻调速的电路原理如图 8-6（a）所示，即在电枢电路内串联一个调速变阻器。从电路结构上看，虽然该电路与电枢电路串联电阻启动的电路相同，但是这两个电路的意义不同，一个是启动电路，另一个是调速电路。启动变阻器是供短时使用的，而调速变阻器是供长期使用的。因此对一台给定的直流电动机来说，不能简单地将它的启动变阻器作为调速变阻器使用。改变调速变阻器的电阻值，即可改变电枢电路的总电阻，从而可以改变电动机的转速。现以电动机拖动通风机负载为例，其机械特性和负载特性如图 8-6（b）所示。调速前拖动系统工作在固有特性与负载特性的交点 a 上。R_a 改变的瞬间，因机械惯性转速来不及改变，工作点由 a 点平移到人为特性上的 b 点。由于此时 $T < T_L$，n 下降，工作点沿人为特性曲线上的 b 点移至新交点 c 为止，系统在比原来低的转速下重新稳定运行，电枢电

路内串入的电阻越大,转速 n 越低。

这种调速方法的调速性能如下:

(1) 调速方向是往下调。

(2) 调速的平滑性取决于调速变阻器的调节方式。如能均匀地调节变阻器的电阻值,可以实现无级调速。一般调速电阻多为分级调节,故为有级调速。

(3) 调速的稳定性差。因为 R_a 增加后,机械特性硬度降低,静差率将增大。

(4) 因其初期投资虽然不大,但损耗增加,运行效率低,故调速的经济性差。

(5) 因受低速时静差率的限制,调速范围不大。

(6) 因为调速时的磁通 Φ 基本不变,满载电流即额定电流 I_{aN} 一定,因此,各种转速下允许输出的转矩相同,所以调速时的允许负载为恒转矩负载。总之,这种调速方法缺点较多,所以只适用于调速范围不大,调速时间不长的小容量电动机中。

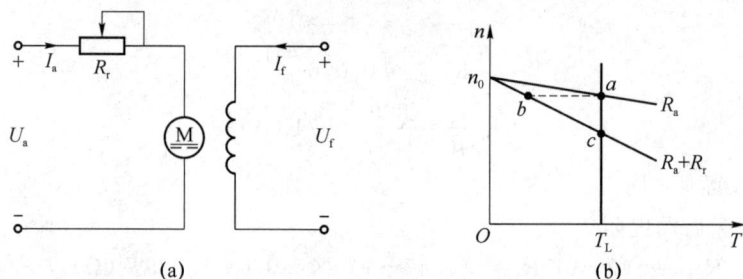

图 8-6 改变电枢电阻调速

(a) 电路图;(b) 机械特性和负载特性

【例 8-3】 已知一台他励直流电动机,$P_N = 4\ \text{kW}$,$U_{aN} = 160\ \text{V}$,$n_N = 1\,450\ \text{r/min}$,$I_{aN} = 34.4\ \text{A}$,用它拖动通风机负载运行,现采用改变电枢电路电阻调速。求要使转速降低至 $1\,200\ \text{r/min}$,需在电枢电路中串联多大的调速电阻?

解: 电动机的电枢电阻

$$R_a = \frac{U_{aN} - \dfrac{P_N}{I_{aN}}}{I_{aN}} = \frac{160 - \dfrac{4\,000}{34.4}}{34.4} = 1.27\ (\Omega)$$

在额定状态下运行时

$$E = U_{aN} - R_a I_{aN} = 160 - 1.27 \times 34.4 = 116.31\ (\text{V})$$

$$C_E \Phi = \frac{E}{n_N} = \frac{116.31}{1\,450} = 0.080\,2$$

$$C_T \Phi = \frac{60}{2\pi} C_E \Phi = \frac{60}{2 \times 3.14} \times 0.080\,2 = 0.766$$

$$T_N = \frac{60}{2\pi} \cdot \frac{P_N}{n_N} = \frac{60}{2 \times 3.14} \times \frac{4\,000}{1\,450} = 26.36\ (\text{N} \cdot \text{m})$$

由于通风机负载的转矩与转速的平方成正比,故 $n = 1\,200\ \text{r/min}$ 时的转矩为

$$T = \left(\frac{n}{n_N}\right)^2 T_N = \left(\frac{1\,200}{1\,450}\right)^2 \times 26.36 = 18.05\ (\text{N} \cdot \text{m})$$

$$n_0 = \frac{U_{aN}}{C_E \Phi} = \frac{160}{0.080\,2} = 1\,995\ (\text{r/min})$$

$$\Delta n = n_0 - n = 1\,995 - 1\,200 = 795\ (\text{r/min})$$

由于

$$\Delta n = \frac{R_a + R_r}{C_E C_T \Phi^2} T$$

由此求得

$$R_r = \frac{\Delta n}{T} C_E C_T \Phi^2 - R_a = \frac{795}{18.05} \times 0.080\,2 \times 0.766 - 1.27 = 1.436\ (\Omega)$$

二、改变电枢电压调速

改变电枢电压时他励直流电动机的机械特性如图 8-7 所示。现以电动机拖动恒转矩负载为例。调速前系统工作在固有特性与负载特性的交点 a 点上，U_a 降低的瞬间，工作点由 a 点平移到人为特性上的 b 点，最后稳定运行在 c 点。U_a 越小，n 越低。这种调速方法的调速性能如下：

（1）调速方向是往下调。

（2）调速的平滑性好，只要均匀地调节电枢电压就可以实现平滑的无级调速。

（3）调速的稳定性要比改变电枢电阻调速方法好得多，但是随着电压的减小，转速的降低，稳定性会逐渐变差。

（4）调速的经济性方面初期投资大，需专用的可调压直流电源，例如采用单独的直流发电机或晶闸管可控整流电源等，但运行费用不大。

（5）调速范围大。

（6）调速时的允许负载为恒转矩负载。

图 8-7　改变电枢电压调速他励直流电动机的机械特性

总之，这是一种性能优越的调速方法，广泛应用于对调速性能要求较高的电力拖动系统中。

【例 8-4】　已知例 8-3 题中的他励直流电动机，拖动恒转矩负载运行，负载转矩等于电动机的额定转矩，现采用改变电枢电压调速，求要使电动机的转速降低至 1 000 r/min，电枢电压应降低到多少？

解：由例 8-3 求得 $R_a = 1.27\ \Omega$，$C_E \Phi = 0.080\,2$，$C_T \Phi = 0.766$，$T_N = 26.36\ \text{N·m}$。

电枢电压减小后

$$\Delta n = \frac{R_a}{C_E C_T \Phi^2} T_N = \frac{1.27}{0.080\,2 \times 0.766} \times 26.36 = 544.94\ (\text{r/min})$$

$$n_0 = n + \Delta n = 1\,000 + 544.94 = 1\,544.94\ (\text{r/min})$$

由此求得：　　　　$U_a = C_E \Phi n_0 = 0.080\,2 \times 1\,544.94 = 123.9\ (\text{V})$

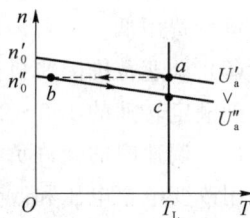

三、改变励磁磁通调速

改变励磁电流的大小便可改变励磁磁通的大小，从而达到调速的目的。改变励磁电路的电阻或者改变励磁绕组的电压都可以使励磁电流改变。在励磁电路内串联一个调速变阻器，当变阻器电阻增加时，励磁电流减小，磁通也随之减少。改变励磁绕组的电压需要专用的可调压的直流电源，当减小励磁电压时，励磁电流以及励磁磁通随之减小。现以他励直流电动

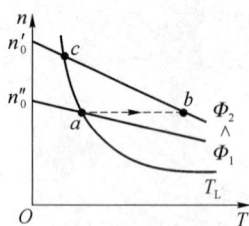

图 8-8　改变励磁磁通调速
他励直流电动机的机械特性与负载特性

机拖动恒功率负载为例，它们的机械特性和负载特性如图 8-8 所示。调速前拖动系统工作在固有特性与负载特性的交点 a 上，改变励磁电流的瞬间，工作点从 a 点平移到人为特性上的 b 点，最后稳定运行在人为特性与负载特性的交点 c 上。显然，I_f 越小，n 越大。这种调速方法的调速性能如下：

（1）因为励磁电流不能超过其额定值，因此只能减小励磁电流，从而使磁通减小，转速上升，因此调速方向是往下调。

（2）调速的平滑性好，只要均匀地调节励磁电流的大小便可实现无级调速。

（3）调速的稳定性好。虽然励磁电流减小时，机械特性硬度下降，但因理想空载转速增加，静差率不变。

（4）调速的经济性较好。因为它是在功率较小的励磁电路内控制励磁电流的，功率损耗小，运行费用低。但若采用电压可调的直流电源供电，则需增加初期投资。

（5）调速范围因受机械强度、电枢反应的去磁作用和换向能力的限制，最高转速一般只能达到额定转速的 1.2～2 倍，所以调速范围不大。

（6）调速时的允许负载为恒功率负载。在对调速要求很高的电力拖动系统中通常都是同时采用改变电枢电压和改变励磁磁通两种调速方法相结合的方法进行调速，从而扩大调速范围，实现双向调速。

【例 8-5】　已知在例 8-3 中的他励直流电动机拖动恒功率负载运行，现采用改变励磁磁通调速。求若要将转速增加至 $n = 1\,800$ r/min，$C_E\Phi$ 等于多少？

解：由前面的分析求得 $R_a = 1.27\ \Omega$，$T_N = 26.36$ N·m。由于恒功率负载的转矩与转速成反比，故忽略空载转矩时，调速后的电磁转矩为

$$T = \frac{n_N}{n} T_N = \frac{1\,450}{1\,800} \times 26.36 = 21.23\ (\text{N·m})$$

将数据代入式（8-1）中，得

$$1\,800 = \frac{160}{C_E\Phi} - \frac{1.27}{C_E C_T \Phi^2} \times 21.23$$

整理后得

$$1\,800\,(C_E\Phi)^2 - 160 C_E\Phi + 2.82 = 0$$

$$C_E\Phi = \frac{160 \pm \sqrt{160^2 - 4 \times 1\,800 \times 2.82}}{2 \times 1\,800} = 0.064\,7\ \text{或}\ 0.024\,2$$

§8.4　他励直流电动机的制动

他励直流电动机有两种运行状态，即电动运行状态和制动运行状态。电动运行状态的特点是电动机转矩的方向与转速的方向相同，此时电网向电动机输入电能并且变为机械能以带动负载。制动运行状态的特点是转矩与转速的方向相反，此时电动机便成为发电机吸收机械能并转化为电能。制动的目的是使电力拖动系统停车，有时也为了使拖动系统的转速降低，

对于位能负载的工作机构，用制动可以获得稳定的下放速度。欲使电力拖动系统停车，最简单的方法是断开电枢电源，系统就会慢下来，最后停车，这种方法称为自由停车法。自由停车一般较慢，特别是空载自由停车，需要较长的时间。如果希望使制动过程加快，可以使用电磁制动器，即所谓"抱闸"；也可以使用电气制动方法，常用的有能耗制动、反接制动等，使电动机产生一个负的制动转矩，使系统较快地停下来。在调速系统减速过程中，还可以应用回馈制动。应用上述三种电气制动方法，也可以使位能负载的工作机构获得较稳定的下放速度。

下面分别介绍他励直流电动机的能耗制动、反接制动和回馈制动三种电气制动方法。

一、能耗制动

他励直流电动机能耗制动的特点是将电枢与电源断开，串联一个制动电阻 R_b，使电动机处于发电状态，将系统的动能转换成电能消耗在电枢回路的电阻上。能耗制动又分为两种，分别用于不同场合。

1. 迅速停机

迅速停机的电路如图 8-9 所示。与电动状态相比，制动时系统因惯性继续旋转，转速 n 方向不变，由于磁场的方向不变，故电动势 E 的方向也不变。电源被切除，电枢通过制动电阻 R_b 短接，电动势将产生与电动状态时方向相反的电枢电流 I_a。电枢电流 I_a 反向使得电磁转矩 T 反向而成为制动转矩，电动机的转速迅速下降至零。当 $n=0$ 时，$E=0$，$I_a=0$，制动转矩自动消失。

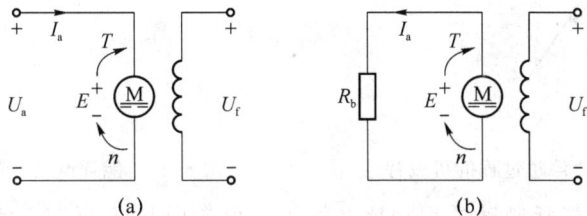

图 8-9　能耗制动迅速停机的电路

(a) 电动状态；(b) 制动状态

以上制动过程也可以通过机械特性来说明，电动状态时的机械特性如图 8-10 中的特性曲线 1，n 与 T 的关系为 $n=\dfrac{U_a}{C_E\Phi}-\dfrac{R_a}{C_E C_T \Phi^2}T$，能耗制动时，$U_a=0$，电枢回路中又增加制动电阻 R_b，所以 $n=-\dfrac{R_a+R_b}{C_E C_T \Phi^2}T$，此时的机械特性如图 8-10 中的特性曲线 2，它是一条通过原点位于二、四象限的直线。设电动机拖动的是反抗性恒转矩负载。制动前系统工作在机械特性 1 与负载特性 3 的交点 a 上。制动瞬间，因机械惯性，转速来不及变化，工作点由 a 点平移到能耗制动特性 2 上的 b 点。这时 T 反向，成为制动转矩，制动过程开始，在 T 和 T_L 的共同作用下，转速 n 迅速下降，工作点沿特性 2 由 b 点移至 O 点，这时，$n=0$，T 也自动变为零，制动过程结束。能耗制动过程的效果与制动电阻 R_b 的大小有关，R_b 小，则 I_a 大，

T 大，制动过程短，停机快。但制动过程中的最大电枢电流，即工作于 b 点时的电枢电流 I_{ab} 不得超过 $I_{a\,max}$，根据图 8-9（b）可知：$I_{ab} = \dfrac{E_b}{R_a + R_b}$，其中 $E_b = E_a$ 是工作于 b 点和 a 点时的电动势。由此求得 $R_b \geqslant \dfrac{E_b}{I_{a\,max}} - R_a$。

2. 下放重物

若电动机拖动位能性恒转矩负载，如图 8-11 所示。制动前系统工作在机械特性 1 与负载特性 3 的交点 a 上，电动机以一定的速度提升重物。在需要稳定下放重物时让电动机处于能耗制动状态。工作点由机械特性曲线 1 上的 a 点平移到特性曲线 2 上的 b 点，并迅速移动到 O 点，这一阶段，电动机处于能耗制动过程中。当工作点到达 O 点时，$T = 0$，但 $T_L > 0$，在重物的重力作用下，系统反向启动，工作点将由 O 点下移到 c 点，$T = T_L$，系统重新稳定运行，这时 n 反向，电动机稳定下放重物。由于下放重物时电动机是稳定运行在能耗制动状态，故这种制动状态称能耗制动运行。

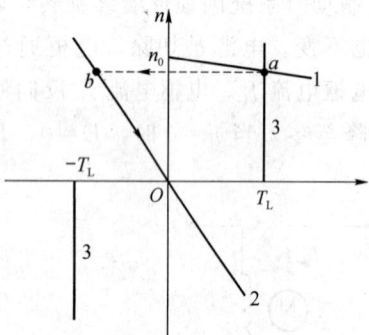

图 8-10 能耗制动迅速停机过程的机械特性

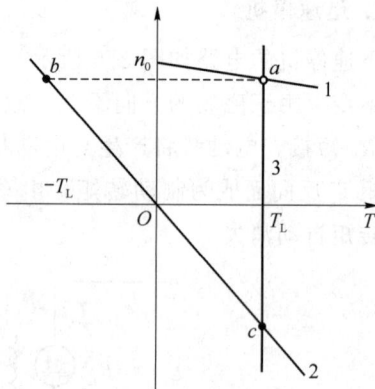

图 8-11 能耗制动下放重物过程的机械特性

能耗制动运行与能耗制动过程相比，由于 n 反向引起 E 反向，使得 I_a 和 T 也随之反向，两者的区别可用图 8-12 表示。从图 8-12 可以看出在能耗制动过程中，$n > 0$，$T < 0$；在能耗制动运行时，$n < 0$，$T > 0$。

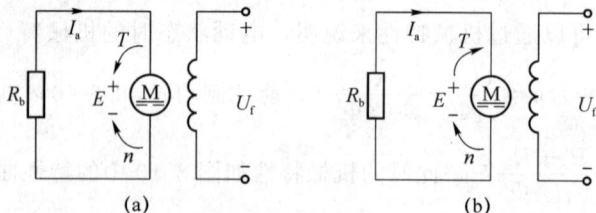

图 8-12 能耗制动过程与能耗制动运行的比较
(a) 能耗制动过程；(b) 能耗制动运行

能耗制动运行的效果与制动电阻 R_b 的大小有关，R_b 小，特性曲线 2 的斜率小，转速低，下放重物慢。由图 8-11 可知，工作在 c 点时，只取各量的绝对值，而不考虑其正、

负，则

$$R_\mathrm{a}+R_\mathrm{b}=\frac{E_\mathrm{c}}{I_\mathrm{ac}}=\frac{C_E\varPhi}{\dfrac{T}{C_T\varPhi}}=C_EC_T\varPhi^2\,\frac{n}{T_\mathrm{L}-T_0}$$

下放重物时，T_0 与 T_L 方向相反，与 T 方向相同，故 $T=T_\mathrm{L}-T_0$。若要以转速 n 下放负载转矩为 T_L 的重物时，制动电阻应为 $R_\mathrm{b}=C_EC_T\varPhi^2\,\dfrac{n}{T_\mathrm{L}-T_0}-R_\mathrm{a}$。忽略 T_0 则 $R_\mathrm{b}=C_EC_T\varPhi^2\,\dfrac{n}{T_\mathrm{L}}-R_\mathrm{a}$。在求得 R_b 后，应校验 R_b 是否符合要求。

【例 8-6】　已知一台他励直流电动机，$P_\mathrm{N}=22\ \mathrm{kW}$，$U_\mathrm{aN}=440\ \mathrm{V}$，$I_\mathrm{aN}=65.3\ \mathrm{A}$，$n_\mathrm{N}=600\ \mathrm{r/min}$，$I_\mathrm{a\,max}=2\,I_\mathrm{aN}$，$T_0$ 忽略不计。求：（1）拖动 $T_\mathrm{L}=0.8\,T_\mathrm{N}$ 的反抗性恒转矩负载，采用能耗制动实现迅速停机，电枢电路中应串入的制动电阻不能小于多少？（2）拖动 $T_\mathrm{L}=0.8\,T_\mathrm{N}$ 的位能性恒转矩负载，采用能耗制动以 $n=300\ \mathrm{r/min}$ 恒速下放重物，电枢内应串入多大的制动电阻？

解： 由额定数据可求得

$$R_\mathrm{a}=\frac{U_\mathrm{aN}-\dfrac{P_\mathrm{N}}{I_\mathrm{aN}}}{I_\mathrm{aN}}=\frac{440-\dfrac{22\times10^3}{65.3}}{65.3}=1.58\,(\Omega)$$

$$E=\frac{P_\mathrm{N}}{I_\mathrm{aN}}=\frac{22\times10^3}{65.3}=336.91\,(\mathrm{V})$$

$$C_E\varPhi=\frac{E}{n_\mathrm{N}}=\frac{336.91}{600}=0.562$$

$$C_T\varPhi=\frac{60}{2\pi}C_E\varPhi=\frac{60}{2\times3.14}\times0.562=5.369$$

$$T_\mathrm{N}=\frac{60}{2\pi}\cdot\frac{P_\mathrm{N}}{n_\mathrm{N}}=\frac{60}{2\times3.14}\times\frac{22\,000}{600}=350.32$$

（1）迅速停机时

$$T_\mathrm{L}=0.8T_\mathrm{N}=0.8\times350.32=280.256\,(\mathrm{N\cdot m})$$

$$I_\mathrm{a}=\frac{T_\mathrm{L}}{C_T\varPhi}=\frac{280.256}{5.369}=52.20\,(\mathrm{A})$$

$$E=U_\mathrm{a}-R_\mathrm{a}I_\mathrm{a}=440-1.58\times52.20=357.52\,(\mathrm{V})$$

$$R_\mathrm{b}\geqslant\frac{E_\mathrm{b}}{I_\mathrm{a\,max}}-R_\mathrm{a}=\frac{357.52}{2\times65.3}-1.58=1.16\,(\Omega)$$

（2）下放重物时

$$R_\mathrm{b}=C_EC_T\varPhi^2\,\frac{n}{T_\mathrm{L}}-R_\mathrm{a}=0.562\times5.369\times\frac{300}{280.256}-1.58=1.65\,(\Omega)$$

该值大于 $1.16\ \Omega$ 满足要求。

二、反接制动

他励直流电动机反接制动的特点是使电枢电压 U_a 与电动势 E 的作用方向变为一致，共同产生电枢电流 I_a，由动能转换而来的电功率 EI_a 和由电源输入的电功率 $U_\mathrm{a}I_\mathrm{a}$ 一起消耗在电枢电路中。反接制动可用两种方法来实现，即转速反向（主要用于位能负载）与电枢反接（一般用于反作用负载）。

1. 迅速停机

制动前后的电路如图 8-13 所示。与电动状态相比，电压反向反接制动时将电枢电压反向并在电枢电路内串联制动电阻 R_b。当系统因惯性继续沿原来方向旋转时，磁场方向不变，电动势 E 的方向不变，但由于电枢电压 U_a 反向，U_a 与 E 的作用方向变成一致，一起使电枢电流 I_a 反向，使电磁转矩 T 也反向成为制动转矩，转速迅速下降至零。当转速降至零时，电动势 $E=0$，此时应立即将电枢与电源断开，否则电机将反向启动。

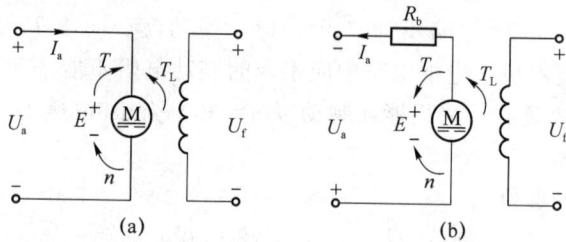

图 8-13　反接制动迅速停机的电路

（a）电动状态；（b）制动状态

上述制动过程可以通过机械特性来说明。电动状态时的机械特性如图 8-14 中的特性曲线 1，n 与 T 的关系为 $n=\dfrac{U_a}{C_E\Phi}-\dfrac{R_a}{C_EC_T\Phi^2}T$，电压反向反接制动时，$n$ 与 T 的关系为 $n=-\left(\dfrac{U_a}{C_E\Phi}-\dfrac{R_a+R_b}{C_EC_T\Phi^2}T\right)$，此时的机械特性如图 8-14 中的特性曲线 2。设电动机拖动反抗性恒转矩负载，负载特性如图 8-14 中的特性曲线 3。制动前，系统工作在机械特性曲线 1 与负载特性曲线 3 的交点 a 上，制动瞬间工作点平移到特性曲线 2 上的 b 点，T 反向成为制动转矩，制动过程开始在 T 和 T_L 的共同作用下，转速 n 迅速下降，工作点将沿特性曲线 2 由 b 点移至 c 点，这时 $n=0$，应立即断开电源，使制动过程结束。否则电动机将反向启动，到 d 点反向稳定运行。

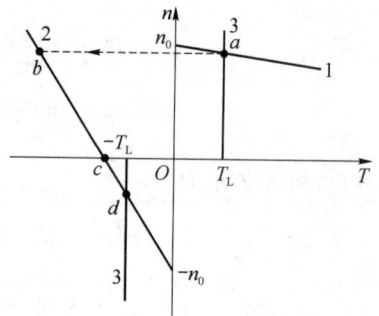

图 8-14　反接制动迅速停机过程的机械特性

电压反向反接制动效果与制动电阻 R_b 大小有关，R_b 小，制动瞬间 I_a 大，T 大，制动过程短，但制动过程中最大电枢电流不得超过 $I_{a\max}=(1.5\sim2.0)I_{aN}$，由图 8-13（b）可知，$I_{ab}=\dfrac{U_a+E_b}{R_a+R_b}$，其中 $E_b=E_a$。由此求得电压反接制动的制动电阻为 $R_b\geqslant\dfrac{U_a+E}{I_{a\max}}-R_a$。

2. 下放重物

反接制动下放重物的电路如图 8-15 所示。制动时电枢电压不反向，只在电枢电路中串联一个适当的制动电阻 R_b，因此机械特性方程变为 $n=\dfrac{U_a}{C_E\Phi}-\dfrac{R_a+R_b}{C_EC_T\Phi^2}T$。

反接制动下放重物过程的机械特性如图 8-16 所示。制动前系统工作在固有特性曲线 1

与负载特性曲线 3 的交点 a 上，制动瞬间工作点由 a 点平移到人为特性上的 b 点，由于 n 下降，工作点沿特性曲线 2 由 b 点向 c 点移动，当工作点到达 c 点时，此时 $T=T_c$，但 $T_L>T_c$，所以在重物的重力作用下，系统反向启动，工作点由 c 点下移到 d 点，$T=T_L$，系统重新稳定运行，n 反向，电动机处在制动运行状态稳定下放重物。

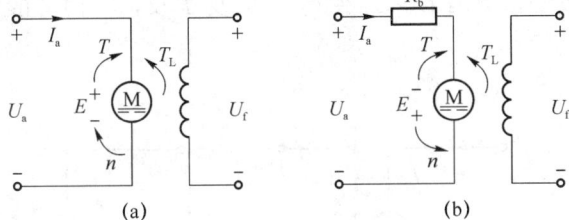

图 8-15　反接制动下放重物的电路
（a）电动状态；（b）制动状态

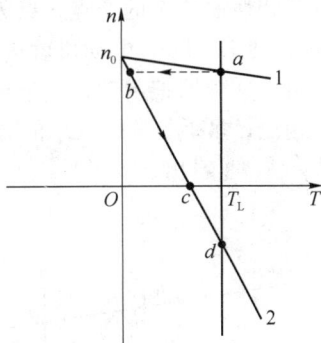

图 8-16　反接制动下放重物
过程的机械特性

在这种情况下制动运行时，由于 n 反向，E 也随之反向，由图 8-15（b）可以看出，这时 E 与 U_a 的作用方向变成一致，但 I_a 和 T 的方向不变，T 与 n 方向相反，成为制动转矩，与负载转矩保持平衡，稳定下放重物，所以这种反接制动称为电动势反向的反接制动运行。电动势反向反接制动的效果与制动电阻 R_b 的大小有关，R_b 小，特性曲线 2 的斜率小，转速低，下放重物慢。由图 8-16 可知，在 d 点运行时，则 $R_a+R_b=\dfrac{U_a+E_d}{I_{ab}}=\dfrac{C_T\Phi}{T}(U_a+C_E\Phi n)$。可见，若要以转速 n 下放负载转矩为 T_L 的重物，制动电阻应为 $R_b=\dfrac{C_T\Phi}{T_L-T_0}(U_a+C_E\Phi n)-R_a$。

【例 8-7】　已知例 8-6 中的他励直流电动机，若迅速停机和下放重物的要求不变，但改用反接制动来实现，求电枢电路中应串入的制动电阻值是多少？

解：（1）迅速停机时

根据前面分析求得的数据，可得

$$R_b \geqslant \frac{U_a+E_b}{I_{a\,max}}-R_a = \frac{440+357.52}{2\times 65.3}-1.58 = 4.527\,(\Omega)$$

（2）下放重物时

$$R_b = \frac{C_T\Phi}{T_L}(U_a+C_E\Phi n)-R_a = \frac{5.369}{280.256}\times(440+0.562\times 300)-1.58 = 10.08\,(\Omega)$$

三、回馈制动

他励直流电动机回馈制动的特点是使电动机的转速大于理想空载转速，因而出现 $E>U_a$，使电机处于发电状态，将系统的动能转换成电能回馈给电网。如果直流电源采用电力电子设备，则需要有逆变装置才能将电能回馈给电网。回馈制动可能出现以下列两种情况。

1. 正向回馈制动——电车下坡

电车在平地行驶或上坡时，负载转矩 T_L 阻碍电车往前行驶，其机械特性如图 8-17 所示。系统工作在机械特性曲线 1 与负载特性曲线 2 的交点 a 上，电车下坡时 T_L 反向，此时，

T_L 变成帮助电车往下行驶，负载特性变为特性 3。在 T 和 $-T_L$ 的共同作用下，n 加速，工作点由 a 点沿特性 1 向上移动到达 n_0 点时，$T=0$，但 $-T_L<0$，所以，$-T_L$ 与 n 方向相同，在 $-T_L$ 作用下，电动机继续加速，工作点越过 n_0 点继续向上移动，这时 T 反向，成为阻止电车下坡的制动转矩。但因为 $|-T_L|>|T|$，工作点继续上移，直到机械特性曲线 1 与负载特性曲线 3 的交点 b 点为止，$T=-T_L$ 电车恒速往下行驶。自从工作点越过 n_0 点后，$n>n_0$，使 $E>U_a$，电动机就进入了回馈制动过程，到达 b 点后，电动机便处于回馈制动运行。由于这种回馈制动，电枢电压方向没有改变，故称正向回馈制动。正向回馈制动与电动状态相比，虽然 n、E、U_a 的方向都未改变，但因 $E>U_a$ 使得 I_a 以及 T 反向，两者的区别可从图 8-18 看出。

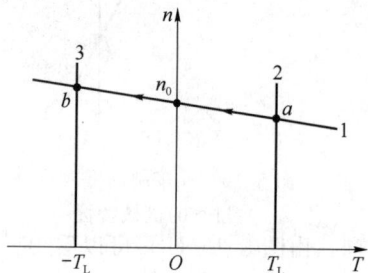

图 8-17 回馈制动电车下坡过程机械特性

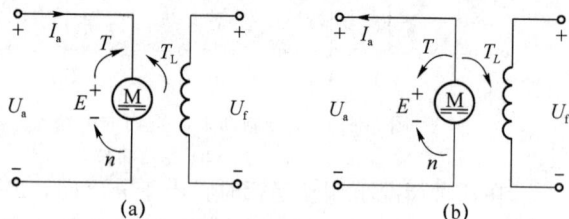

图 8-18 正向回馈制动前后的电路
（a）电动状态；（b）制动状态

正向回馈制动在调速过程中也时常出现，当电动机减速时，若减速后的理想空载转速低于减速前的转速，电动机便会在调速过程的某一阶段处于正向回馈制动过程，如图 8-19 所示，在改变电枢电压调速和改变励磁电流调速时，工作点都要从 a 点平移到 b 点，然后经 c 点到达 d 点稳定运行。在 bc 阶段，$n>n_0$，电动机处于正向回馈制动过程中，正向回馈制动过程有利于缩短 bc 段时间，加快调速过程。

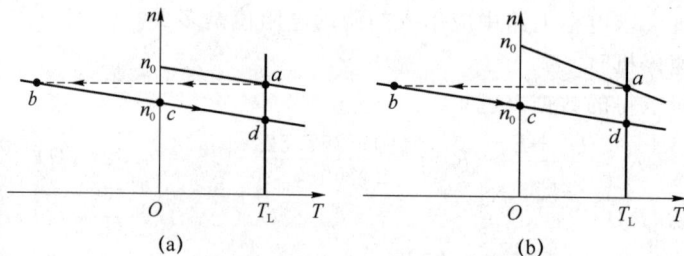

图 8-19 调速时出现正向回馈制动的机械特性
（a）改变电枢电压调整；（b）改变励磁电流调整

2. 反向回馈制动——下放重物

制动时，将电枢电压反向并在电枢回路中串联制动电阻 R_b，制动前后的电路如图 8-20 所示。电动机的机械特性与电压反向反接制动时一样，电动机拖动的是位能性恒转矩负载，其机械特性如图 8-21 所示。制动前拖动系统运行在机械特性曲线 1 与负载特性曲线 3 的交点 a 上。制动瞬间工作点平移到人为特性曲线 2 上的 b 点，T 反向，n 迅速下降，当工作点到达 c 点时，在 T 和 T_L 的共同作用下，电动机反向启动，工作点沿特性曲线 2 继续下移到达 d 点时，转速等于理想空载转速，此时 $T=0$，但 $T_L>0$，在重物的重力作用下，系统继续反向加速，工作点继续下移。当工作点到达 e 点时，$T=T_L$，系统重新稳定运行。这时的电动机在比理想空载转速高的转速下稳定下放重物。

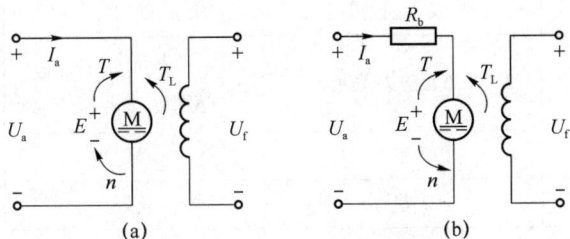

图 8-20　反向回馈制动时的电路
(a) 电动状态；(b) 制动状态

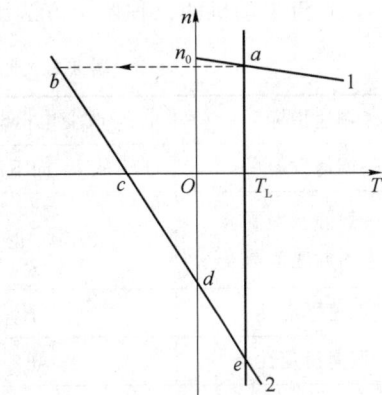

图 8-21　回馈制动下放重物的机械特性

在此制动过程中，在 bc 段电动机处于电压反向反接制动过程，cd 段电动机处于反向启动过程，de 段电动机处于回馈制动过程，在 e 点电动机处于回馈制动运行。由于这种回馈制动是在电枢电压反向后得到的，故称反向回馈制动。反向回馈制动运行时，其电路如图 8-20 (b) 所示，由于 n 反向，E 反向，且 $E>U_a$，T 方向不变，但与 n 方向相反，成为制动转矩。电动机处于发电状态，将系统的动能转换成电能送回电源。

回馈制动效果与制动电阻 R_b 大小有关，R_b 小，则特性曲线 2 的斜率小，转速低，下放重物慢。根据图 8-20 (b) 可知

$$R_a + R_b = \frac{E - U_a}{I_a} = \frac{C_E\Phi n - U_a}{\dfrac{T}{C_T\Phi}} = \frac{C_T\Phi}{T_L}(C_E\Phi n - U_a)$$

若以转速 n 下放负载转矩为 T_L 的重物，则制动电阻为 $R_b = \dfrac{C_T\Phi}{T_L - T_0}(C_E\Phi n - U_a) - R_a$。采用回馈制动下放重物时，转速很高，超过了理想空载转速，因此，应注意转速不得超过电动机允许的最高转速。

【例 8-8】　已知【例 8-6】中的他励直流电动机改用回馈制动下放重物，在电压反向瞬间，在电枢电路中串联较大的制动电阻，以保证 $I_a \leqslant I_{a\max}$，当转速反向增加到理想空载转速时，将制动电阻减小，使电动机以 $n=1\,000$ r/min 下放重物。求此时的制动电阻值。

解：根据前面求得的数据，可得

$$R_b = \frac{C_T\Phi}{T_L}(C_E\Phi n - U_a) - R_a = \frac{5.369}{280.256} \times (0.562 \times 1\,000 - 440) - 1.58 = 0.757\,(\Omega)$$

本章小结

本章重点介绍了他励直流电动机的机械特性、启动方式、调速方法和制动方法。其中，调速方法和制动方法是难点，调速是电动机应用的重要问题，直流电动机的调速性能优异，

对于调速指标要求较高的生产机械，特别在一些老设备上仍多数是用直流电动机拖动。在实际应用中，应根据生产机械的要求，做技术经济比较，结合工程实际确定调速方案。按照调速指标，直流电动机的三种调速方法比较见表 8-1。

表 8-1　直流电动机的三种调速方法比较

调速指标	改变电枢电压	改变电枢电阻	改变磁通
调速方向	从 n_N 向下调速	从 n_N 向下调速	从 n_N 向上调速
在一般静差率要求下的调速范围	4～8	2～3（无静差率要求）	一般 1.2～2 特殊电动机 3～4
调速平滑性	好	差	好
调速稳定性	好	差	较好
允许输出	恒转矩	恒转矩	恒功率
电能损耗	较小	大	小
设备投资	多	少	较少

各种制动方法的优缺点及应用场合不同，总结如下：

（1）反接制动。其优点是制动过程中，制动转矩较稳定，制动较强烈，制动较快，在电动机停转时，也存在制动转矩。其缺点是制动过程有大量的能量损耗，制动到转速等于零时，如果不及时切断电源，电动机就会自行反向加速。因此，转速反向的反接制动可应用于位能负载稳速下降，电枢反接的反接制动用于要求迅速反转较强烈制动的场合。

（2）能耗制动。其优点是制动减速平稳、可靠，控制线路较简单，便于实现准确停车。其缺点是制动转矩随转速降低成正比地减小，制动效果不如反接制动好。因此，可用于不要求反转、减速要求较平稳的场合，也可用以控制位能负载下降的速度。

（3）回馈制动。其优点是不需改接线路，即可从电动状态自行转移到回馈制动状态，电能可回馈电网，较经济。其缺点是单用回馈制动，不能使转速制动到零。因此，可用于位能负载稳速下降，在减压及增磁调速时可自行转入回馈制动状态运行。

思考题与练习题

1. 他励直流电动机中，保持励磁电流 I_f 不变，磁通 Φ 是否不变？

2. 考虑电枢反应时，他励直流电动机的固有特性有没有变化？

3. 他励直流电动机的 I_2 在规定范围内取较小值和取较大值对启动级数有什么影响？

4. 试证明改变励磁电流调速时，他励直流电动机机械特性硬度虽然降低，但静差率不变。

5. 试从能量转换的角度比较三种制动方法的不同。

6. 同一台他励直流电动机，在 T_L 和 R_b 相同的情况下，采用三种制动方法下放重物时，试比较它们下放重物的速度。

7. 一台他励直流电动机，$U_{aN}=440$ V，$I_{aN}=190$ A，$n_N=1\,500$ r/min，$R_a=0.24$ Ω。求

该电机的理想空载转速以及固有特性的斜率和硬度。

8. 一台他励直流电动机，$P_N = 5.5$ kW，$U_{aN} = 160$ V，$I_{aN} = 47.1$ A，$n_N = 1\,520$ r/min。采用降低电枢电压启动，要使启动电流不超过额定电流的 2 倍，电枢电压至少要降低到多少？

9. 一台他励直流电动机，$P_N = 30$ kW，$U_{aN} = 220$ V，$I_{aN} = 158.6$ A，$n_N = 1\,000$ r/min。采用电枢电路中串联电阻启动，求启动级数和各级启动电阻。

10. 一台他励直流电动机，$P_N = 7.5$ kW，$U_{aN} = 440$ V，$I_{aN} = 20.4$ A，$n_N = 2\,980$ r/min。采用电枢电路串联电阻启动，启动级数初步为 2 级，求各级启动电阻。

11. 某他励直流电动机，$P_N = 30$ kW，$U_{aN} = 440$ V，$I_{aN} = 82.5$ A，$n_N = 1\,000$ r/min，拖动恒功率负载运行采用改变电枢电阻调速。求转速降低至 $n = 800$ r/min 时，在电枢电路中应串联多大电阻？

12. 某他励直流电动机，$P_N = 11$ kW，$U_{aN} = 440$ V，$I_{aN} = 31$ A，$n_N = 1\,480$ r/min。求电磁转矩保持额定转矩不变而采用下述方法调速时的转速：（1）R_a 增加 20%；（2）U_a 降低 20%；（3）Φ 减少 20%。

13. 一台他励直流电动机，$P_N = 22$ kW，$U_{aN} = 220$ V，$I_{aN} = 115$ A，$n_N = 1\,500$ r/min，$I_{a\,max} = 230$ A，T_0 忽略不计。求：（1）拖动 $T_L = 120$ N·m 的反抗性恒转矩负载运行，采用能耗制动迅速停机电枢电路中至少要串联多大电阻？（2）拖动 $T_L = 120$ N·m 的位能性恒转矩负载运行，采用能耗制动稳定下放重物。电枢电路中串入（1）中求得的最小制动电阻，下放重物时的转速是多少？

14. 一台他励直流电动机，$P_N = 18.5$ kW，$U_{aN} = 440$ V，$I_{aN} = 53$ A，$n_N = 1\,000$ r/min。拖动位能性恒转矩负载运行，负载转矩 $T_L = 140$ N·m，在任何转速下 $T_0 = 10$ N·m，采用电枢电路中串联电阻调速来提升重物，采用能耗制动运行来下放重物。两者所串联电阻数值相同，加上电动机自身的电枢电阻，电枢电路总电阻为 4 Ω。求该电动机提升重物和下放重物时的转速是多少？

15. 一台他励直流电动机，$P_N = 22$ kW，$U_{aN} = 220$ V，$I_{aN} = 115$ A，$n_N = 1\,500$ r/min。$R_a = 0.25$ Ω，$I_{a\,max} = 230$ A，T_0 忽略不计。求：（1）拖动 $T_L = 120$ N·m 的反抗性恒转矩负载运行，采用电压反向的反接制动实现迅速停机，电枢电路中至少要串联多大电阻？（2）拖动 $T_L = 120$ N·m 的位能性恒转矩负载运行，采用电动势反向的反接制动稳定下放重物，电枢电路中串入制动电阻下放重物时的转速是多少？

16. 某他励直流电动机，$P_N = 75$ kW，$U_{aN} = 440$ V，$I_{aN} = 200.3$ A，$n_N = 750$ r/min，$R_a = 0.327$ Ω，$I_{a\,max} = 400$ A，$T_L = 500$ N·m，T_0 忽略不计。采用反向回馈制动下放重物，求：（1）电枢电压反向时，应串联的制动电阻值；（2）以 $n = 1\,000$ r/min 下放重物时，应串联的制动电阻值。

17. 某他励直流电动机，$P_N = 10$ kW，$U_{aN} = 110$ V，$I_{aN} = 114.4$ A，$n_N = 600$ r/min，$R_a = 0.327$ Ω，$T_L = 100$ N·m，在电枢电路内串联制动电阻后，$R_a + R_b = 2$ Ω。若不考虑 $I_{a\,max}$ 和 n_{max} 的限制，求三种不同制动方法下放重物时的转速。

第 9 章

电力拖动系统电动机的选择

电力拖动系统电动机的选择，首先要在各种工作制下选择的电动机功率，同时，还要确定电动机的电流种类、型式、额定电压与额定转速。正确选择电动机功率应当是在电动机能够胜任生产机械要求的前提下，最经济、最合理地确定电动机的功率。如果功率选得过大，会造成浪费，设备投资增大，而且电动机经常处于欠载运行，其效率及功率因数都较低，运行费用较高。如果功率选得过小，电动机将过载运行，造成电动机过早地损坏。因此，电动机选得太大或太小，都将会造成资源的浪费和损失。确定电动机功率时，要考虑电动机的发热、允许过载能力与启动能力三方面的因素，一般情况下，以发热问题最为重要。

§9.1　电动机的发热和冷却

电动机的发热是由于在实现能量变换过程中在电动机内部产生损耗并且变成热量使电动机的温度升高。在电动机中，耐热最差的是绕组的绝缘材料，不同等级的绝缘材料，其最高允许温度是不同的。发热是选择电动机额定功率时主要考虑的问题，因此，了解电动机的发热和冷却规律是十分必要的。电动机发热的具体情况较为复杂，为了研究方便，假设电动机是一个均匀发热体，负载和周围环境的温度保持不变。损耗的存在使得电动机发热，电动机的温度与周围环境温度之差称为温升，用 θ 表示，即

$$\theta = 电动机温度 - 周围环境温度$$

温升的存在又会使得电动机散热，当电动机的发热量等于其散热量时，温升达到稳定值。设电动机在单位时间内产生的热量为 Q；电动机的热容量为电动机温度每提高 1 K[①] 所需要的热量 C；电动机的散热系数为电动机温升为 1 K 时，每秒散出的热量 A，则电动机在 $\mathrm{d}t$ 时间内产生的热量为 $Q\mathrm{d}t$。其中，被电动机吸收使其温升变化 $\mathrm{d}\theta$ 的部分为 $C\mathrm{d}\theta$，散发至周围环境中去的部分为 $A\theta\mathrm{d}t$。由此得到电动机的热平衡方程式为 $C\mathrm{d}\theta + A\theta\mathrm{d}t = Q\mathrm{d}t$。等式两边都除以 $A\mathrm{d}t$，便得到下述微分方程式。

$$\frac{C}{A}\frac{\mathrm{d}\theta}{\mathrm{d}t} + \theta = \frac{Q}{A} \tag{9-1}$$

这是一阶线性非齐次微分方程，解此微分方程可求得电动机的温升随时间变化的规律为

$$\theta = \theta_s + (\theta_i - \theta_s)\,\mathrm{e}^{-\frac{t}{\tau}} \tag{9-2}$$

---

① 开氏度，1 K=1℃。

式中，θ_i 为电动机的初始温升；$\theta_s = \dfrac{Q}{A}$ 为电动机的稳定温升，其值取决于负载的大小；$\tau = \dfrac{C}{A}$ 是电动机的发热和冷却时的时间常数。当 $\theta_s > \theta_i$ 时，电动机处于发热过程；当 $\theta_s < \theta_i$ 时，电动机处于冷却过程。这两个过程中温升 θ 随时间 t 变化的规律如图 9-1 所示。从图 9-1 可以看出，电动机无论是发热还是冷却，温升 θ 都随时间按指数规律变化。发热和冷却的快慢与电动机的时间常数 τ 有关，τ 越大，发热或冷却得越慢；τ 越小，发热或冷却得越快。从理论上讲，需经过无穷大时间温升才能稳定。但工程上只要 $t \geqslant 3\tau$ 时，即可认为温升已经稳定。

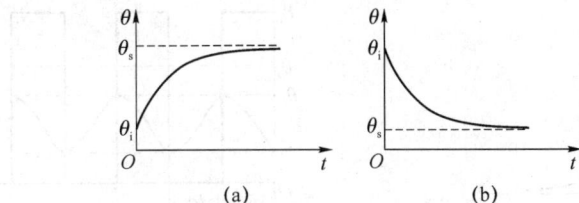

图 9-1　电动机的发热和冷却规律

（a）发热过程；（b）冷却过程

§9.2　电动机工作制的分类

电动机工作时，负载持续时间的长短对电动机的发热情况影响很大，因而也对决定电动机的功率有很大影响。按照电动机发热和冷却情况的不同，我国的相关标准规定了电动机有九种工作制。其中，前三种是基本工作制，后六种是特殊工作制，本节将重点介绍前三种基本工作制。

1. 连续工作制

连续工作制的代号为 S_1，这种工作制下电动机在恒定负载下运行的时间很长，足以使其温升达到稳定温升，其负载曲线和温升曲线如图 9-2 所示，图中 P_L 表示负载功率，θ_s 表示连续运行时的稳定温升。如通风机、水泵、纺织机、造纸机等生产机械中的电动机的工作方式与这种工作制基本相同，一般都选用这种工作制的电动机。

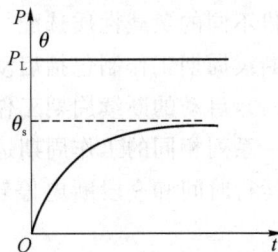

图 9-2　连续工作制

2. 短时工作制

短时工作制的代号为 S_2，这种工作制下电动机在恒定负载下按给定的时间运行，该时间不足以使电动机达到稳定温升，随之电动机将断电停车，停车的时间相当长以致使电动机再度冷却到周围介质的温度。其负载曲线和温升曲线如图 9-3 所示，图中 θ_m 是电动机在负载运行时达到的最高温升，它小于该负载下的稳定温升 θ_s。我国规定的短时工作制电动机的标准运行时间有 15 min、30 min、60 min 和 90 min 四种。如水闸闸门起闭机，冶金、起重机械中的电动机的工作方式基本上都属于这种工作制。

3. 断续周期工作制

断续周期工作制的代号为 S_3，这种工作制下电动机按一系列相同的工作周期运行。每一周期包括一段恒定负载工作时间和一段电动机能停转的停歇时间，两段时间都很短。工作时间期间，电动机温升未达到稳定温升，停歇时间期间，温升又未降到周围介质温度以内。经过长期运行后，最后温升在某一范围内上下波动。其负载曲线和温升曲线如图 9-4 所示，图中 t_W 为负载运行时间，t_S 为停歇时间，θ_H 为每个周期内的上限温升，其小于该负载下的稳定温升 θ_s；θ_L 为每个周期内的下限温升，它大于 2 K。

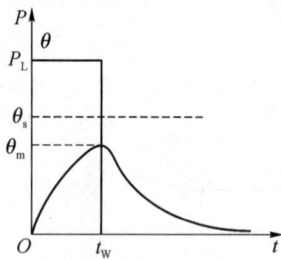

图 9-3 短时工作制

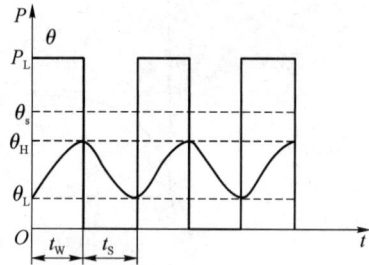

图 9-4 断续周期工作制

在断续周期工作制中，电动机的负载运行时间 t_W 与整个工作周期 $t_W + t_S$ 的百分比称为负载持续率，用 ZC 表示。即 $ZC = \dfrac{t_W}{t_W + t_S} \times 100\%$。我国相关标准规定的标准负载持续率有 15%、25%、40% 和 60% 四种，一个周期总时间规定不得超过 10 min，即 $t_W + t_S \leqslant 10$ min。起重机、电梯、轧钢辅助机械中的电动机的工作方式属于这种工作制，故常选用这种工作制的电动机。

电机厂专门设计和制造了适应不同工作制的电动机，并规定了连续、短时、断续三种定额，供不同的负载性质选配。

断续周期工作制包括启动的断续周期工作制和电制动的断续周期工作制。

（1）启动的断续周期工作制。启动的断续周期工作制的代号为 S_4，这种工作制下电动机按一系列相同的工作周期运行，每周期包括一段对温升有显著影响的启动时间、一段恒定负载运行时间和一段断电停转时间，每周期持续的时间都很短，不足以使电动机达到稳定温升。

（2）电制动的断续周期工作制。电制动的断续周期工作制的代号为 S_5，这种工作制下电动机按一系列相同的工作周期运行，每周期包括一段启动时间、一段恒定负载运行时间、一段快速电制动时间和一段断电停转时间。每个周期持续的时间很短，不足以使电动机达到稳定温升。

4. 连续周期工作制

连续周期工作制的代号为 S_6，这种工作制下电动机按一系列相同的工作周期运行，每个周期包括一段恒定负载运行时间和一段空载运行时间，无断电停转时间。每周期持续的时间很短，不足以使电动机达到稳定温升。

连续周期工作制包括电制动的连续周期工作制和变速变负载的连续周期工作制。

（1）电制动的连续周期工作制。电制动的连续周期工作制的代号为 S_7，这种工作制下电动机按一系列相同的工作周期运行，每周期包括一段启动时间、一段恒定负载运行时间和一段电制动时间，无断电停转时间。每个周期持续的时间很短，不足以使电动机达到稳定温升。

（2）变速变负载的连续周期工作制。变速变负载的连续周期工作制的代号为 S_8，这种工作制下电动机按一系列相同的工作周期运行，每个周期包括一段在预定转速下恒定负载运行时间和一段或几段在不同转速下以其他恒定负载方式的运行时间，无断电停转时间。每个周期持续的时间很短，不足以使电动机达到稳定温升。

5. 负载和转速非周期变化工作制

负载和转速非周期变化工作制的代号为 S_9，这种工作制是负载和转速在允许的范围内变化的非周期工作制，该工作制下的电动机经常过载。

§9.3　电动机选择的基本内容

一般来说，电动机的选择主要包括以下几方面的内容。

1. 电动机类型的选择

首先根据生产机械对电动机的机械特性、启动性能、调速性能、制动方法和过载能力等方面的要求对各种类型的电动机进行分析比较，然后再从节省初期投资、减少运行费用等经济方面进行综合分析，最后将所需电动机的类型确定下来。在对启动、调速等性能没有特殊要求的情况下，优先选用三相笼型异步电动机。

2. 电动机功率的选择

正确选择电动机的额定功率非常重要，因此，应使所选电动机的额率功率等于或稍大于生产机械所需要的功率。具体选择方法有以下几种：

（1）类比法。通过调研参照同类生产机械来决定电动机的额定功率。

（2）统计法。经统计分析，从中找出电动机的额定功率与生产机械主要参数之间的计算公式，按此公式计算出电动机的额定功率。

（3）实验法。用一台同类型或相近类型的生产机械进行实验，测出所需功率的大小，按测出的数据决定电动机的额定功率。

上述三种方法也可以结合进行。

（4）计算法。根据电动机的负载情况，从电动机的发热、过载能力和启动能力等方面考虑，通过计算求出所需要的额定功率。

3. 电动机电压的选择

根据电动机的额定功率和供电电压的情况，选择电动机的额定电压。例如，三相异步电动机的额定电压主要有 380 V、3 000 V、6 000 V 和 10 000 V 等几种，由于高压电气设备的初期投资和维护费用比低压电气设备贵得多，一般当电动机额定功率 $P_N \leqslant 200\text{ kW}$ 时，往往选用 380 V 电动机；电动机的额定功率 $P_N > 200$ kW 的电动机一般都是高压电动机，由于 3 kV电网的损失较大，而 10 kV 电动机的价格又较昂贵，除特大型电动机外，一般大中型电动机都选用 6 kV 电压。三相同步电动机的额定电压基本上与三相异步电动机相同，中小型直流电动机的额定电压目前主要有 110 V、220 V、160 V 和 440 V 等几种，后两种分别适用于由 220 V 单相桥式整流器供电和 380 V 三相全控桥式整流器供电的场合，额定励磁电压为 180 V。

4. 电动机转速的选择

根据生产机械的转速和传动方式，通过经济技术比较后确定电动机的额定转速。额定功率相同的电动机额定转速高，电动机的重量轻、体积小、价格低、效率和功率因数比较高。若生产机械的转速比较低，电动机的额定转速比较高，则传动机构复杂、传动效率降低，增加了传动机构的成本和维修费用。因此，应综合分析电动机和生产机械两方面的各种因素，最后确定电动机的额定转速。

5. 电动机外形结构的选择

根据电动机的使用环境选择电动机的外形结构，电动机的外形结构有以下五种。

（1）开启式。电动机的定子两侧和端盖上开有很大的通风口，散热好、价格低，但容易进灰尘、水滴和铁屑等杂物，只能在清洁、干燥的环境中使用。

（2）防护式。电动机的机座和端盖下方有通风口，散热好，能防止水滴和铁屑等杂物从上方落入电动机内，但潮气和灰尘仍可进入，一般用在比较干燥、清洁的环境中。

（3）封闭式。电动机的机座和端盖上均无通风孔，完全是封闭的，外部的潮气和灰尘不易进入电动机，多用于灰尘多、潮湿、有腐蚀性气体、易引起火灾等恶劣环境中。

（4）密封式。电动机的密封程度高，外部的气体和液体都不能进入电动机内部，可以浸在液体中使用，如潜水泵电动机。

（5）防爆式。电动机不但有严密的封闭结构，外壳还应有足够的机械强度，一旦少量爆炸性气体侵入电动机内部发生爆炸时，电动机外壳能承受爆炸时的压力，火花不会窜到外面以致引起外界气体再爆炸，适用于有易燃、易爆气体的场所，如矿井、油库和煤气站等场所。

6. 电动机工作制的选择

根据电动机的工作方式选择电动机的工作制。国产电动机按发热和冷却情况的不同，分为九种工作制，如连续工作制、短时工作制、断续周期工作制等。选择工作制与实际工作方式相当的电动机较经济。

7. 电动机型号的选择

根据前述各项的选择结果选择电动机的型号。国产电动机为了满足生产机械的不同需要，做成许多在结构形式、应用范围、性能水平等各异、功率按一定比例递增并成批生产的系列产品，并冠以规定的产品型号。它们的特点和数据可以从电动机产品目录中查到。例如，Y 系列电动机是我国 20 世纪 80 年代设计的封闭笼型三相异步电动机，YR 系列为绕线型三相异步电动机；YD 系列为三相多速异步电动机；YB 系列为防爆型三相异步电动机；T 系列为三相同步电动机，Z 系列为直流电动机等。型号选定后，便可按所选型号进行订货和采购。订货时，对安装形式等在型号中未反映的内容应附加说明。

§9.4　电动机的允许输出功率

电动机运行时，若其实际的最高温度等于允许的最高温度，则这时的输出功率就是电动机允许的输出功率，它与电动机的工作条件有关。额定功率只是在额定工作条件下的允许输出功率，工作条件变化时，电动机的允许输出功率也会发生变化。本节首先讨论额定功率是如何确定的，然后分析当实际工作条件与额定工作条件不同时，电动机的允许输出功率应该如何修正。

1. 额定功率的确定

各种电动机铭牌上标示的额定功率都是指在规定的工作制和额定状态下运行时，温升达到额定温升时的输出功率。额定温升是指电动机允许的最高温度减去额定的环境温度。我国幅员辽阔，全国各地和各个季节环境温度相差很大，为制造出能在全国各地适用的电动机，国家标准规定，海拔高度在 1 000 m 以下时，额定环境温度为40℃。电动机允许的最高温度主要取决于绝缘材料，因为它是电动机中耐热能力最差的。电动机中所用的绝缘材料按允许的最高温度的不同可分为以下几个等级，见表 9-1。额定功率、额定电压和额定转速相同的电动机采用的绝缘材料等级越高，即允许的最高温度越高，额定温升就越大，电动机的体积和重量就越小。因此，目前的发展趋势是采用 F 级和 H 级绝缘材料。由此可见，对于一台给定的电动机，其额定功率就是在规定的工作制、规定的额定环境温度和海拔高度下，在额定状态下运行时所允许的输出功率，这时的电动机温升正好等于额定温升。

表 9-1　电动机绝缘等级

绝缘等级	A	E	B	F	H	C
允许最高温度 θ/℃	105	120	130	155	180	>180

2. 工作制的影响

连续工作制下电动机的额定功率是指在额定状态下运行时，其稳定温升 θ_s 等于额定温升 θ_N 时的输出功率。短时工作制下电动机的额定功率是指在额定状态下运行时，其最高温升 θ_m 等于额定温升 θ_N 时的输出功率。断续周期工作制下电动机的额定功率是指在额定状态下运行时，其上限温升 θ_H 等于额定温升 θ_N 时的输出功率。同一台电动机工作制不同，它所允许输出的功率也不同。例如，按连续工作制设计的电动机用作短时运行或断续周期运行，若仍保持输出功率不变，则该电动机的最高温升或上限温升将小于稳定温升，即小于该电动机的额定温升。该电动机未能充分发挥作用，因而它允许输出的功率可以增加，一直增加到短时运行时的最高温升等于额定温升或断续周期运行时的上限温升等于额定温升为止。反之，按短时工作制或断续周期工作制设计的电动机改作连续运行，则其允许输出的功率将减小。

3. 环境温度的影响

电动机的额定功率是对应于额定环境温度 40℃时的允许输出功率，因此，当环境温度低于或高于 40℃时，电动机允许输出的功率可适当增加或减小。增减后的允许输出功率 P_2 可用下式计算：

$$P_2 = P_N \sqrt{1 + (1+\alpha) \frac{40-\theta}{\theta_N}} \qquad (9-3)$$

式中，θ 为实际环境温度；θ_N 是额定温升；α 为满载时的不变损耗 P_f（包括铁损耗、机械损耗和附加损耗）与可变损耗 P_V（铜损耗）之比，即

$$\alpha = \frac{P_f}{P_V} \qquad (9-4)$$

α 值与电动机的类型有关，三相笼型异步电动机一般取 $\alpha = 0.5 \sim 0.7$，三相绕线型异步电动机一般取 $\alpha = 0.4 \sim 0.6$，直流电动机一般取 $\alpha = 1 \sim 1.5$，工程上也可按表 9-2 对 P_2 进行粗略的估算。

表 9-2　电动机允许输出的功率

实际环境温度/℃	30	35	40	45	50	55
电机允许输出功率增减的百分比	8%	5%	0	−5%	−12.5%	−25%

同时国家有关标准规定：当实际环境温度低于 40℃时，其允许输出的功率可以不予修正。

4. 海拔高度的影响

按海拔高度不超过 1 000 m 设计的电动机，在海拔高度超过 1 000 m 的地区使用时，其允许输出的功率应适当降低。因为海拔高度越高，空气越稀薄，散热越困难。所以，国家有关标准规定，工作地点在海拔 4 000 m 以下，以 1 000 m 为基准，每超过 100 m，θ_N 降低 1%，粗略估计，P_2 约降低 0.5%。超过 4 000 m 以上时，θ_N 和 P_2 值应由用户与制造厂协商确定。

本 章 小 结

在电动机的机电能量变换过程中，必然产生损耗。损耗的能量在电动机中全部转化为热能，一部分被电动机吸收，提高了电动机各部分的温度；另一部分则向周围介质散发出去。随着电动机温度的不断上升，散发的热量不断增加，当转化的热能全部散发出去而不再加热电动机本身时，温度达到稳定。电动机带某一负载连续工作时，只要其稳定温度接近并略低于绝缘材料所允许的最高温度，电动机便得到充分利用并且不会过热，这样的负载称为电动机的额定负载，对应的功率即为电动机的额定功率。电动机的额定功率是在连续运行时，在正常的冷却条件下，周围介质温度是标准值（40℃）时所能承担的最大负载功率。电动机短时或断续工作时负载可以超过额定值；如果采用扇冷式以提高散热能力，可以提高电动机带负载的能力，如果周围介质温度不同于 40℃，可对额定功率进行校正。电动机的选择包括功率、形式、额定电压以及额定转速等的选择。根据电动机不同的工作制，按不同的生产机械负载来选择电动机的功率，为了选择调速电动机的功率，必须使调速方式与负载类型配合适当。

思考题与练习题

1. 为什么说电动机运行时的稳定温升取决于负载的大小？

2. S_1、S_2、S_3 三种工作制的电动机其发热的特点是什么？

3. 确定电动机额定功率时主要考虑哪些因素？

4. 为什么按 S_2 和 S_3 工作制计划的电动机改作 S_1 方式运行，其运行输出的功率要小于其铭牌上标示的额定功率？

5. 已知某台原为海拔 1 000 m 以下地区设计的电动机，额定功率 $P_N = 11$ kW，求在下述两种情况下该电动机允许输出的功率：（1）使用地区的环境温度为45℃；（2）使用地区的海拔高度为 2 000 m。

6. 已知一台为平原地区设计的电动机，额定功率 $P_N = 30$ kW，额定温升 $\theta_N = 80°$，满载时的铁损耗与铜损耗之比 $\alpha = 0.6$。若将该电动机用于海拔高度为 3 000 m，环境温度为10℃的地区，求该电动机允许输出的功率为多少？

第 10 章

电机与拖动教学参考实验

电机与拖动基础实验是电机与拖动基础课程重要的实践性教学环节，其基本任务不仅要帮助学生理论联系实际，巩固和加深对所学基本理论的理解，更重要的是对学生进行实验技能的基本训练，提高学生分析问题和解决问题的能力，树立工程实际观点和严谨的科学作风。这里提供几个涵盖该门课程主要内容的教学参考实验，仅供各院校参考。

§10.1 单相变压器实验

一、实验目的

（1）了解变压器绝缘电阻的检测方法。
（2）掌握变压器的空载实验和短路实验方法，求出有关参数。
（3）掌握负载实验方法，测取变压器的运行特性。

二、实验内容

（1）熟悉实验仪器设备，将变压器的铭牌数据和仪器设备的名称、型号和主要技术数据等填入表 10-1。

表 10-1　仪器设备

仪器设备名称	型号	主要技术数据	设备编号

（2）变压器绕组的检测。

①利用万用表检查变压器的高压绕组和低压绕组的电阻值是否正常，判断该绕组有无断路或接触不良等现象。

②利用 500 V 以上兆欧表检测变压器的绝缘电阻值，将结果填入表 10-2 中。

表 10-2　变压器绕组检测

高、低压绕组间的绝缘电阻	高压绕组与铁芯间绝缘电阻	低压绕组与铁芯间绝缘电阻

测得结果应大于 0.5 MΩ，否则该变压器不宜进行实验。

（3）变压器的空载实验。

①实验在低压侧进行，按图 10-1 接好实验电路，图中 T_1 是被测变压器，T_2 是单相调压器。

②调压器 T_2 调到起始位置（输出电压为零的位置）后，合上断路器 QF。

③调节调压器将变压器电压升至 $1.2U_N$，然后再将电压降至额定值，记录下电压、电流和功率值，填入表 10-3。由于变压器空载运行时的功率因数很低，为减少测量误差，测量功率应选用低功率因数功率表。将调压器恢复到起始位置，断开断路器 QF。

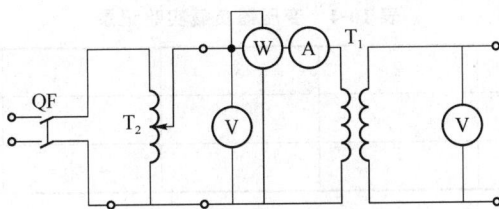

图 10-1　空载实验电路

表 10-3　变压器空载实验记录

实验名称	电压加在	电压 U/V	电流 I/A	功率 P/W	其　他
空载	低压侧	$U_1=$	$I_0=$	$P_0=$	$U_2=$　　V
短路	高压侧	$U_s=$	$I_1=$	$P_s=$	$\theta=$　　℃

（4）变压器的短路实验。实验在高压侧进行，按图 10-2 接好实验电路。检查调压器确实在起始位置后，合上断路器 QF。缓慢调节调压器输出电压，注意观察电流表读数，直到电流达到额定值为止。将数据记录在表 10-3 中。实验要尽快进行，以免绕组发热，电阻增加，影响实验的准确度。用温度计测量周围环境温度 θ，记入表 10-3。将调压器恢复到起始位置，断开断路器 QF。

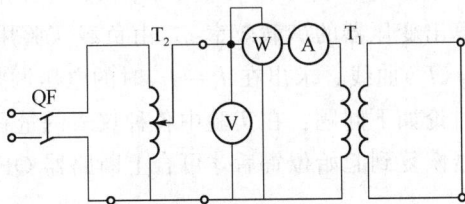

图 10-2　短路实验电路

（5）变压器的负载实验。按图 10-3 接好电路，图中 R_L 是可变电阻负载。将开关 Q 断开，R_L 置于电阻最大位置。检查调压器确实在起始位置后，合上断路器 QF，调节调压器使一次绕组的电压 $U_1=U_{1N}$。合上负载开关 Q，逐渐减小 R_L 的阻值，增大负载电流。测量变压器的输出电流 I_2 和输出电压 U_2。在输出电流从零到 $1.2I_{2N}$ 的范围内，测取 6 组左右数据，记录在表 10-4 中。注意在每次读取数据前，先要检查并调节 U_1 使其保持为 $U_1=U_{1N}$，在所读取的数据中，必须包括 $I_2=0$ 和 $I_2=I_{2N}$ 两组数据。实验完毕后，将 R_L 重新调至最大电阻位置，将调压器恢复到起始位置断开断路器 QF。

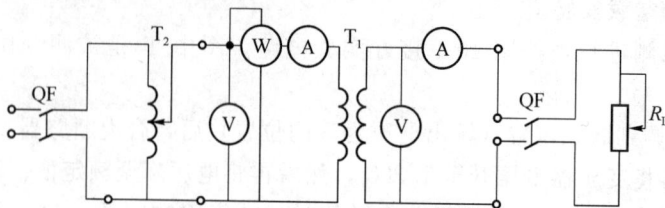

图 10-3　变压器负载实验接线图

表 10-4　变压器负载实验记录

序　号	1	2	3	4	5	6
I_2/A						
U_2/V						

三、实验报告的撰写

实验报告中应包含以下内容：

（1）实验名称；

（2）实验目的和实验设备；

（3）实验内容；

（4）实验操作步骤；

（5）实验数据处理。

将每项实验数据后面进行下述数据处理：由空载实验数据计算变压器的电压比 k，铁损耗 P_{Fe}、励磁阻抗模 $|Z_m|$、励磁电阻 R_m、励磁电抗 X_m，进一步求出 R_m、X_m 和 $|Z_m|$ 折算至高压侧数值。由短路实验数据计算变压器的铜损耗 P_{Cu}、短路阻抗模 $|Z_s|$、短路电阻 R_s、短路电抗 X_s 和阻抗电压标幺值 U_s^*，并求出 $|Z_s|$、R_s 和 U_s^* 折算至 $75℃$ 时的数值。根据空载实验和短路实验结果计算出变压器的满载效率 η。由负载实验用坐标纸画出变压器负载在 $\cos\varphi = 1$ 时的外特性 $U_2 = f(I_2)$ 曲线，求出在 $I_2 = I_{2N}$ 时的电压调整率 V_R。

（6）在实验报告最后讨论如下问题：在实验中各种仪表的量程是如何选择的？为什么每次实验时都要强调将调压器恢复到起始位置后才可合上断路器 QF？

§10.2　三相变压器实验

一、实验目的

（1）熟悉三相变压器绕组极性的鉴别方法。

（2）熟悉三相变压器的连接方法。

（3）掌握用实验方法确定变压器的连接组。

二、实验内容

（1）熟悉实验仪器设备，将仪器设备的名称、型号和主要技术数据等填入表 10-1 自拟表格中。

（2）变压器绕组的极性判断。利用万用表找出变压器的三个高压绕组和三个低压绕组的接线端，假定各绕组以 U_1、U_2，V_1、V_2，W_1、W_2 和 u_1、u_2，v_1、v_2，w_1、w_2 标记。根据假定的标记，按图 10-4 所示电路接好电路。图 10-4 中 T_1 为被测三相变压器、T_2 为三相调压器的一相。将调压器调到起始位置后，合上断路器 QF。调节调压器输出电压，使 $U_1 U_2$ 两端电压 U_U 升至其额定值的一半左右，测出高压绕组的三个相电压 U_U、U_V、U_W 以及任意两个线电压，例如 U_{UV} 和 U_{VW}。若 $U_{UV} = U_U - U_V$，$U_{VW} = U_V - U_W$，则说明 U_1、V_1、W_1 为一组同极性端；U_2、V_2、W_2 为另一组同极性端，原来假设是正确的。若 $U_{UV} = U_U + U_V$，$U_{VW} = U_V + U_W$，说明 U_1 与 V_1 为异极性端，W_1 与 V_1 也是异极性端，只需将 V_1 与 V_2 的标志对换即可。若一组为相加，一组为相减，依照上述方法，可以自行判断并且调整。同理，测出低压绕组的三个相电压和任意两个线电压，依照上述相同方法判断出三个低压绕组的同极性端。测出高压绕组的 W_1 端与低压绕组的 w_2 的电压 U_{Ww}。若 $U_{Ww} = U_W + U_w$，说明 W_1 与 w_2 是异极性端，即 W_1 与 w_1 是同极性端，因而 U_1 与 u_1，V_1 与 v_1 都是同极性端。若 $U_{Ww} = U_W - U_w$，说明 U_1 与 u_1，V_1 与 v_1，W_1 与 w_1 是异极性端，即 U_1 与 u_2，V_1 与 v_2，W_1 与 w_2 是一组同极性端，它们的另一端为另一组同极性端。至此，高、低压绕组之间的同极性端已判断清楚。将调压器恢复到起始位置，断开断路器 QF 准备下一个实验。

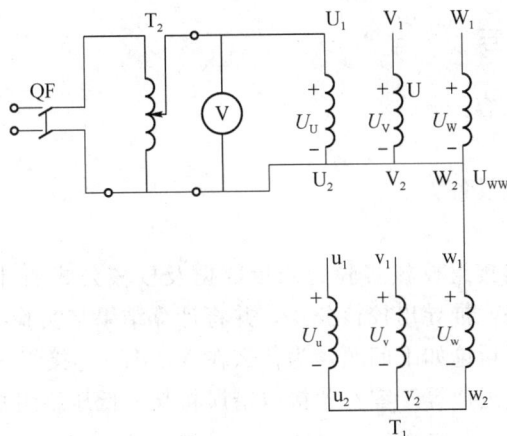

图 10-4　绕组极性的判断电路

（3）Y，y0 连接组校核实验。按图 10-5 接好电路，图中 T_2 为三相调压器。T_1 为被测三相变压器，高、低压绕组都为星形连接。U_1 与 u_1 两端用导线相连，合上断路器 QF，调节调压器输出电压，使三相变压器一次绕组电压为其额定值的一半左右，用电压表测出线电压 U_{UV} 和 U_{uv} 以及 v_1 与 V_1 两点的电压 U_{vV}。由于 Y，y0 连接组中的 $\dot{U}_{UV}$ 与 $\dot{U}_{uv}$ 相位相同，因此可知 $U_{vV} = U_{UV} - U_{uv}$，如果测量结果符合该式说明该连接组为 Y，y0。若不相符，请断电后改接线路，直到正确为止。

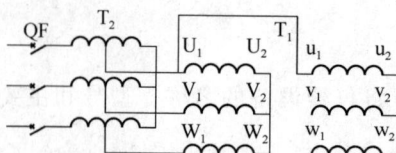

图 10-5 Y，y0 连接组校核实验电路

（4）Y，d11 连接组校核实验。按图 10-6 所示电路接好电路。将调压器调至起始位置后，合上断路器 QF。调节调压器输出电压使三相变压器一次绕组的电压为其额定值的一半左右，注意若电路连接正确，电流表读数应等于或近似为零。用电压表测出线电压 U_{UV} 和 U_{uv} 以及 v_1 与 V_1 间的电压 U_{vV}。由于 Y，d11 连接组的 $\dot{U}_{uv}$ 滞后于 $\dot{U}_{UV}$ 330°，即超前 $\dot{U}_{UV}$ 30°，所以 $\dot{U}_{vV} = U_{uv}\sqrt{k^2 - \sqrt{3}k + 1}$。如果测量结果符合该式，说明该连接组为 Y，d11。

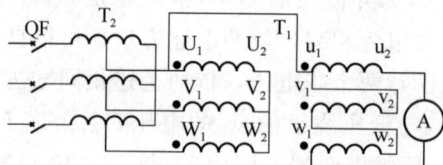

图 10-6 Y，yd11 连接实验电路

（5）Y，y6 连接组设计实验。自己设计出 Y，y6 的实验接线电路，并通过实验证明自己设计的实验接线电路正确性。

三、实验报告的撰写

实验报告包含以下内容：

（1）实验名称。

（2）实验目的和实验设备。

（3）实验内容。

（4）实验数据。将连接组校核实验的测量数据及校核公式的计算结果列表比较。画出 Y，y6 连接组的实验电路，推导出校核公式，并将计算结果与实验结果做比较。

（5）在实验报告最后讨论如下问题：为什么在 Y，d11 连接组的实验中，若电路连接正确电流表的读数应等于或近似等于零？若接线错误将某一低压绕组短路将会出现什么结果？

§10.3 笼型三相异步电动机实验

一、实验目的

（1）熟悉电机绝缘电阻的检测方法。

（2）熟悉三相异步电动机绕组极性的鉴别方法。

（3）熟悉三相异步电动机的直接启动方法。

（4）熟悉三相异步电动机的反转方法。

（5）熟悉三相异步电动机的星形—三角形减压启动方法和三相异步电动机的自耦变压器减压启动方法。

二、实验内容

（1）熟悉实验仪器设备，将它们的主要技术数据按照表 10-1 记录下来。

（2）利用万用表鉴别出每相绕组的两个接线端。

（3）鉴别三相绕组的极性。将三相绕组串联后与一只毫安表接成闭合回路。用手转动转子，转子铁芯剩磁将分别在定子三相绕组中产生三个大小相等，相位互差 120°的感应电动势。如果三相绕组都是首尾相连，则三相感应电动势的相量和为零或接近零，毫安表指针不动或摆动很小，否则说明其中有一相绕组的首尾端假设有误，应将某相绕组反接再试，直到毫安表不动或微动为止。

（4）电动机的直接启动。根据电动机铭牌上给出的额定电压和连接方式以及实验室的电源电压确认电动机定子绕组采用三角形连接的正确性。按图 10-7 所示电路接好线，合上断路器 QF，电动机启动。注意观察启动瞬间电流表指针摆动的幅度，将读数记录在表 10-5 中，断开断路器 QF，观察电动机的转向。

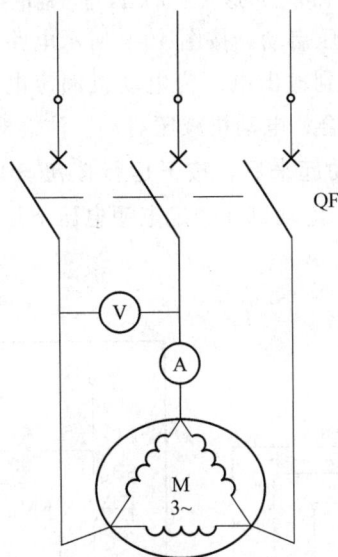

图 10-7　直接启动电路

（5）电动机的反转。根据 4.1 节所介绍的方法，重新改接电路并启动电动机，观察电动机的转向是否改变，然后断开断路器 QF。

表 10-5　电动机启动电流记录

启动方式	直接启动	星形—三角形减压启动	自耦减压启动
启动电流 I_s/A			

（6）电动机的星形—三角形减压启动。按图 10-8 连接电路，合上断路器 QF，按下启动按钮 SB_{ST}，接触器 KM_{ST} 的主触点闭合，电动机在星形连接下启动。注意观察启动瞬间电流

表的读数，并记录在表 10-5 中。待电动机启动起来，转速已基本稳定后，按下运行按钮 SB_{OP}，接触器 KM_{ST} 主触点断开，KM_{OP} 主触点闭合，电动机改成三角形连接运行。

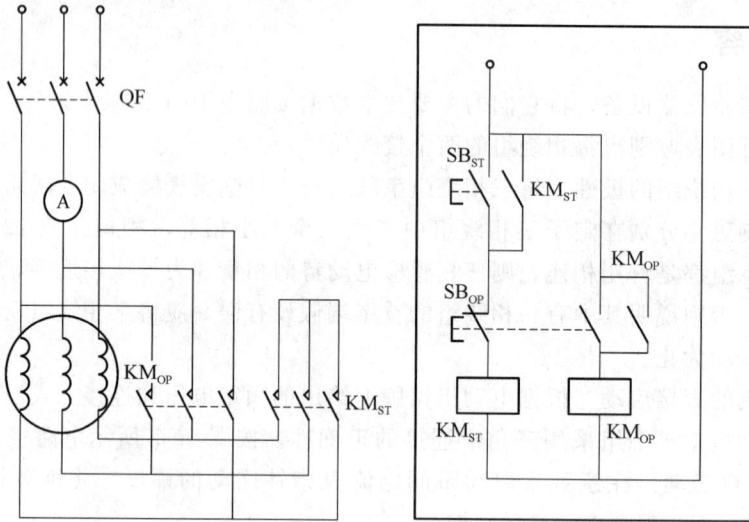

图 10-8　星形—三角形减压启动电路

（7）电动机的自耦变压器减压启动。按图 10-9 所示电路连线，合上断路器 QF，将三相自耦变压器（三相调压器）调节到输出电压为电动机额定电压的 60% 的位置。按下启动按钮 SB_{ST}，接触器主触点 KM_{ST} 闭合，电动机减压启动。注意观察启动瞬间电流表的读数，并记录在表 10-5 中。待电动机启动起来后，按下运行按钮 SB_{OP}，接触器主触点 KM_{ST} 断开，KM_{OP} 闭合，自耦变压器被切除，电动机在额定电源电压下运行。

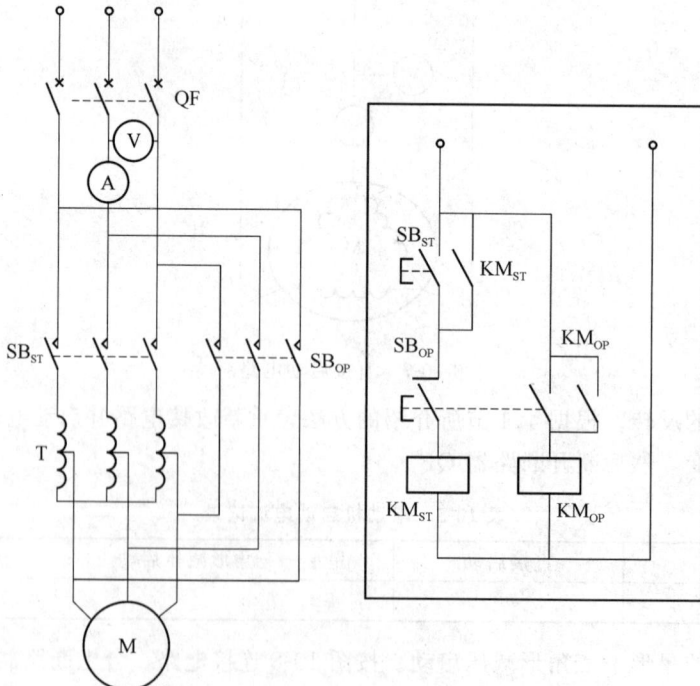

图 10-9　自耦变压器减压启动电路

三、实验报告撰写

实验报告内容包括：

（1）实验名称。

（2）实验目的和实验设备。

（3）实验内容。按各项实验内容将测量所得数据记录在实验报告的表格中。

（4）在实验报告最后讨论如下问题：直接启动、星形—三角形减压启动和自耦减压启动的使用范围及优缺点是什么？

§10.4　绕线型三相异步电动机实验

一、实验目的

（1）掌握绕线型异步电动机转子串电阻启动的方法。

（2）掌握绕线型异步电动机转子串频敏变阻器启动的方法。

（3）测取电动机的固有机械特性。

（4）测取电动机在转子串电阻后的人为机械特性。

二、实验内容

（1）观察绕线型异步电动机的结构。

（2）转子电路串电阻启动。根据铭牌上给出的额定电压和定子绕组连接方式以及实验室的电源电压，确认电动机定子绕组的连接方式。按图 10-10 所示连接电路，图中 R_{ST} 是接在转子电路中的三相启动变阻器。将 R_{ST} 置于电阻值最大位置，将转子电刷短接手柄置于断开位置，接入启动电阻，做好启动准备。合上断路器，电动机启动，记下其瞬间的电流表读数。逐渐减小启动电阻 R_{ST}，直到 $R_{ST}=0$。将电动机电刷短接手柄置于短接位置，切除启动电阻 R_{ST}，启动过程结束。断开断路器，待电机停机后，将启动变阻器电阻置于中间位置，将电刷短接手柄重新置于断开位置，重复上述实验过程，记下启动瞬间的电流表读数。

（3）转子电路串频敏变阻器启动。按图 10-11 所示接好电路，将电动机电刷短接手柄置于断开位置，接入频敏变阻器，做好启动准备。转矩仪电源开关置于断开位置。调节电阻置于最大电阻位置。合上断路器 QF，电动机启动，记下启动瞬间电流表的读数。待转速升高至稳定后，将电刷短接手柄置于短接位置，切除频敏变阻器，启动结束。此时不要停机，继续下面的实验。

（4）固有特性测定实验。根据上面的实验，测出电动机空载运行的电压、电流和转速并记录于表 10-6 中。在确定 R_T 处在最大电阻位置后，合上转矩仪开关 Q，逐渐减小 R_T，增加转矩，从空载到电流等于 $1.2I_N$ 的范围内取 6 组数据记录在表 10-6 中。测定所需要数据后，将 R_T 逐渐增大至最大，断开 Q，最后断开 QF，使电动机停机。

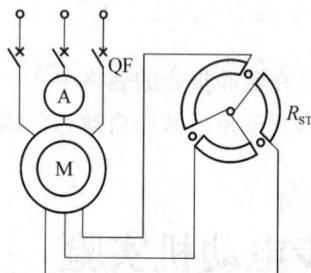

图 10-10　转子电路串电阻启动电路

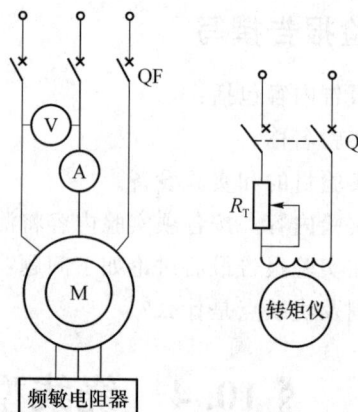

图 10-11　转子串频敏变阻器电路

（5）人为特性测定实验。将图 10-11 中的频敏变阻器拆除，改将调速电阻接入转子电路，电路其他部分不变，将电动机的电刷短接手柄置于断开位置，接入调速电阻，合上断路器 QF，电动机启动。重复固有特性的实验步骤，将数据记入表 10-6 中。测试完毕后，将 R_T 逐渐置于最大位置，断开 Q，最后断开 QF。

表 10-6　固有特性和人为特性测定实验记录

测 量 数 据	固 有 特 性	人 为 特 性
电压 U_1/V		
电流 I_1/A		
转矩 $T_2/$（N·m）		
转速 $n/$（r·min^{-1}）		

三、实验报告撰写

实验报告内容包括：

（1）实验名称。

（2）实验目的和实验设备。

（3）实验内容。将各项实验内容所测量数据记录在实验报告的表格中。

（4）在实验报告最后讨论如下问题：启动电阻大小对启动性能有何影响？调速电阻大小对人为特性有何影响？

§10.5　三相同步电动机实验

一、实验目的

（1）熟悉三相同步电动机的异步启动法。

（2）测取三相同步电动机的 V 形曲线。

（3）观察功角。

二、实验内容

（1）异步启动法。按图 10-12 连接电路，合上开关 Q_1，接通直流电源，调节可变电阻 R_e，将输出直流电压调至合适值。将开关 Q_2 合向电阻 R_f 端，使电动机的励磁绕组与 R_f 接通，合上断路器 QF，电动机异步启动。当转速已接近同步转速时，将开关 Q_2 合向直流电源端，使励磁绕组接通电流电源，电动机即被拉入同步运行，启动结束。

（2）测取空载运行时的 V 形曲线。增大励磁电流使电动机的电枢电流达到额定值，然后逐渐减小励磁电流，直到电枢电流达到额定值为止。将 7 组励磁电流 I_f 和电枢电流 I_1 的数据记入实验表格中，注意在所记录的 7 组数据中，中间一组应为电枢电流为最小时的数据。

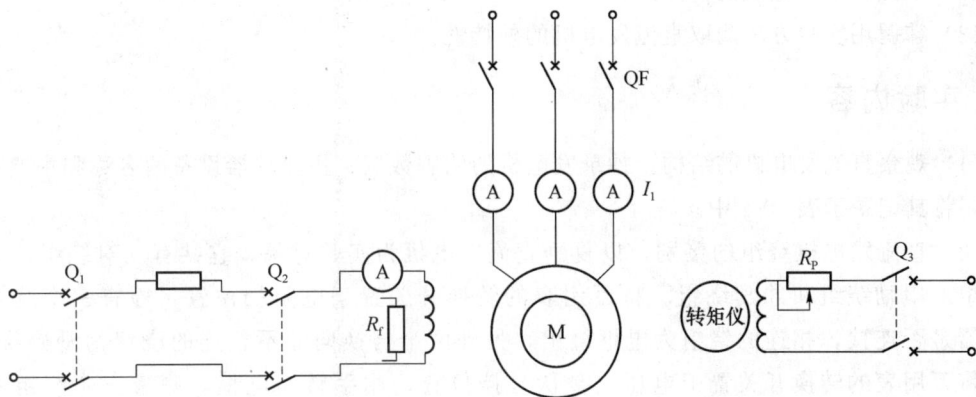

图 10-12　同步电动机实验电路

（3）测取负载运行时的 V 形曲线。调节励磁电流至空载运行时电枢电流接近最小。将 R_P 调节到电阻最大位置，合上开关 Q_3 使转矩仪的励磁绕组与直流电源接通。调节 R_P 使转矩仪的转矩约等于电动机额定转矩一半，此时记下该转矩值和转速值。重复上述实验步骤，测取负载运行时的 V 形曲线。

（4）观察功角的变化。在电动机的端盖上沿转轴外圈贴上适当的刻度。用日光灯观察同步电动机空载和负载运行时的阴影移动位置，即功角 θ 的变化。保持 T_2 不变，调节 I_f，观察不同 I_f 时功角的变化。

三、实验报告撰写

实验报告内容包括：

（1）实验名称。

（2）实验目的和实验设备。

（3）实验内容。

①列出记录数据，用坐标纸画出同步电动机的 V 形曲线。

②列出观察到的功角变化情况。

（4）在实验报告最后讨论如下问题：

①如何调节同步电动机的功率因数？

②讨论同步电动机功角与负载大小的关系。

§10.6 直流发电机实验

一、实验目的

（1）掌握用实验方法测取直流发电机的空载特性。

（2）掌握自励发电机的自励过程。

（3）掌握用实验方法测取直流发电机的外特性。

二、实验内容

（1）观察直流发电机的结构，抄录发电机的铭牌数据、主要仪器设备的名称和主要技术数据，将其记录于表 10-1 中。

（2）直流发电机绕组的鉴别。以复励直流发电机为实验对象，它共有三对绕组，即电枢绕组、串励绕组和并励绕组。将万用表的转换开关置于电阻挡位置，检查三个绕组与换向器是否连接，相连的绕组为电枢绕组，另外两个与换向器不相连的绕组为励磁绕组，或者将万用表的转换开关置于电压（毫伏）挡位置，用手转动电枢，测量三个绕组有无输出电压，有微小输出电压的为电枢绕组，没有输出电压的两个绕组为励磁绕组。将万用表转换开关置于电阻挡位置，测量两个励磁绕组的电阻，电阻大的为并励绕组，电阻小的为串励绕组。

（3）直流发电机的空载特性实验。按图 10-13 所示接好电路，图中直流发电机 G 由三相异步电动机 M 拖动。实验前 QF、Q_1、Q_2 均应置于断开位置，合上交流电源断路器 QF，启动异步电动机，测出直流发电机的剩磁电动势（剩磁电压）。将直流发电机的励磁电路中的电阻 R_f 调至最大值位置，然后合上直流电源开关 Q_1，调节 R_f 增大励磁电流 I_f，发电机的空载电压（电动势）随之增大。从 $I_f = 0$ 增加到发电机电枢的输出电压 $U_a = 1.2U_{aN}$ 为止，这是空载特性的上升段，记录 6 组 I_f 和 U_0（包括剩磁电压和额定电压数据）。再减小励磁电流 I_f，从 $U_a = 1.2U_{aN}$ 直到 $I_f = 0$ 为止，这是空载特性的下降段，读取 6 组 I_f 和 U_0（包括额定电压和剩磁电压数据），与上升段数据一起记入实验表格中。

（4）他励直流发电机的外特性实验。完成上述实验后，将发电机的负载电阻 R_L 调至最大电阻位置，合上负载开关 Q_2。调节励磁电流 I_f 使之等于其额定值。调节负载电阻 R_L 逐渐增加发电机的输出电流 I_a，直到 $I_a = 1.2I_{aN}$ 为止，记下 6 组 I_a 和 U_a。

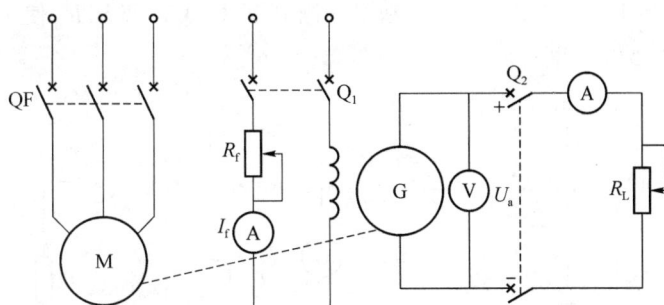

图 10-13　他励发电机的实验电路

（5）并励直流发电机的自励过程实验。按图 10-14 接好电路，实验前所有开关都置于断开位置。合上断路器 QF，启动异步电动机，观察电枢两端是否有剩磁电压。检查励磁电流产生的磁场与剩磁磁场方向是否相同，将励磁电路电阻 R_f 调至最大电阻位置，合上开关 Q_1，观察电枢电压大小。若电枢电压大于剩磁电压，说明励磁电流产生的磁场与剩磁磁场方向相同；若电枢电压小于剩磁电压，说明励磁电流产生的磁场与剩磁磁场方向相反，这时需断开 QF 进行停机，将励磁绕组接至电枢的两根导线对调位置，重新合上 QF，观察电枢电压的大小是否已大于剩磁电压。检查励磁电路的电阻是否小于临界电阻，逐渐减小 R_f 使电枢电压增加，直到 $U = U_N$ 为止，自励过程结束。

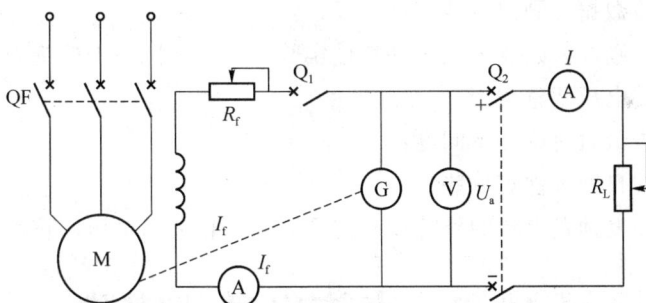

图 10-14　并励发电机实验电路

（6）并励直流发电机的外特性实验。完成上述实验后，将负载电阻 R_L 置于电阻最大位置，合上负载开关 Q_2，调节 I_f 至额定值，减小 R_L 至 $I = 1.2 I_N$ 为止，逐渐增大 R_L 和减小 I，从 $I = 1.2 I_N$ 到 $I = 0$ 为止，记录 6 组 U 和 I，记入实验表格中。

（7）复励直流发电机的外特性实验。按图 10-15 连接电路，所有开关都应处在断开位置。合上 QF 启动异步电动机，合上开关 Q_1 将串励绕组短路。调节 R_f，观察发电机输出电压是否建立起来。若调节 R_f 输出电压 U 很小，电压无法建立，需断开 QF，停机后将并励绕组的两个接线端对调位置，然后重新启动电动机。将负载电阻 R_L 调至最大电阻位置，合上负载开关 Q_2，调节 R_f 使输出电压约为 U_N，断开串励绕组短路开关 Q_1，观察此时的输出电压是增大了还是减小了。若 U 增加，说明该发电机是积复励发电机，若 U 减小说明该发电机为差复励发电机，这时断开 QF，停机后将串励绕组两个接线端对调位置，将发电机改为积复励发电机。重新合上 QF，启动电动机，断开开关 Q_1，调节 R_f 使 I_f 等于额定值，调节 R_L 使 I 增加至 $1.2I_N$。

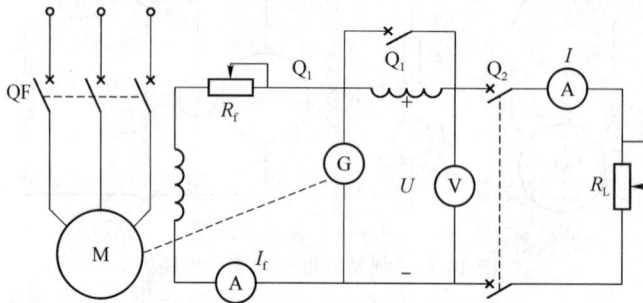

图 10-15　复励发电机实验电路

三、实验报告撰写

实验报告内容包括：

（1）实验名称。

（2）实验目的和实验设备。

（3）实验内容。

①列出空载实验数据，画出空载特性曲线；

②列出他励、并励和复励发电机的外特性实验数据，在同一坐标纸上画出它们的外特性曲线并且求出它们的电压调整率。

（4）在实验报告最后讨论如下问题：

①自励发电机的自励条件有哪些？

②他励、并励和复励发电机的外特性有何不同，比较它们电压调整率的大小。

§10.7　直流电动机实验

一、实验目的

（1）掌握直流电动机电枢电路串电阻启动的方法。

（2）掌握直流电动机改变电枢电阻和改变励磁电流调速的方法。

（3）掌握直流电动机的制动方法，测取制动时的机械特性。

二、实验内容

（1）抄录电动机的铭牌数据和主要仪器设备的技术数据，记入实验表格中。

（2）直流电动机的启动。按图 10-16 连接电路，图中 1M 是被测电动机，2M 是作为 1M 负载的负载电动机，实验前所有开关都应处在断开位置。将电动机 1M 的启动电阻 R_{ST1} 置于电阻最大位置，励磁电路电阻 R_{r1} 调到 $R_{r1}=0$ 的位置，合上 Q_2 和 Q_1，电动机启动，随着转速的上升，逐渐减小启动电阻，直到 $R_{ST1}=0$，启动结束。

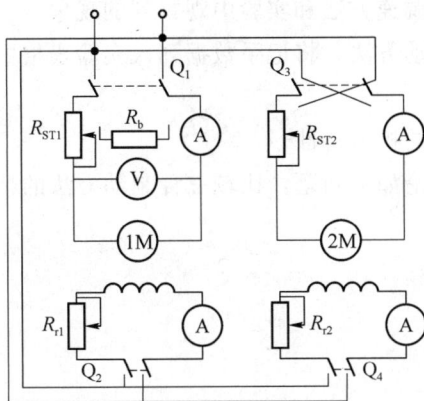

图 10-16 直流电动机实验电路

（3）直流电动机的调速。增加 R_{ST1}，观察转速的变化。增加 R_{r1}，观察转速的变化。将 R_{ST1} 和 R_{r1} 恢复到电阻为零的位置，让电动机继续运转。

（4）能耗制动迅速停机。迅速将开关 Q_1 合向下方位置，即与 R_b 接通，能耗制动过程开始，观察电动机的迅速停机过程。

（5）能耗制动时的机械特性。将被测电动机的开关 Q_1 仍合向 R_b 位置，Q_2 仍然闭合，将负载电动机 2M 的电阻 R_{ST2} 置于电阻最大位置，R_{r2} 置于电阻等于零的位置，将 Q_4 和 Q_3 合向下方电源位置，启动负载电动机 2M，注意其转向。调节 R_{ST2} 改变转速，记下 4 组左右不同转速时被测电动机 1M 的转速 n、电枢电流 I_a 和电枢电压 U_a。

（6）反接制动时的机械特性。将被测电动机的 R_{ST1} 置于电阻最大位置，合上开关 Q_2 和 Q_1，电动机 1M 启动，保持 R_{ST1} 为最大值不变，这时 2M 与 1M 的电磁转矩方向相反，在负载电动机 2M 的拖动下机组反向旋转。调节 R_{ST2} 改变机组转速，记下 4 组左右不同转速时 1M 的 n、I_a 和 U_a，结束实验时将 R_{ST2} 调至最大位置，断开 Q_3 和 Q_4，机组在 1M 拖动下改为正向运转。

（7）回馈制动时的机械特性。调节 1M 的电阻 R_{ST1} 等于零的位置，电动机 1M 继续正转运行。将 2M 的开关 Q_4 合上，Q_3 合向上方正转电源位置，使得 1M 和 2M 的电磁转矩方向相同。调节 2M 电路中的励磁电路电阻 R_{r2}，使机组转速超过 1M 的理想空载转速，注意此时 1M 的电流反向，调节 R_{r2}，改变其转速在 n 不超过 $1.5n_N$ 的范围内记下 4 组左右不同转速下 1M 的 n、I_a 和 U_a。

三、实验报告撰写

实验报告内容包括：

（1）实验名称。

（2）实验目的和实验设备。

（3）实验内容。

①简述直流电动机的启动方法和本实验所采用的方法。

②简述在直流电动机的调速方法和实验中观察到的现象。

③简述直流电动机的制动方法，将记录数据列入实验表格中，并计算出被测电动机的电磁转矩。

④画出三种制动状态时的机械特性。

（4）在实验报告最后讨论如下问题：比较三种制动方法的特点。

第 11 章

MATLAB 概要

本章通过对科学计算机与仿真工具 MATLAB 的简要介绍，使读者能够理解本书后续章节中的示例。通过模仿这些示例，初步学会建立电机在不同工作条件下的仿真模型。这些示例可以激发读者探索 MATLAB 的兴趣。在阅读本章时，读者最好在计算机中预装 MAT-LAB 的专业版或学生版，并熟悉使用一种高级语言，如 C 语言或 Basic 语言。通过浏览下面的网址可以获得有关 MATLAB 的学生版及相关信息：http：//www. mathworks. cn/aca-demia/student version/。

§ 11.1　MATLAB 简介

20 世纪 70 年代，美国新墨西哥大学计算机科学系主任 Clever Moler 为了减轻学生编程的负担，用 FORTRAN 语言编写了一些子程序接口程序，取名矩阵实验室（Matrix Laboratory，MATLAB）。1984 年由 Little、Moler、Steve Bangert 合作成立了 Math Work 公司，使用 C 语言编写了第一个正式商业化的 MATLAB 软件。到 20 世纪 90 年代，MATLAB 已成为国际控制界的标准计算软件。Math Work 公司正式推出商业化的MATLAB之后，1992 年推出了 MATLAB 的 1.0 版本；1999 年推出了 MATLAB 的 5.3 版本，大幅度地改进了 MATLAB 的功能，随之发行了一种可视化的仿真工具即 Simulink 3.0，备受使用者的喜爱；2003 年推出的 MAT-LAB6.3/ Simulink5.0 在核心算法、界面设计和外部接口等方面进行了极大的改进；2004 年 9 月推出了 MATLAB7.0/ Simulink6.0；目前最新版本为 MATLAB R2008a，包括 MATLAB7.6/ Simulink7.1。

MATLAB 可以进行矩阵运算、绘制图形和曲线、实现控制算法、创建用户界面等。主要功能包括工程计算、系统设计、信号处理、图像处理、金融建模等，在控制工程、交通工程、电气工程、通信工程、机械工程等领域获得广泛应用，已成为当今工科院校大学毕业生必须掌握的仿真工具。用 MATLAB 实现数值计算与仿真主要有两种方式：①编写仿真程序；②使用 Simulink。前者采用 MATLAB 提供的 M 语言，按照分析对象的数学模型，逐条编写仿真程序。与其他语言不同的是 M 语言具有功能强大的矩阵运算能力。后者是在 MATLAB 平台下的一种基于系统框图的仿真工具。由于采用了框图式的仿真方式，使其具有良好的交互性。Simulink 可以嵌入用 M 语言编写的功能模块，也可以转化成 M 语言程序。

§11.2　MATLAB 工作环境

一、MATLAB 主窗口

MATLAB 安装成功后，在桌面上会出现 MATLAB 图标。第一次运行 MATLAB 时，自动打开默认窗口，如图 11-1 所示。主窗口中主要包括命令窗口（Command Window）、当前目录（Current Directory）窗口、工作空间（Workspace）窗口、历史命令（Command History）窗口、菜单、工具栏和开始菜单（Start）等。MATLAB 在当前目录窗口中显示当前目录中的文件信息；在工作空间窗口中显示当前工作空间的变量信息；在历史命令窗口中显示已经在命令窗口中使用过的命令；菜单、工具栏和开始菜单包含 MATLAB 的相关指令的操作。

MATLAB 命令窗口用以输入命令或运行 MATLAB 函数、执行命令并在命令窗口中显示结果。

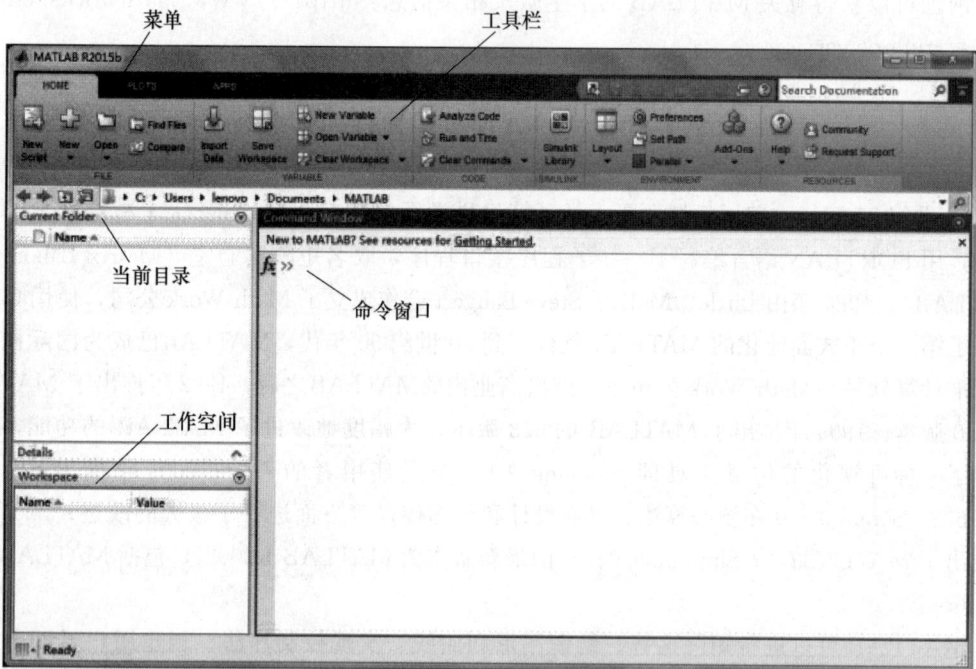

图 11-1　MATLAB 的主窗口

【例 11-1】　已知直角三角形的两个直角边长分别为 15 m 和 10 m，求斜边长。

解：对直角三角形的两个直角边先求平方和再开方就可以求得斜边长度。在命令窗口提示符"＞＞"后键入指令：

＞＞Y = sqrt (15^2 + 10^2)

经过计算后，结果显示：

Y =

18.0278

$>>$

示例中 sprt 为求平方根函数，操作符^为乘方操作，10^2 表示 10^2。

二、图形显示窗口

在命令窗口中直接输入绘图指令或执行带有绘图指令的 M 函数，就可在绘图窗口得到仿真图形。

【例 11-2】绘制正弦函数从 0 开始一个周期的图形。

解在命令窗口输入以下指令：

$>>$t = 0：2 * pi/19：2 * pi;　　　　% 创建等间隔的从 0 开始至 20 个元素的一维组数。

$>>$plot (t, sin (t))　　　　　　　% 绘制 sin 的图形，横坐标用弧度值表示。

本例中，命令语句末尾分号的作用是在命令窗口中不要显示数值结果，以使命令窗口更加清晰，不至于显得杂乱。命令语句中"%"之后的文字为注释，便于阅读程序，对命令语句的运算结果没有任何影响。

上述命令执行后，在图形窗口中显示出了一条正弦曲线，如图 11-2 所示。

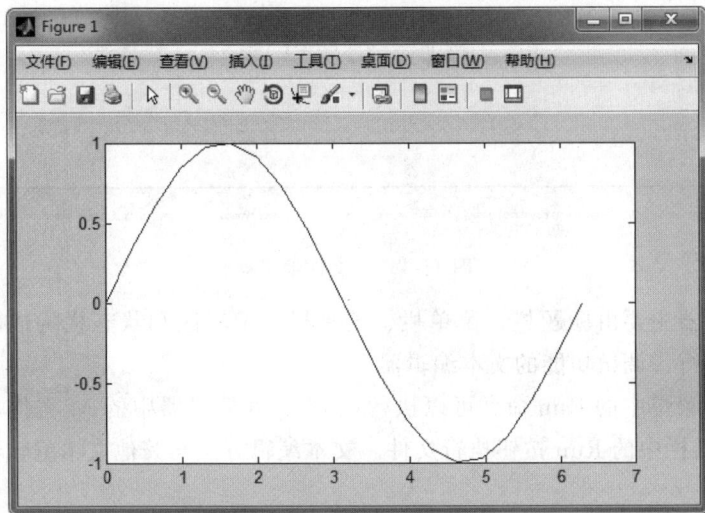

图 11-2　在图形显示窗口中显示正弦曲线

图形显示窗口中，主要有菜单栏、工具栏和图形显示区 3 个部分组成，除能显示图形外，还能对图形进行简单编辑。在工具栏中集成了大部分的绘图工具，按照从左到右的顺序分别为：新建图形（New Figure）、打开文件（Open File）、存储图形（Save Figure）、打印图形（Print Figure）、编辑图形（Edit Plot）、放大（Zoom In）、缩小（Zoom Out）、平移（Pan）、三维旋转（Rotate 3D）、数据点标示（Data Cursor）、插入图形说明（Insert Legend）、插入彩条（Insert Colorbar）、隐藏绘图工具（Hide Plot Tools）和显示绘图工具（Show Plot Tools）。使用这些工具可以对图形窗口中的图形进行后期处理。

三、M 文件编辑器

读者在使用 M 语言进行仿真时，首先要用文本编辑器，按照 M 语言的语法要求，输入预先设计的 M 语言命令集。读者可使用任何兼容的文本编辑器来完成对 M 语言的编辑。建议采用 MATLAB 提供的 M 语言编辑器。

在命令窗口中，使用 File 菜单下的 New→M-File 或工具栏中的第一个按钮可以打开 M 文件编辑器并建立一个空的 M 编辑窗口，如图 11-3 所示。

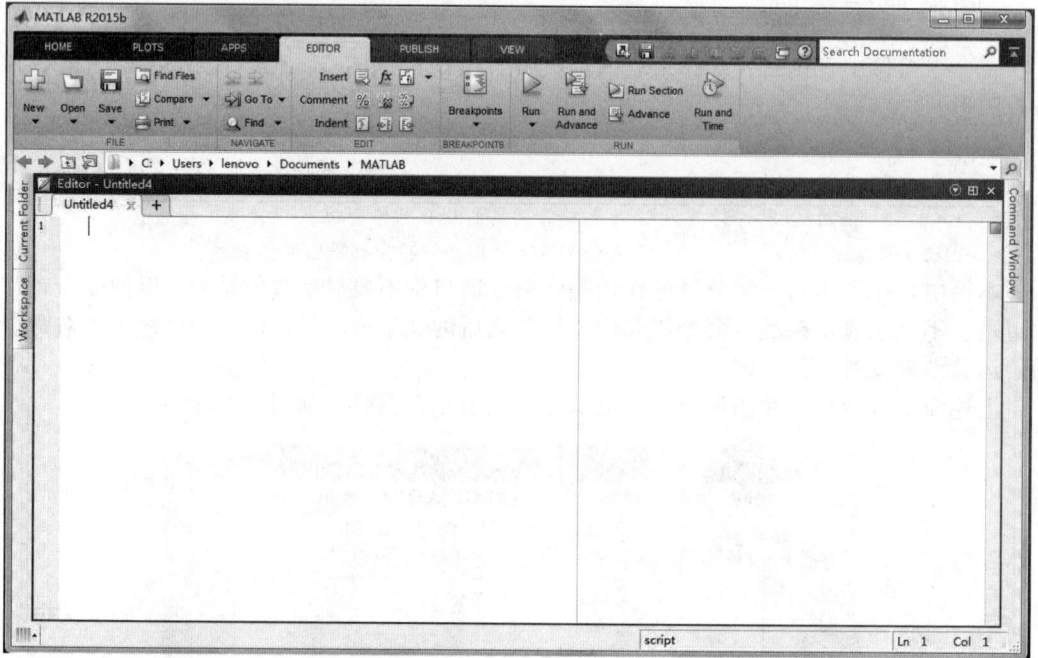

图 11-3　M 文件编辑器

M 文件编辑器主要由标题栏、菜单栏、工具栏、编辑区和状态栏构成，是一个集成了 M 文件编辑、运行、调试功能的文本编辑器。

使用 Debug 菜单中的 Run 命令可以执行在 M 文件编辑器中的 M 文件，也可以使用快捷键 F5 或者工具栏中的 Run 按钮执行文件。文本编辑方法与其他文本编辑器相似，在此不做详细介绍。

四、联机帮助

在命令窗口中使用 Helpwin 命令或者在 Help 菜单中选择 Full Product Help 功能或者选择 MATLAB Help 功能（快捷键 F1）可以打开帮助窗口，显示格式类似 Windows 的资源管理器，如图 11-4 所示。

在帮助窗口的左侧边栏有 4 个标签，分别为目录（Contents）、索引（Index）、搜索（Search）和演示（Demos），为使用这些功能提供方便。其中演示功能中包含了很多 MAT-LAB 的实例，使用者可以观看其中的实例演示结果，也可以通过在命令窗口中键入 Demo 指令使用帮助窗口的演示功能。

MATLAB 的 Help 和 Lookfor 在线帮助命令对于使用者是非常重要的，使用 Help 命令和 Lookfor 命令是获得在线帮助的最简单有效的方法。Help 命令可以获取具体指令的说明、功能描述；Lookfor 命令列出所有函数的功能描述中包含使用者输入关键字的函数简介。

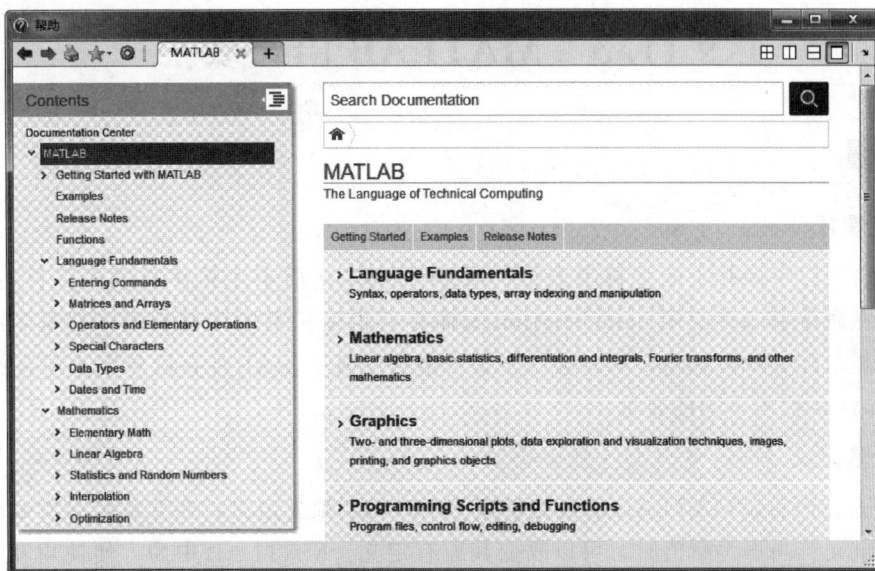

图 11-4　帮助窗口

【**例 11-3**】　使用帮助命令了解"sin"的含义及用法。

解： 在命令窗口键入 help sin，显示内容如下：

\>\>help sin

SIN　Sine of argument in radians.

SIN（X）is the sine of the element of X.

See also a sin，sind.

Overloaded functions or methods（ones with the same name in other directories）

help sym/sin.m

Reference page in Help browser

Doc sin

鼠标单击最后一行带有下划线的超级链接，可以打开相应的帮助窗口，获得更详细的帮助信息。

键入 lookfor sin，在命令窗口显示：

\>\>lookfor sin

java.m：% Using Java from within MATLAB.

Syntax.m：% You can enter MATLAB commands using either a FUNCTION format or a ...

ASIN Inverse sine，result in radians.

ASIND Inverse sine，result in degrees.

ASINH　Inverse　hyperbolic sine.

……

SIN　Sine of argument in radians.

SIND　Sine of argument in degrees.

SINH　Inverse　hyperbolic sine.

……

§11.3　MATLAB 语言要点

一、变量

1. 变量名

变量名用以字母开头的字符串表示，MATLAB 7.1 版本字符串长度可以长达 63 个字符。可以在命令窗口中使用 namelengthmax 命令获得变量名的限制长度，变量名超过这个长度时，超出部分将被忽略，同时会产生警告信息。MATLAB 变量区分大小写，例如 Current 和 current 代表不同的变量。

2. 变量定义

不同于 C 语言，MATLAB 语言变量在使用时无须预先定义，在变量第一次赋值时就是对变量的定义。当再次赋值时，可以改变其原有定义。MATLAB 中为方便使用者，预先定义了一些具有确定含义的特殊变量，使用者可以直接使用无须预先定义。例如：$pi = 3140159\cdots$、$i = \sqrt{-1}$、$j = \sqrt{-1}$、INF 或 inf 为无限大数（即 $1/0$）等。对于这些预定义的变量，使用者可以将其重新定义，但是为使编制的程序具有良好的可读性，建议不要改变它们原有的定义。

二、运算符

MATLAB 的运算符与其他高级语言运算符基本相同。MATLAB 的常用运算符见表 11-1。

表 11-1　MATLAB 的常用运算符

算数运算符			
^乘方	＋加法	－减法	*乘法 / 除法
关系运算符			
＜ 小于　＜＝小于等于	＝＝等于	～＝不等于	＞＝大于等于　＞大于
逻辑运算符			
& 与		｜ 或	～非

在 MATLAB 语言中，运算符两侧可以是常数或者变量，它们可以是复数、向量或矩阵，只要在数学上能够满足运算的条件即可。例如，对于两个矩阵，只要行数和列数满足可以相乘的条件，就可以使用乘法运算符"＊"来计算矩阵的乘积。

三、流程控制

MATLAB 中常用的流程控制语句见表 11-2。

表 11-2　MATLAB 中常用的流程控制语句

类别	For 循环语句	While 循环语句	If 循环语句
格式	For x＝初值：步长：终值 　命令语句 end	While 表达式 　命令语句 end	If 表达式 　命令语句 1 Else 　命令语句 2 end
说明	步长为 1 时，可以省略步长值，格式变为"for x＝初值：终值"	表达式为逻辑真时，执行命令语句；否则执行 end 后的语句	表达式为逻辑真时，执行命令语句 1；否则执行命令语句 2

以上的流程控制语句还可以嵌套使用。

四、基本数学函数

MATLAB 的基本数学函数见表 11-3。

表 11-3　MATLAB 的基本数学函数

abs	绝对值	exp	以 e 为底的指数
acos	反余弦	imag	取复数虚部
acosh	反双曲余弦	log	自然对数
angle	以弧度计算复数辐角	log10	以 10 为底的对数
asin	反正弦	real	取复数实部
asinh	反双曲正弦	sign	符号函数
atan	反正切，返回值从 $-\pi/2 \sim \pi/2$	sin	正弦
atan2	反正切，返回值从 $-\pi \sim \pi$	sinh	双曲正弦
conj	取共轭复数	sqrt	开平方
cos	余弦	tan	正切
cosh	双曲余弦	tanh	双曲正切

§11.4　命令文件（M 函数和 M 文件）简介

MATLAB 提供了 M 函数和 M 文件的功能，使用者可以利用已有的函数编制自己的 M 函数或者 M 文件，完成复杂的计算。MATLAB 中已有的许多函数就是由 M 函数构成的 M 文件。

一、M 文件

M 文件也称作脚本文件，是在 MATLAB 环境下进行运算的基本文件形式。M 文件是 ASCⅡ码构成的文本文件，由 MATLAB 语言支持的语句组成。M 文件的扩展名为 .m，执行时使用者只需键入文件名即可，MATLAB 会自动执行 M 文件中的语句。在命令窗口中键入的指令序列也可以放到一个文件中构成 M 文件。使用时，无须再逐条命令键入，只要键入已形成的 M 文件名即可。

【例 11-4】 编制 M 文件实现例 11-2 的绘图功能。

解：使用 M 文件编辑器编辑 M 文件，内容如下：

```
t = 0: 2 * pi/19: 2 * pi;
plot (t, sin (t));
```

使用 File 菜单下的 Save as 打开"另存为"对话框，命名为 my_plotsin.m（扩展名是自动加入的）。保存后，以上内容便存储为 M 文件。在命令窗口键入 my_plotsin 后回车，即可实现和例 11-2 相同的绘图功能。

二、M 函数

可以通过一个 M 函数产生 M 文件，包含这个函数的文件称为 M 函数文件。M 函数文件是一种特殊的按照一定规则编写的 M 文件，函数名和文件名必须相同。M 函数有自己局部的工作空间，M 函数的变量为局部变量，与工作空间中的联系可以通过输入输出变量或全局变量来实现。M 函数可以调用其他 M 文件，还可以调用自己，称为递归调用。

MATLAB 的 M 函数文件的基本格式为：

```
Function [y1, y2, …] = foo (x1, x2, …)
```

其中 foo 为函数名，x1，x2，…为输入变量列表，y1，y2，…为输出变量。输入、输出参数可以是任何类型的 MATLAB 变量（如数组、标量、矩阵、字符串等）。

【例 11-5】 编制 M 函数文件实现查找数组中最大元素的功能。

解：使用 M 文件编辑器编制 M 函数文件，内容如下：

```
function max_num = max_element (my_array)
% Find the max element of input array

m = max (my_array);% 返回数组每一列中的最大元素的行向量
max_num = max (m);% 获得向量中最大元素值
在命令窗口中键入
>>x = [1, 2, 3, 4, 5; 5, 6, 10, 7, 8; 5, 6, 7, 8, 9]
结果显示：
x =
  1  2  3  4  5
  5  6  10  7  8
  5  6  7  8  9
再键入
>> y = max_element ( x )
结果显示
y =
  10
```

紧跟在 function 语句后的注释行，用以解释该函数的基本功能和计算原理。可以在命令

窗口中使用 "help M 函数文件名" 命令来显示这些解释从而获得帮助信息，例如

```
>> help max _ element
Find the max element of input array
```

§11.5　Simulink 动态系统仿真工具

Simulink 是一个动态系统建模、仿真和综合分析的集成软件包。它可以处理线性、非线性系统；离散、连续及混合系统。Simulink 把图形窗口扩展为可以用来编程的图形界面。在 Simulink 提供的图形用户界面（GUI）上，只要进行鼠标的简单拖拉操作就可以构造出复杂的仿真模型。Simulink 以方块图形式，采用分层结构建立仿真模型。在 Simulink 环境中，使用者可以在仿真进程中改变感兴趣的参数，实时地观察系统行为的变化。在 MATLAB 7.1 版中，可以直接在 Simulink 环境中运行的工具包很多，已覆盖通信、控制、信号处理、DSP、电气工程等诸多领域，所涉及内容专业性极强。

电机的 Simulink 仿真模型构建主要使用 Simulink 中的电力系统仿真模块库（SimPowerSystems）。该库是由加拿大的 Hydro Ouebec 公司和 TECSIM International 公司共同开发的，功能非常强大，可以应用于电路、电力电子系统、电机系统、电力传输的领域的仿真。Simulink 基本库和电力系统模型库（SimPowerSystems）的常用模块说明见 MATLAB 模块。

一、Simulink 交互式仿真集成环境

在 MATLAB 主窗口菜单中选择 File→New→Model 可以打开 Simulink 的仿真集成环境，如图 11-5 所示。也可以使用 MATLAB 主窗口工具栏上的 Simulink 按钮，首先打开 Simulink 库浏览器（Simulink Library Browser），然后在浏览器中使用菜单 File→New→Model 功能或者工具栏中的创建新模型（Create a New Model）功能打开 Simulink 仿真集成环境。

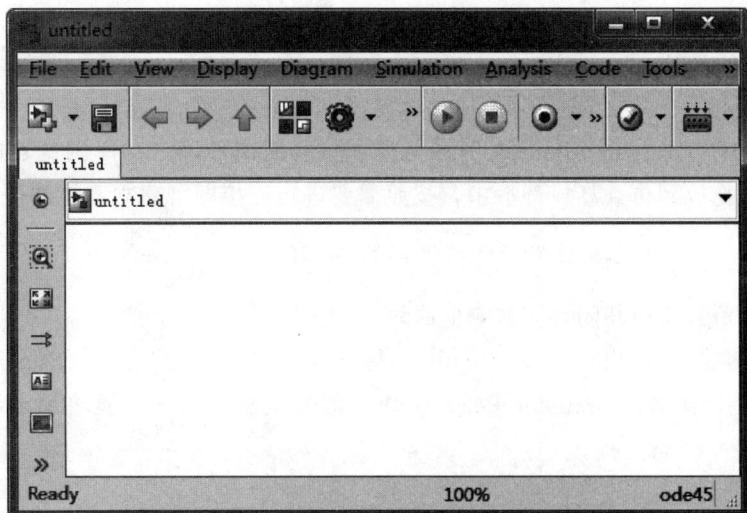

图 11-5　Simulink 仿真集成环境

仿真环境中包含仿真模型建立和仿真调试功能，包含菜单栏、工具栏、模型编辑区和状态栏。一般在建立仿真模型前需要打开 Simulink 库浏览器以便使用其中系统预先建立的模块。可以单击仿真环境中的菜单栏中的库浏览器（Library Browser）按钮打开库浏览器，如图 11-6 所示。使用鼠标可以从库浏览器中将库中模块拖放至仿真环境中，按照需要将各模块进行连接，建立系统的仿真模型。

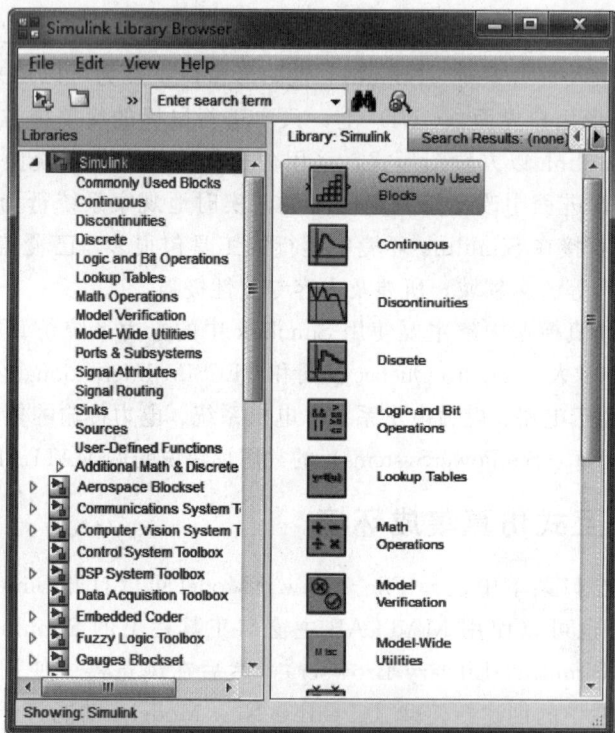

图 11-6　Simulink 库浏览器

二、Simulink 仿真模型的建立

使用前所述的方法打开 Simulink 库浏览器和仿真集成环境，从库浏览器的库中选中想要采用的模块，拖放到仿真集成环境中，按照需要进行连接即可建立系统的仿真模型。

【例 11-6】　已知某二阶系统开环传递函数为 $G(s) = \dfrac{1}{0.006\ 7\ s^2 + 0.1s}$。建立 Simulink 仿真模型，通过仿真获得其闭环阶跃响应曲线。

解：（1）建立仿真模型。从 Simulink 基本库中拖入阶跃信号（Step）模块、求和（Sum）模块、传递函数（Transfer Fcn）模块、信号汇总（Mux）模块和示波器（Scope）模块，按照图 11-7 进行连接。

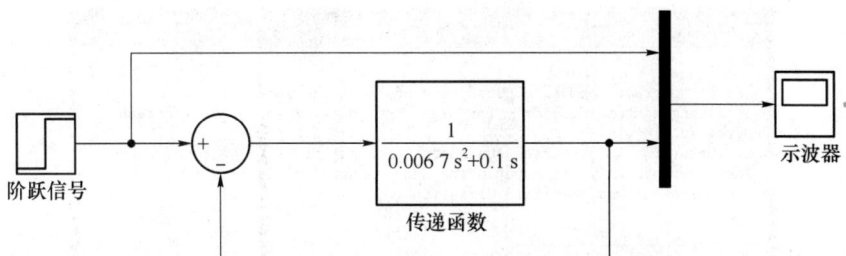

图 11-7　二阶系统闭环阶跃响应仿真模型原理图

（2）设定模块参数，鼠标双击各个模块，可以对模块的参数进行设置。

阶跃信号（Step）模块参数设置如图 11-8 所示。其参数有 Step time（阶跃发生时刻）、Initial value（初始值）、Final value（终了值）、Sample time（采样时间）等。设置 Step time（阶跃发生时刻）为 0.5 s，其他参数使用默认值即可，单击"确认"（OK）按钮完成更改。

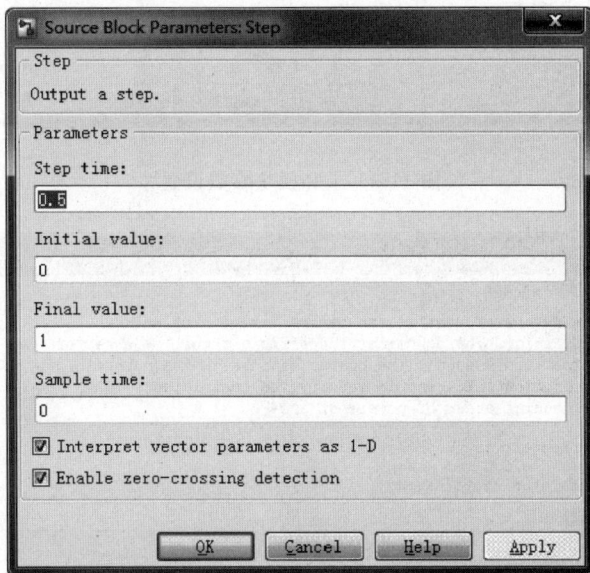

图 11-8　阶跃信号模块参数设置图

求和（Sum）模块参数设置如图 11-9 所示。Icon shape（图标形状）有方形（rectangular）和圆形（round）两个备选项可选。List of signs（符号列表）由"｜""＋"和"－"组成，"｜"表示空闲端，"＋"表示加运算，"－"表示减运算。如有多个输入，只需增加符号列表中的项目数即可。

传递函数模块参数设置如图 11-10 所示。Numerator coefficient 用以设置传递函数的分子多项式各项系数；Denominator coefficient 用以设定分母多项式各项系数。Absolute tolerate 用以设定求解传递函数的误差值。按照图 11-10 所设置参数可以实现题目中要求的二阶传递函数。

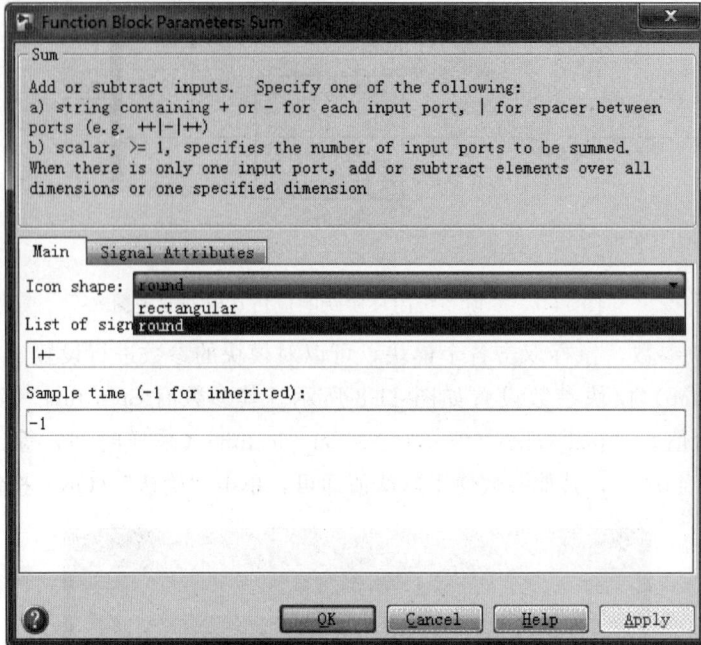

图 11-9　求和模块参数设置

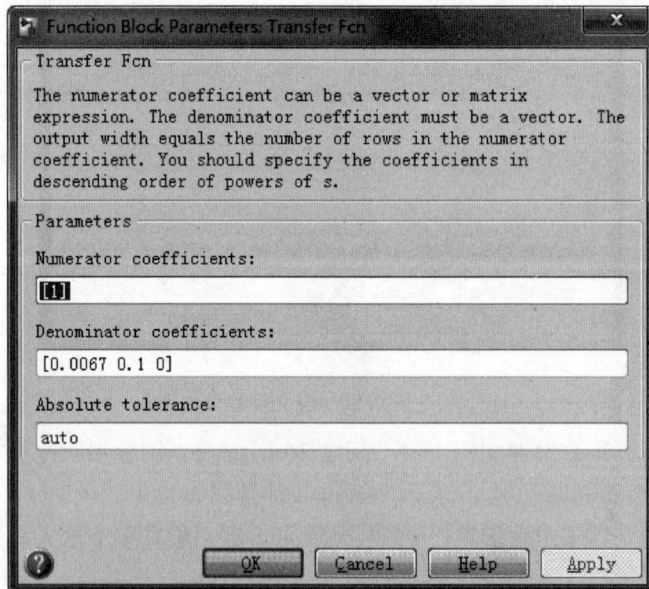

图 11-10　传递函数模块参数设置

信号汇总（Mux）模块参数设置如图 11-11 所示。Number of inputs 表示输入信号的数量，本例中希望阶跃信号和二阶传递函数闭环响应放在同一个示波器的同一个窗口中进行显示，因此输入次数为 2；Display option 有 none（无显示）、signals（信号名称）和 bar（条形显示）3 个备选项，本例选择了条形选项。

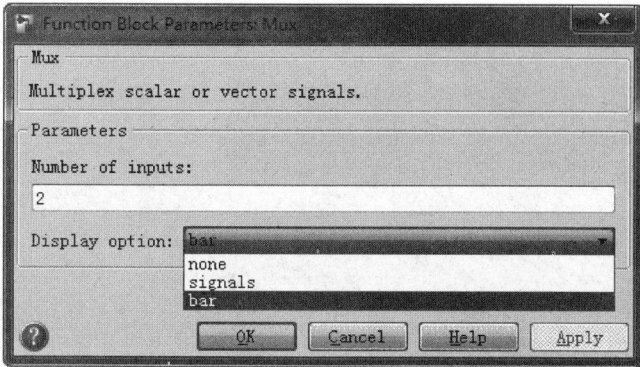

图 11-11　信号汇总模块参数设置

（3）设定仿真参数。所有模块参数设定完成后，在仿真之前需要设定仿真参数，可以通过菜单中的 Simulation → Configuration Parameter 命令打开仿真参数设置对话框，如图 11-12 所示。需要设置的主要参数有仿真开始时间（Start time）、停止时间（Stop time）、求解器（Solver）类型（type）、求解器（Solver）、最大步长（Max step size）、相对误差（Relative tolerance）、最小步长（Min step size）、初始步长（Initial step size）和过零控制（Zero crossing control）等。本例使用图 11-12 中的设置即可。

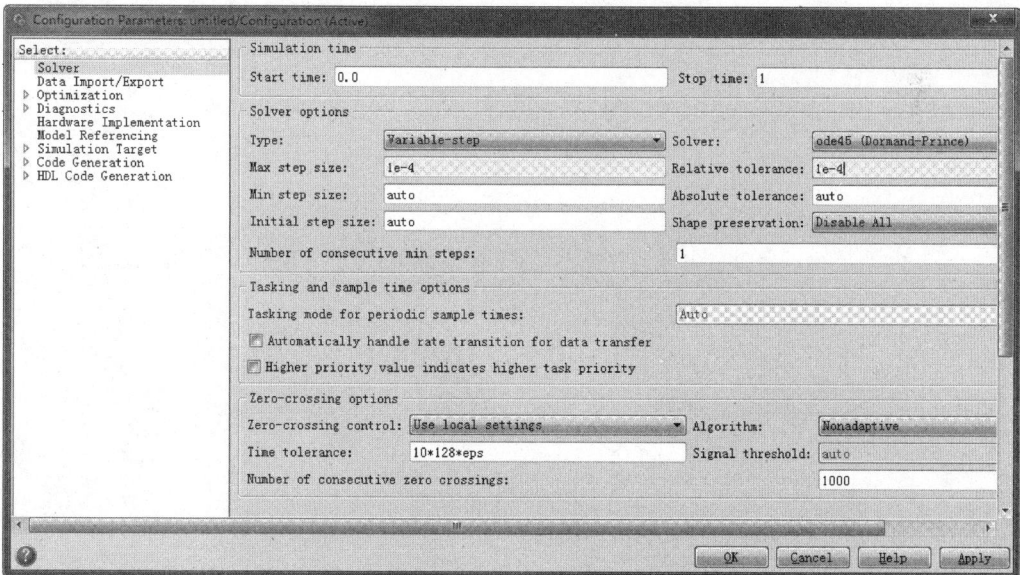

图 11-12　仿真参数设置

（4）仿真运行。设置完毕仿真模型中的模块参数和仿真参数后，便可以进行仿真。使用菜单中 Simulation→Start 命令单击或者工具栏中 Start Simulation 按钮即可开始仿真。鼠标双击示波器模块，可以在示波器的输出窗口中看到仿真结果，如图 11-13 所示。

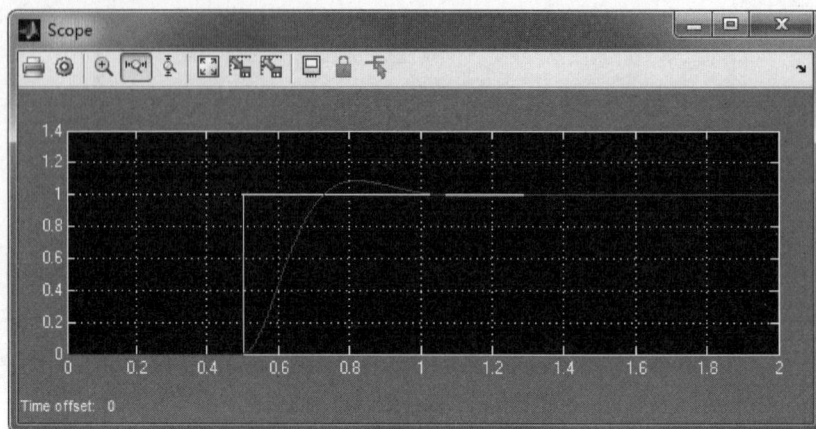

图 11-13　二阶系统的闭环阶跃响应仿真结果

第 12 章

变压器的 MATLAB 仿真

变压器是一种静止的电磁设备，通过一次侧和二次侧绕组的电磁耦合，将一种电压等级的交流电能或交变信号变换成另一种电压等级的交流电能或交变信号，用以实现电能的传输或信号的传递。对变压器进行分析既涉及电路问题也涉及磁路问题。

本章首先使用 MATLAB 编制 M 文件的方法计算磁路，然后建立 Simulink 模型对变压器的运行状态进行分析，由浅入深地介绍变压器的仿真方法。

§12.1 磁路计算

磁路计算是电磁设备分析中的基本计算内容。使用 MATLAB 编制 M 文件的方法可以对磁路进行分析，包括画出磁化曲线、考虑磁路饱和及磁滞影响时的非正弦磁化电流。

【例 12-1】 图 12-1 所示的磁路由电工钢片叠压而成，铁芯的叠压系数（叠片的净长与包含绝缘的总长之比）为 $k_{Fe}=0.94$，各段铁芯的截面积相同，均为 $A=0.8\times10^{-3}\ m^2$，各段铁芯的平均长度分别为 $l_1=0.08\ m$，$l_2=0.1\ m$，$l_3=0.037\ m$，$l_4=0.1\ m$，$l_5=0.08\ m$，气隙长度 $\delta=0.006\ m$。已知铁芯的相对磁导率为 1 900，励磁绕组的匝数 $N=2\ 000$，如果要在铁芯中产生 1×10^{-3} Wb 的磁通，求需要多大的励磁电流，用 M 语言编写进行计算的程序。

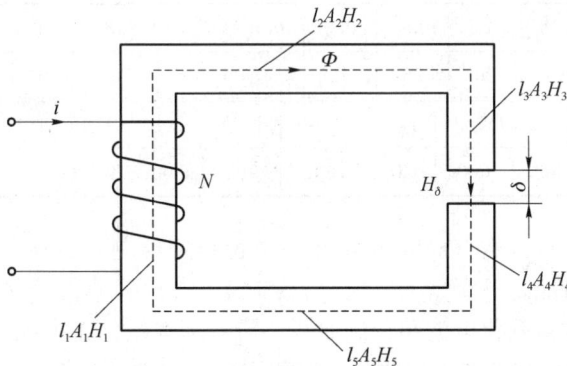

图 12-1 例题 12-1 的磁路结构

解： 用 M 语言编写计算程序及相关注释如下：

```
%磁路计算求解励磁电流
A=0.8 * 1e-3;                    % 已知铁芯截面积 m2,1e-3 表示 10⁻³
```

```
kfe = 0.94;                                              % 已知铁芯叠片系数
Ph = 1 * e - 3;                                          % 要求产生的磁通量 Wb
u0 = 4 * pi * 1e - 7;                                    % 已知空气磁导率 H/m，1e - 7 表示 10⁻⁷
l1 = 0.08 m; l2 = 0.1 m; l3 = 0.037 m; l4 = 0.1 m; l5 = 0.08 m;        % 已知各段磁路长度
N = 2 000;                                               % 已知励磁绕组匝数
d = 0.006;                                               % 已知气隙长度 m
Ak = kfe * A;                                            % 计算净面积
B = Ph/Ak;                                               % 计算铁芯磁密
ufe = 1 900 * u0;                                        % 求铁芯磁导率
Hc = B/ufe;                                              % 计算铁芯磁场强度
Fc = Hc * (11 + 12 + 13 + 14 + 15);                     % 计算铁芯中磁压降
Ha = Ph/u0/A;                                            % 计算气隙磁场强度
Fa = Ha * d;                                             % 计算气隙压降
F = Fc + Fa;                                             % 计算总磁压降
I = F/N;                                                 % 用安培定律计算励磁电流
s = num2str (i);                                         % 将数字转换成字符串
s1 = '励磁电流为:';                                      % 定义字符串
s = strcat (s1, s, 'A');                                % 合并字符串
disp (s);                                                % 显示计算结果
```

程序运行输出结果为

励磁电流为：3.094 7 A。

一、磁饱和引起的磁化电流畸变

【例 12-2】 已知某铁磁材料的基本磁化曲线数据见表 12-1。

（1）画出基本磁化曲线；

（2）当磁路饱和且磁通按正弦规律变化时，试画出磁化电流曲线。

表 12-1　基本磁化曲线数据

B/T	0.1	0.2	0.3	0.4	0.5	0.6	0.7	0.8	0.9	1	1.1	1.2	1.3
H/ (A · m⁻¹)	5	10	20	25	40	50	60	70	90	110	150	200	300
B/T	1.34	1.38	1.41	1.43	1.45	1.47	1.48	1.49	1.495	1.5	1.55	1.6	
H/ (A · m⁻¹)	400	500	600	700	800	900	1 000	1 100	1 200	1 700	5 000	10 000	

解：（1）使用子窗口函数（subplot）在一个窗口中绘制磁通波形、拟合曲线和磁化电流波 3 个图形，方便对照。

①曲线拟合。为计算磁化电流和绘制曲线，需对基本磁化曲线数据进行拟合。采用双曲正弦函数（sinh）模型拟合基本磁化曲线可以达到较好的拟合效果。使用拟合函数可以画出较光滑的曲线图形。

②绘制基本磁化曲线。使用原始数据在窗口中画出原始数据点，在同一个窗口中使用拟合后的曲线数据绘出磁化曲线。

③计算磁化电流。给定磁通密度按照正弦规律变化，使用拟合获得的拟合函数，计算磁

化电流。

④绘制磁化电流。使用计算获得的磁化电流数据绘制磁化电流曲线。

（2）用 M 语言编写计算程序及相关注释如下：

%磁化曲线拟合，绘制基本磁化曲线及磁饱和时的励磁电流波形。

```
% H = a * sinh (b * B);
% 2008 - 01 - 11
clear; % 清空 workspace 中的变量
b _ data = [0.1, 0.2, 0.3, 0.4, 0.5, 0.6, 0.7, 0.8, 0.9, 1, 1.1, 1.2, 1.3, 1.34, 1.38,
1.41, 1.43, 1.45, 1.47, 1.48, 1.49, 1.495, 1.5, 1.55, 1.6];
h _ data = [5, 10, 20, 25, 40, 50, 60, 70, 90, 110, 150, 200, 300, 400, 500, 600, 700, 800,
900, 1 000, 1 100, 1 200, 1 700, 5 000, 10 000];
B = [- b _ data , 0, b _ data];              % 将磁通密度数据扩展为正负值
H = [- h _ data , 0, h _ data];              % 将磁场强度数据扩展为正负值
B = sort (B);                                % 对磁通密度数据进行排序
H = sort (H);                                % 对磁场强度数据进行排序
% 绘制磁通密度波形
subplot (2, 2, 1);                           % 将窗口划分成 2 行 2 列，使用第 1 个子窗口
Bx = 0: 0.01: 2 * pi;                        % 形成正弦函数自变量从 0 到 2π，间隔为 0.001 的数据
Bsin = 1.5 * sin (Bx);                       % 计算正弦值磁密值，幅值为 1.5
plot (Bx, Bsin);                             % 在选定的子窗口中绘制磁通密度正弦曲线
gride on;
xlim ([0, 2 * pi]);                          % 限定横坐标显示范围为 0～2π
xlabel ('角度 \ omegat/rad');                % 在横坐标上标注 "角度 \ omegat/rad"，即 ωt
ylabel ('磁通密度 B/T');                     % 在纵坐标上标注 "磁通密度 B/T"
% 绘制 BH 基本磁化曲线原始数据点
subplot (2, 2, 2);                           % 将窗口划分成 2 行 2 列，使用第 2 个子窗口
hold on;
plot (H, B, 'ro');                           % 画原始数据点
grid on;
xlabel ('磁场强度 H/ (A/m)');                % 在横坐标上标注 "磁场强度 H/ (A/m)"
ylabel ('磁通密度 B/T');                     % 在纵坐标上标注 "磁通密度 B/T"
% 绘制拟合的基本磁化曲线
mymodel = fittype ('a * sinh (b * x)');      % 选择 sinh 为拟合模型
opts = fitoptions (mymodel);
set (opts, 'Robust', 'LAR', 'Normalize', 'Off');
fit = fit (B', H', mymodel, opts);           % 拟合
bt = B;                                      % 拟合曲线临时磁通密度数据
ht = fit.a. * sinh (fit.b. * bt);            % 拟合曲线临时磁场强度数据
plot (ht, bt);                               % 在原始数据窗口画拟合曲线
% 绘制磁化电流波形
subplot (2, 2, 4);                           % 将窗口划分成 2 行 2 列，使用第 4 个子窗口
hold on;
```

```
M_X = 1.6;                          % 磁场强度最大值
BI1 = sin ( ( - M_X: 0.01: M_X) ./M_X. * pi) . * M_X;      % 磁通正弦变化
HI1 = fit. a. * sinh (fit. b. * BI1);      % 拟合曲线映射后的磁场强度
XI1 = 1: length (BI1);
XI1 = XI1/length (BI1) * 2 * pi;      % 折算到 0~2π
plot (XI1, HI1);                    % 画磁化电流波形
grid on;
xlim ( [0, 2 * pi]);                % 限定横坐标显示范围
xlabel ('角度 \ omegat/rad');        % 在横坐标上标注 "角度 \ omegat/rad" 即 ωt
ylabel ('磁化电流 I/安匝');           % 在纵坐标上标注 "磁化电流 I/安匝"
```

程序运行结果如图 12-2 所示。可以看到,饱和所引起的磁化电流发生了畸变不再是正弦波形,由于磁化曲线的对称性,磁化电流的正负半波也是对称的。

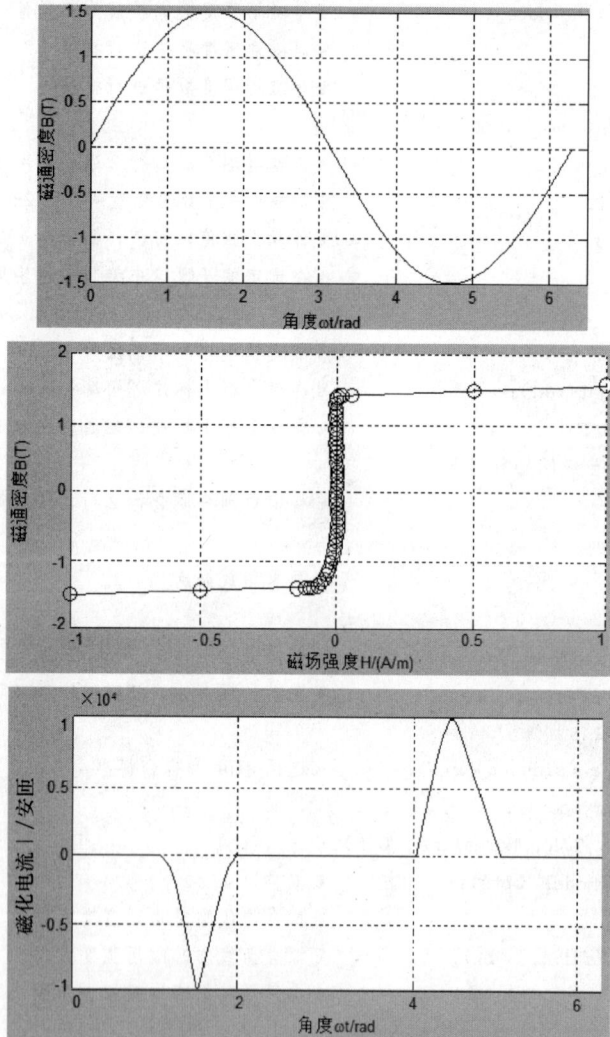

图 12-2　基本磁化曲线及磁饱和所引起的磁化电流畸变

二、磁滞引起的磁化电流畸变

【例 12-3】　使用表 12-2 中的磁滞回线数据：

（1）画出磁滞回线；

（2）当磁通按正弦规律变化时，画出磁化电流的变化曲线，并分析磁滞对磁化电流的影响。

表 12-2　磁滞回线数据

B	−0.174	−0.152	−0.123	−0.089	−0.051	−0.003	−0.092	0.177
H	0.005	0.026	0.050	0.065	0.078	0.096	0.126	0.164
B	0.253	0.297	0.308	0.298	0.279	0.252	0.217	0.182
H	0.270	0.460	0.529	0.471	0.341	0.203	0.074	0.000
B	0.157	0.126	0.092	0.055	0.000	−0.087	−0.174	−0.249
H	−0.028	−0.049	−0.063	−0.077	−0.093	−0.124	−0.162	−0.270
B	−0.293	−0.303	−0.294	−0.274	−0.247	−0.212		
H	−0.460	−0.530	−0.469	−0.338	−0.200	−0.070		

注：表中 B 的单位为 T，H 的单位为 A/m。

（1）使用子窗口函数（subplot）在一个窗口中绘制磁通波形、插值后的磁滞回线和磁化电流波形 3 个图形，方便对照。

①3 次样条插值。为绘制磁滞回线，需要采用插值方法获得磁滞回线数据。3 次样条插值是数值分析方法中常用的插值方法，具有精度高，收敛性好的优点。

②绘制磁滞回线。在同一个字窗口中使用原始数据绘制原始数据点和插值后的磁滞回线。

③计算磁化电流。给定磁通密度按照正弦规律变化，使用插值后的数据，计算磁化电流。

④绘制磁化电流。使用计算获得的磁化电流数据绘制磁化电流曲线。

（2）用 M 语言编写计算程序及相关注释如下：

％对磁滞回线进行 3 次样条插值，绘制磁滞回线，绘制考虑磁滞回线时的磁化电流波形。

```
clear;                                            % 清除 workspace 中的变量
H_data = [0.005 0.026 0.050 0.065 0.078 0.096 0.126 0.164 0.270 0.460 0.529 0.471 0.341 0.203
0.074 0.000 - 0.028 - 0.049 - 0.063 - 0.077 - 0.093 - 0.124 - 0.162 - 0.270 - 0.460 - 0.530 - 0.469
- 0.338 - 0.200 - 0.070];
B_data = [- 0.174 - 0.152 - 0.123 - 0.089 - 0.051 - 0.003 0.092 0.177 0.253 0.297 0.308 0.298
0.279 0.252 0.217 0.182 0.157 0.126 0.092 0.055 0.000 - 0.087 - 0.174 - 0.249 - 0.293 - 0.303
- 0.294 - 0.274 - 0.247 - 0.212];
H = H_data; B = B_data;                           % 磁滞回线的数据
H = H. * 1e4; B = B. * 5;
```

```matlab
                                              % 绘制磁通密度波形
subplot (2, 2, 1);                            % 2 行 2 列子窗口，使用第 1 个窗口
Bx = - pi/2: 0.01: 3 * pi/2;                  % 磁通密度 - π/2~π/2 的数据
Bsin = 1.5 * sin (Bx);                        % 计算正弦值，扩大 1.5 倍适应磁滞曲线
plot (Bx, Bsin);                              % 画磁通密度正弦曲线
grid on;
xlim ( [ - pi/2, 3 * pi/2]);                  % 限定横坐标显示范围为 - π/2~3π/2
xlabel ('角度 \ omegat/rad');                 % 在横坐标上标注 "角度 \ omegat/rad"
ylabel ('磁通密度 B (T) ');                   % 在纵坐标上标注 "磁通密度 B/T"
 % 绘制 BH 磁滞回线原始数据点
subplot (2, 2, 2);                            % 2 行 2 列子窗口，使用第 1 个窗口
hold on                                       % 保持图形
plot (H, B, 'ro');                            % 画磁滞回线
 % 绘制插值后 BH 磁滞回线
B1 = B (7: 11); H1 = H (7: 11);               % 第 1 象限数据 B>0 数据    不易理解
B2 = B (11: 20); H2 = H (11: 20);             % 第 2 象限数据 B>0 数据
B3 = B (21: 26); H3 = H (21: 26);             % 第 3 象限数据 B>0 数据
B4 = [B (26: 30), B (1: 6)]; H4 = [H (26: 30), H (1: 6)];  % 第 4 象限数据 B>0 数据
BB1 = [B1, B4]; HH1 = [H1, H4];               % 磁滞回线的下分支
XI1 = - 6290: 10: 6290;
YI1 = interp1 (HH1, BB1, XI1, 'spline');      % 用 3 次样条插值计算，计算什么？
plot (XI1, YI1);                              % 画插值后回线下分支
BB2 = [B2, B3]; HH2 = [H2, H3];               % 磁滞回线的上分支
XI2 = - 5 290: 10: 5 290;
YI2 = interp1 (HH2, BB2, XI2, 'spline');      % 用 3 次样条插值计算
plot (XI2, YI2);                              % 画插值后回线上分支
grid on;
xlabel ('磁场强度 H/ (A/m) ');                % 在横坐标上标注 "磁场强度 H/ (A/m)"
ylabel ('磁通密度 B/T);                       % 在纵坐标上标注 "磁通密度 B/T"
 % 绘制磁化电流波形
subplot (2, 2, 4);                            % 2 行 2 列子窗口，使用第 4 个窗口
hold on;
M _ X = 1.39;                                 % 磁场强度最大值
XI1 = sin ( (-M _ X: 0.01: M _ X) ./M _ X. * pi. /2) . * M _ X;  % 磁通正弦变化
YI1 = interp1 (BB1, HH1, XI1, 'spline');      % 用 3 次样条插值计算
len _ X = length (XI1);                       % 计算先前波形的横坐标长度
X1 = (1: len _ X);
X1 = X1/len _ X * pi;
plot (X1, YI1);                               % 画电流波形
XI2 = sin ( (-M _ X: 1: M _ X) ./M _ X. * pi. /2) . * M _ X;
YI2 = interp1 (BB1, HH1, XI1, 'spline');      % 用 3 次样条插值计算
X2 = (1: len _ X) + len _ X-1;
X2 = X2/len _ X * pi;                          % 平移到先前波形的右侧
plot (X2, - YI2);                             % 画电流波形
grid on;
xlim ( [0, 2 * pi]);                          % 限定横轴显示范围为 0~2π
```

xlabel ('角度 \ omegat/rad');　　　　　　　　　　　　　% 在横坐标上标注 "角度 \ omegat/rad" 即 ωt

ylabel ('磁化电流 I/安匝');　　　　　　　　　　　　　　% 在纵坐标上标注 "磁化电流 I/安匝"

　　程序运行结果如图 12-3 所示。对比图 12-2 可以看出磁滞和磁饱和对磁化电流的影响是不同的，磁滞使磁化电流的波形在正半波和负半波不再对称。

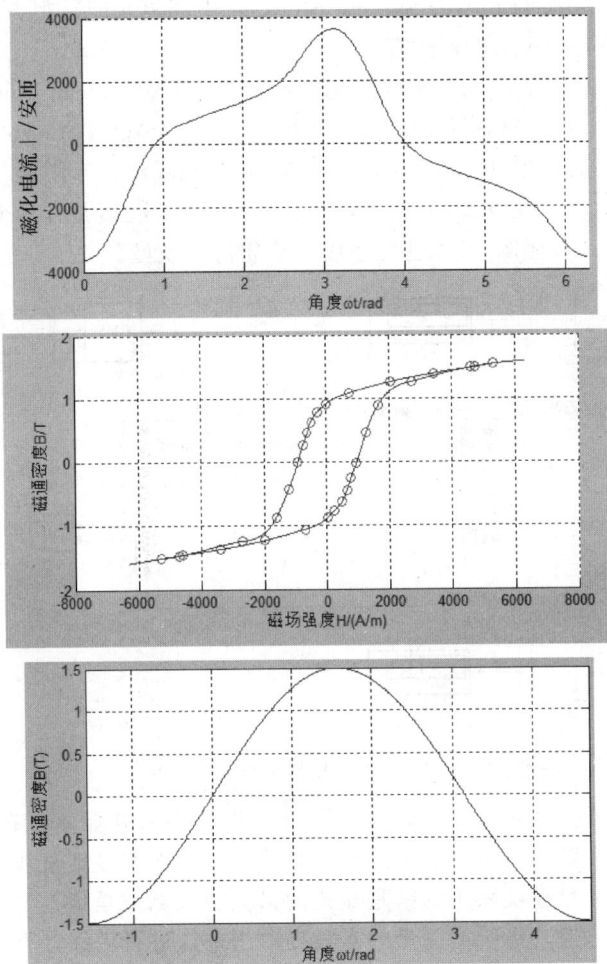

图 12-3　磁滞回线及其引起的磁化电流畸变

§12.2　变压器仿真

一、变压器负载运行状态仿真

　　变压器在负载运行时，若忽略励磁阻抗和漏抗，其一次侧电压电流和二次侧电压电流关系取决于变压器的变比。在很多情况下，不能忽略励磁阻抗和漏抗，从而增加了分析难度，借助计算机仿真可以减轻分析的工作量。

　　【例 12-4】　有一台单相变压器，其额定参数为 $f_N = 50\ \text{Hz}$，$S_N = 10\ \text{kV} \cdot \text{A}$，$U_{1N}/U_{2N} =$

380/220 V，一、二次绕组的漏阻抗分别为 $Z_1 = (0.14 + j0.22)$ Ω，$Z_2 = (0.035 + j0.055)$ Ω，励磁阻抗 $Z_m = (30 + j310)$ Ω，负载阻抗 $Z_L = (4 + j5)$ Ω，使用 Simulink 建立仿真模型，计算在高压侧施加额定电压时：(1) 一、二次侧的实际电流和励磁电流；(2) 二次侧电压。

解： 在用 Simulink 进行仿真时，可以采用变压器的等效电路模型，使用者不用列写变压器方程。使用 Simulink 的 Power System Blockset 中的模块能够很方便地构造变压器的仿真模型，对其特性及运行状态进行仿真。

(1) 建立仿真模型。在 Simulink 仿真窗口中，从 Simulink/SimPowerSystems 库中分别拖入线性变压器（Linear Transformer）、单相电压源（AC Voltage Source）、电压测量（Voltage Measurement）、电流测量（Current Measurement）、万用表（Multimeter）、有效值（RMS）计块、RLC 串联支路（Series RLC Branch）、数值显示等模块（Numeric diasplay of input values），按照图 12-4 进行连接，建立仿真模型。

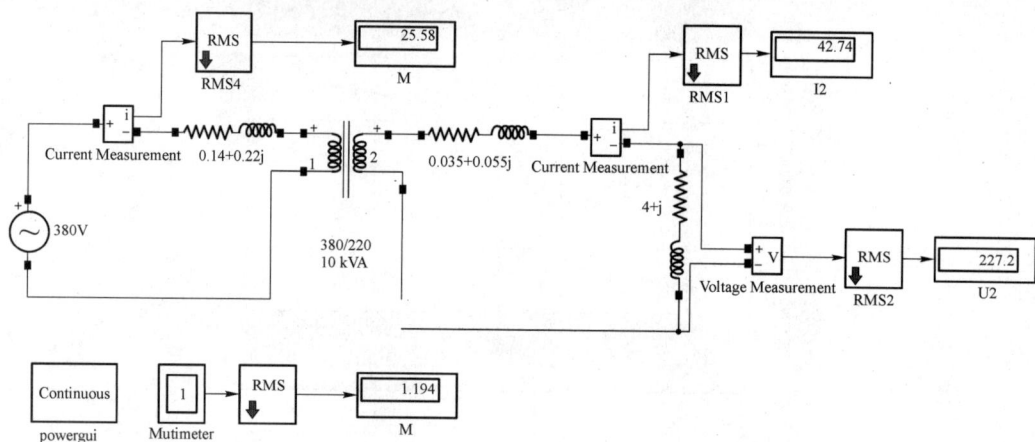

图 12-4 线性变压器负载运行仿真图

为了以可视化方式显示仿真结果，需要对变量进行测量并显示。在 Simulink 中有两种测量方法：显式测量和隐式测量。显示测量是指测量的模块明显地直接连接在所需测量的位置。例如电流、电压测量模块采用的就是显式测量。隐式测量是指不和仿真模型显示的直接连接，通过内部变量传递，将所需测量的参数提取出来，进行后续计算或者显示，万用表模块采用的就是隐式测量。

(2) 模块参数设置。鼠标双击各个模块可以对模块的参数进行设置。多数模块的参数设置对话框有 Help 按钮，可以在线查看模块使用说明。一些模块的帮助说明中有实例（example），可以单击并且联机进行仿真。

① 线性变压器模块。线性变压器模块的参数设置如图 12-5 所示。各个参数说明依次为：

Nominal power and frequency [Pn (VA) fn (Hz)]——额定容量和额定频率；

Winding 1 parameters [V1 (Vrms)，R1 (pu)，L1 (pu)]——绕组 1 参数，电压有效值，电阻标幺值。标记为 pu 的参数表明其参数为标幺值；

Winding 2 parameters [V2 (Vrms)，R2 (pu)，L2 (pu)]——绕组 2 参数，电压有效值，电阻标幺值；

Three windings Transformer——变压器第三绕组选项；

Magnetization resistance and reactance——励磁电阻和励磁电抗；

Measurements——测量选项。

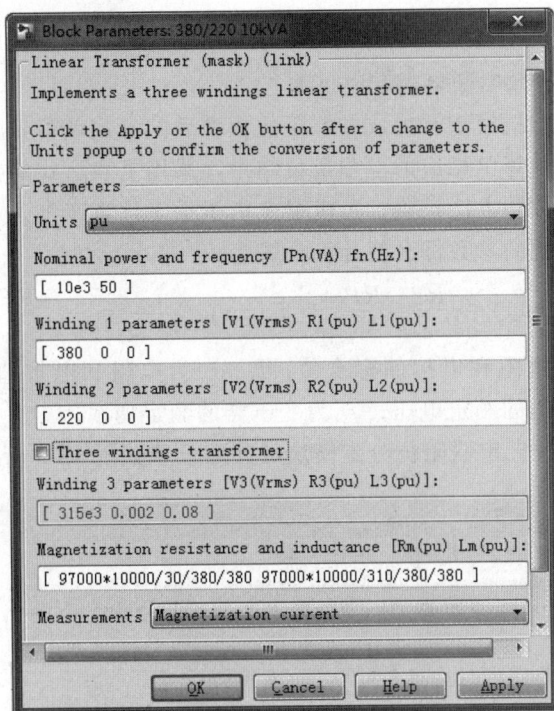

图 12-5　线性变压器模块的参数设置

　　按照图 12-5 中的数值设置各项参数。本例中绕组的漏抗在原理图中采用显式给出，也就是在原理图中使用串联 RLC 分支模块给出了漏抗的 $R+\mathrm{j}X$ 模型。所以设置 $R_1=0$，$L_1=0$，$R_2=0$，$L_2=0$；测量（Measurements）一栏选中测量励磁电流（Magnetization current）。这样在万用表（Multimeter）的参数中就会出现变压器的励磁电流参数 I_{mag}，可以使用万用表进行测量。由于励磁电流不能直接通过电流测量模块测量，这里使用万用表模块进行测量励磁电流。本例中使用的线性变压器模型为两绕组变压器，所以第三绕组变压器选择框为未选定状态。

　　需要特别说明的是线性变压器的参数设置中的励磁阻抗值，电力系统模块库（SimPower Systems）中线性变压器的模型采用的是并联等效电路模型，其原理图如图 12-6 所示。

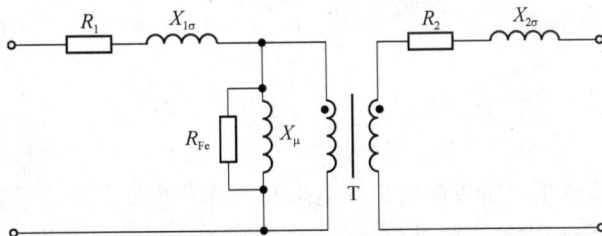

图 12-6　Simulink 中线性变压器模块的等效原理图

图 12-6 中励磁阻抗为电阻 R_{Fe} 和电抗 X_μ 并联模型，例题中给出的为电阻 R_m 和电抗 X_m 的串联模型，因此在计算仿真时必须将 RL 串联模型转换成 RL 并联模型，转换公式为

$$\frac{1}{R_{Fe}} = R_m / (R_m^2 + X_m^2) \qquad \frac{1}{X_\mu} = X_m / (R_m^2 + X_m^2) \qquad (12\text{-}1)$$

式中，电阻 R_m、X_m 为等效串联电阻和电抗值。

将例中给出的串联阻抗模型转换成并联阻抗模型后的参数填写到励磁阻抗参数表中。在填写参数时，这里没有计算出相应的电阻电抗结果，采用了表达式的方式给出相应的值。这样的好处是只要计算参数和方法正确，可以避免由于手工计算产生误差或者错误。线性变压器模型中一些电阻和电抗的参数标幺值计算公式为

$$R(pu) = \frac{R}{R_{base}} = \frac{RP}{V_1^2} \qquad L(pu) = \frac{L}{L_{base}} = \frac{2\pi f_N RP}{V_1^2} \qquad (12\text{-}2)$$

式中，$R(pu)$、$L(pu)$ 为电阻和电抗的标幺值；R、L 为电阻和电抗值；P 为变压器额定功率；V_1 为变压器第一绕组的额定电压；f_N 为变压器的额定功率。

②串联阻抗分支模块。串联阻抗分支模块的参数设置如图 12-7 所示。

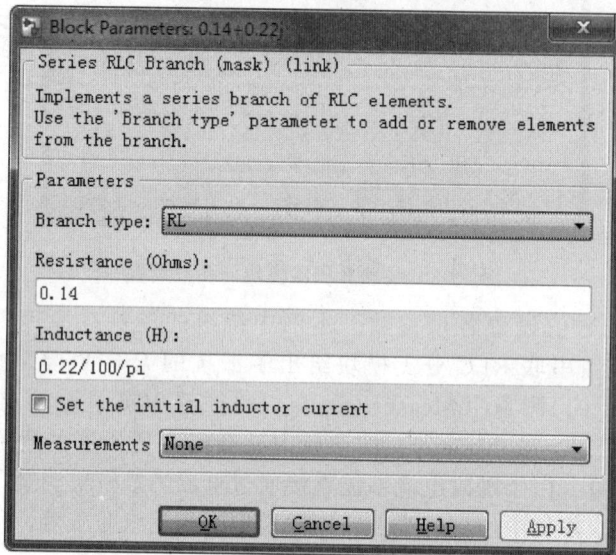

图 12-7　串联阻抗分支模块的参数设置

各个参数说明依次为：

Branch type——分值类型选项；含有 R、L、C、RL、RC、LC、RLC 七个备选项，选项不同随后的参数列表不同；

Resistance（Ohms）——分支电阻；

Inductance（H）——分支电流；

本例中选定了 RL 选项，所以随后出现电阻和电抗参数设定项。需要注意的是电抗值单位为亨利（H），需要将例中给定的单位（Ω）转换成相应得电感量值（H）。

按照图 12-7 中的参数设定相应的值，另外两个 RL 分支参数的设定可以照此进行，可以参照进行设定。

③电源模块。理想正弦电压模块的参数设置如图 12-8 所示。

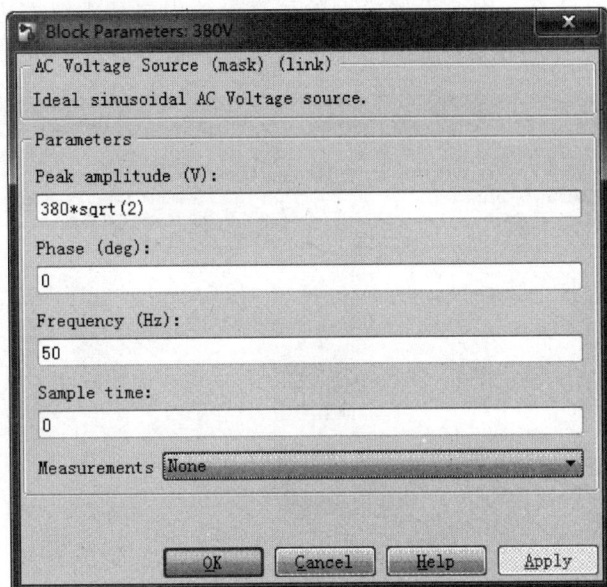

图 12-8　理想正弦电压模块的参数设置

参数表中包括：

Peak amplitude（V）——峰值电压；

Phase（deg）——初相位；

Frequency（Hz）——频率；

Sample time——采样时间；

Measurements——测量选项。

这里应该将例题中给定的有效值转换成电压的峰值再填入参数表中，即峰值电压参数为 380 * sqrt（2）。在 SimPowerSystems 中，模块参数默认的频率为 60 Hz，要更改为 50 Hz。

④万用表模块。万用表的参数设定如图 12-9 所示。其左边一列为已经在 Simulink 仿真模型中所有选中测量（Measurements）功能的参数（Available Measurements），右边一列为选择进行输出处理（例如显示等）的参数（Selected Measurements）。本例中只有线性变压器模型选择了测量励磁电流（I_{mag}），所以在左边一列只有一个参数，选中后鼠标左键单击中间的最上一个按钮可以将选定的参数添加到右边一栏。中间的其他几个按钮分别为向上、向下、移除（Remove）、和正负（＋/－）调整功能。下面左侧的按钮为更新左侧备选测量参数功能。

⑤数值显示模块。数值显示器的参数设定如图 12-10 所示。

Format——数值格式。

Decimation——显示更新的采样因子，本例为 1 表示每个采样周期都更新数值显示模块的显示。

Floating display——浮空显示选项。

（3）仿真参数设定。在所有模块参数设定完毕后，进行系统仿真参数设定，选中菜单→

Simulation→Configuration Parameter，出现配置仿真参数对话框。一般MATLAB将仿真模型转换成微分方程进行计算，因此设置模型的仿真参数中包括求解方法（solver type）。本例中采用了 ode23s 方法进行仿真，使用变步长技术求解微分方程，仿真的速度较快。

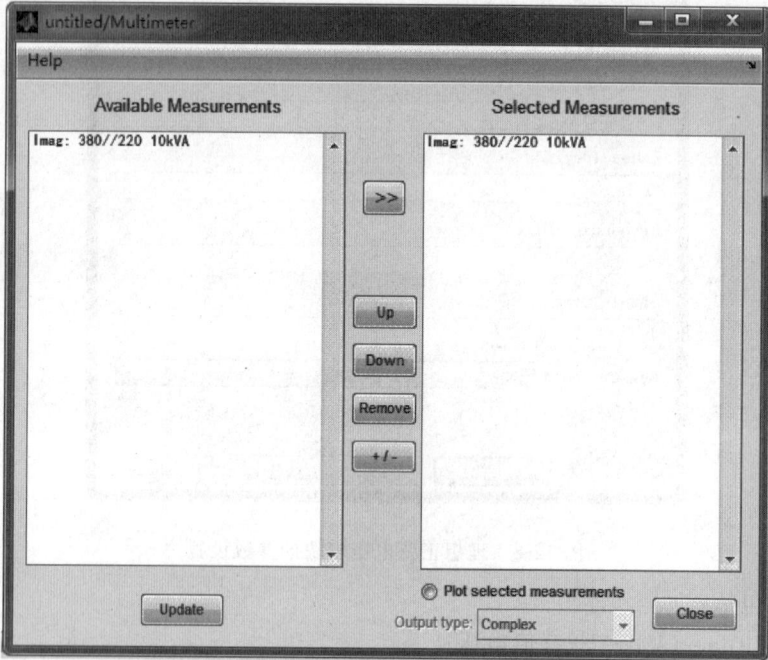

图 12-9　万用表的参数设置

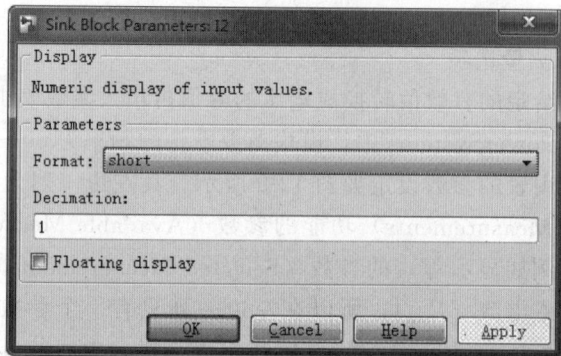

图 12-10　数值显示器的参数设置

（4）仿真。选中菜单→Simulation→Start 进行仿真，也可以鼠标单击工具栏中的 Start Simulation 按钮，在数值显示模块中可以观察到仿真结果，与教材中的例题计算结果对比，可知仿真结果和计算结果符合得非常好。

二、变压器连接组别仿真

变压器采用不同的连接组别时影响一次侧电压和二次侧电压之间的相位关系和幅值关

系。下面学习使用信号汇总（Mux）模块将不同波形显示在一个示波器窗口。通过变压器的一次侧和二次侧电压波形显示在同一个窗口，可以很好地比较一次侧和二次侧的电压相位和幅值之间的关系。

【例 12-5】 使用 Simulink 建立仿真模型，仿真验证三相变压器的 Yd11 连接组别的一次侧电压和二次侧电压的幅值和相位关系。

解：（1）建立仿真模型。建立仿真模型如图 12-11 所示，图中主要包括三相 12 端子的线性变压器（Three-Phase Transformer 12 Terminals）模块、三相电压源（Three-Phase Source）模块和增益（Gain）模块。为了能够更好地比较一次侧和二次侧电压的相位关系，将两个电压信号通过信号汇总模块（Mux）后输出给示波器，这样在示波器中两个波形能够在同一个窗口中显示。增益模块将一次侧的电压测量值经过按照变压器的电压比比例缩小，便于在示波器中比较幅值。仿真模型中使用了一个 XY 显示模块（XY Graph），输出图形以其中的 X 输入为横轴，以其中的 Y 输入为纵轴。

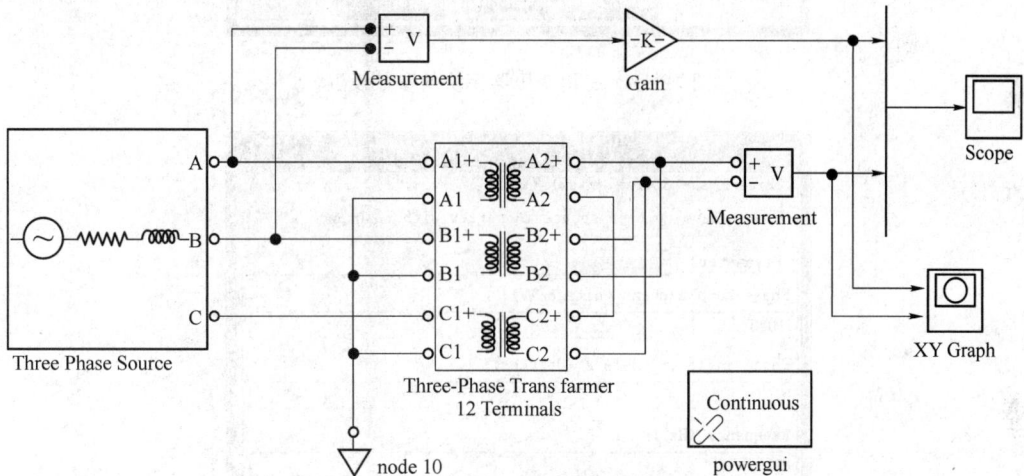

图 12-11 变压器连接组别仿真模型

（2）模块参数设置。

①三相变压器模块。三相 12 端子变压器模块对外部电路提供了 12 个可用端子，可以连接成不同的连接组别。其模块参数设置如图 12-12 所示。包括：

[Three-phase rated power（AV）Frequency（Hz）]——三相额定功率和频率；

Wingding 1：[phase voltage（Vrms）R（pu）X（pu）]——一次侧绕组参数，相电压有效值、电阻标幺值和电抗标幺值；

Wingding 2：[phase voltage（Vrms）R（pu）X（pu）]——二次侧绕组参数，相电压有效值、电阻标幺值和电抗标幺值；

Magnetizing branch：[Rm（pu）Xm（pu）]——励磁分支的阻抗参数。

按照图 12-12 中的参数进行设定，励磁分支阻抗注意转换成阻抗并联模型。

②三相电压源模块。三相电压源模块内部含有串联的阻抗分支，其模块内部可设置的参数如图 12-13 所示，包括：

Phase-to-phase rms voltage（V）——线电压；

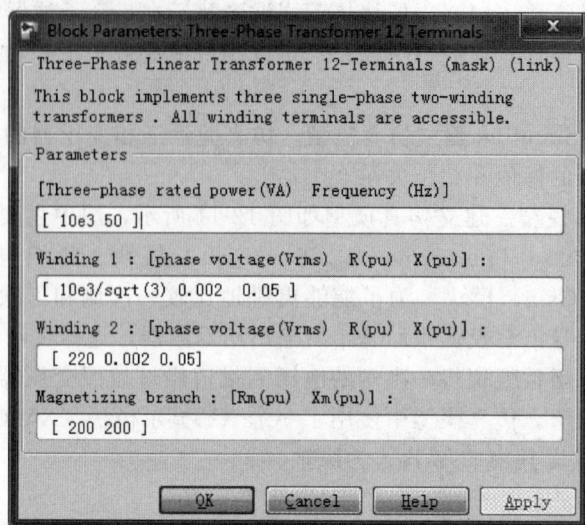

图 12-12 三相变压器模块的参数设置

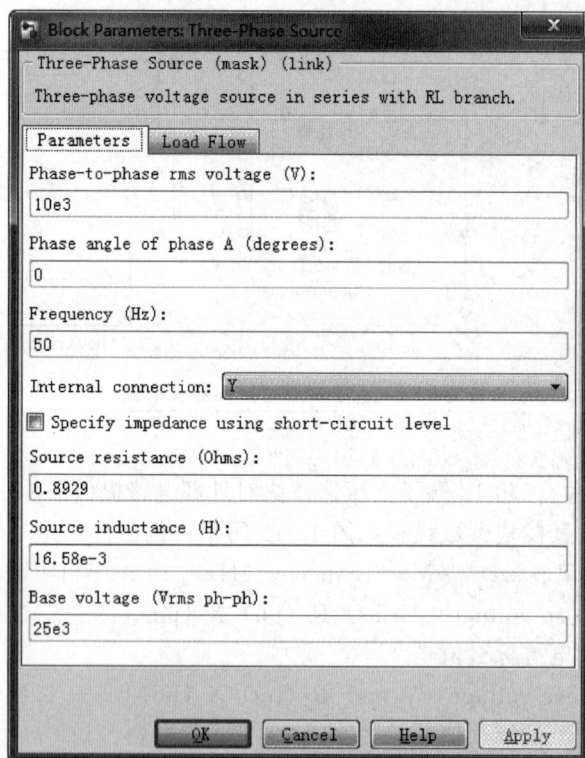

图 12-13 三相电源模块的参数设置

Phase angle of phase A (degrees) ——A 相初相角；

Frequency (Hz) ——频率；

Internal connection——内部连接方式选项；

Specify impedance using short-circuit level——使用短路水平指定短路阻抗选项。选定后会出现短路基础电压值和电抗率参数；

Source resistance（Ohms）——电源内电阻，单位欧姆；

Source inductance（H）——电源内电抗值，单位亨。

③增益模块。增益模块的参数设置如图 12-14 所示，其中主标签（Main）中：

Gain——增益值；

Multiplication——增益计算方法；

Sample time（−1 for inherited）——采用时间使用默认值（−1），表示其采样时间继承输入数据的采样时间；

Signal data types——标签中设定信号类型；

Parameter data types——标签中设定信号类型；一般无须设定，使用默认值即可。其中具体设定参数含义在这里不做详细介绍，请读者自行查阅相关参考书或者在线帮助。

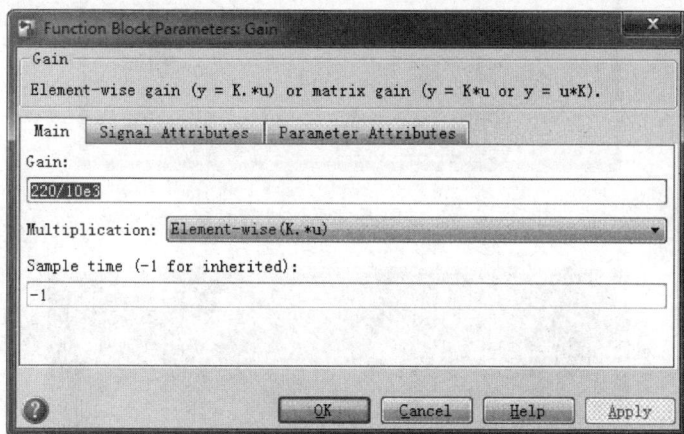

图 12-14　增益模块的参数设置

④二维图形（XY 图形）显示模块。二维图形显示模块的参数设置如图 12-15 所示。参数主要包括：

x-min——x 最小值；

x-max——x 最大值；

y-min——y 最小值；

y-max——y 最大值。

4 个设定参数设定显示界面的显示范围。

（3）仿真参数设置。设定仿真时间为 0.2 s。

（4）仿真。仿真结果如图 12-16 和图 12-17 所示。图 12-16 给出了变压器的一次侧和二次侧的电压波形，通过一次侧电压和二次侧电压波形的对比，可以清楚地看出一次侧和二次侧电压的相位关系和幅值关系。图 12-17 给出了变压器的一次侧电压相对二次侧电压的李萨如图形。不同连接组别的变压器，由于一次侧和二次侧电压的相位差不同，其李萨如图形形状也不同，读者可自行仿真验证。

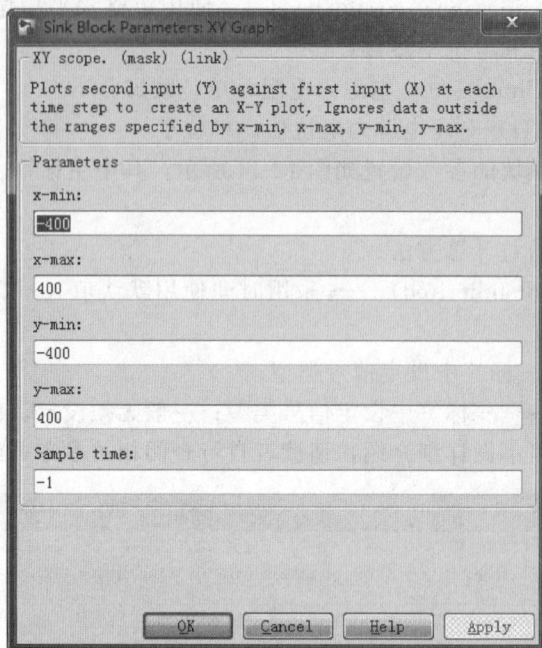

图 12-15　二维图形显示模块的参数设置

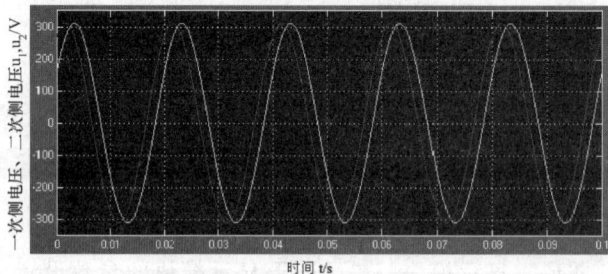

图 12-16　变压器连接组别仿真一次侧电压和二次侧电压波形

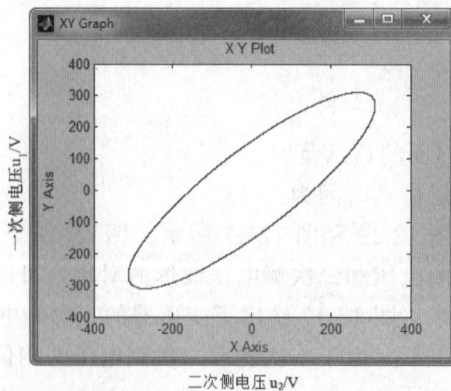

图 12-17　变压器连接组别仿真一次侧电压和二次侧电压李萨如图形

第 13 章

异步电动机的 MATLAB 仿真

异步电机主要用作电动机，它结构简单，运行可靠，因此被广泛应用于工业生产的各个领域。随着现代交流调速技术的飞速进步，由异步电动机组成的交流调速系统已成为调速系统最重要的分支之一。

本章通过对三相异步电动机的人为机械特性的绘制以及各种启动、制动以及调速等暂态过程的仿真实例，介绍异步电动机的基本仿真方法。

§13.1　异步电动机人为机械特性仿真

异步电动机在电源电压、频率一定的条件下，其转速和电磁转矩的关系称为异步电动机的机械特性。通过降低异步电动机的定子电压、改变磁极对数、调节频率、定子串联电阻或电抗器以及绕线转子异步电动机转子串联电阻等方法可以获得异步电动机的各种人为机械特性。

【例 13-1】　一台 4 极三相异步电动机，额定电压 $U_N = 380$ V（△形连接），额定频率 $f_N = 50$ Hz，额定转速 $n_N = 1\ 487$ r/min，其他参数为 $R_1 = 0.055\ \Omega$，$X_{1\sigma} = 0.265\ \Omega$，$R_m = 0.763\ \Omega$，$X_m = 16.39\ \Omega$，$R_2' = 0.0.04\ \Omega$，$X_{2\sigma}' = 0.565\ \Omega$。编制 M 文件程序，画出降低定子电压和改变转子电阻的人为机械特性曲线。

解：（1）三相异步电动机的电磁转矩 T_e 和转差率 s 之间的关系如下：

$$T_e = \frac{m_1\, p\, U_1^2 \dfrac{R_2'}{s}}{2\pi\, f_1 \left[\left(R_1 + \dfrac{R_2'}{s} \right)^2 + (X_{1\sigma} + X_{2\sigma}')^2 \right]} \tag{13-1}$$

式中，m_1 和 f_1 为交流电源的相数和频率；p 为磁极对数；U_1 为定子绕组相电压；R_1 和 $X_{1\sigma}$ 为定子绕组和漏电抗；R_2' 和 $X_{2\sigma}'$ 为转子绕组折算后的电阻和漏电抗。

①利用式（13-1）求固有机械特性曲线。

②利用式（13-1）计算不同电压电源 U_1 情况下的人为机械特性曲线。

③利用式（13-1）计算不同电枢电阻 R_2 情况下的人为机械特性曲线。

（2）用 M 语言编写计算程序及相关注释如下：

```
% machine characteristic % p109 machine parameter
clear ;                                %清除工作空间的变量
m1 = 3;                                %已知定子电源相数
U1 = 220 * sqrt (3);                   %已知定子电源电压
R1 = 0.055;                            %已知定子绕组电阻
```

```
R2 = 0. 04;                                    % 已知转子绕组电阻
P = 2;                                         % 已知极对数
f = 50;                                        % 已知电源频率
omega = 2 * pi * f/P;                          % 计算同步转速，单位：rad/s
X1 = 0. 265;                                   % 已知定子绕组漏抗
X2 = 0. 565;                                   % 已知转子绕组漏抗
s = 0. 005: 0. 005: 1;                         % 设定转差率变化范围 0～1，间隔 0.005
Te = (m1 * P * U1^2 * R2) ./s. / (omega. * ( (R1 + R2. /s) .^2. + (X1 + X2) ^2));    % 计算电磁转矩
% 绘制改变定子电压时的人为机械特性曲线
figure (1)                                     % 打开 1 号图形窗口
plot (s, Te, 'k - ');                          % 绘制电磁转矩曲线
xlabel ('转差率 s');                           % 横坐标标注 "转差率 s"
ylabel ('电磁转矩 Te/ (N.m) ');                % 纵坐标标注 "电磁转矩 Te/ (N·m)"
str _ x = 0. 02;                               % 标注字符的横坐标
text (str _ x, max (Te) + 100, strcat ('U1 = ', num2str (int16 (U1)), 'V'), 'Color', 'black');
                                               % 标注基本曲线的电压值
title ('改变定子电压时的人为机械特性')
hold on;
for coef = 0. 75: - 0. 25: 0. 25
U1p = U1 * coef;                               % 降低电压 coef * U1
Te1 = (m1 * P * U1p^2 * R2) ./S. / (omega. * ( (R1 + R2. /s) .^2. + (X1 + X2) ^2));    % 计算电磁转矩
plot (s, Te1, 'k - ');                         % 绘制电磁转矩曲线
str = strcat ('U1 = ', num2str (int16 (U1p)), 'V');   % 创建标注字符串
str _ y = max (Te1) + 100;                     % 标注字符串的纵坐标值
text (str _ x, str _ y, str, 'Color', 'black');   % 标记各个曲线的电压值
end


% 绘制改变转子电阻时的人为机械特性曲线
figure (2)                                     % 打开 2 号图形窗口
Plot (s, Te, 'k - ');                          % 绘制电磁转矩曲线
xlabel ('转差率 s');                           % 横坐标标注 "转差率 s"
ylabel ('电磁转矩 Te/ (N.m) ');                % 纵坐标标注 "电磁转矩 Te/ (N·m)"
str _ x = 0. 75;                               % 标注字符串的横坐标
str _ y = Te (length (Te));                    % 标注字符串的纵坐标
text (str _ x, str _ y, strcat ('R2 = ', num2str (R2), '\ Omega'), 'Color', 'black');
                                               % 标注基本特性曲线的电阻值
title ('改变转子电阻时的人为机械特性')
hold on;
for coef = 3: 3: 12
R2p = R2 * coef;                               % 改变转子电阻 coef * R2
Te1 = (m1 * P * U1^2 * R2p) ./s. / (omega. * ( (R1 + R2p. /s) .^2. + (X1 + X2) ^2));
                                               % 计算电磁转矩
plot (s, Te1. 'k - ');                         % 绘制电磁转矩曲线
str = strcat ('R2 = ', num2str (R2p), '\ Omega');   % 创建字符串
str _ y = Te1 (length (Te1));                  % 标注字符串的纵坐标
text (str _ x, str _ y, str, 'Color', 'black');   % 标注各个曲线的电阻值
end
```

三相异步电动机人为机械特性曲线的仿真曲线如图 13-1 所示。

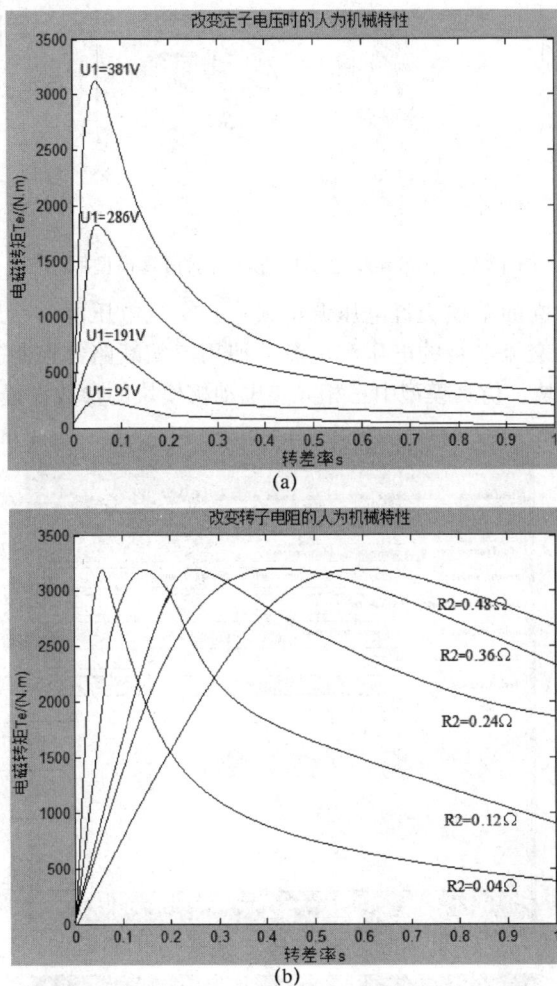

图 13-1　三相异步电动机人为机械特性曲线的仿真曲线
（a）改变定子电压；（b）改变转子电阻

§13.2　三相异步电动机启动和制动的仿真

异步电动机的启动和制动是异步电动机重要的运行状态。对于笼型异步电动机，其启动方法主要有直接启动、减压启动和软启动三种方式。制动方法有回馈制动、反接制动和能耗制动三种方法。本节给出了异步电动机的直接启动、定子串联电阻减压启动和能耗制动三个仿真实例。

【例 13-2】　使用 Simulink 建立三相异步电动机的直接启动仿真模型，测取三相异步电动机直接启动过程中的转速、电磁转矩和电枢电流的变化规律。

解：（1）建立仿真模型。三相异步电动机的直接启动方法简单，其仿真模型如图 13-2 所示，图中包括三相异步电动机模块（Asynchronous Machine）、电源模块（Power source）、断路器模块（Circuit breaker）和测量模块（Machine measurements）等。

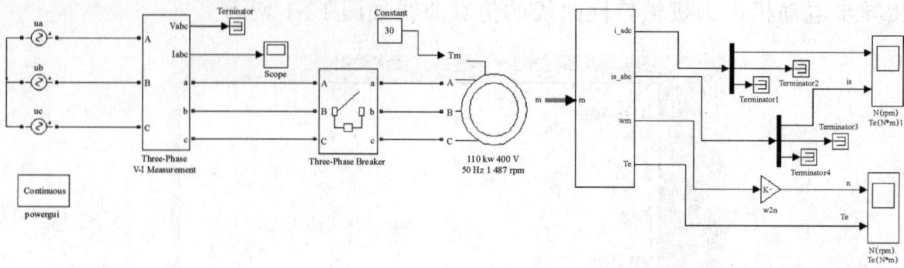

图 13-2　三相异步电动机直接启动仿真模型原理图

本例中使用三个独立的单项交流电压源构成三相交流电压源。使用了交流电压、电流测量模块，直接测量三相交流电路的电压和电流。使用三相断路器控制三相电源的投入时间。

（2）异步电动机模块。仿真模型中三相异步电动机模块的参数设置如图 13-3 所示。其中：

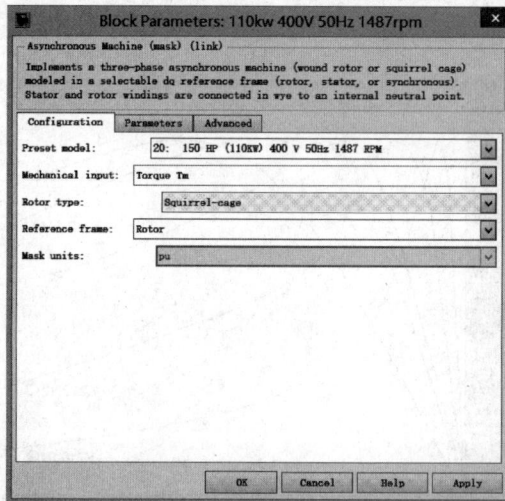

（a）

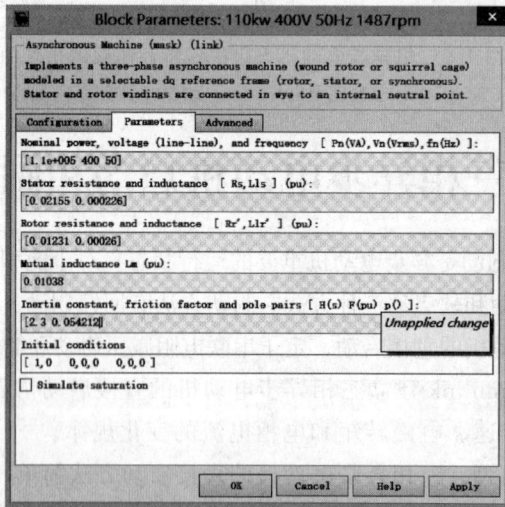

（b）

图 13-3　异步电动机模块参数设置图

Preset model——预设模型选项，模块中有一些预先设定好参数的模型可以使用，本例使用了预设模型 20，所以随后的参数不再需要设定；

Mechanical input——机械量输入选项，分为功率输入（Torque Tm）和转速输出（Speed w）两种方式可选，本例选择了转矩形式输入；

Show detailed parameters——显示详细参数选项，选定后将出现以下的可设定参数；

Rotor type——转子类型选项，有笼型（Squirrel-cage）和绕线转子（Wound）两个选项；

Nominal power，voltage（line-line）and frequency ［ Pn （VA），Vn （Vrms），fn （Hz）］——额定功率、电压和频率；

Stator resistance and inductance ［Rs （ohm），L1s （H）］——电子电阻和定子电感参数；

Rotor resistance and inductance ［Rr' （ohm），L1r' （H）］——转子电阻和转子电感参数；

Mutual inductance Lm （H）——互感（励磁电感）参数；

Inertia，friction factor and pair of poles ［J （kg. m^2）F （N. m. s）p （）］——转动惯量、摩擦系数和极对数参数；

Initial saturation——转差率、转子电角度、定子电流幅值和定子电流相角的初始值；

Simulate saturation——仿真饱和情况选项。

读者可以按照需要自行调整相关参数值。

①电动机测量模块。异步电动机测量模块（Machine measurements）参数设置如图 13-4 所示。其中：

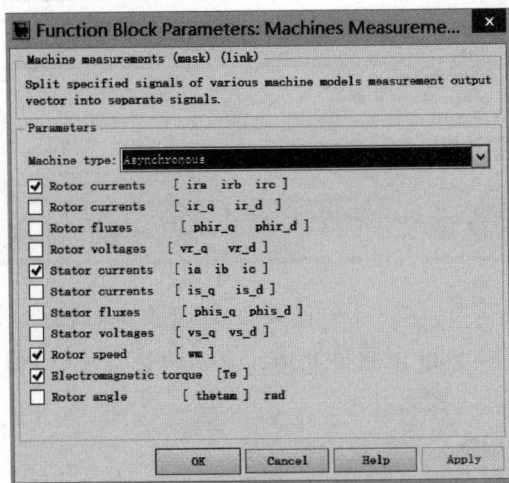

图 13-4　异步电机测量模块参数设置图

Machine type——电机类型，有简化同步电机（Simplify synchronous）、同步电机（Synchronous）、异步电机（A synchronous）和永磁同步电机（Permanent magnetic synchronous）4 种电机形式备选；选定不同的电机选项后下面会出现不同的电机可测量的参数表。

本例选定异步电机后，下面显示异步电机的可测量参数表，从上至下分别为：

Rotor current［ira irb irc］——abc 坐标转子电流；

Rotor current［ir_q ir_d］——dq 坐标转子电流；

Rotor fluxes［phir_q phir_d］——dq 坐标转子磁通；

Rotor voltages［vr_q vr_d］——dq 坐标转子电压；

Stator currents［ia ib ic］——abc 坐标定子电流；

Stator currents［is_q is_d］——dq 坐标定子电流；

Stator fluxes［phis_q phis_d］——dq 坐标定子磁通；

Stator voltages［vs_q vs_d］——dq 坐标定子电压；

Rotor speed［wm］——转子速度；

Electromagnetic torque［Te］——电磁转矩；

Rotor angle［thetam］rad——转子角度；

选定需要测量输出的项目后电机测量模块会出现相应的输出窗口。

②三相电压电流测量模块。三相电压电流测量模块的参数设置如图 13-5 所示。

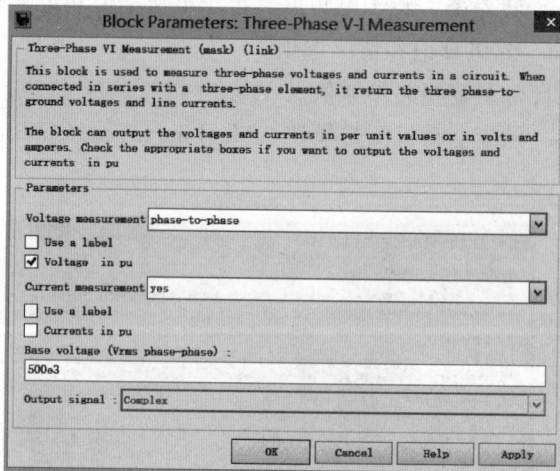

图 13-5　三相电压电流测量模块参数设置

Voltage measurement——电压测量选项，有不测量（no）、相电压（phase-to-ground）和线电压（phase-to-phase）3 个备选项；

Voltage in pu——电压标幺值测量输出选项；

Current measurement——电流测量选项，有不测量（no）和测量（yes）两个备选项，如果选定了测量选项，其测量方式和电压的测量方式相同。

Use a label——使用标号；

Current in pu——电流标幺值测量输出选项。

③三相断路器模块。三相断路器模块的参数设置如图 13-6 所示。

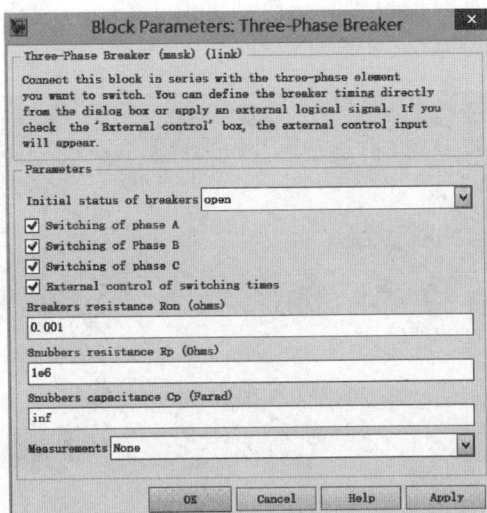

图 13-6　三相断路器模块的参数设置

和单相断路器的设置参数设置类似，可以设定的参数有：

Initial status of breakers——断路器初始状态；

Breaker resistance Ron Use a label——开通时的电阻；

Initial state of Breakers——初始状态；

Snubber resistance Rs——缓冲电阻；

Snubber capacitance Cs——缓冲电容；

Switching times——开关动作时间；

External control of switching times——外部控制开关时间选项，选定此功能后，在模块的图框上将出现一个外部控制输入，可以采用控制断路器的开关时间；

Measurements——测量选项；

除此之外还包含了可以分相控制的选项：

Switching of phase A——A 相受控；

Switching of phase B——B 相受控；

Switching of phase C——C 相受控。

3 个选项，选定表示该相被激活，受时间或外部触发控制；未选定表明该相将一直保持在由初始状态选项指定的状态。

④交流电压源模块。本例中使用 3 个独立的单项交流电压源模块构成三相交流电压源。单相交流电源模块参数设置参照第 12 章中相关内容设置。本例中的电源电压峰值设定为 220 * sqrt(2)，在 3 个单相交流电源的参数中，只有初相角不同，互差 120°，其余参数设置值相同，构成对称三相电源。

⑤终端模块。将没有连接的输出端连接到终端模块（Terminator）可以避免产生警告信息。终端模块没有可以设置的参数。

（3）仿真参数设置。设定仿真时间为 12 s。

（4）仿真。仿真结果如图 13-7 所示，图中分别给出了转速、电磁转矩、转子电流和定子电流的仿真波形。从仿真波形可以看出启动电流 I_S 约为 2 000 A，启动转矩最大值约为 2 000 N·m，启动时间 t_S 约为 0.5 s。

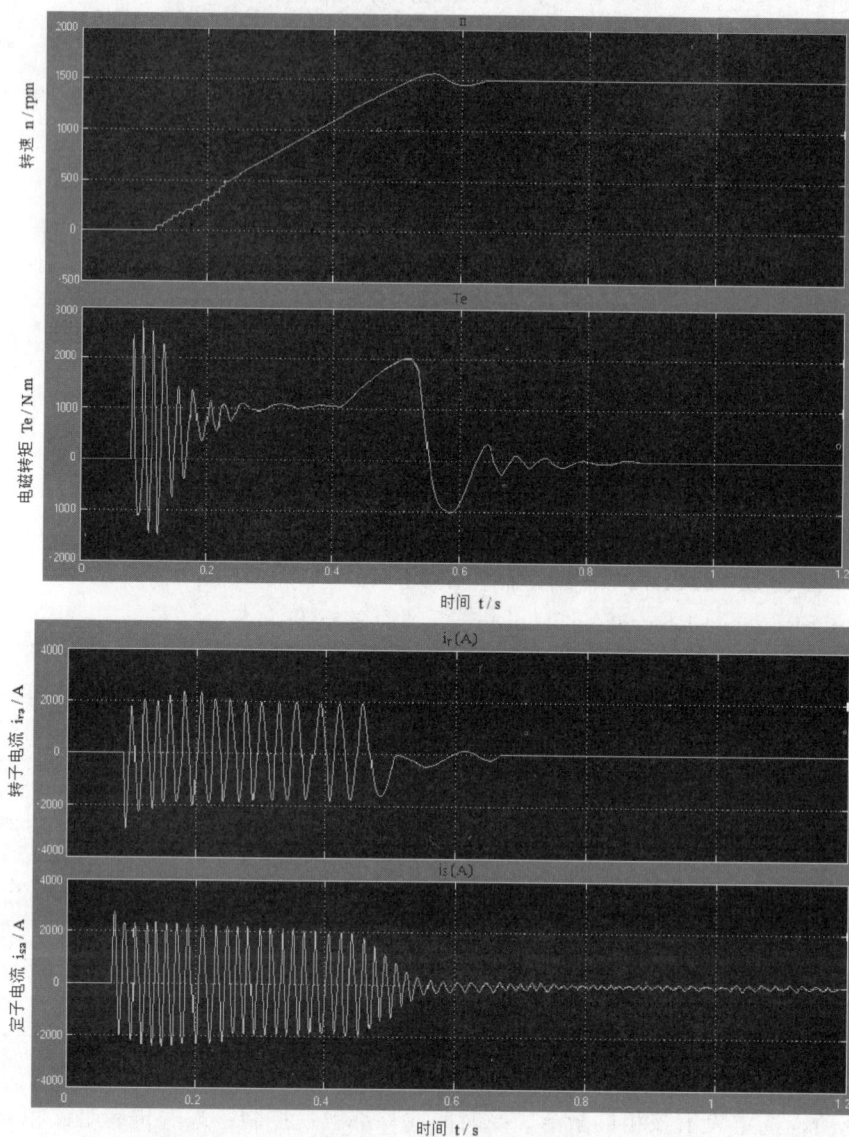

图 13-7　三相异步电动机直接启动时的仿真波形

§13.3　异步电动机正反转和调速仿真

异步电动机的控制除了启动和制动之外，主要还有正反转和调速控制。正反转控制相对简单，改变交流电源三相的相序就可以实现正反转控制。调速方法主要有改变调压调速、变极调速和变频调速等。本节给出了异步电动机的正反转控制仿真模型和调速的仿真模型。

一、异步电动机正反转控制仿真

三相异步电动机的旋转方向取决于三相定子绕组中三相电流的相序，因此交换任意两相绕组与电源的连接，就能改变电动机的转向。

【例 13-3】　使用 Simulink 建立异步电动机的正反转控制仿真模型，测取异步电动机的正反转控制过程中的转速、电磁转矩和电枢电流的仿真曲线。

解：（1）建立仿真模型。异步电动机正反转控制的仿真模型及仿真波形如图 13-8 所示。使用两个三相断路器控制接入异步电动机定子三相绕组的电流相序就可以达到改变异步电动机定子三相交流电源相序的目的。

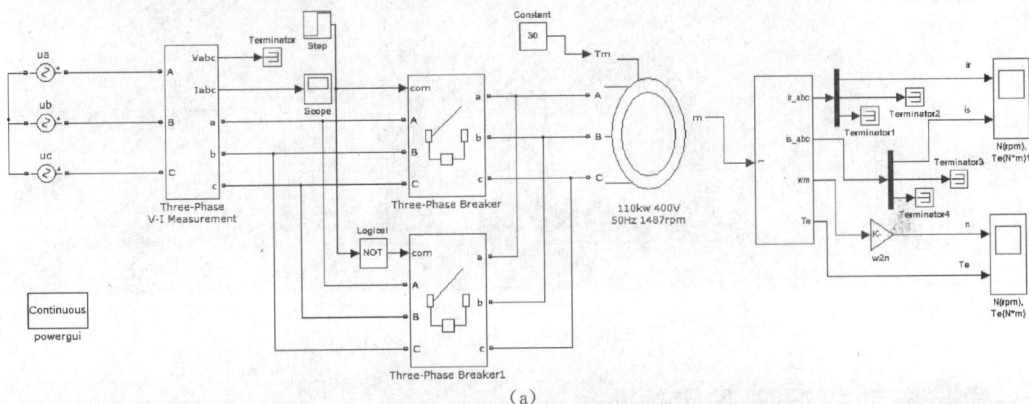

(a)

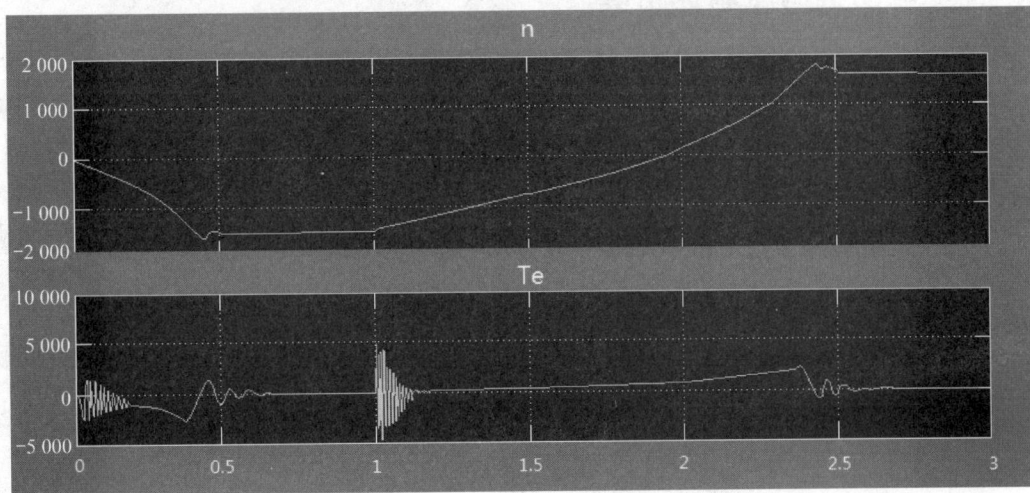

(b)

图 13-8　异步电动机正反转控制的仿真模型及仿真波形

(a) 仿真模型；(b) 仿真波形

（2）模块参数设置。模块参数设置参照例 13-2。设定阶跃模块的参数为 1 s，即正反转换时刻为 1 s。

（3）仿真参数设置。设定仿真时间为 3 s。

（4）仿真。异步电动机正反转控制仿真波形如图 13-9 所示，图中给出了转速、电磁转矩、转子电流和定子电流的波形。可以看出异步电动机从正转切换到反转时，产生了非常大的电磁转矩冲击，定子电流也有较大的冲击。这是由于在反转控制时没有串联电阻的限制电流措施，在开始反转时，异步电动机的转差率近似为 2，比启动时刻的转差率大很多，体现在电磁转矩上有很大的冲击。

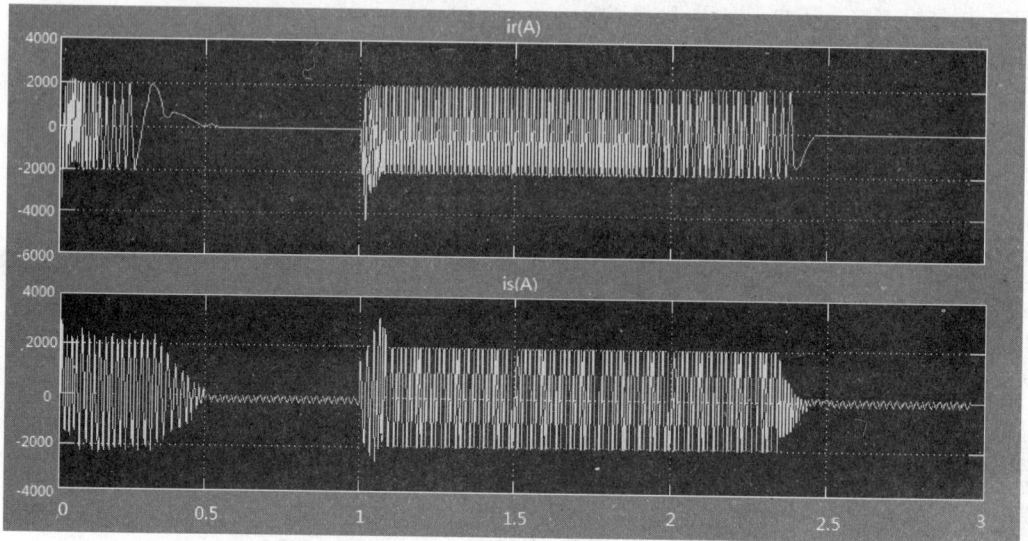

图 13-9　异步电动机正反转过程中的仿真波形

二、异步电动机调压调速仿真

调节三相异步电动机的定子电压就能改变机械特性，从而达到调节转速的目的。

【例 13-4】　使用 Simulink 建立异步电动机的调节定子电压仿真模型，测取三相异步电动机的调速过程中的转速、电磁转矩和电枢电流的仿真曲线。

解：（1）建立仿真模型。三相异步电动机的调压调速仿真模型如图 13-10 所示，图中使用两个断路器控制接入异步电动机定子电源的电压。两个三相电源分别设置不同的电压，模拟三相异步电动机的定子电压变化。

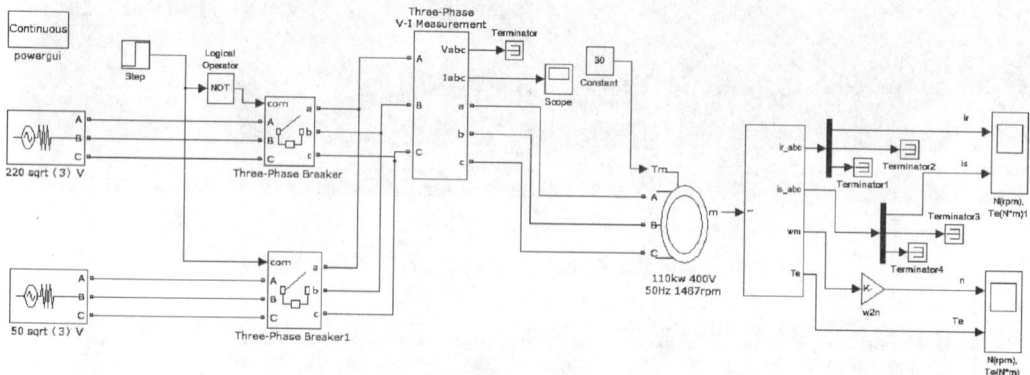

图 13-10　三相异步电动机定子调压调速仿真模型

（2）模块参数设置。模块参数设置参照例 13-2。设定其中后接入的三相电源相电压为 50 V，设定阶跃信号源模块的时间参数为 3 s。

（3）仿真参数设置。设定仿真时间为 5 s。

（4）仿真。其仿真结果如图 13-11 所示，图中给出了转速、电磁转矩、转子电流和定子电流的波形。

由图 13-11 得知，三相异步电动机的转速随定子电压的降低而下降；而转速、电磁转矩、定子电流都在电压变化的瞬间产生较大的冲击。

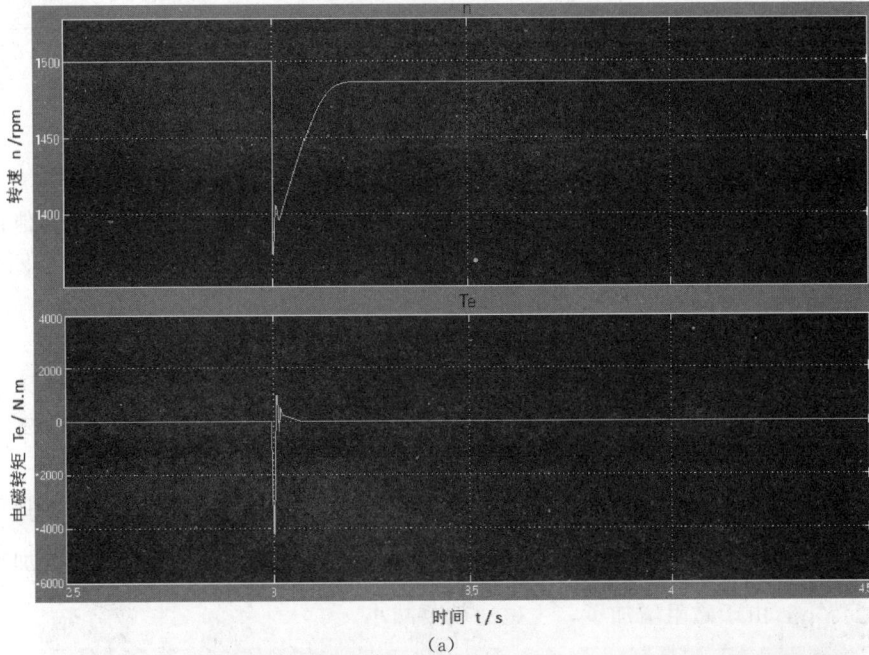

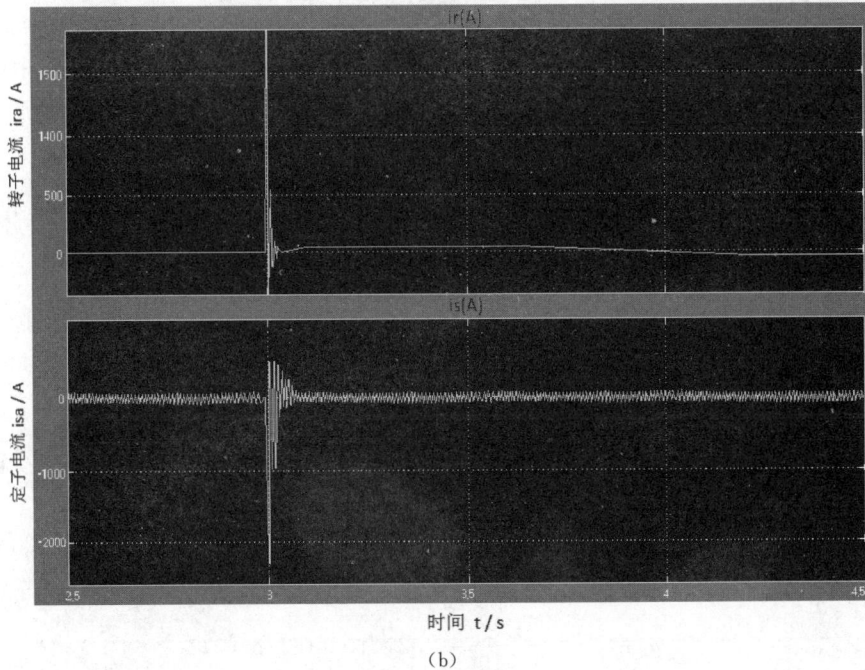

图 13-11　三相异步电动机调压调速仿真结果

思考题与练习题解答

第 1 章　磁　路

1. 答：判断直导线电流产生的磁场方向时，右手大拇指表示电流方向，其他四指的回转方向表示磁感线的方向。而判断线圈电流产生的磁场方向时，正好相反，右手四指的回转方向表示线圈电流的方向，大拇指表示线圈内部磁感线方向。

2. 答：磁铁内部磁感线的方向是由 S 极到 N 极，磁铁外部则由 N 极到 S 极。

3. 答：由于磁性材料的磁导率 μ 不是常数，$\boldsymbol{B}$ 与 $\boldsymbol{H}$ 不是正比关系，因此，磁路的结构（即尺寸、形状和材料）一定时，磁路的磁阻并非一定，即磁路的磁阻是非线性的。

4. 答：由于磁路是非线性的，因此不能采用叠加定理。

5. 答：增加铁芯长度不会改变铁芯中主磁通最大值 Φ_m 的。因为在忽略漏阻抗时 $\Phi_m = \dfrac{U}{4.44Nf}$，即 Φ_m 与磁路的几何尺寸无关。如果是直流铁芯线圈，铁芯的长度增加一倍，在相同的磁通势下，由于磁阻增加了，主磁通就要减小。

6. 答：根据 $\Phi_m = \dfrac{U}{4.44Nf}$ 可知，频率小的主磁通大。

7. 答：恒定磁通通过磁路时，不会在磁路中产生功率损耗。这是因为磁路中的功率损耗即铁损耗，如果磁通不变化，就不会在铁芯中产生涡流和磁滞现象，也就不会产生涡流损耗和磁滞损耗，即不会产生铁损耗。

8. 答：忽略线圈的漏阻抗，则 $\Phi_m = \dfrac{U}{4.44Nf}$，$f$ 由 50 Hz 增加至 60 Hz，Φ_m 和 B_m 将减少至原来的 $\dfrac{1}{1.2}$，由公式 $P_{Fe} = (K_h f B_m^\alpha + K_e d^2 f^2 B_m^2)V$ 可知 P_{Fe} 将减少。

9. 解：
$$B = \frac{\Phi}{A} = \frac{0.001}{10 \times 10^{-4}} = 1(\text{T})$$

$$\mu = \frac{B}{H} = \frac{1}{5 \times 10^2} = 0.002(\text{A/m})$$

10. 解：取磁路空气隙部分的截面积与铁芯的截面积相同，因而，磁路各处的强度为
$$B = \frac{\varphi}{A} = \frac{0.001\,2}{10 \times 10^{-4}} = 1.2(\text{T})$$

铁芯的磁导率为
$$\mu_c = \frac{B_c}{H_c} = \frac{1.2}{6 \times 10^2} = 0.2 \times 10^{-2}(\text{H/m})$$

铁芯和气隙的磁阻为

$$R_{mc} = \frac{l_c}{\mu_c A_c} = \frac{100 \times 10^{-2}}{2 \times 10^{-2} \times 10 \times 10^{-4}} = 0.5 \times 10^6 (H^{-1})$$

$$R_{m0} = \frac{l_0}{\mu_0 A_0} = \frac{1 \times 10^{-2}}{4\pi \times 10^{-7} \times 10 \times 10^{-4}} = 7.96 \times 10^6 (H^{-1})$$

铁芯和气隙部分的磁位差为

$$U_{mc} = H_c l_c = 6 \times 100 = 600 (A)$$

$$U_{m0} = H_0 l_0 = \frac{B_0}{\mu_0} l_0 = \frac{1.2}{4\pi \times 10^{-7}} \times 1 \times 10^{-2} = 9\,550 (A)$$

线圈的磁通势为

$$F = U_{mc} + U_{m0} = 600 + 9\,550 = 10\,150 (A)$$

11. 解：（1）无气隙时
铁芯中的磁感应强度

$$B = \frac{\varphi}{A} = \frac{0.002}{20 \times 10^{-4}} = 1 (T)$$

由磁化曲线查得 $H = 9.2\ A/cm$ 因而磁通势

$$F = Hl = 9.2 \times 10^2 \times 50 \times 10^{-2} = 460 (A)$$

线圈电流

$$I = \frac{F}{N} = \frac{460}{1\,000} = 0.46 (A)$$

（2）有气隙时
气隙中的磁场强度为

$$H_0 = \frac{B_0}{\mu_0} = \frac{1}{4\pi \times 10^{-7}} = 0.796 \times 10^6 (H^{-1})$$

线圈磁通势应增加的数值

$$\Delta F = H_0 l_0 = 0.796 \times 10^6 \times 0.2 \times 10^{-2} = 0.159\,2 \times 10^4$$

线圈电流的增加值

$$\Delta I = \frac{\Delta F}{N} = \frac{0.159\,2 \times 10^4}{1\,000} = 1.592 (A)$$

气隙的磁阻

$$R_{m0} = \frac{\Delta F}{\Phi_m} = \frac{0.159\,2 \times 10^4}{0.002} = 0.796 \times 10^6 (H^{-1})$$

12. 解：采用试探法，先忽略铁芯的磁位差，则

$$H_0 = \frac{F}{l_0} = \frac{1\,116}{1 \times 10^{-3}} = 1\,116 \times 10^3 (A/m)$$

$$B_0 = \mu_0 H_0 = 4\pi \times 10^{-7} \times 1\,116 \times 10^3 = 1.4 (T)$$

$$\Phi = B_0 A_0 = 1.4 \times 16 \times 10^{-4} = 0.002\,24 (Wb)$$

考虑铁芯磁位差后，在同样的 F 下，Φ 将减少，故选 $\Phi = 0.002\ Wb$ 重新计算。

$$B_0 = B_1 = \frac{\Phi}{A_0} = \frac{0.002}{16 \times 10^{-4}} = 1.25 (T)$$

$$H_0 = \frac{B_0}{\mu_0} = \frac{1.25}{4\pi \times 10^{-7}} = 0.995 \times 10^6 (A/m)$$

查磁化曲线得 $H_1 = 14$ A/cm，则

$$F = H_0 l_0 + H_1 l_1 = 0.995 \times 10^6 \times 1 \times 10^{-3} + 14 \times 50 = 1\,655(\text{A})$$

计算结果说明 Φ 仍选得太大，再选 $\Phi = 0.001\,5$（Wb），则

$$B_0 = B_1 = \frac{\Phi}{A_0} = \frac{0.001\,5}{16 \times 10^{-4}} T = 0.937\,5(\text{T})$$

$$H_0 = \frac{B_0}{\mu_0} = \frac{0.937\,5}{4\pi \times 10^{-7}} = 0.746 \times 10^6(\text{A/m})$$

查磁化曲线得 $H_1 = 8.4$ A/cm，则

$$F = H_0 l_0 + H_1 l_1 = 0.746 \times 10^6 \times 1 \times 10^{-3} + 8.4 \times 50 = 1\,166(\text{A})$$

再选 $\Phi = 0.001\,44$ Wb，则

$$B_0 = B_1 = \frac{\Phi}{A_0} = \frac{0.001\,44}{16 \times 10^{-4}} = 0.9(\text{T})$$

$$H_0 = \frac{B_0}{\mu_0} = \frac{0.9}{4\pi \times 10^{-7}}(\text{A/m})$$

查磁化曲线得 $H_1 = 8$ A/cm，则

$$F = H_0 l_0 + H_1 l_1 = 0.716\,6 \times 10^6 \times 1 \times 10^{-3} + 8 \times 50 = 1\,116.6(\text{A})$$

误差不大，在允许范围之内，故最后求得 $\Phi = 0.001\,44$ Wb。

13. 解：选择电压为参考相量，即 $\dot{U} = 380\angle 0°$。电压与电流的相位差

$$\varphi = \arccos\varphi = 53.1°$$

由交流铁芯线圈电路的电动势平衡方程求得

$$\dot{E} = -\dot{U} + (R + jX)\dot{I} = -380\angle 0° + (0.4 + j0.6) \times 1\angle -53.1° = -379\angle -0.006°(\text{V})$$

由此求得

$$\Phi_m = \frac{E}{4.44Nf} = \frac{379}{4.44 \times 8\,650 \times 50} = 0.000\,2(\text{Wb})$$

14. 解：由线圈加直流电压时的电压和电流值可求得线圈的电阻为

$$R = \frac{U}{I} = \frac{12}{1} = 12(\Omega)$$

由线圈加交流电压时的数据求得交流铁芯线圈电路中的铜损耗、铁损耗和功率因数分别为

$$P_{Cu} = RI^2 = 12 \times 2^2 = 48(\text{W})$$

$$P_{Fe} = P - P_{Cu} = 88 - 48 = 40(\text{W})$$

$$\lambda = \frac{P}{UI} = \frac{88}{110 \times 2} = 0.4$$

15. 解：由等效电路求得

$$I = \frac{U}{\sqrt{(R + R_0)^2 + (X + X_0)^2}} = \frac{220}{\sqrt{(0.4 + 21.6)^2 + (0.6 + 119.4)^2}} = 1.8(\text{A})$$

$$E = \sqrt{R_0^2 + X_0^2}\, I = \sqrt{21.6^2 + 119.4^2} \times 1.8 = 218.41(\text{V})$$

$$P_{Cu} = RI^2 = 0.4 \times 1.8^2 = 1.30(\text{W})$$

$$P_{Fe} = R_0 I^2 = 21.6 \times 1.8^2 = 69.98(\text{W})$$

第 2 章 变 压 器

1. 答：不能，因为这时的主磁通为恒定磁通，不会在变压器一、二次绕组中产生感应电动势，二次绕组的输出电压为零。

2. 答：因为变压器的电压比等于一、二次绕组的感应电动势之比，即匝数之比，$k = \dfrac{E_1}{E_2} = \dfrac{N_1}{N_2}$。空载时，$E_1 \approx U_1$，$E_2 = U_2$；负载时 $-\dot{E}_1 = \dot{U}_1 - Z_1 \dot{I}_1$，$\dot{E}_2 = \dot{U}_2 + Z_2 \dot{I}_2$，显然用空载时一、二次绕组的电压之比来计算电压比精确度较高。

3. 答：因为空载时二次绕组的电流 I_2 等于零，不存在电流比的关系。而满载和接近满载时，一、二次绕组的电流远大于空载电流，在磁通势平衡方程式中，忽略空载电流才能得到一、二次绕组电流与匝数成反比，即 $\dfrac{I_1}{I_2} = \dfrac{N_2}{N_1} = \dfrac{1}{k}$ 这一关系。

4. 答：不可以。由于一次绕组电压超过了额定电压，Φ_m 大幅度增加，使得励磁电流（空载电流）和铁损耗都大幅度增加，变压器发热严重，会烧坏变压器。而且，这时二次绕组电压也远远大于 10 000 V，会造成其供电设备（负载）的损坏。

5. 答：可以等于或小于额定电流，不可以长期大于额定电流。

6. 答：变压器一定，则额定电压和额定电流一定，额定视在功率也就一定。而有功功率还与负载的功率因数有关，不是由变压器自身所能确定的，故额定功率用视在功率来表示。

7. 答：由铁损耗公式，即教材中 $p_{Fe} = K_{Fe} f^\beta B_m^2 m$ 可知，p_{Fe} 与 f 和 B_m 有关。由于变压器工作时 f 不变，由式 $\Phi_m \approx \dfrac{U_1}{4.44 N_1 f}$ 可知，当 U_1 也不变时，Φ_m 基本不变，B_m 也就基本不变，故 U_1 不变，铁损耗不变。

8. 答：相同。

9. 答：电压调整率与负载的功率因数有关，当负载为电容性时，电压调整率可能会出现负值。

10. 答：相位差为 $5 \times 30° = 150°$，高压绕组线电动势超前，低压绕组线电动势滞后。

11. 答：阻抗电压标幺值小的变压器分担的负载多。

12. 答：容量大的变压器分担的负载多。

13. 答：连接组不同，不能并联运行。

14. 解：
$$k = \frac{U_{1N}}{U_{2N}} = \frac{10\,000}{230} = 43.5$$
$$I_{1N} = \frac{I_{2N}}{k} = \frac{217}{43.5} = 5(A)$$

15. 解：(1) 求 E_1 和 E_2
$$E_1 = 4.44 N_1 f \Phi_m = 4.44 \times 783 \times 50 \times 0.057\,5 = 9\,994.995(V)$$
$$E_2 = 4.44 N_2 f \Phi_m = 4.44 \times 18 \times 50 \times 0.057\,5 = 229.77(V)$$

(2) 求 I_0
$$\dot{I}_0 = \frac{\dot{U}_1 + \dot{E}_1}{Z_1} = \frac{10\,000\angle 180.01° + 9\,994.995\angle 0°}{0.6 + j2.45} \approx \frac{-10\,000 + 9\,994.5}{2.52\angle 76°} = 1.99\angle 104°(A)$$

（3）求 I_2 和 I_1。

$$\dot{I}_2=\frac{\dot{E}_2}{Z_2+Z_L}=\frac{229.77\angle 0°}{0.0029+j0.0012+0.05-j0.016}=4\,185.25\angle 15.63°(\text{A})$$

$$\dot{I}_1=\frac{N_1\dot{I}_0-N_2\dot{I}_2}{N_1}=\frac{783\times 1.99\angle 104°-18\times 4\,185.25\angle 15.63°}{783}=96.17\angle 194.45°(\text{A})$$

16. 解：（1）直接接入

$$I=\frac{E_S}{R_S+R_L}=\frac{8.5}{72+8}=0.106(\text{A})$$

$$P=R_L I^2=8\times 0.106^2=0.09(\text{W})$$

（2）经变压器接入

$$R_e=k^2 R_L=3^2\times 8=72(\Omega)$$

$$I=\frac{E_S}{R_S+R_e}=\frac{8.5}{72+72}=0.059(\text{A})$$

$$P=R_e I^2=72\times 0.059^2=0.25(\text{W})$$

17. 解：（1）从电流判断

负载阻抗模

$$|Z_L|=\sqrt{2^2+1.5^2}=2.5(\Omega)$$

负载电压和相电流

$$U_{LP}=\frac{400}{\sqrt{3}}=230(\text{V})$$

$$I_{LP}=\frac{U_{LP}}{|Z_L|}=\frac{230}{2.5}=92(\text{A})$$

变压器的额定电流

$$I_{2N}=\frac{S_N}{\sqrt{3}U_{2N}}=\frac{75\times 10^3}{1.73\times 400}=108.38(\text{A})$$

由于 $I_{2L}=I_{LP}<I_{2N}$，故此变压器能负担该负载。

（2）从视在功率判断

三相负载的视在功率

$$S_L=3U_{LP}I_{LP}=3\times 230\times 92=63.48(\text{kV}\cdot\text{A})$$

由于 $S_2=S_L<S_N$，故此变压器能负担该负载。

18. 解：（1）$k=\dfrac{U_{1NP}}{U_{2NP}}=\dfrac{\dfrac{U_{1N}}{\sqrt{3}}}{\dfrac{U_{2N}}{\sqrt{3}}}=\dfrac{6.3}{0.4}=15.75$

$$U_{1NP}=\frac{U_{1N}}{\sqrt{3}}=\frac{6\,300}{1.73}=3\,641.62(\text{V})$$

$$Z_2'=k^2 Z_2=15.75^2(0.024+j0.04)\Omega=(5.95+j9.92)\Omega$$

$$Z_L'=k^2 Z_L=15.75^2(2.4+j1.2)\Omega=(595.35+j297.68)\Omega$$

$$Z_2'+Z_L'=(5.95+j9.92)+(595.35+j297.68)=(601.3+j307.6)\Omega=675.41\angle 27.09°(\Omega)$$

$$Z_e=Z_1+\frac{Z_0(Z_2'+Z_L')}{Z_0+Z_2'+Z_L'}=6+j8+\frac{(1\,500+j6\,000)\times 675.41\angle 27.09°}{1\,500+j6\,000+601.3+j307.6}=637.61\angle 31.8°(\Omega)$$

$$\dot{I}_1=\frac{\dot{U}_{1NP}}{Z_e}=\frac{3\ 641.62\angle 0°}{637.61\angle 31.8°}=5.71\angle -31.8°(A)$$

$$\dot{E}_2'=\dot{E}_1=Z_1\dot{I}_1-\dot{U}_{1NP}=(6+j8)\times 5.71\angle -31.8°-3\ 641.62=3\ 588.49\angle -180.33°(V)$$

$$\dot{I}_2'=\frac{\dot{E}_2'}{Z_2'+Z_L'}=\frac{3\ 588.49\angle -180.33°}{675.41\angle 27.09°}=5.31\angle -207.42°=5.31\angle 152.58°(A)$$

$$I_2=kI_2'=15.75\times 5.31=83.63(A)$$

(2) $I_{2NP}=I_{2N}=\dfrac{S_N}{\sqrt{3}U_{2N}}=\dfrac{63\times 10^3}{1.73\times 400}=91(A)$

由于 $I_2<I_{2NP}$，所以未过载。

19. 解：$k=\dfrac{U_{1N}}{U_{2N}}=\dfrac{10\ 000}{230}=43.48$

$$\dot{E}_2=\dot{U}_2+Z_2\dot{I}_2=215\angle 0°+(0.02+j0.04)\times 180\angle -36.87°=222.23\angle 0.93°(V)$$

$$\dot{E}_1=k\dot{E}_2=43.48\times 222.23\angle 0.93°=9662.56\angle 0.93°(V)$$

$$\dot{I}_0=-\frac{\dot{E}_1}{Z_0}=-\frac{9\ 662.56\angle 0.93°}{2\ 400+j12\ 000}=0.79\angle 102.24°(A)$$

$$\dot{I}_1=\dot{I}_0-\frac{\dot{I}_2}{k}=0.79\angle 102.24°-\frac{180\angle -36.87°}{43.48}=4.76\angle 136.96°(A)$$

$$\dot{U}_1=-\dot{E}_1+Z_1\dot{I}_1=-9\ 662.56\angle 0.93°+(40+j60)\times 4.76\angle 136.96°=9\ 998\angle -178.65°(V)$$

20. 根据下图所示（a）、（b）三相变压器的连接图，画出电动势相量图并确定其连接组。

解：

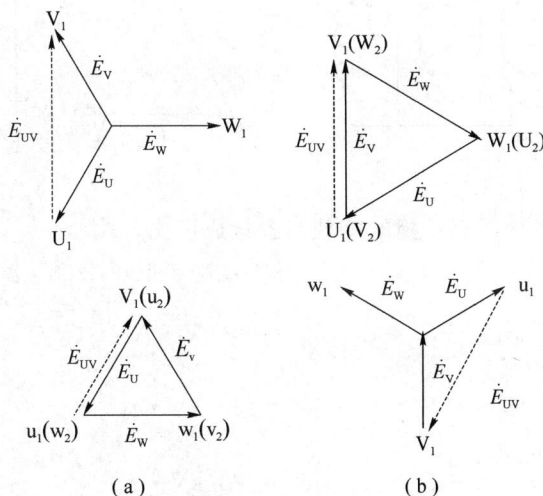

（a）　　　　　　　　（b）

21. （1）连接组为 Y，y2 时，如下图所示

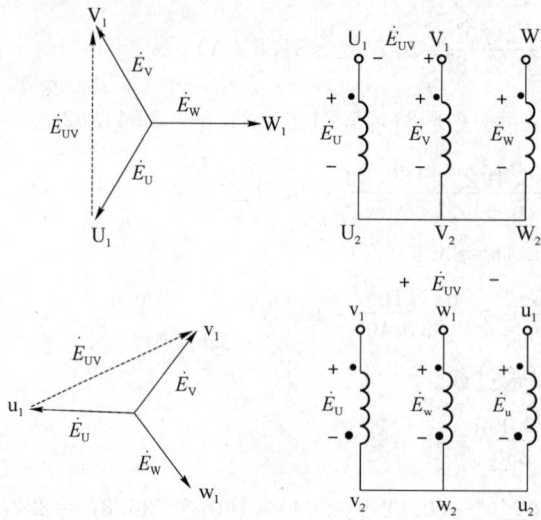

（2）连接组为 Y，d5 时，如下图所示

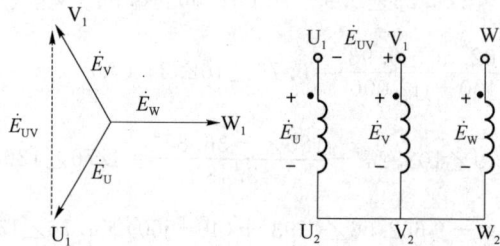

（a）

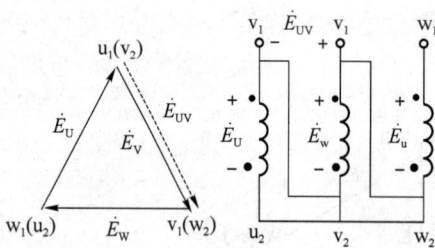

（b）

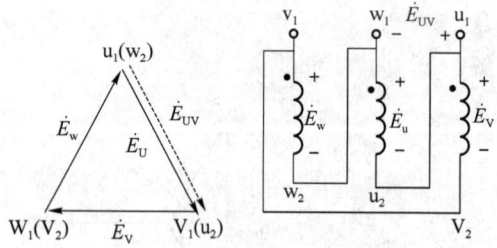

（c）

22. 解：（1）由于各变压器承担的负载与容量成正比，故

$$S_1 : S_2 : S_3 = S_{N1} : S_{N2} : S_{N3} = 100 : 200 : 400$$

$$S_1 = \frac{1}{7}S_L = \frac{1}{7} \times 560 = 80(kV \cdot A)$$

$$S_2 = \frac{2}{7}S_L = \frac{2}{7} \times 560 = 160(kV \cdot A)$$

$$S_3 = \frac{4}{7}S_L = \frac{4}{7} \times 560 = 320(kV \cdot A)$$

（2） $S_L = S_{N1} + S_{N2} + S_{N3} = 100 + 200 + 400 = 700(kV \cdot A)$

23. 解：(1) $\dfrac{S_1}{S_N} : \dfrac{S_2}{S_N} = \dfrac{1}{U_{S1}^*} : \dfrac{1}{U_{S2}^*} = \dfrac{1}{0.04} : \dfrac{1}{0.045}$

$$\dfrac{S_1}{S_N} : \dfrac{S_3}{S_N} = \dfrac{1}{U_{S1}^*} : \dfrac{1}{U_{S3}^*} = \dfrac{1}{0.04} : \dfrac{1}{0.06}$$

故

$$S_2 = \dfrac{4}{4.5} S_1$$

$$S_3 = \dfrac{4}{6} S_1$$

$$S_1 + S_2 + S_3 = S_1 + \dfrac{4}{4.5} S_1 + \dfrac{4}{6} S_1 = \dfrac{23}{9} S_1 = 1\,380 (\text{kV} \cdot \text{A})$$

由此求得

$$S_1 = \dfrac{9}{23} \times 1\,380 = 540 (\text{kV} \cdot \text{A})$$

$$S_2 = \dfrac{4}{4.5} S_1 = \dfrac{4}{4.5} \times 540 = 480 (\text{kV} \cdot \text{A})$$

$$S_3 = \dfrac{4}{6} S_1 = \dfrac{4}{6} \times 540 = 360 (\text{kV} \cdot \text{A})$$

(2) $\qquad S_1 = 630\ (\text{kV} \cdot \text{A})$

$$S_2 = \dfrac{4}{4.5} S_1 = \dfrac{4}{4.5} \times 630 = 560\ (\text{kV} \cdot \text{A})$$

$$S_3 = \dfrac{4}{6} S_1 = \dfrac{4}{6} \times 630 = 420\ (\text{kV} \cdot \text{A})$$

$$S = S_1 + S_2 + S_3 = 630 + 560 + 420 = 1\,610\ (\text{kV} \cdot \text{A})$$

24. 解：可以选用变压器 3 或变压器 4.

选用变压器 3 时，由于它们的 U_S^* 相等，所以允许输出的总视在功率为 $S_2 = S_N + S_{N3} = 500 + 200 = 700 (\text{kV} \cdot \text{A})$

选用变压器 4 时，由于它们的 U_S^* 不等，所以

$$\dfrac{S}{S_N} : \dfrac{S_4}{S_{N4}} = \dfrac{1}{U_S^*} : \dfrac{1}{U_{S4}^*}$$

当 $S_4 = S_{N4} = 315\ \text{kV} \cdot \text{A}$ 时，原变压器输出的视在功率为

$$S = \dfrac{U_{S4}^*}{U_4^*} S_N = \dfrac{0.04}{0.045} \times 500 = 444 (\text{kV} \cdot \text{A})$$

允许输出的总视在功率为 $S_2 = S + S_4 = 444 + 315 = 759 (\text{kV} \cdot \text{A})$

25. 解：忽略漏阻抗，则

$$k = \dfrac{U_1}{U_2} = \dfrac{220}{100} = 2.2$$

忽略空载电流，则

$$I_1 = \dfrac{I_2}{k} = \dfrac{10}{2.2} = 4.55 (\text{A})$$

$$I = I_2 - I_1 = 10 - 4.55 = 5.45(A)$$
$$S_2 = U_2 I_2 = 100 \times 10 = 1\,000(V \cdot A)$$
$$S_i = U_2 I = 100 \times 5.45 = 545(V \cdot A)$$
$$S_t = U_2 I_1 = 100 \times 4.55 = 455(V \cdot A)$$

26. 解：(1) 改接成 345/115 V 的降压自耦变压器。

这时双绕组变压器的高压绕组作串联绕组，低压绕组作公共绕组。故自耦变压器一次电流额定值即双绕组变压器高压绕组的额定电流，即

$$I_{1N} = \frac{S_N}{U_{1N}} = \frac{3\,000}{230} = 13.04(A)$$

自耦变压器二次电流额定值和公共绕组电流为

$$I_{2N} = \frac{U_{1N}}{U_{2N}} I_{1N} = \frac{345}{115} \times 13.04 = 39.12(A)$$

$$I = I_{2N} - I_{1N} = 39.12 - 13.04 = 26.08(A)$$

由此求得自耦变压器的容量 S_N、感应功率 S_i 和传导功率 S_t 分别为

$$S_N = U_{2N} I_{2N} = 115 \times 39.12 = 4\,498.8(V \cdot A)$$
$$S_i = U_{2N} I = 115 \times 26.08 = 2\,999.2(V \cdot A)$$
$$S_t = U_{2N} I_{1N} = 115 \times 13.04 = 1\,499.6(V \cdot A)$$

(2) 改接成 230/345 V 的升压自耦变压器。

这时双绕组变压器的高压绕组作公共端，低压绕组作串联绕组，故自耦变压器二次电流额定值即双绕组变压器低压绕组的额定电流，即

$$I_{2N} = \frac{S_N}{U_{2N}} = \frac{3\,000}{115} = 26.08(A)$$

自耦变压器一次电流额定值和公共绕组电流

$$I_{1N} = \frac{U_{2N}}{U_{1N}} I_{2N} = \frac{345}{230} \times 26.08 = 39.02(A)$$

$$I = I_{1N} - I_{2N} = 39.12 - 26.08 = 13.04(A)$$

由此求得自耦变压器的容量 S_N、感应功率 S_i 和传导功率 S_t 分别为

$$S_N = U_{1N} I_{1N} = 230 \times 39.12 = 8\,997.6(V \cdot A)$$
$$S_i = U_{1N} I = 230 \times 13.04 = 2\,999.2(V \cdot A)$$
$$S_t = U_{1N} I_{2N} = 230 \times 26.08 = 5\,998.4(V \cdot A)$$

27. 解：(1) $S_L = 80 \text{ kV} \cdot \text{A}$ 时

$$S_M = S_{NH} - S_L = 100 - 80 = 20(kV \cdot A)$$

(2) $S_L = 50 \text{ kV} \cdot \text{A}$ 时

$$S_M = S_{NH} - S_L = 100 - 50 = 50(kV \cdot A)$$

(3) $S_L = 20 \text{ kV} \cdot \text{A}$ 时

$$S_M = S_{NM} = 50(kV \cdot A)$$

28. 解：被测电路的电压和电流分别为

$$U = \frac{6\,000}{100} \times 80 = 4\,800(V) \qquad I = \frac{100}{5} \times 4 = 80(A)$$

第 3 章　直 流 电 机

1. 答：改变直流电机励磁电流的大小和方向，会改变磁通的大小和方向，从而使电动势和电磁转矩的大小和方向随之改变。

2. 答：改变电磁转矩的方向即可，具体方法：一是改变电枢电流方向；二是改变励磁电流的方向以改变磁场方向。

3. 答：改变电动势方向即可，具体方法：一是改变转子转向；二是改变励磁电流的方向以改变磁场方向。

4. 答：都不能

5. 答：改变电源电压方向，则 I_a 和 I_f 的方向同时改变，电磁转矩方向不变，故转子转向不会改变。

6. 答：改变电枢的旋转方向会使他励发电机输出电压极性发生变化，但不会使并励发电机输出电压极性发生变化，反而会使其电压建立不起来。因为电枢反向会引起电动势反向，励磁电流随之反向，使得励磁电流产生的磁场与剩磁场的方向相反，不能满足自励条件二，无法建立起必要电动势。

7. 答：思路与 6 题相同。

8. 答：相关参数比较如下：

参数	并励发电机	并励电动机	参数	并励发电机	并励电动机
I_a	$I+I_f$	$I-I_f$	P_2	UI	$UI\eta$
E	$U+R_aI_a$	$U-R_aI_a$	P_1	$\dfrac{UI}{\eta}$	UI

可见，在 U 和 I 相同的情况下，并励发电机中上述各量都比并励电动机大。

9. 答：由于电枢电压 $U_a=E+R_aI_a\neq R_aI_a$，所以电枢铜损耗 $P_{Cua}=R_aI_a^2\neq U_aI_a$。

10. 答：因为并励发电机励磁电路电阻受临界电阻限制，励磁电流不能调的太小，而他励发电机不存在这一问题。

11. 解：$I_{NM}=\dfrac{P_N}{U_N\eta_N}=\dfrac{7.5\times10^3}{220\times0.85}=40.11$（A）

$$I_{NG}=\dfrac{P_N}{U_N}=\dfrac{7.5\times10^3}{220}=34.09\text{（A）}$$

12. 解：$C_T=\dfrac{2pN}{\pi}=\dfrac{2\times2\times93}{3.14}=118.47$

$$C_E=\dfrac{4pN}{60}=\dfrac{4\times2\times93}{60}=12.4$$

$$T=C_T\varphi I_a=118.47\times0.007\,07\times29.8=25\text{（N·m）}$$

$$E=C_E\varphi n=12.4\times0.007\,07\times2\,850=250\text{（V）}$$

13. 解：$I_f=\dfrac{U_f}{R_f}=\dfrac{220}{120}=1.833$（A）

$$E = C_E \Phi n = 0.175 \times 1\,200 = 210(\text{V})$$

$$I_a = \frac{U_a - E}{R_a} = \frac{200 - 210}{0.2} = 50(\text{A})$$

$$C_T \Phi = \frac{60}{2\pi} C_E \Phi = \frac{60}{2 \times 3.14} \times 0.175 = 1.672$$

$$T = C_T \Phi I_a = 1.672 \times 50 = 83.6(\text{N} \cdot \text{m})$$

14. 解：(1) $E = U_a - R_a I_a = 100 - 0.2 \times 30 = 104(\text{V})$

$$C_E \Phi = \frac{E}{n} = \frac{104}{980} = 0.106$$

$$C_T \Phi = \frac{60}{2\pi} C_E \Phi = \frac{60}{2 \times 3.14} \times 0.106 = 1.012\,7$$

$$T = C_T \Phi I_a = 1.012\,7 \times 30 = 30.38(\text{N} \cdot \text{m})$$

(2) T 增加一倍，则 $I_a = 60(\text{A})$

$$E = U_a - R_a I_a = 100 - 0.2 \times 60 = 98(\text{V})$$

$$n = \frac{E}{C_E \Phi} = \frac{98}{0.106} = 924.53(\text{r/min})$$

15. 解：(1) 磁通 Φ 和电枢电压 U_a 不变，电磁转矩 T 减小时，

由于 $n = \dfrac{U_a}{C_E \Phi} - \dfrac{R_a}{C_E C_T \Phi^2} T$，所以 n 增加；

由于 $I_a = \dfrac{T}{C_T \Phi}$，所以 I_a 减小；

由于 $E = C_E \Phi n$，所以 E 增加。

(2) 磁通 Φ 和电磁转矩 T 不变，电枢电压 U_a 减小；

由于 $n = \dfrac{U_a}{C_E \Phi} - \dfrac{R_a}{C_E C_T \Phi^2} T$，所以 n 减小；

由于 $I_a = \dfrac{T}{C_E \Phi}$，所以 I_a 不变；

由于 $E = C_E \Phi n$，所以 E 减小。

(3) 电枢电压 U_a 和电磁转矩 T 不变，磁通 Φ 减小；

由于 $n = \dfrac{U_a}{C_E \Phi} - \dfrac{R_a}{C_E C_T \Phi^2} T$，所以 n 增加；

由于 $I_a = \dfrac{T}{C_T \Phi}$，所以 I_a 增加；

由于 $E = U_a - R_a I_a$，所以 E 减小。

(4) 电枢电压 U_a、磁通 Φ 和电磁转矩 T 不变，电枢电路电阻 R_a 增加；

由于 $n = \dfrac{U_a}{C_E \Phi} - \dfrac{R_a}{C_E C_T \Phi^2} T$，所以 n 减小；

由于 $I_a = \dfrac{T}{C_T \Phi}$，所以 I_a 不变；

由于 $E = C_E \Phi n$，所以 E 减小。

16. 解：$I = \dfrac{P_N}{U_N \eta_N} = \dfrac{2.2 \times 10^3}{220 \times 0.8} = 12.5(\text{A})$

$$I_f = \frac{U_f}{R_f} = \frac{220}{275} = 0.8(A)$$

$$I_a = I - I_f = 12.5 - 0.8 = 11.7(A)$$

$$E = U_a - R_a I_a = 220 - 0.2 \times 11.7 = 217.66(V)$$

$$C_E\Phi = \frac{E}{n_N} = \frac{217.66}{750} = 0.29$$

$$C_T\Phi = \frac{60}{2\pi}C_E\Phi = \frac{60}{2 \times 3.14} \times 0.29 = 2.77$$

$$T = C_T\Phi I_a = 2.77 \times 11.7 = 32.44(N \cdot m)$$

17. 解：$I_f = \dfrac{U}{R_f} = \dfrac{110}{41.8} = 2.63(A)$

$$I_a = I - I_f = 61 - 2.63 = 58.37(A)$$

$$E = U_a - R_a I_a = 110 - 0.12 \times 58.37 = 103(V)$$

$$C_E\Phi = \frac{E}{n_N} = \frac{103}{1\,500} = 0.068\,7$$

T 减半而 Φ 不变时，则

$$I'_a = \frac{1}{2}I_a = 29.185(A)$$

$$E' = U - R_a I'_a = 1\,100 - 0.12 \times 29.185 = 106.5(V)$$

$$n = \frac{E'}{C_E\Phi} = \frac{106.5}{0.068\,7} = 1\,550(r/min)$$

18. 解：电磁转矩未增加时

$$E = U - (R_a + R_f)I = 220 - (0.12 + 0.18) \times 10 = 216(V)$$

$$C_E\Phi = \frac{E}{n} = \frac{216}{432} = 0.5$$

电磁转矩增加一倍，而磁路不饱和时，

$$I^2 \propto T$$

$$\Phi \propto I$$

故

$$I' = \sqrt{2}I = 1.414 \times 10 = 14.14(A)$$

$$C_E\Phi' = \frac{I'}{I}C_E\Phi = 1.414 \times 0.5 = 0.707$$

$$E' = U - (R_a + R_f)I' = 220 - (0.12 + 0.18) \times 14.14 = 214.344(V)$$

$$n = \frac{E'}{C_E\Phi'} = \frac{214.344}{0.707} = 303(r/min)$$

19. 解：$I_a = \dfrac{U - E}{R_a + R_{f1}} = \dfrac{220 - 213}{0.2 + 0.2} = 17.5(A)$

$$I_f = \frac{U}{R_{f2}} = \frac{220}{88} = 2.5(A)$$

$$I = I_a + I_f = 17.5 + 2.5 = 20(A)$$

20. 解：$T_2 = T_L = 87(N \cdot m)$

$$T=T_2+T_0=87+10=97(\text{N}\cdot\text{m})$$

$$P_2=\frac{2\pi}{60}T_2n=\frac{2\times3.14}{60}\times87\times1\,500=13\,659(\text{W})$$

$$P_e=\frac{2\pi}{60}Tn=\frac{2\times3.14}{60}\times97\times1\,500=15\,229(\text{W})$$

$$P_1=\frac{P_2}{\eta}=\frac{13\,659}{0.8}=17\,073.75(\text{W})$$

$$P_{\text{Cu}}=P_1-P_e=17\,073.75-15\,229=1\,844.75(\text{W})$$

$$P_0=P_e-P_2=15\,229-13\,659=1\,570(\text{W})$$

21. 解：（1）$U_0=E_\text{N}=U_{a\text{N}}+R_aI_{a\text{N}}=230+0.2\times100=250(\text{V})$

（2）磁通减少10%时，

$$E=0.9E_\text{N}=0.9\times250=225(\text{V})$$

满载电压

$$U_a=E-R_aI_{a\text{N}}=225-0.2\times100=205(\text{V})$$

22. 解：（1）$I=\dfrac{U}{R_\text{L}}=\dfrac{230}{4}=57.5(\text{A})$

（2）$I_f=\dfrac{U}{R_f}=\dfrac{230}{153}=1.5(\text{A})$

（3）$I_a=I+I_f=57.5+1.5=59(\text{A})$

（4）$E=U+R_aI_a=230+0.25\times59=245\ (\text{V})$

（5）$C_E\Phi=\dfrac{E}{n}=\dfrac{245}{1\,000}=0.245$

$$C_T\Phi=\frac{60}{2\pi}C_E\Phi=\frac{60}{2\times3.14}\times0.245=2.34$$

$$T=C_T\Phi I_a=2.34\times59=138.11(\text{N}\cdot\text{m})$$

23. 解 $P_e=\dfrac{2\pi}{60}Tn=\dfrac{2\times3.14}{60}\times210\times1\,000=21\,980(\text{W})$

$$P_2=P_e-P_{\text{Cu}}=21\,980-2\,000=19\,980(\text{W})$$

$$P_1=P_e+P_0=21\,980+1\,200=23\,180(\text{W})$$

$$\eta=\frac{P_2}{P_1}\times100\%=\frac{19\,980}{23\,180}\times100\%=86.19\%$$

第 4 章　异步电动机的基本理论

1. 解：3 600 r/min 和 1 800 r/min。

2. 解：$n_0=\dfrac{60f_1}{p}=\dfrac{60\times50}{2}=1\,500(\text{r/min})$

$$s=\frac{n_0-n}{n_0}=\frac{1\,500-1\,440}{1\,500}=0.04$$

3. 解：笼型和绕线型异步电动机只是转子的结构不同，前者转子为笼型绕组，后者转子为三相绕组，且每相绕组的首端与转轴上的三个滑环相连接。从外观结构上看，具有三个滑环的必为绕线型，否则即为笼型。

4. 解：由于 $y<\tau$，所以是短距绕组。由于 $q=\dfrac{z}{2pm}=\dfrac{36}{2\times2\times3}=3>1$，所以是分布绕组。

5. 解：220 V，660 V。

6. 解：380 V 采用△连接，660 V 采用 Y 连接。额定相电流相同，三角形连接时的线电流是星形时的 $\sqrt{3}$ 倍。

7. 解：$n_0=3\,000$ r/min，$p=1$。

8. 解：转子转速降低时，转差率 s 增加，转子电流增加，定子电流相应增加。

9. 解：整距集中绕组的电动势大。

10. 解：转子转速变化时，转子旋转磁通势相对于转子的转速随之变化，而相对于定子的转速即在空间的转速不变。

11. 解：相同。

12. 解：$\dfrac{1-s}{s}R'_2$ 是用来代表机械功率的电阻，不能用电容或电感来代替。因为电阻是耗能元件，可以用它所消耗的功率代表机械功率，而电容和电感是储能元件，它不消耗功率，不能用它来代表机械功率。

13. 解：不相等。$m_2E_2I_2\cos\phi_2$ 是电机的电磁功率 P_e，而 $m_2E_{2S}I_{2S}\cos\phi_2=m_2sE_2I_2\cos\phi_2=sP_e=P_{cu2}$ 是转子铜损耗。

14. 解：因为电动机的 $T_2=T-T_0$，而在稳定运行时，$T_2=T_L$，所以 T_L 增加时，T 也会随之增加。

15. 解：T_0 和 T_L 与 T 的作用方向相反，T_2 与 T 的作用方向相同。

16. 解：因为三相异步电动机断了一根电源线，则处于单相电源供电状态，定子绕组中的电流为单相电流而不是两相电流。

17. 解：$n_0=\dfrac{60f_1}{p}=\dfrac{60\times50}{2}=1\,500$（r/min）

$$n=(1-s)n_0=(1-0.03)\times1\,500=1\,455\text{（r/min）}$$

18. 解：$\tau=\dfrac{z}{2p}=\dfrac{24}{2\times2}=6$

由于 $y=5$，$y<\tau$，故为短距绕组。

$$q=\dfrac{z}{2pm}=\dfrac{24}{2\times2\times3}=2$$

由于 $q>1$，故为分布绕组。

19. 解：$2p=2$，故 $n_0=3\,000$（r/min）。

$$n_N=(1-s_N)n_0=(1-0.02)\times3\,000=2\,940\text{（r/min）}$$

$$\lambda_N=\cos\phi_{1N}=\dfrac{P_{1N}}{\sqrt{3}U_NI_N}=\dfrac{24.7\times10^3}{1.73\times380\times42.2}=0.89$$

$$\eta_N=\dfrac{P_N}{P_{1N}}\times100\%=\dfrac{22}{24.7}\times100\%=89\%$$

20. 解：（1）应采用△形连接

$$I_{NL\triangle} = \frac{P_N}{\sqrt{3}U_N\lambda_N\eta_N} = \frac{7.5\times10^3}{1.73\times380\times0.88\times0.82} = 15.81(A)$$

$$I_{NP\triangle} = \frac{I_{NL\triangle}}{\sqrt{3}} = \frac{15.81}{1.73} = 9.1(A)$$

（2）应采用 Y 形连接

$$I_{NLY} = \frac{P_N}{\sqrt{3}U_N\lambda_N\eta_N} = \frac{7.5\times10^3}{1.73\times660\times0.88\times0.82} = 9.1(A)$$

$$I_{NPY} = I_{NLY} = 9.1(A)$$

（3）

$$\frac{I_{NL\triangle}}{I_{NLY}} = \frac{15.81}{9.1} = 1.73$$

$$\frac{I_{NP\triangle}}{I_{NPY}} = \frac{9.1}{9.1} = 1$$

21. 解：$\varphi_1 = arc\cos 0.88 = 28.36°$

$\varphi_2 = arc\cos 0.86 = 30.68°$

$$\dot{E}_1 = Z_1\dot{I}_1 - \dot{U}_1 = (0.5+j1.2)\times10\angle-28.36°-380\angle0° = 370\angle179°$$

$$\dot{E}_{2S} = Z_{2S}\dot{I}_{2S} = (0.015+j0.02\times2)\times0.5\angle-30.68° = 0.021\angle38.76°(V)$$

22. 解：（1）求电动势

$$\tau = \frac{z_1}{2p} = \frac{48}{4} = 12$$

$$q = \frac{z_1}{2m_1p} = \frac{48}{2\times3\times2} = 4$$

$$\alpha = \frac{p\times360°}{z_1} = \frac{2\times360°}{48} = 15°$$

$$k_{p1} = \sin\frac{y}{\tau}90° = \sin\frac{10}{12}\times90° = 0.966$$

$$k_{s1} = \frac{\sin q\frac{\alpha}{2}}{q\sin\frac{\alpha}{2}} = \frac{\sin 4\times\frac{15°}{2}}{4\sin\frac{15°}{2}} = 0.958$$

$$E_1 = 4.44k_{w1}N_1f_1\Phi_m = 4.44\times0.966\times0.958\times80\times50\times0.014 = 230(V)$$

$$E_{2S} = 4.44k_{w2}N_2f_2\Phi_m = 4.44\times1\times\frac{1}{2}\times2\times0.014 = 0.062(V)$$

（2）求磁通势

$$m_2 = \frac{z_2}{p} = \frac{38}{2} = 19$$

$$F_{1m} = \frac{0.9m_1k_{w1}N_1I_1}{2p} = \frac{0.9\times3\times0.966\times0.958\times80\times15}{4} = 750(A)$$

$$F_{2m} = \frac{0.9m_2k_{w2}N_2I_2}{2p} = \frac{0.9\times19\times1\times\frac{1}{2}\times340}{4} = 727(A)$$

23. 解：$Z_1 = R_1 + jX_1 = 0.4 + j1 = 1.077\angle 68.2°$

$$Z_2' = \frac{m_1}{m_2}\left(\frac{k_{w1}N_1}{k_{w2}N_2}\right)^2\left(\frac{R_2}{s} + jX_2\right) = \frac{3}{3}\left(\frac{300}{150}\right)^2\left(\frac{0.1}{0.04} + j0.25\right)$$

$$= (10 + j1) = 10.05\angle 5.71°(\Omega)$$

$$Z_0 = R_0 + jX_0 = 4 + j40 = 40.2\angle 84.29°(\Omega)$$

$$\dot{U}_1 = \dot{U}_N = 380\angle 0°(V)$$

$$\dot{I}_1 = \frac{\dot{U}_1}{Z_1 + \dfrac{Z_0 Z_2'}{Z_0 + Z_2'}} = \frac{380\angle 0°}{0.4 + j1 + \dfrac{40.2\angle 84.29° \times 10.05\angle 5.71°}{4 + j40 + 10 + j1}} = 37.77\angle -23.49°(A)$$

$$\dot{I}_2' = -\frac{Z_0}{Z_0 + Z_2'}\dot{I}_1 = -\frac{40.2\angle 84.29°}{4 + j40 + 10 + j1} \times 37.77\angle -23.49°$$

$$= -35.05\angle -10.35° = 35.05\angle 169.65°(A)$$

$$k_i = \frac{m_1 k_{w1} N_1}{m_2 k_{w2} N_2} = \frac{3 \times 300}{3 \times 150} = 2$$

$$I_2 = k_i I_2' = 2 \times 35.05 = 70.1(A)$$

$$\dot{I}_0 = \dot{I}_1 + \dot{I}_2' = 37.77\angle -23.49° + 35.05\angle 169.65° = 8.75\angle -88.95°(A)$$

由于定子绕组为三角形连接，转子绕组为星形连接，所以定子相电流和线电流、转子相电流和线电流为

$$I_{1P} = I_1 = 37.77(A)$$

$$I_{1L} = \sqrt{3}\, I_1 = 1.73 \times 37.77 = 65.34(A)$$

$$I_{2P} = I_2 = 70.1(A)$$

$$I_{2L} = I_{2P} = 70.1(A)$$

24. 解：$\dot{I}_0 = \dfrac{\dot{U}_1}{Z_0} = \dfrac{380\angle 0°}{6 + j75} = 5.05\angle -85.43°(A)$

$$\dot{I}_2' = -\frac{\dot{U}_1}{Z_1 + Z_2'} = -\frac{380}{0.7 + j1.7 + \dfrac{0.4}{0.04} + j3} = -32.51\angle -23.71°$$

$$\dot{I}_1 = \dot{I}_0 - \dot{I}_2' = 5.05\angle -85.43° + 32.51\angle -23.71° = 35.18\angle -30.96°(A)$$

$$I_{1L} = \sqrt{3}\, I_1 = 1.73 \times 35.18 = 60.86(A)$$

由于 $I_{1L} < I_N$，故未过载。

25. 解：（1）转子开路时

$$\dot{I}_1 = \frac{\dot{U}_1}{Z_1 + Z_0} = \frac{380}{0.8 + j1 + 6 + j75} = 4.98\angle -84.89°(A)$$

（2）转子堵转时

$$\dot{I}_1 = \frac{\dot{U}_1}{Z_1 + \dfrac{Z_0 Z_2'}{Z_0 + Z_2'}} = \frac{380}{0.8 + j1 + \dfrac{(6 + j75)(1 + j4)}{6 + j75 + 1 + j4}} = 74.5\angle -70.29°(A)$$

26. 解：$P_{Cu} = m_1 R_1 I_1^2 + m_2 R_2 I_2^2 = 3 \times 0.5 \times 12^2 + 3 \times 0.2 \times 30^2 = 216 + 540 = 756(W)$

$$P_{Fe} = m_1 R_0 I_0^2 = 3 \times 10 \times 4^2 = 480(\text{W})$$

$$P_t = P_{Cu} + P_{Fe} + P_0 = 756 + 480 + 100 = 1\ 336(\text{W})$$

$$P_1 = P_2 + P_{al} = 10\ 000 + 1\ 336 = 11\ 336(\text{W})$$

$$P_e = P_1 - P_{Fe} - P_{Cu1} = 11\ 336 - 480 - 216 = 10\ 640(\text{W})$$

$$P_m = P_2 + P_0 = 10\ 000 + 100 = 10\ 100(\text{W})$$

$$\lambda = \frac{P_1}{3U_1 I_1} = \frac{11\ 336}{3 \times 380 \times 12} = 0.83$$

$$\eta = \frac{P_2}{P_1} \times 100\% = \frac{10\ 000}{11\ 336} \times 100\% = 88\%$$

27. 解：

$$P_{Cu} = P_{Cu1} + P_{Cu2} = m_1 R_1 I_1^2 + m_2 R_2' I_2'^2$$

$$= 3 \times 0.7 \times 18^2 + 3 \times 0.4 \times 23.26^2 = 680 + 649 = 1\ 329(\text{W})$$

$$P_{Fe} = m_1 R_0 I_0^2 = 3 \times 8 \times 3^2 = 216(\text{W})$$

$$P_{al} = P_{Cu} + P_{Fe} + P_0 = 1\ 329 + 216 + 500 = 2\ 045(\text{W})$$

$$P_2 = \frac{2\pi}{60} T_2 n = \frac{2 \times 3.14}{60} \times 100 \times 1\ 440 = 15\ 072(\text{W})$$

$$P_1 = P_2 + P_{al} = 15\ 072 + 2\ 045 = 17\ 117(\text{W})$$

$$\eta = \frac{P_2}{P_1} \times 100\% = \frac{15\ 072}{17\ 117} \times 100\% = 88\%$$

$$\lambda = \frac{P_1}{3U_1 I_1} = \frac{17\ 117}{3 \times 380 \times 18} = 0.83$$

28. 解：

$$P_2 = \frac{2\pi}{60} T_2 n = \frac{2 \times 3.14}{60} \times 13 \times 2\ 880 = 3\ 919(\text{W})$$

$$P_1 = \frac{P_2}{\eta} = \frac{3\ 919}{0.88} = 4\ 453(\text{W})$$

$$P_0 = \frac{2\pi}{60} T_0 n = \frac{2 \times 3.14}{60} \times 1 \times 2\ 880 = 301(\text{W})$$

$$P_m = P_2 + P_0 = 3\ 919 + 301 = 4\ 220(\text{W})$$

$$s = \frac{n_0 - n}{n_0} = \frac{3\ 000 - 2\ 880}{3\ 000} = 0.04$$

$$P_e = \frac{P_m}{1-s} = \frac{4\ 220}{1-0.04} = 4\ 396(\text{W})$$

$$P_t = P_1 - P_2 = 4\ 453 - 3\ 919 = 534(\text{W})$$

29. 解：

$$1 - s = \frac{P_m}{P_e} = \frac{4.4}{4.58} = 0.96$$

$$s = 1 - 0.96 = 0.04$$

$$n = (1-s)n_0 = (1-0.04) \times 1\ 000 = 960(\text{r/min})$$

$$T = \frac{60}{2\pi} \frac{P_e}{n_0} = \frac{60}{2 \times 3.14} \times \frac{4\ 580}{1\ 000} = 43.76(\text{N} \cdot \text{m})$$

$$T_2 = \frac{60}{2\pi} \frac{P_2}{n_0} = \frac{60}{2 \times 3.14} \times \frac{4\ 000}{960} = 39.81(\text{N} \cdot \text{m})$$

$$T_0 = T - T_2 = 43.76 - 39.81 = 3.95(\text{N} \cdot \text{m})$$

30. 解：

$$I_2' = \frac{U_1}{\sqrt{\left(R_1 + \dfrac{R_2'}{s}\right)^2 + (X_1 + X_2')^2}} = \frac{380}{\sqrt{\left(2.5 + \dfrac{1.5}{0.04}\right)^2 + (3.5 + 4.5)^2}} = 9.32(\text{A})$$

$$P_e = m_1 \frac{R_2'}{s} I_2'^2 = 3 \times \frac{1.5}{0.04} \times 9.32^2 = 9\,772(\text{W})$$

$$T = \frac{60}{2\pi} \frac{P_e}{n_0} = \frac{60}{2 \times 3.14} \times \frac{9\,772}{1\,000} = 93.36(\text{N} \cdot \text{m})$$

第 5 章 同步电机基本理论

1. 答：转子铜损耗即励磁绕组从励磁电源输入的功率，习惯上将其归到励磁系统中考虑。转子因与旋转磁场是以同一转速旋转的，故转子铁损耗为零。

2. 答：同步发电机的 $pn = 60f_1$，为保持 f_1 不变，n 高，则 p 少；n 低，则 p 多。

3. 答：异步电机的定子铁芯、转子铁芯和同步电机的定子铁芯都与旋转磁场存在着相对运动，为了减少由此而在这些铁芯中产生的铁损耗，所以他们需用硅钢片叠成。而同步电机的转子与旋转磁场都以同步转速旋转，两者之间没有相对运动，不会在转子铁芯中产生铁损耗，所以转子铁芯可以用整块钢材料制成。

4. 答：当励磁电流为直流电流时，才能使转子形成不变的 N 极和 S 极，才会产生方向不变的电磁转矩，电机才能做同步电机运行。所以不能用交流电流作励磁电流。

5. 答：当转子磁极对数与定子磁极对数不同时，转子各磁极上所受到的电磁力相互抵消，形成不了电磁转矩。

6. 答：不可以。因为若转子转速不同于同步转速，两者存在着相对运动，当转子磁极与旋转磁场的磁极同向时，转子受到与旋转磁场相同的作用力。稍后，当它们旋转到方向相反时，转子受到与旋转磁场转向相反的作用力。因此，旋转磁场每绕转子转一圈，在转子上产生的电磁转矩的平均值等于零，转子不可能旋转。

7. 答：漏电抗 X_σ 是与漏磁通 Φ_σ 对应的电抗，电枢反应电抗 X_a 是与电枢反应磁通 Φ_a 对应的电抗，同步电抗 X_s 是 X_σ 与 X_a 之和。它们的大小关系为：$X_s > X_a > X_\sigma$。

8. 答：电感性时，$\Phi > \Psi$；电容性时 $\Phi < \Psi$。

9. 答：增加 I_f，Φ_0 则增加，E_0 也随之增加。

10. 解：$E_1 = 4.44 K_{w1} N_1 f \Phi_m = 4.44 \times 0.985 \times 264 \times 50 \times 0.059 = 3\,406(\text{V})$
$$n = 60f/p = 60 \times 50/2 = 1\,500(\text{r/min})$$

11. 解：本题目的是复习三相同步发电机工作原理
$$n = 60f_1/p = 60 \times 30/1 = 3\,000(\text{r/min})$$
$$E_0 = 4.44 K_{w1} N_1 f_1 \Phi_{0m} = 4.44 \times 20 \times 50 \times 0.82 = 3\,640.8(\text{V})$$
$$U_P = E_0 = 3\,640.8(\text{V})$$
$$U_L = \sqrt{3} E_0 = 1.73 \times 3\,640.8 = 6\,300(\text{V})$$

12. 解：本题目的是复习三相同步电动机的额定值

$$P = 60f_N/n_N = 60 \times 50/1\,500 = 2$$

$$T_{2N} = 60P_N/2\pi n_N = 60 \times 100 \times 1\,000/2 \times 3.14 \times 1\,500 = 637(\text{N} \cdot \text{m})$$

$$I_N = P_N/\sqrt{3}U_N\lambda_N n_N = 100 \times 1\,000/1.73 \times 6\,000 \times 0.8 \times 0.9 = 13.38(\text{A})$$

13. 解：本题目的是复习三相同步发电机的额定值和种类

$$\lambda_N = P_N/\sqrt{3}U_N I_N = 15\,000 \times 1\,000/1.73 \times 13\,800 \times 680 = 0.924$$

$$P_{1N} = 2\pi T_{1N}n_N/60 = 2 \times 3.14 \times 1\,500 \times 1\,000 \times 100/60 = 15\,700(\text{kW})$$

$$\eta_N = P_N/P_{1N} \times 100\% = 15\,000/15\,700 \times 100\% = 95.54\%$$

$$p = 60f_1/n_N = 60 \times 50/100 = 30$$

该电机是凸极式立式水轮发电机。

14. 解：本题目的目的是复习三项隐极同步电动机的基本方程式

（1）$\lambda = 0.8$，电感性时

$$\varphi = \arccos 0.8 = 36.87°$$

$$I_1 = P_1/\sqrt{3}U_N\lambda = 95 \times 10^3/(1.73 \times 3000 \times 0.8) = 22.88(\text{A})$$

$$U_1 = \frac{U_N}{\sqrt{3}} = \frac{3\,000}{1.73} = 1\,734.1(\text{V})$$

$$-\dot{E}_0 = \dot{U}_1 - jX_s\dot{I} = (1.734.1\angle 0° - j15 \times 22.88\angle -36.87°)\text{V}$$
$$= 1\,552.65\angle -10.19°(\text{V})$$

$$E_0 = 1\,552.65(\text{V})$$

$$\theta = 10.19°$$

$$\psi = \varphi - \theta = 36.87° - 10.19° = 26.68°$$

（2）$\lambda = 0.8$，电容性时

$$-\dot{E}_0 = \dot{U}_1 - jX_s\dot{I} = 1.734.1\angle 0° - j15 \times 22.88\angle 36.87°$$
$$= 1\,959.35\angle -8.06°(\text{V})$$

$$E_0 = 1\,959.35(\text{V})$$

$$\theta = 8.06°$$

$$\psi = \varphi + \theta = 36.87° + 8.06° = 44.93°$$

15. 解：本题目的是复习三相隐极同步电动机的基本方程式

$$\dot{I}_1 = \frac{\dot{U}_1 + \dot{E}_0}{R_1 + jX_s} = (220\angle 0° + 296\angle 180° - 21.37°)/(0.2 + 1.2j) = 99.76\angle 36.76°(\text{A})$$

电流超前于电压 $36.76°$，故电机工作在电容状态。

$$\psi = \varphi + \theta = 36.76° + 21.37° = 58.13°$$

16. 解：本题目的是利用简化向量图求解三相凸极同步电动机

$$U_1 = \frac{U_N}{\sqrt{3}} = \frac{400}{1.73} = 231(\text{V})$$

（1）$\lambda = 0.8$（电感性）

$$\tan \psi = \frac{U_1 \sin \varphi - X_q I_1}{U_1 \cos \varphi} = \frac{231 \times 0.6 - 1.2 \times 80}{231 \times 0.8} = 0.23$$

$$\psi = \arctan 0.23 = 12.98°$$

$$\varphi = \arccos 0.8 = 36.87°$$

$$\theta = \varphi - \psi = 36.87° - 12.98° = 23.89°$$

$$E_0 = U_1 \cos \theta - X_d I_d = 231 \cos 23.89° - 2 \times 80 \times \sin 12.98° = 175.5 (\text{V})$$

（2）$\lambda = 1$（电阻性）

$$\tan \psi = \frac{X_q I_1}{U_1 \cos \varphi} = \frac{1.2 \times 80}{231} = 0.416$$

$$\psi = \arctan 0.416 = 22.57°$$

$$\theta = \psi = 22.57°$$

$$E_0 = U_1 \cos \theta + X_d I_d = 231 \cos 22.57° - 2 \times 80 \times \sin 22.57° = 274.72 (\text{V})$$

（3）$\lambda = 0.8$（电容性）

$$\tan \psi = \frac{U_1 \sin \varphi + X_q I_1}{U_1 \cos \varphi} = \frac{231 \times 0.6 + 1.2 \times 80}{231 \times 0.8} = 1.269$$

$$\psi = \arctan 1.267 = 51.77°$$

$$\theta = \varphi - \psi = 51.77° - 36.87° = 14.9°$$

$$E_0 = U_1 \cos \theta + X_d I_d = 231 \cos 14.9° - 2 \times 80 \times \sin 51.77° = 348.92 (\text{V})$$

17. 解：本题目的是复习三相同步电机中的 E_Q 和 E_0。

$$U_1 = \frac{U_N}{\sqrt{3}} = \frac{6\,000}{1.73} = 3\,468.21 (\text{V})$$

$$\tan \psi = \frac{U_1 \sin \varphi + X_q I_1}{U_1 \cos \varphi} = \frac{3\,468.21 \times 0.6 + 45 \times 98.1}{3\,468.21 \times 0.8} = 2.341$$

$$\psi = \arctan 2.341 = 66.87°$$

$$-\dot{E}_Q = \dot{U}_1 - j X_q \dot{I}_1 = 3\,468.21 \angle 0° - j45 \times 98.1 \angle 36.87°$$
$$= 6\,907.9 \angle -30.75° (\text{V})$$

$$E_0 = E_Q + (X_d - X_p) I_d = 6\,907.9 + (60 - 45) \times 98.1 \sin 66.87°$$
$$= 8\,261 (\text{V})$$

18. 解：

$$P_1 = \sqrt{3} U_{1N} I_1 \lambda = 1.73 \times 380 \times 600.85 = 33\,527.4 (\text{W})$$

$$P_{Cu} = 3 R_1 I_1^2 = 3 \times 0.2 \times 60^2 = 2\,160 (\text{W})$$

$$P_e = P_1 - P_{Cu} = 33\,527.4 - 2\,160 = 31\,367.4 (\text{W})$$

$$P_2 = P_1 \eta = 33\,527.4 \times 0.9 = 30\,174.66 (\text{W})$$

$$P_0 = P_e - P_2 = 31\,367.4 - 30\,174.6 = 1\,192.74 (\text{W})$$

$$T = \frac{60 P_e}{2 \pi n} = \frac{60}{2 \times 3.14} \times \frac{31\,367.4}{3\,000} = 99.9 (\text{N} \cdot \text{m})$$

$$T_2 = \frac{60 P_2}{2 \pi n} = \frac{60}{2 \times 3.14} \times \frac{30\,174.66}{3\,000} = 96.1 (\text{N} \cdot \text{m})$$

$$T_0 = \frac{60P_0}{2\pi n} = \frac{60}{2 \times 3.14} \times \frac{1\,192.74}{3\,000} = 3.8(\text{N} \cdot \text{m})$$

第6章　控 制 电 机

1. 解：本题目的是复习永磁式电流伺服电动机的工作原理。

$$E = U_a - R_a I_a = 110 - 60 \times 0.85 = 59(\text{V})$$

$$C_E\Phi \frac{E}{n} = \frac{59}{3\,000} = 0.019\,7$$

$$C_T\Phi = \frac{60}{2\pi}C_E\Phi = \frac{60}{2 \times 3.14} \times 0.019\,7 = 0.188$$

$$T_0 = C_T\Phi I_a = 0.188 \times 0.065 = 0.012\,2(\text{N} \cdot \text{m})$$

$$T = C_T\Phi I_a = 0.188 \times 0.85 = 0.16(\text{N} \cdot \text{m})$$

2. 解：本题目的是复习电磁式电流伺服电动机的工作原理

当 $I_a = I_{a1} = 0.06\text{A}$ 时

$$R_a = \frac{U_a - E_1}{I_{a1}} = \frac{U_a - C_E\Phi n_1}{I_{a1}}$$

当 $I_a = I_{a2} = 1.2\text{ A}$ 时

$$R_a = \frac{U_a - E_2}{I_{a2}} = \frac{U_a - C_E\Phi n_2}{I_{a2}}$$

两式相等，求得

$$C_E\Phi = \frac{U_a(I_{a2} - I_{a1})}{n_1 I_{a2} - n_2 I_{a1}} = \frac{110(1.2 - 0.6)}{3\,000 \times 1.2 - 1\,400 \times 0.06} = 0.035\,7$$

$$C_T\Phi = \frac{60}{2\pi}C_E\Phi = \frac{60}{2 \times 3.14} \times 0.035\,7 = 0.341$$

$$T_1 = C_T\Phi I_{a1} = 0.341 \times 0.06 = 0.020\,4(\text{N} \cdot \text{m})$$

$$T_2 = C_T\Phi I_{a2} = 0.341 \times 1.2 = 0.409(\text{N} \cdot \text{m})$$

3. 解：本题目的是复习直流伺服电动机的工作性能。

$$T_N = T_{2N} + T_0 = 0.016\,7 + 0.000\,3 = 0.017(\text{N} \cdot \text{m})$$

$$C_T\Phi = \frac{T_N}{I_{aN}} = \frac{0.017}{0.55} = 0.030\,9$$

$$C_E\Phi = \frac{2\pi}{60}C_T\Phi = \frac{2 \times 3.14}{60} \times 0.030\,9 = 0.003\,24$$

$$E_N = C_E\Phi n_N = 0.032\,4 \times 3\,000 = 9.72(\text{V})$$

$$R_a = \frac{U_{aN} - E_N}{I_{aN}} = \frac{24 - 9.27}{0.55} = 26(\Omega)$$

(1) 求 $U_a = 19.2\text{ V}$ 时的启动转矩

$$I_a = \frac{U_a}{R_a} = \frac{19.2}{26} = 0.738\,5(\text{A})$$

$$T_S = C_T\Phi I_a = 0.030 \times 0.738\,5 = 0.022\,8(\text{N} \cdot \text{m})$$

(2) 求 $T=0.014\ 7\ \mathrm{N \cdot m}$ 时的启动电压

$$I_a = \frac{T}{C_T \Phi} \frac{0.014\ 7}{0.030\ 9} = 0.476(\mathrm{A})$$

$$U_{ST} = R_a I_a = 26 \times 0.476 = 12.37(\mathrm{V})$$

(3) 求 $U_a = 19.2\ \mathrm{V}$，$T=0.014\ 7\ \mathrm{N \cdot m}$ 时的转速

$$n = \frac{U_a}{C_E \Phi} - \frac{R_a}{C_E C_T \Phi^2} T = \frac{19.2}{0.003\ 24} - \frac{26}{0.003\ 24 \times 0.030\ 9} \times 0.014\ 7 = 2\ 108.35(\mathrm{r/min})$$

4. 解：本题目的是复习交流伺服电动机的工作原理

$$n_0 = \frac{60 f_1}{p} = \frac{60 \times 50}{1} = 3\ 000(\mathrm{r/min})$$

(1) 当 $U_C = U_f = 110\ \mathrm{V}$ 时

由机械特性求得

$$\frac{T_S}{T_S - T_L} = \frac{n_0}{n}$$

$$n = \frac{T_S}{T_S - T_L} n_0 = \frac{1 - 0.06}{1} \times 3\ 000 = 2\ 820(\mathrm{r/min})$$

(2) 当 $U_C = U_f = 88\ \mathrm{V}$ 时

$$T_S = \left(\frac{88}{110}\right)^2 \times 1 = 64(\mathrm{N \cdot m})$$

$$n = \frac{T_S - T}{T_S} n_0 = \frac{0.64 - 0.06}{0.64} \times 3\ 000 = 2\ 718.75(\mathrm{r/min})$$

5. 解：本题目的是复习步进电动机的步距角

(1) 三相单三拍运行时

$$\theta = \frac{360}{zN} = \frac{360}{50 \times 3} = 2.4°$$

(2) 三相双三拍运行时

$$\theta = \frac{360}{zN} = \frac{360}{50 \times 3} = 2.4°$$

(3) 三相六拍运行时

$$\theta = \frac{360}{zN} = \frac{360}{50 \times 6} = 1.2°$$

6. 解：本题目的是复习步进电动机的转速

$$zN = \frac{360}{\theta} = \frac{360}{1.5} = 240$$

$$n = \frac{60 f}{zN} = \frac{60 \times 3\ 000}{240} = 750(\mathrm{r/min})$$

7. 解：本题目的是复习直流测速发电机的空载运行。

$$I = \frac{U}{R_L} = \frac{50}{2\ 000} = 0.025(\mathrm{A})$$

$$U_0 = E = U + R_a I = 50 + 180 \times 0.025 = 54.5(\mathrm{V})$$

8. 解：本题目的是复习直流测速发电机的负载运行。

当 $n=3\,000$ r/min 时

$$E=U_0=52(V)$$

$$I=\frac{U}{R_L}=\frac{50}{2\,000}=0.025(A)$$

$$R_a=\frac{E-U}{I}=\frac{52-50}{0.025}=80(\Omega)$$

当 $n=1\,500$ r/min，$R_L=5\,000\ \Omega$ 时

$$E=\frac{1\,500}{3\,000}\times52=26(V)$$

$$I=\frac{E}{R_a+R_L}=\frac{26}{80+5\,000}=0.005\,12(A)$$

$$U=E-R_aI=26-80\times0.005\,12=25.6(V)$$

第7章 三相异步电动机的电力拖动

1. 答：过载状态。

2. 答：因为过载越多，电动机的温度升高得越快，因此允许的过载时间就越短。

3. 答：不是。当 $R_2<X_2$ 时，R_2 增加，T_s 增加；当 $R_2>X_2$ 时，R_2 增加，T_s 反而减小。

4. 答：相同。

5. 答：从加工的总体要求看，属于恒功率负载，从每次加工看，则属于恒转矩负载。

6. 答：不正确。

7. 答：前者是降低了定子相电压，没有降低线电压；后者是降低了定子线电压，使得相电压也随之降低。

8. 答：不能。

9. 答：笼型异步电动机调速方法中变频调速的性能最好，绕线型异步电动机的调速方法中串级调速的性能最好。

10. 答：不会。

11. 答：采用能耗制动，电机不会自行启动；采用反接制动，电机会自行启动。

12. 答：提升重物时，R_2 增大，n 下降；下放重物时，R_2 增加，n 增加（指绝对值）。

13. 答：反接制动时，$s>1$；回馈制动时，$s<0$。

14. 答：下放转速增加。

15. 解：（1）$s=0.03$ 时

$$s_N=\frac{n_0-n_N}{n_0}=\frac{750-720}{750}=0.04$$

$$s_M=\frac{s_N}{\alpha_{MT}-\sqrt{\alpha_{MT}^2-1}}=\frac{0.04}{2-\sqrt{2^2-1}}=0.149$$

$$T_N=\frac{60}{2\pi}\cdot\frac{P_N}{n_N}=\frac{60}{2\times3.14}\times\frac{4\,000}{720}=53.08(N\cdot m)$$

$$T_M = \alpha_{MT} T_N = 2 \times 53.08 = 106.16 (N \cdot m)$$

$$T = \frac{2T_M}{\dfrac{s}{s_M} + \dfrac{s_M}{s}} = \frac{2 \times 106.16}{\dfrac{0.03}{0.149} + \dfrac{0.149}{0.03}} = 41.08 (N \cdot m)$$

(2) $T = 50 \, N \cdot m$ 时

$$s = s_M \left[\frac{T_M}{T} - \sqrt{\left(\frac{T_M}{T} \right)^2 - 1} \right] = 0.149 \times \left[\frac{106.16}{50} - \sqrt{\left(\frac{106.16}{50} \right)^2 - 1} \right]$$

$$= 0.037$$

16. 解：(1) $T = 0.8 T_N$ 时

$$s_N = \frac{n_0 - n_N}{n_0} = \frac{1\,000 - 980}{1\,000} = 0.02$$

$$s_M = \frac{s_N}{\alpha_{MT} - \sqrt{\alpha_{MT}^2 - 1}} = \frac{0.02}{2.2 - \sqrt{2.2^2 - 1}} = 0.083$$

$$s = s_M \left[\frac{T_M}{T} - \sqrt{\left(\frac{T_M}{T} \right)^2 - 1} \right]$$

$$= 0.083 \times \left[\frac{2.2}{0.8} - \sqrt{\left(\frac{2.2}{08} \right)^2 - 1} \right] = 0.015\,6$$

$$n = (1 - s) n_0 = (1 - 0.015\,6) \times 1\,000 = 984 (r/min)$$

(2) $U_1 = 0.8 U_N$ 时

由于这时 s_M 不变，而最大转矩降低至 0.8^2 倍，即

$$s_M = 0.083$$

$$T_M = 0.8^2 \times 2.2 T_N = 1.408 T_N$$

$$s = s_M \left(\alpha_{MT} - \sqrt{\alpha_{MT}^2 - 1} \right) = 0.083 \times \left(1.408 - \sqrt{1.408^2 - 1} \right) = 0.034\,6$$

$$n = (1 - s) n_0 = (1 - 0.034\,6) \times 1\,000 = 965.4 (r/min)$$

(3) $f_1 = 0.8 f_N$ 时

由于这时 T_M 不变，而 s_M 与 f_1 成反比，故

$$s_M = \frac{0.083}{0.8} = 0.103\,75$$

$$s = s_M \left[\alpha_{MT} - \sqrt{\alpha_{MT}^2 - 1} \right] = 0.103\,75 \times \left(2.2 - \sqrt{2.2^2 - 1} \right) = 0.025$$

$$n_0 = 0.8 \times 1\,000 = 800 (r/min)$$

$$n = (1 - s) n_0 = (1 - 0.025) \times 800 = 780 (r/min)$$

(4) R_2 增加至 1.2 倍时

由于这时 T_M 不变，而 s_M 与 R_2 成正比，故

$$s_M = 1.2 \times 0.083 = 0.099\,6$$

$$s = s_M \left[\alpha_{MT} - \sqrt{\alpha_{MT}^2 - 1} \right] = 0.099\,6 \times \left(2.2 - \sqrt{2.2^2 - 1} \right) = 0.024$$

$$n = (1 - s) n_0 = (1 - 0.024) \times 1\,000 = 976 (r/min)$$

17. 解：由表中 $n_N = 1\,470 \, r/min$ 可知 $n_0 = 1\,500 \, r/min$，则

$$s_N = \frac{n_0 - n_N}{n_0} = \frac{1\,500 - 1\,470}{1\,500} = 0.02$$

忽略 T_0，则 T_N 为

$$T_N = \frac{60}{2\pi} \cdot \frac{P_N}{n_N} = \frac{60}{2 \times 3.14} \times \frac{22 \times 10^3}{1470} = 143(\text{N} \cdot \text{m})$$

$$P_{1N} = \frac{P_N}{\eta_N} = \frac{22}{0.915} = 24(\text{kW})$$

$$T_M = \alpha_{MT} T_N = 2.2 \times 143 = 314.6(\text{N} \cdot \text{m})$$

$$T_S = \alpha_{ST} T_N = 2.0 \times 143 = 286(\text{N} \cdot \text{m})$$

$$I_S = \alpha_{SC} I_N = 7.0 \times 42.5 = 297.5(\text{A})$$

18. 解：(1) $T_N = \dfrac{60}{2\pi} \cdot \dfrac{P_N}{n_N} = \dfrac{60}{2 \times 3.14} \times \dfrac{15 \times 10^3}{2\,930} = 48.9(\text{N} \cdot \text{m})$

由于 $T_N < T_L$，故不能带此负载长期运行。

(2) $T_M = \alpha_{\text{maxt}} T_N = 2.2 \times 48.9 = 107.58(\text{N} \cdot \text{m})$

由于 $T_M > T_L$，故可以带此负载短期运行。

(3) $T_S = \alpha_{st} T_N = 2 \times 48.9 = 97.8(\text{N} \cdot \text{m})$

$$P_{1N} = \frac{P_N}{\eta_N} = \frac{15}{0.882} = 17(\text{kW})$$

$$I_N = \frac{P_{1N}}{\sqrt{3} U_N \lambda_N} = \frac{17 \times 10^3}{1.73 \times 380 \times 0.88} = 29.35(\text{A})$$

$$I_S = \alpha_{SC} I_N = 7 \times 29.35 = 205.45(\text{A})$$

虽然 $T_S > T_L$，但由于 $I_S > 150\,\text{A}$，故不可带此负载直接启动。

19. 解：(1) 由于

$$\frac{1}{4}\left(3 + \frac{电源容量}{电机容量}\right) = \frac{1}{4}\left(3 + \frac{200}{75}\right) = 1.42 < \alpha_{SC} = 6$$

所以不能采用直接启动。

(2) 若采用星形—三角形启动

$$I_S = \frac{1}{3} \alpha_{SC} I_N = \frac{1}{3} \times 6 \times 137.5 = 275(\text{A})$$

20. 解：(1) 定子电路串联电阻减压启动

$$I = \frac{220}{380} I_S = \frac{220}{380} \times 7 \times 15.4 = 62.3(\text{A})$$

(2) 采用自耦变压器减压起动

$$I = \left(\frac{220}{380}\right)^2 I_S = \left(\frac{220}{380}\right)^2 \times 7 \times 15.4 = 36.1(\text{A})$$

21. 解：(1) 直接启动时

$$T_S = \alpha_{ST} T_N = 1.8 T_N$$

$$I_S = \alpha_{SC} I_N = 6 \times 63 = 378(\text{A})$$

变压器的额定电流

$$I_{Nt} = \frac{s_N}{\sqrt{3} U_N} = \frac{200 \times 10^3}{1.73 \times 380} = 304(\text{A})$$

虽然 $T_S > T_L$，但由于 $I_S > I_{Nt}$，故不可以采用直接启动。

（2）星形—三角形启动时

$$T_{SY}=\frac{1}{3}T_S=\frac{1}{3}\alpha_{ST}T_N=\frac{1}{3}\times1.8T_N=0.6T_N$$

由于 $T_{SY}<T_L$，故不可以采用星形—三角形起动时

（3）自耦变压器起动时

$$T_{Sa}=K_A^2T_S=0.73^2\times1.8T_N=0.96T_N$$

从变压器取用的电流

$$I_a=K_A^2I_S=K_A^2\alpha_{SC}I_N=0.73^2\times6\times63=201.44（A）$$

由于 $T_{Sa}>T_L$，$I_a<I_{Nt}$，故可以选用 $K_A=0.73$ 的自耦变压器启动。

22. 解：（1）选择起动转矩 T_1 和切换转矩 T_2

$$T_N=\frac{60}{2\pi}\cdot\frac{P_N}{n_N}=\frac{60}{2\times3.14}\times\frac{20\times10^3}{1\,420}=134.57(N\cdot m)$$

$$T_M=\alpha_{maxT}T_N=2.3\times134.57=309.5(N\cdot m)$$

$$T_1=(0.8\sim0.9)T_M=(0.8\sim0.9)\times309.5=(247.6\sim278.55)(N\cdot m)$$

$$T_2=(1.1\sim1.2)T_L=(1.1\sim1.2)\times100=(110\sim120)(N\cdot m)$$

取 $T_1=260\,N\cdot m$，$T_2=110\,N\cdot m$。

（2）求出起动转矩比 β

$$\beta=\frac{T_1}{T_2}=\frac{260}{110}=2.36$$

（3）求出起动级数 m

$$s_N=\frac{n_0-n_N}{n_0}=\frac{1\,500-1\,420}{1\,500}=0.053\,3$$

$$m=\frac{\lg\dfrac{T_N}{s_NT_1}}{\lg\beta}=\frac{\lg\dfrac{134.57}{0.053\,3\times260}}{\lg2.36}=2.64$$

取 $m=3$。

（4）重新计算，校验 T_2 是否在规定范围之内

$$\beta=\sqrt[m]{\frac{T_N}{s_NT_1}}=\sqrt[3]{\frac{134.57}{0.053\,3\times260}}=2.13$$

$$T_2=\frac{T_1}{\beta}=\frac{260}{2.13}=122(N\cdot m)$$

T_2 基本上在规定范围之内。

（5）求出转子绕组每相的电阻 R_2

$$R_2=\frac{s_NU_{2N}}{\sqrt{3}I_{2N}}=\frac{0.053\,3\times187}{1.73\times68.5}=0.084\,1(\Omega)$$

（6）求出各级启动电阻

$$R_{ST1}=(\beta^1-\beta^0)R_2=(2.13-1)\times0.084\,1=0.095(\Omega)$$

$$R_{ST2}=(\beta^2-\beta)R_2=(2.13^2-2.13)\times0.084\,1=0.202(\Omega)$$

$$R_{ST3}=(\beta^3-\beta^2)R_2=(2.13^3-2.13^2)\times0.084\,1=0.431(\Omega)$$

23. 解：$s_N = \dfrac{n_0 - n_N}{n_0} = \dfrac{3\,000 - 2\,950}{3\,000} = 0.016\,7$

$$T_N = \frac{60}{2\pi} \cdot \frac{P_N}{n_N} = \frac{60}{2 \times 3.14} \times \frac{30 \times 10^3}{2\,950} = 97.16(\text{N} \cdot \text{m})$$

$$T_M = \alpha_{maxT} T_N = 2.2 \times 97.16 = 213.75(\text{N} \cdot \text{m})$$

$$s_M = \frac{s_N}{\alpha_{maxT} - \sqrt{\alpha_{maxT}^2 - 1}} = \frac{0.016\,7}{2.2 - \sqrt{2.2^2 - 1}} = 0.069\,5$$

(1) $f_1 = 0.8f_N$，$U_1 = 0.8U_N$ 时

在忽略 Z_1，即认为 $\dfrac{U_1}{f_1} = \dfrac{E_1}{f_1} = $ 常数的情况下，T_M 不变，而 s_M 与 f_1 成反比，故

$$T'_M = T_M = 213.75(\text{N} \cdot \text{m})$$

$$s'_M = \frac{f_1}{f'_1} s_M = \frac{f_N}{0.8f_N} s_M = \frac{0.069\,5}{0.8} = 0.086\,9$$

$$s' = s'_M \left[\frac{T'_M}{T_N} - \sqrt{\left(\frac{T'_M}{T_N}\right)^2 - 1} \right] = 0.086\,9 \times \left(2.2 - \sqrt{2.2^2 - 1} \right) = 0.020\,9$$

$$n'_0 = 0.8n_0 = 0.8 \times 3\,000 = 2\,350(\text{r/min})$$

(2) $f_1 = 1.2f_N$，$U_1 = U_N$ 时

$$T''_M = \left(\frac{f_1}{f''_1}\right)^2 T_M = \frac{213.75}{1.2^2} = 148.44(\text{N} \cdot \text{m})$$

$$s''_M = \frac{f_1}{f''_1} s_M = \frac{0.069\,5}{1.2} = 0.057\,9$$

$$s'' = s''_M \left[\frac{T''_M}{T_N} - \sqrt{\left(\frac{T''_M}{T_N}\right)^2 - 1} \right] = 0.057\,9 \times \left[\frac{148.44}{97.16} - \sqrt{\left(\frac{148.44}{97.16}\right)^2 - 1} \right] = 0.021\,6$$

$$n''_0 = 1.2n_0 = 1.2 \times 3\,000 = 3\,600(\text{r/min})$$

$$n'' = (1 - s'')n''_0 = (1 - 0.0216) \times 3\,600 = 3\,522(\text{r/min})$$

24. 解：(1) $p = 2$，$T = 60\,\text{N} \cdot \text{m}$ 时

$$s_N = \frac{n_0 - n_N}{n_0} = \frac{1\,500 - 1\,470}{1\,500} = 0.02$$

$$T_N = \frac{60}{2\pi} \cdot \frac{P_N}{n_N} = \frac{60}{2 \times 3.14} \times \frac{10 \times 10^3}{1\,470}(\text{N} \cdot \text{m})$$

$$T_M = \alpha_{maxT} T_N = 2.1 \times 65 = 136.5(\text{N} \cdot \text{m})$$

$$s_M = \frac{s_N}{\alpha_{maxT} - \sqrt{\alpha_{maxT}^2 - 1}} = \frac{0.02}{2.1 - \sqrt{2.1^2 - 1}} = 0.078\,9$$

$$s = s_M \left[\frac{T_M}{T} - \sqrt{\left(\frac{T_M}{T}\right)^2 - 1} \right] = 0.078\,9 \times \left[\frac{136.5}{60} - \sqrt{\left(\frac{136.5}{60}\right)^2 - 1} \right] = 0.018\,3$$

$$n = (1 - s)n_0 = (1 - 0.0183) \times 1\,500 = 1\,473(\text{r/min})$$

(2) $p = 1$，$T = 40\,\text{N} \cdot \text{m}$ 时

$$s_N = \frac{n_0 - n_N}{n_0} = \frac{3\,000 - 2\,940}{3\,000} = 0.02$$

$$T_N = \frac{60}{2\pi} \cdot \frac{P_N}{n_N} = \frac{60}{2 \times 3.14} \times \frac{11 \times 10^3}{2\,940} = 35.75 (\text{N} \cdot \text{m})$$

$$T_M = \alpha_{maxT} T_N = 2.4 \times 35.75 = 85.8 (\text{N} \cdot \text{m})$$

$$s_M = \frac{s_N}{\alpha_{maxT} - \sqrt{\alpha_{maxT}^2 - 1}} = \frac{0.02}{2.4 - \sqrt{2.4^2 - 1}} = 0.091\,6$$

$$s = s_M \left[\frac{T_M}{T} - \sqrt{\left(\frac{T_M}{T}\right)^2 - 1} \right] = 0.091\,6 \times \left[\frac{85.8}{40} - \sqrt{\left(\frac{85.8}{40}\right)^2 - 1} \right] = 0.022\,7$$

$$n = (1 - s)n_0 = (1 - 0.022\,7) \times 3\,000 = 2\,932 (\text{r/min})$$

25. 解：(1) $U_1 = U_N$，$T = 120\ \text{N} \cdot \text{m}$ 时

$$s_N = \frac{n_0 - n_N}{n_0} = \frac{3\,000 - 2\,970}{3\,000} = 0.01$$

$$T_N = \frac{60}{2\pi} \cdot \frac{P_N}{n_N} = \frac{60}{2 \times 3.14} \times \frac{45 \times 10^3}{2\,970} = 144.76 (\text{N} \cdot \text{m})$$

$$T_M = \alpha_{maxT} T_N = 2.2 \times 144.76 = 318.47 (\text{N} \cdot \text{m})$$

$$s = s_M \left[\frac{T_M}{T} - \sqrt{\left(\frac{T_M}{T}\right)^2 - 1} \right] = 0.041\,6 \times \left[\frac{318.47}{120} - \sqrt{\left(\frac{318.47}{120}\right)^2 - 1} \right] = 0.008\,1$$

$$n = (1 - s)n_0 = (1 - 0.008\,1) \times 3\,000 = 2\,976 (\text{r/min})$$

(2) $U_1 = 0.8U_N$，$T = 120\ \text{N} \cdot \text{m}$ 时

$$s_M = 0.041\,6$$

$$T_M = 0.8^2 \times 318.47 = 203.82 (\text{N} \cdot \text{m})$$

$$n = (1 - s)n_0 = (1 - 0.013\,5) \times 3\,000 = 2\,959 (\text{r/min})$$

26. 解：$s_N = \dfrac{n_0 - n_N}{n_0} = \dfrac{1\,000 - 960}{1\,000} = 0.04$

$$R_2 = \frac{s_N U_{2N}}{\sqrt{3}\, I_{2N}} = \frac{0.04 \times 244}{1.73 \times 14.5} = 0.389 (\Omega)$$

$$s = \frac{R_2 + R_r}{R_2} s_N = \frac{0.389 + 2.611}{0.389} \times 0.04 = 0.308$$

$$n_f = (1 - s)n_0 = (1 - 0.308) \times 1\,000 = 692 (\text{r/min})$$

$$D = \frac{n_{max}}{n_{min}} = \frac{960}{692} = 1.39$$

$$\delta = \frac{n_0 - n_f}{n_0} \times 100\% = \frac{1\,000 - 692}{1\,000} \times 100\% = 30.8\%$$

27. 解：转子电路不串电阻时

$$s_N = \frac{n_0 - n_N}{n_0} = \frac{1\,500 - 1\,420}{1\,500} = 0.053\,3$$

$$s = \frac{n_0 - n}{n_0} = \frac{1\,500 - 1\,440}{1\,500} = 0.04$$

$$T_N = \frac{60}{2\pi} \cdot \frac{P_N}{n_N} = \frac{60}{2 \times 3.14} \times \frac{10 \times 10^3}{1\,420} = 67.28 (\text{N} \cdot \text{m})$$

$$s_M = \frac{s_N}{\alpha_{maxT} - \sqrt{(\alpha_{maxT})^2 - 1}} = \frac{0.053\,3}{2 - \sqrt{2^2 - 1}} = 0.2$$

$$T_M = \alpha_{maxT} T_N = 2 \times 67.28 = 134.56 (\text{N} \cdot \text{m})$$

$$T = \frac{2T_M}{\dfrac{s}{s_M} + \dfrac{s_M}{s}} = \frac{2 \times 134.56}{\dfrac{0.04}{0.2} + \dfrac{0.2}{0.04}} = 51.75 (\text{N} \cdot \text{m})$$

转子电路电阻增加一倍时，T_M 不变，而

$$s_M = 2 \times 0.2 = 0.4$$

$$s = s_M \left[\frac{T_M}{T} - \sqrt{\left(\frac{T_M}{T}\right)^2 - 1} \right] = 0.4 \times \left[\frac{134.56}{51.75} - \sqrt{\left(\frac{134.56}{51.75}\right)^2 - 1} \right] = 0.08$$

$$n = (1 - s)n_0 = (1 - 0.08) \times 1\,500 = 1\,380 (\text{r/min})$$

28. 解：$s_N = \dfrac{n_0 - n_N}{n_0} = \dfrac{1\,500 - 1\,470}{1\,500} = 0.02$

$$s_M = \frac{s_N}{\alpha_{maxT} - \sqrt{\alpha_{maxT}^2 - 1}} = \frac{0.02}{2.2 - \sqrt{2.2^2 - 1}} = 0.083$$

忽略 T_0，则

$$T_N = \frac{60}{2\pi} \cdot \frac{P_N}{n_N} = \frac{60}{2 \times 3.14} \times \frac{22 \times 10^3}{1\,470} = 143 (\text{N} \cdot \text{m})$$

$$T_M = \alpha_{maxT} T_N = 2.2 \times 143 = 314.6 (\text{N} \cdot \text{m})$$

制动瞬间，$n = 1\,470 \text{ r/min}$

$$s = \frac{n_0 - n}{n_0} = \frac{-1\,500 - 1\,470}{-1\,500} = 1.98$$

$$T = -\frac{2T_M}{\dfrac{s}{s_M} + \dfrac{s_M}{s}} = -\frac{2 \times 314.6}{\dfrac{1.98}{0.083} + \dfrac{0.083}{1.98}} = 26.33 (\text{N} \cdot \text{m})$$

29. 解：$s_N = \dfrac{n_0 - n_N}{n_0} = \dfrac{600 - 577}{600} = 0.038\,3$

$$s_M = \frac{s_N}{\alpha_{maxT} - \sqrt{(\alpha_{maxT})^2 - 1}} = \frac{0.038\,3}{2.5 - \sqrt{2.5^2 - 1}} = 0.184$$

$$R_2 = \frac{s_N U_{2N}}{\sqrt{3} I_{2N}} = \frac{0.038\,3 \times 253}{1.73 \times 160} = 0.035 (\Omega)$$

$$s_a = s_M \left[\frac{T_M}{T} - \sqrt{\left(\frac{T_M}{T}\right)^2 - 1} \right] = 0.184 \times \left[\frac{2.5 T_N}{0.8 T_N} - \sqrt{\left(\frac{2.5 T_N}{0.8 T_N}\right)^2 - 1} \right] = 0.030\,2$$

$$n_b = n_a = (1 - s_a)n_0 = (1 - 0.030\,2) \times 600 = 581.88 (\text{r/min})$$

$$s_b = \frac{n_0 - n_b}{n_0} = \frac{-600 - 581.88}{-600} = 1.97$$

$$s_{Mb} = \frac{s_b}{\dfrac{T_M}{T} \pm \sqrt{\left(\dfrac{T_M}{T}\right)^2 - 1}} = \frac{1.97}{\dfrac{2.5 T_N}{1.2 T_N} \pm \sqrt{\left(\dfrac{2.5 T_N}{1.2 T_N}\right)^2 - 1}} = 0.504 \text{ 或 } 7.705$$

$$R_b = R_2 \left(\frac{s_{Mb}}{s_M} - 1\right) = 0.035 \left(\frac{0.504 \text{ 或 } 7.705}{0.184} - 1\right) = 0.061 \,\Omega \text{ 或 } 1.43 \,\Omega$$

当$|s|>|s_M|$时，定、转子电流会急剧增大，为了限制制动时的电流，通常选用R_b较大的电阻。

第8章　直流电动机的电力拖动

1. 答：I_f不变，励磁磁通势不变，但电枢磁通势随I_a变化而变化。因此，由于电枢反应的影响，I_f不变，Φ仍会变化。只有在电枢反应的影响可以忽略不计时，才能认为Φ不变。

2. 答：T小时，I_a小，电枢反应的影响小，可以忽略不计，但当T大时，I_a大，电枢反应的减磁作用不可忽略，使Φ减小，n增大，故他励电动机的固有特性在T大时会出现上翘现象。

3. 答：I_2小，β大，则起动级数m少；反之，I_2大，β小，则m多。

4. 答：根据δ的定义

$$\delta=\frac{n_0-n_f}{n_0}\times100\%=\frac{\Delta n}{n_0}\times100\%=\frac{\dfrac{R_a}{C_EC_T\Phi^2}}{\dfrac{U_a}{C_E\Phi}}T$$

$$=\frac{R_a}{C_T\Phi U_a}T=\frac{R_a}{C_T\Phi U_a}C_TI_{aN}=\frac{R_a}{U_a}I_{aN}$$

可见，改变励磁电流调速时，由于U_a、R_a和满载电枢电流I_{aN}都是一定的，故δ不变。

5. 答：能耗制动是将系统的动能转换成电能消耗在电枢回路中；反接制动是将由系统动能转换而来的电能和由电源输入的电能一起消耗在电枢回路中；回馈制动是将系统的动能转换成电能回馈给电网。

6. 答：由于机械特性的斜率$\beta=\dfrac{R_a+R_b}{C_EC_T\Phi^2}$在$R_b$相同时，三种制动方法的机械特性斜率相同。可见，反接制动时的速度最低，回馈制动时的速度最高，能耗制动时的速度介于两者之间。

根据R_b的计算公式，可以推导出下放重物时的转速公式如下：

能耗制动 $n=\dfrac{R_a+R_b}{C_EC_T\Phi^2}T$

反接制动 $n=\dfrac{R_a+R_b}{C_EC_T\Phi^2}T-\dfrac{U}{C_E\Phi}$

回馈制动 $n=\dfrac{R_a+R_b}{C_EC_T\Phi^2}T+\dfrac{U}{C_E\Phi}$

比较这三个公式一样可以得出结论。

7. 解：　　　$E=U_{aN}-R_aI_{aN}=440-0.24\times190=394.4$（V）

$$C_E\Phi=\frac{E}{n_N}=\frac{394.4}{1\,500}=0.263$$

$$n_0=\frac{U_{aN}}{C_E\Phi}=\frac{440}{0.263}=1\,673(\text{r/min})$$

$$C_T\Phi = \frac{60}{2\pi}C_E\Phi = \frac{60}{2\times 3.14}\times 0.263 = 2.513$$

$$\gamma = \frac{R_a}{C_E C_T \Phi^2} = \frac{0.24}{0.263\times 2.513} = 0.363$$

$$\alpha = \frac{1}{\gamma} = \frac{1}{0.363} = 2.75$$

8. 解：

$$R_a = \frac{U_{aN} - \dfrac{P_N}{I_{aN}}}{I_{aN}} = \frac{160 - \dfrac{5.5\times 10^3}{47.1}}{47.1} = 0.918(\Omega)$$

$$U_a = 2R_a I_{aN} = 2\times 0.918\times 47.1 = 86.48(\text{V})$$

9. 解：（1）选择起动电流 I_1 和切换电流 I_2

$$I_1 = (1.5\sim 2.0)I_{aN} = (1.5\sim 2.0)\times 158.6 = 237.9\sim 317.2(\text{A})$$

$$I_2 = (1.1\sim 1.2)I_{aN} = (1.1\sim 1.2)\times 32158.6 = 174.46 - 190.32(\text{A})$$

选取 $I_1 = 280\,\text{A}$，$I_2 = 175\,\text{A}$

（2）求出起切电流比 β

$$\beta = \frac{I_1}{I_2} = \frac{280}{175} = 1.6$$

（3）求出启动级数 m

电动机的电枢电路电阻

$$R_a = \frac{U_a - \dfrac{P_N}{I_{aN}}}{I_{aN}} = \frac{220 - \dfrac{30\times 10^3}{158.6}}{158.6} = 0.194(\Omega)$$

起动时的电枢电路总电阻

$$R_{am} = \frac{U_{aN}}{I_1} = \frac{220}{280} = 0.786\ (\Omega)$$

起动级数

$$m = \frac{\lg\dfrac{R_{am}}{R_a}}{\lg\beta} = \frac{\lg\dfrac{0.786}{0.194}}{\lg 1.6} = 2.98$$

取 $m = 3$

（4）重新计算 β 并校验

$$\beta = \sqrt[m]{\frac{R_{am}}{R_a}} = \sqrt[3]{\frac{0.786}{0.194}} = 1.59$$

$$I_2 = \frac{I_1}{\beta} = \frac{280}{1.59} = 176.1(\text{A})$$

I_2 在规定范围之内。

（5）求出各级起动电阻

$$R_{ST1} = (\beta - 1)R_a = (1.59 - 1)\times 0.194 = 0.114(\Omega)$$

$$R_{ST2} = (\beta^2 - \beta)R_a = (1.59^2 - 1.59)\times 0.194 = 0.182(\Omega)$$

$$R_{ST3} = (\beta^3 - \beta^2)R_a = (1.59^3 - 1.59^2)\times 0.194 = 0.289(\Omega)$$

10. 解：（1）选择起动电流 I_1

$$I_1 = (1.5 \sim 2.0) I_{aN} = (1.5 \sim 2.0) \times 20.4 = (30.6 \sim 40.8) A$$

选取 $I_1 = 40\ A$。

（2）求出电动机的电枢电路电阻

$$R_a = \frac{U_{aN} - \dfrac{P_N}{I_{aN}}}{I_{aN}} = \frac{440 - \dfrac{7.5 \times 10^3}{20.4}}{20.4} = 3.55(\Omega)$$

（3）求出起动时的电枢总电阻

$$R_{am} = \frac{U_{aN}}{I_1} = \frac{440}{40} = 11(\Omega)$$

（4）求出起切电流比

$$\beta = \sqrt[m]{\frac{R_{am}}{R_a}} = \sqrt[2]{\frac{11}{3.55}} = 1.76$$

（5）求出 I_2 并校验 I_2

$$I_2 = \frac{I_1}{\beta} = \frac{40}{1.76} = 22.73(A)$$

$$\frac{I_2}{I_{aN}} = \frac{22.73}{20.4} = 1.11$$

I_2 在 $(1.1 \sim 1.2) I_{aN}$ 的范围之内。

（6）求出各级启动电阻

$$R_{ST1} = (\beta - 1) R_a = (1.76 - 1) \times 3.55 = 2.7(\Omega)$$

$$R_{ST2} = (\beta^2 - \beta) R_a = (1.76^2 - 1.76) \times 3.55 = 4.75(\Omega)$$

11. 解：本题目的是复习改变电枢电阻调速。

忽略 T_0，则

$$E = \frac{P_N}{I_{aN}} = \frac{30 \times 10^3}{82.5} = 363.64(V)$$

$$C_E \Phi = \frac{E}{n_N} = \frac{363.64}{1\,000} = 0.363\,6$$

$$C_T \Phi = \frac{60}{2\pi} C_E \Phi = \frac{60}{2 \times 3.14} \times 0.363\,6 = 3.474$$

$$T_N = \frac{60}{2\pi} \cdot \frac{P_N}{n_N} = \frac{60}{2 \times 3.14} \times \frac{30 \times 10^3}{1\,000} = 286.624(N \cdot m)$$

$$T = \frac{T_N n_N}{n} = \frac{286.624 \times 1\,000}{800} = 358.28(N \cdot m)$$

$$n_0 = \frac{U_a}{C_E \Phi} = \frac{440}{0.363\,6} = 1\,210.12(r/min)$$

$$\Delta n = n_0 - n = 1\,210.12 - 800 = 410.12(r/min)$$

$$R_a + R_r = \frac{C_E C_T \Phi^2}{T} \Delta n = \frac{0.363\,6 \times 3.474}{358.28} \times 410.12 = 1.446(\Omega)$$

$$R_a = \frac{U_{aN} - E}{I_{aN}} = \frac{440 - 363.64}{82.5} = 0.926(\Omega)$$

$$R_r = 1.446 - 0.926 = 0.52(\Omega)$$

12. 解：本题是三种调速方法的综合题。

$$T_N = \frac{60}{2\pi} \cdot \frac{P_N}{n_N} = \frac{60}{2 \times 3.14} \times \frac{11 \times 10^3}{1\,480} = 71(\text{N} \cdot \text{m})$$

忽略 T_0，则

$$E = \frac{P_N}{I_{aN}} = \frac{11 \times 10^3}{31} = 354.84(\text{V})$$

$$C_E\Phi = \frac{E}{n_N} = \frac{354.84}{1\,480} = 0.24$$

$$C_T\Phi = \frac{60}{2\pi}C_E\Phi = \frac{60}{2 \times 3.14} \times 0.24 = 2.29$$

$$R_a = \frac{U_{aN} - E}{I_{aN}} = \frac{440 - 354.84}{31} = 2.747(\Omega)$$

(1) R_a 增加 20%时

$$n = \frac{U_a}{C_E\Phi} - \frac{R_a}{C_E C_T\Phi^2}T = \frac{440}{0.24} - \frac{1.2 \times 2.747}{0.24 \times 2.29} \times 71$$
$$= 1\,407(\text{r/min})$$

(2) U_a 降低 20%时

$$n = \frac{U_a}{C_E\Phi} - \frac{R_a}{C_E C_T\Phi^2}T = \frac{0.8 \times 440}{0.24} - \frac{2.747}{0.24 \times 2.29} \times 71$$
$$= 1\,112(\text{r/min})$$

(3) Φ 减少 20%时

$$n = \frac{U_a}{C_E\Phi} - \frac{R_a}{C_E C_T\Phi^2}T = \frac{440}{0.8 \times 0.24} - \frac{2.747}{0.8^2 \times 0.24 \times 2.29} \times 71$$
$$= 1\,737 \ (\text{r/min})$$

13. 解：忽略 T_0，则

$$E = \frac{P_N}{I_{aN}} = \frac{22 \times 10^3}{115} = 191.3(\text{V})$$

$$R_a = \frac{U_{aN} - E}{I_{aN}} = \frac{220 - 191.3}{115} = 0.25(\Omega)$$

$$C_E\Phi = \frac{E}{n_N} = \frac{191.3}{1\,500} = 0.127\,5$$

$$C_T\Phi = \frac{60}{2\pi}C_E\Phi = \frac{60}{2 \times 3.14} \times 0.127\,5 = 1.218\,2$$

能耗制动方法：

(1) 迅速停机时

$$I_a = \frac{T_L}{C_T\Phi} = \frac{120}{1.218\,2} = 98.51(\text{A})$$

$$E_b = E_a = U_a - R_a I_a = 220 - 0.25 \times 98.51 = 195.37(\text{V})$$

$$R_b \geqslant \frac{E_b}{I_{amax}} - R_a = \frac{195.37}{230} - 0.25 = 0.6(\Omega)$$

（2）下放重物时

$$n=\frac{R_a+R_b}{C_E C_T \Phi^2}T_L=\frac{0.25+0.6}{0.1275\times1.2182}\times120=656.71(\text{r/min})$$

14. 解：$T_{2N}=\frac{60}{2\pi}\cdot\frac{P_N}{n_N}=\frac{60}{2\times3.14}\times\frac{18.5\times10^3}{1\,000}=176.75(\text{N}\cdot\text{m})$

$$T_N=T_{2N}+T_0=176.75+10=186.75(\text{N}\cdot\text{m})$$

$$C_T\Phi=\frac{T_N}{I_{aN}}=\frac{186.75}{53}=3.52$$

$$C_E\Phi=\frac{2\pi}{60}C_T\Phi=\frac{2\times3.14}{60}\times3.52=0.37$$

（1）提升重物

$$T=T_L+T_0=140+10=150(\text{N}\cdot\text{m})$$

$$n=\frac{U_a}{C_E\Phi}-\frac{R_a}{C_E C_T\Phi^2}T=\frac{440}{0.37}-\frac{4}{0.37\times3.52}\times150=728.5(\text{r/min})$$

（2）下放重物

$$T=T_L-T_0=140-10=130(\text{N}\cdot\text{m})$$

$$n=\frac{R_a}{C_E C_T\Phi^2}T=\frac{4}{0.37\times3.52}\times130=400(\text{r/min})$$

15. 解：$E=U_{aN}-R_a I_{aN}=220-0.25\times115=191.25(\text{V})$

$$C_E\Phi=\frac{E}{n_N}=\frac{191.25}{1\,500}=0.127\,5$$

$$C_T\Phi=\frac{60}{2\pi}C_E\Phi=\frac{60}{2\times3.14}\times0.127\,5=1.218\,2$$

（1）迅速停机时

$$I_a=\frac{T}{C_T\Phi}=\frac{120}{1.218\,2}=98.51(\text{A})$$

$$E_a=U_a-R_a I_a=220-0.25\times98.51=195.37(\text{V})$$

$$E_b=E_a=195.37(\text{V})$$

$$R_b\geqslant\frac{U_a+E_b}{I_{a\max}}-R_a=\frac{220+195.37}{230}-0.25=1.56(\Omega)$$

（2）下放重物时

$$n=\frac{\frac{R_a+R_b}{C_T\Phi}T_L-U_a}{C_E\Phi}=785.45(\text{r/min})$$

17. 解：忽略T_0，则

$$E=\frac{P_N}{I_{aN}}=\frac{10\times10^3}{114.4}=87.41(\text{V})$$

$$C_E\Phi=\frac{E}{n_N}=\frac{87.41}{600}=0.146$$

$$C_T\Phi=\frac{60}{2\pi}C_E\Phi=\frac{60}{2\times3.14}\times0.146=1.392$$

（1）能耗制动

$$n=\frac{R_a+R_b}{C_E C_T \Phi^2}T_L=\frac{2}{0.146\times 1.392}\times 100=984(\text{r/min})$$

（2）反接制动

$$n=\frac{R_a+R_b}{C_E C_T \Phi^2}T_L-\frac{U_a}{C_E\Phi}=\frac{2}{0.146\times 1.392}\times 100-\frac{110}{0.146}=231(\text{r/min})$$

（3）回馈制动

$$n=\frac{R_a+R_b}{C_E C_T \Phi^2}T+\frac{U_a}{C_E\Phi}=\frac{2}{0.146\times 1.392}\times 100+\frac{110}{0.146}=1\ 738(\text{r/min})$$

第9章　电力拖动系统中电动机的选择

1. 答：负载大，则电流大，损耗大，电机在单位时间内产生的热量 Q 多，电机的稳定温升 $\theta_S=\dfrac{Q}{A}$ 高。

2. 答：连续工作制 S1 的电动机在恒定负载下运行的时间很长，足以使其温升达到稳定温升。

短时工作制 S2 的电动机，在恒定负载下运行的时间短，温升达不到稳定温升，断电停转的时间又很长，温升能降至 2 K 以下。

断续周期工作制 S3 的电动机，在恒定负载下运行的时间短，温升达不到稳定温升，断电停转的时间也很短，温升又未降至 2 K 以下。

3. 答：主要考虑电机的工作制、电机允许的最高温度、环境温度和海拔高度等因素。

4. 答：按 S2 和 S3 工作制设计的电动机，其额定功率是最高温升或上限温升等于额定温升时的功率。它们的最高温升和上限温升低于在该功率时的稳定温升。如果改作 S1 方式运行，而输出功率不变，则电机的稳定温升会超过额定温升，所以允许输出的功率要小于铭牌上标示的额定功率。

5. 解：（1）按教材表 9-2 的规定，求得

$$P_2=(1-5\%)P_N=0.95\times 11=10.45(\text{kW})$$

（2）粗略估算

$$P_2=\left(1-\frac{2\ 000-1\ 000}{100}\times 0.005\right)P_N=(1-0.05)\times 11=10.45(\text{kW})$$

6. 解：环境温度为 10℃时，

$$P_2'=P_N\sqrt{1+(1+\alpha)\frac{40°-\theta}{\theta_N}}=30\times\sqrt{1+(1+0.6)\times\frac{40-10}{80}}=37.947(\text{kW})$$

海拔高度为 3 000 m 时

$$P_2''=\left(1-\frac{3\ 000-1\ 000}{100}\times 0.005\right)P_2'=(1-0.1)\times 37.947=34.15(\text{kW})$$

参 考 文 献

[1] 汤蕴璆，史乃. 电机学 [M]. 第 2 版. 北京：机械工业出版社，2005.

[2] 顾绳谷. 电机及拖动基础 [M]. 第 4 版. 北京：机械工业出版社，2007.

[3] 彭鸿才. 电机原理及拖动 [M]. 北京：机械工业出版社，2001.

[4] 汪国梁. 电机学 [M]. 北京：机械工业出版社，2007.

[5] 李海发. 电机学 [M]. 北京：科学出版社，2001.

[6] 唐介. 电机与拖动 [M]. 北京：高等教育出版社，2007.

[7] 杨渝钦. 控制电机 [M]. 北京：机械工业出版社，1998.

[8] 电机工程手册编辑委员会. 电机工程手册：第 3 卷 [M]. 北京：机械工业出版社，1996.

[9] TheodoreWildi. Electrical Machines，Drives and Power Systems（英文影印版）[M]. 北京：科学出版社，2002.

[10] 刘竞成. 交流调速系统 [M]. 上海：上海交通大学出版社，1984.